基坑支护结构
施工技术手册

胡 琦 李 政 姜叶翔 胡 焕◎主编

中国建筑工业出版社

图书在版编目（CIP）数据

基坑支护结构施工技术手册 / 胡琦等主编. -- 北京 ：中国建筑工业出版社， 2024. 11. -- ISBN 978-7-112-30463-9

Ⅰ. TU46-62

中国国家版本馆 CIP 数据核字第 2024Q865N1 号

本书综合介绍了基坑工程止排水结构、挡土结构和控制变形结构的工艺原理、适用范围、施工机械设备的性能与选择、主要工艺流程与施工要点、质量控制和验收标准、常见质量通病及处理方法。包括：喷射混凝土技术、锚固技术、水泥土搅拌技术、高压喷射注浆技术、灌注排桩技术、地下连续墙施工技术、可回收组合钢板桩技术、现浇内支撑技术、装配式内支撑技术、超前斜撑桩技术和主动控制变形技术。从基坑工程的安全性、造价的合理性、施工可行性、质量可靠性、施工功效等方面，对上述技术的优缺点进行了讨论和分析，供基坑支护领域的同仁们参考、借鉴！

责任编辑：辛海丽

文字编辑：王　磊

责任校对：张　颖

基坑支护结构施工技术手册

胡　琦　李　政　姜叶翔　胡　焕　主编

*

中国建筑工业出版社出版、发行（北京海淀三里河路 9 号）

各地新华书店、建筑书店经销

国排高科（北京）人工智能科技有限公司制版

天津画中画印刷有限公司印刷

*

开本：787 毫米 × 1092 毫米　1/16　印张：16¼　字数：402 千字

2024 年 9 月第一版　2024 年 9 月第一次印刷

定价：**68.00** 元

ISBN 978-7-112-30463-9

（43725）

《基坑支护结构施工技术手册》编辑委员会

主　　编：胡　琦　李　政　姜叶翔　胡　焕

副 主 编：陆少琦　叶　翔　羊逸君　苏俊杰

参编人员：翟　暘　费忠君　申文明　余　忠　唐　登
徐晓兵　丁继民　朱海娣　印　军　史浩君
陈春风　王昌勇　童涧清　李若飞　赵红领
张文涛　翁羽晖　陈冠宇　朱凯标　周　睿
邓以亮　黄星迪　黄天明　娄泽峰　竹　相
方华建　王　涛

参编单位：东通岩土科技股份有限公司
杭州市地铁集团有限责任公司
南越建设管理有限公司
杭州上城区城市建设发展有限公司
中铁二院华东勘察设计有限责任公司
上海兴庚基础工程有限公司
温州市铁路与轨道交通投资集团有限公司
浙江三拓建设科技有限公司
杭州玖升建筑工程有限公司
杭州二建建设集团有限公司

前　言

结构是为功能服务的，深基坑工程支护结构的服务功能是为地下结构施工提供安全、便利的作业面，按其服务功能可以分为：止排水结构、挡土结构和控制变形结构。止排水结构主要包括：降水系统、截水帷幕；挡土结构主要包括：围护桩（墙）结构；控制变形结构主要包括：支撑系统、加固土。

在进行深基坑支护结构工艺选型时，应从工程的安全性、造价的合理性、施工可行性、质量可靠性、施工功效等方面综合考量，并根据工艺的特点、施工条件、环境保护要求等，进行技术参数控制和施工质量管理。安全性并不是一成不变的，不同的水文地质条件和环境保护要求，基坑工程的安全性侧重点千差万别，不能眉毛胡子一把抓，结果却是漏洞百出，要抓住主要矛盾，选择最有效的施工技术和控制参数。随着社会生产力的发展和市场供需关系的变化，施工技术的经济性也会不断发生改变，要及时把握施工工艺造价的动态变化情况，同时还要注重效费比，根据服务功能的需要，选择投入少、效益高的技术。根据场地的施工作业条件和水文地质条件，对工艺的施工可行性、质量的可靠性、施工效率等方面进行综合判断。

近年来地下空间大发展，基坑工程施工技术也随之蓬勃发展，各种施工工艺和施工装备百花齐放，本书将主要介绍近年来得到成功应用的基坑支护技术的工艺原理、适用范围、施工机械设备的性能与选择、主要工艺流程与施工要点、质量控制和验收标准、常见质量通病及处理方法，供基坑支护领域的同仁们参考、借鉴，不足之处烦请批评指正！

胡琦

2024 年 8 月，杭州绿谷

目　录

第1章 综　述

1.1 基坑支护工程的作用与特点

基坑支护工程属于“地基与基础”分部工程的子分部，在大部分情况下不是工程实体的构成部分，属于临时工程。它为地下空间设施建造活动而服务，发挥了极其重要的作用。基坑的安全可靠，意味着地下空间设施建造过程的安全、顺利；反之，将会带来经济损失、人员伤亡等严重后果。

一方面，作为临时工程，其设计使用周期往往不长，一般不超过2年，设计时考虑的安全系数也往往低于永久性结构。另一方面，岩土的力学性质具有较大的离散性，周边环境也比较复杂，实际施工工况更是复杂多变，涉及截水、挡土、开挖、降水、换撑等环节，任何一个环节失效都会引发基坑险情。因此，除个别浅基坑工程外，基坑支护工程基本都属于危大工程，受影响的因素多、风险大，它具有如下特点：

1. 综合性强

基坑支护工程涉及岩土工程、结构工程、工程勘察、工程材料和施工技术等多学科，对各专业知识的综合要求高。近20年来，基坑支护工程技术在我国取得了长足的发展，但依然没有脱掉“理论不成熟”的帽子，现阶段依然采用理论计算和地区经验相结合的半经验半理论方法。

2. 地质复杂多变

地质的复杂多变，首先表现在区域上，不同区域的岩土力学性质差异大，由此造成地区经验的不可复制性；其次，在同一区域内，地质埋藏条件和水文地质条件的复杂性、不均匀性，易造成勘察所得数据精度低、离散性大，难以涵盖完整土层情况，给基坑支护工程的设计和施工增加了难度。

3. 工况的预设性

基坑支护设计成果是预先设定的一系列工况的综合反映；而实际施工过程是一个工况不断变化的动态过程，难以避免会出现设计工况以外的不利因素，超出“事先设定工况”的情况时有发生。

4. 系统性强

基坑体系包含支护结构、降排水设施、土体加固等，依据设计方案形成完整体系后方可实现预定功能。土方开挖顺序、回填质量、工期长短、环境变化等也会影响基坑安全。任何一个环节出现纰漏，都会引发基坑险情。除了关注支护结构施工质量外，还要用系统的观点防范或及时处置其他环节可能出现的风险因素。

5. 施工工期要求高

随着地下空间设施向“超大、超深”的方向不断发展，基坑支护结构服务周期也越来越长。土体变形具有蠕变特性，尤其是软弱土地层，在变形较大的情况下存在显著的时空效应，基底暴露时间越长，基坑累积变形就会越大。此外，长工期更易遇上恶劣天气、周边环境变化（例如新增荷载、相邻工程开工）等不确定因素，增加基坑的风险。严格的施工进度控制对基坑安全具有重要意义。

6. 与周边环境相互影响

基坑四周的堆载、动载、水位变化、毗邻工程建设等，都会对基坑安全造成影响。我国城市发展迅速、用地日趋紧张，新建项目常面临毗邻建（构）筑物繁多、车流人流密集的复杂环境，进一步增加了基坑工程设计与施工的难度。近年来，一方面，随着轨道交通规模不断扩大，紧邻地下隧道、车站等市政设施的基坑工程也成为热门课题。另一方面，基坑工程的施工扰动、支护结构变形、降水措施等会对邻近道路、管线、建（构）筑物等造成影响。保护周围环境安全是基坑支护工程的主要目的之一；避免超出设计工况的环境变化则保障了基坑工程顺利开展，两者相互影响、相互制约。

7. 信息化施工要求高

自围护结构施工开始至完成回填，基坑的各项施工作业都会对周边环境产生影响，对监测工作提出了更高的要求，需要实行全时空信息化监测，并提供及时、准确的信息反馈和指导。进入大数据时代，采用自动化监测技术，建立信息一体化云平台，实现各方数据实时交流共享是目前主流的发展方向。

1.2 主要管理规定

依据现行规定，满足如下条件之一的基坑工程，视为危大工程：

（1）开挖深度超过 3m（含 3m）的基坑（槽）的土方开挖、支护、降水工程。

（2）开挖深度虽未超过 3m，但地质条件、周围环境和地下管线复杂，或影响毗邻建、构筑物安全的基坑（槽）的土方开挖、支护、降水工程。

依据现行规定，满足如下条件的深基坑工程，视为超过一定规模的危大工程：

开挖深度超过 5m（含 5m）的基坑（槽）的土方开挖、支护、降水工程。

1. 设计方案论证制度

基坑支护设计需委托具有相应资质的设计单位负责，国内不少地区实行了支护设计方案论证制度，支护设计单位在出具施工蓝图前，根据论证意见修改完善后才可以出具支护工程施工蓝图，部分地区在支护设计方案论证的同时还实行图纸审查制度。

涉及地铁设施等重要建（构）筑物保护的基坑工程，还需在支护设计方案论证修改后，按规定完成相应的专项保护评估报告，根据评估意见修改后再出具基坑支护工程的施工蓝图。

2. 专项施工方案论证制度

属于危大工程的基坑工程，在施工前应编制专项施工方案，经施工单位技术负责人审核签字、加盖单位公章后，上报项目监理机构，并由总监理工程师审查签字、加盖执业印章后，方可作为施工依据。

属于超过一定规模的危大工程的深基坑工程，其专项施工方案应在通过施工单位审核、总监理工程师审查后，由施工单位按当地建设行政主管部门的要求，组织召开专家论证会，对专项施工方案进行论证。根据专家论证提出的修改意见，修改、完善专项施工方案，并经施工单位技术负责人审核签字（加盖单位公章）、总监理工程师审查签字（加盖执业印章）后，方可实施。

涉及地铁设施等重要建（构）筑物保护的基坑工程，专项施工方案经专家论证、完善后，应按规定完成相应的专项保护施工方案。

3. 危大工程技术交底制度

基坑工程施工前，项目技术负责人应当向施工现场管理人员进行技术交底；施工现场管理人员应当向作业人员进行安全技术交底，并由交底双方和项目专职安全生产管理人员共同签字确认。

4. 严格按方案施工的制度

施工单位应当严格按照专项施工方案组织施工，不得擅自修改专项施工方案。因规划调整、设计变更等原因确需调整的，修改后的专项施工方案应当按照现行规定重新审核和论证。

5. 危大工程作业人员登记制度

基坑工程施工期间，施工单位应当对危大工程施工作业人员进行登记（一日一登记），注明作业日期、作业工种、部位和上下基坑的时间等，并经作业者本人签字确认。

6. 危大工程施工监测和安全巡视制度

施工单位应当按照规定对危大工程进行施工监测（第三方监测不能代替施工单位的施工监测，施工单位的施工监测应独立开展，并应与第三方监测数据进行经常性对比、分析）和安全巡视，及时排查基坑安全隐患；当发现危及人身安全的紧急情况，应当立即组织作业人员撤离危险区域。

7. 第三方监测制度

由建设单位委托具有相应资质的单位对基坑工程实施第三方监测，基坑监测实施前，由监测单位编制专项监测方案，监测单位需按照监测方案开展监测，及时向建设单位报送监测成果，并对监测成果负责；发现异常时，及时向建设、设计、施工、监理单位报告，建设单位应当立即组织相关单位及时采取针对性的处置措施。

8. 应急抢险与后评估制度

基坑工程发生险情或者事故时，应当立即采取应急处置措施。应急抢险结束后，建设单位应组织勘察、设计、施工、监理等单位制定恢复施工专项方案，并对应急抢险工作进行经验总结和后评估分析。

1.3　常见的基坑支护结构形式

同一基坑工程中，往往涉及多种基坑支护技术，常见的基坑支护结构形式及其结构原理如表1-1所示。

常见的基坑支护结构形式及其结构原理 表 1-1

支护结构形式		结构原理
放坡式支护		按土体自然堆积角放坡
重力式支挡结构	重力式挡墙	依靠挡墙自重来平衡外侧水土压力
	土钉墙	通过土钉将原状土和硬质坡面连接，形成组合挡墙
悬臂式支挡结构		利用竖向桩墙自身的抗弯性能来平衡外侧水土压力
桩锚式支挡结构	排桩＋锚杆	外侧水土压力通过桩墙传至锚杆或锚索
	排桩＋锚索	
桩撑式支挡结构	排桩＋混凝土支撑	外侧水土压力通过桩墙传至内支撑构件；内支撑按材料可分为混凝土支撑和钢支撑，按角度可分为水平支撑和斜向支撑
	排桩＋钢支撑	

1. 放坡式支护

放坡式支护的核心思想是“利用土体的自然堆积角”，通过卸荷形成稳定坡面。为减少雨水渗入对坡面稳定性产生影响，需采用喷射混凝土技术进行表面硬化处理，必要时内配钢筋网片，以提高坡面抵抗风险的能力。

放坡式支护最大的特点是因地制宜、方便挖土、经济性好，但也存在明显的局限性，需要有充分的放坡空间且基坑开挖深度不大。随着用地越来越紧张、环境越来越复杂，同时土方处置的代价也越来越高，放坡支护的局限性也越来越大。当然放坡支护依然有其存在的价值，局部区域的放坡开挖，是降低坑外土压力的有效手段，可以减少内支撑的数量或代替坑中坑加固，因此仍是常见的基坑支护辅助手段之一。

在高地下水位、透水性好的地层中采用放坡支护，需要重点关注渗透力对坡体稳定性的影响。当坑外地下水沿着坡体渗透，会对坡体土体产生水平向的渗透力，大大降低坡体稳定性。可以结合坑外降水的方式，将坑外水位降至开挖面以下，或在坡体内部设置搅拌桩、拉森钢板桩等截水帷幕，避免地下水渗流形成水平向的渗透力。

2. 重力式支挡结构

重力式支挡结构的工作原理是利用挡墙自重来平衡挡墙外侧的水土压力。重力式挡墙支护具有悠久的历史，早期的重力式挡墙，多采用石砌，做成简单的梯形，常用于河道护堤、路堑边坡等。随着混凝土技术的发展，采用混凝土结构的重力式挡墙被用于永久性工程。重力式挡墙用于基坑工程，主要源于水泥土搅拌技术的发展，即水泥土重力式挡墙。

在喷射混凝土技术的基础上，20 世纪 70 年代发展了土钉墙支护技术。1990 年在美国召开的挡土墙国际学术会议上，土钉墙作为一个独立的专题与锚杆挡墙并列，使它成为一个独立的土加固学科分支。土钉墙的原理是通过将土钉、原位土体、喷射混凝土面层形成一个类似于重力式挡墙的整体，以此来抵抗“墙”后的水土压力，从而保持开挖面的稳定，因此属于重力式支挡结构的范畴，只是这个“重力式挡墙”是由多种材料通过相应方式组合而成的。

3. 悬臂式支挡结构

悬臂式支挡结构仅由竖向布置的挡土构件组成，利用竖向构件自身的抗弯能力来平衡挡土构件所承受的水土压力。竖向挡土构件可以是松木桩、钢板桩、型钢桩、预制桩、灌注桩或地下连续墙。悬臂式支挡结构的最大优点就是无内支撑构件、十分方便土方的开挖。竖向构件的抗弯能力主要体现在材料的用量上，因此该支护形式的缺点是材料使用量大、造价高、控制基坑变形的代价大。一般用于土体力学性质较好、开挖深度不大、周边环境好、变形要求不高的基坑中。

4. 桩锚式支挡结构

桩锚式支挡结构一般由竖向布置的挡土构件和斜交的锚杆（锚索）组成，其中锚杆（锚索）锚入岩层或土体滑移面以外的稳定土层内，利用锚杆（锚索）的拉力来平衡挡土构件所承受的水土压力。

基坑工程中的桩锚式支挡结构，锚杆（锚索）的拉力主要来自于锚杆（锚索）的锚固段与原状土之间的摩擦力、锚杆（锚索）自身所能承受的拉力。这种支护结构形式的优点也是无内支撑构件、十分方便土方的开挖，与桩撑式支挡结构相比，具有明显的经济优势。其缺点是超红线问题比较突出，锚固段加固体的质量较难保证，软土基坑中普遍存在着变形大、影响周边环境安全等问题。近年来，部分城市已在限制锚杆（锚索）技术用于基坑工程，进而限制了该支护结构形式的应用。

锚杆（锚索）构件自身抗拉刚度以及土与加固体之间的剪切刚度较小，要有效地发挥出锚杆（锚索）的锚固力，需要产生一定的拉伸变形。因此，采用锚杆（锚索）支护，应在锚固结构形成强度后、土方开挖前，进行预张拉形成锚固力并锁定，消除锚杆（锚索）支护结构拉伸变形对基坑的影响。

5. 桩撑式支挡结构

桩撑式支挡结构，一般由竖向布置的挡土构件和内支撑体系组成，利用内支撑结构自身的抗压能力，来平衡竖向挡土构件所承受的水土压力。桩撑式支挡结构是现阶段使用最广泛的支护结构形式，几乎是深基坑工程的不二选择。其优点是受力体系明确、安全可靠、控制变形能力强，尤其是采用可调节轴力的支撑体系时，能够实现基坑变形的主动控制。其缺点是造价较高，土方开挖受内支撑影响大。

1.4 常见施工技术与工艺

常见的基坑工程施工技术与工艺如表 1-2 所示。

常见的基坑工程施工技术与工艺　　表 1-2

基坑支护技术/工艺		工艺原理
喷射混凝土技术		利用压力喷枪，将掺有速凝剂的细石混凝土喷涂至土体表面，在较快时间内形成具有一定强度的硬质坡面保护层
锚固技术		利用受拉杆件［锚杆（索）］固定于滑移面以外的土体或岩层中所产生的锚固力维持地层稳定
水泥土搅拌技术	轴搅拌工艺	利用回转的搅拌叶片，回旋搅拌破土，并注入水泥浆与破碎土体充分混合搅拌，形成柱状的水泥土加固体
	渠式切割搅拌工艺	利用附有切割链条以及刀头的切割箱，对土体进行纵向切割横向推进成槽的同时，注入水泥浆，与原状地基充分混合搅拌，形成等厚度连续的水泥土加固墙体

续表

基坑支护技术/工艺		工艺原理
水泥土搅拌技术	双轮铣深搅工艺	利用特定的液压双轮铣头装置，竖向切削、破碎土体，同时注入水泥浆，将破碎土体与水泥浆充分混合搅拌，形成等厚度的水泥土加固墙体
高压喷射注浆工艺	CCP 工法（单重管法）	利用高压泥浆喷射流冲切破土，形成直径 0.4～0.8m 的柱状加固体
	JSP 工法（双重管法）	利用高压水泥浆液、空气的混合流，喷射、冲切破土并与土体混合，形成直径 0.6～1.0m 的柱状加固体
	CJP 工法（三重管法）	先利用高压水、空气的混合流，喷射、冲切破土，再注入较低压力的水泥浆、与土体混合，形成直径 0.8～1.2m 的柱状加固体
	RJP 工法（双高压喷射法）	先利用超高压的水、空气的混合流，喷射、冲切破土；再利用超高压的水泥浆液、空气混合流，二次扩大破土并与土体混合，形成直径 2.0m 及以上的柱状加固体
	MJS 工法（全方位喷射法）	先利用超高压的水、空气的混合流，喷射、冲切破土，并通过强制吸浆装置排除泥浆、降低地内压力；再利用超高压的水泥浆液、空气混合流二次扩大破土并与土体混合，形成大直径的柱状加固体
灌注排桩技术	泥浆护壁工艺	机械钻孔的同时，利用孔内泥浆进行护壁、维持钻孔稳定，下笼浇灌
	全套筒护壁工艺	机械钻孔的同时，利用钢制套筒进行护壁、维持钻孔稳定，下笼浇灌
	长螺旋压灌桩工艺	长螺旋钻孔取土至桩底后，从底部压灌超流态混凝土并提钻至成桩，然后再插入钢筋笼
地下连续墙技术		利用成槽机分段成槽（并泥浆护壁），下笼浇灌
组合钢板桩工艺	HU 工法	利用较短的钢板桩通过锁口连接形成连续的挡墙，主要承担止水作用，然后在钢板桩内侧插入刚度大且较长的 H 型钢承受侧压力，通过钢板桩内侧预先焊接的钢条将 H 型钢与钢板桩连续墙固定形成稳定的受力结构
	HC 工法	较短的钢板桩与较长的 H 型钢交替布置，通过锁口将钢板桩和 H 型钢的翼板连接形成连续的组合挡墙，H 型钢承受主要荷载
	PC 工法	较短的钢板桩与较长的钢管桩交替布置，通过锁口将钢板桩和钢管桩连接形成连续的组合挡墙，钢管桩承受主要荷载
内支撑技术	混凝土支撑工艺	由现浇的钢筋混凝土构件体系提供支撑内力
	钢管支撑工艺	由一系列标准钢管构件拼装后提供支撑内力，分为单杆体系和组合体系
	型钢组合支撑工艺	由 H 型钢加工成的标准化钢构件相互组合，拼装后形成稳定的桁架结构并提供支撑内力
	支撑轴力伺服技术	由监控站、伺服油源系统（数控泵站）、伺服千斤顶、油路系统等组成，实现支撑轴力的实时自动调节和报警等功能，解决支撑轴力损失问题，并可动态调整轴力达到变形主动控制的目的
	超前斜撑桩技术	基坑开挖前，直接斜向打入或在斜向水泥土搅拌桩中内插 H 型钢、钢格构柱、预制混凝土桩等，作为基坑的内支撑。实现支撑部位土方与支撑外土方的同步开挖，避免了斜抛撑需要分区开挖、分块浇筑地下室结构的问题

1.4.1 喷射混凝土技术

喷射混凝土技术起始于美国，于 1953 年建成的奥地利卡普隆水力发电站的米尔隧洞，最早使用了干喷混凝土支护技术，即新奥法。我国冶金、水电部门在 20 世纪 60 年代开始研究喷射混凝土技术，于 1965 年 11 月成功开发出喷射混凝土机械、材料与工艺，并将喷射混凝土技术成功应用于鞍钢弓长岭铁矿的矿山运输巷道，北京地铁工程于 1966 年使用喷射混凝土修复了因火灾烧坏的钢筋混凝土衬砌。

喷射混凝土技术具有施工简单、作业安全、节省钢筋、造价低等特点，在隧道、水利水电、护坡支护、矿山、地下工程、工程修补等诸多领域得到应用。一方面，随着无碱液体速凝剂技术、湿法喷射的发展与应用，喷射混凝土技术已成为不可或缺的支护辅助措施之一。另一方面，为了满足既有结构维护加固、新建结构复杂形状等新需求，喷射混凝土也向着高性能的方向发展，用湿喷混凝土代替传统的现浇成形混凝土建造钢筋混凝土墙也将成为未来的趋势。我国于 1986 年发布了国家标准《锚杆喷射混凝土支护技术规范》GBJ 86—85，后经修改又相继发布了《锚杆喷射混凝土支护技术规范》GB 50086—2001、《岩土锚杆与喷射混凝土支护工程技术规范》GB 50086—2015、《喷射混凝土应用技术规程》JGJ/T 372—2016 和《喷射混凝土用速凝剂》GB/T 35159—2017 等国家标准和行业标准，使我国喷射混凝土技术标准化建设日趋完善。

1.4.2 锚固技术

锚固技术也起始于美国，最早产生于矿山巷道支护，1911 年美国阿伯施莱辛（Aberschlesin）的费里登斯（Friedens）煤矿首先应用了岩石锚杆支护巷道顶板，1918 年美国西利西安矿的开采首先采用了锚索支护。20 世纪 60 年代至 80 年代，锚固技术发展迅猛，应用范围逐渐扩大，美国纽约世界贸易中心深开挖工程就使用锚杆加固长 950m、厚 0.9m 的地下连续墙。

20 世纪 50 年代后期，我国也开始将锚杆支护用于矿山巷道中。20 世纪 60 年代末，随着喷射混凝土技术的研发、使用，锚固技术已逐步在我国的矿山、冶金、水电、交通、土木建筑等领域内得到广泛应用。进入 21 世纪，由于国内大型水电工程的相继建设，锚固工程量大大增加，锚固技术也得到了更广泛的采用和进一步的发展，并出现了预应力锚杆（锚索）等改进的锚固工艺。

锚固技术应用于基坑工程，主要利用了滑移面外的锚固段土体摩擦力，具体体现在锚杆、预应力锚索等方面，与排桩技术相结合，发展出桩锚式支挡结构。土钉墙也是锚固的一种应用形式，它是通过相应的锚固技术把护坡面层和原状土体组合成一个挡墙整体。锚固技术用于基坑工程，不仅有造价优势，而且十分便于土方开挖，但因超红线、软土基坑变形大等问题，近年来国内部分城市已在限制锚固（锚索）技术用于基坑工程，具体应用时需要因地制宜。

1.4.3 水泥土搅拌技术

水泥土搅拌技术属于土体改良技术之一，按照搅拌工艺原理的不同，可分为轴搅拌、渠式切割、双轮深搅三类。

1. 轴搅拌工艺及 SMW 工法

（1）轴搅拌工艺的原理是：利用水平回转的搅拌叶片，回旋搅拌破土，使破碎土体与水泥浆搅拌，形成比原状土致密性更好、强度更高的水泥土固结柱状体。该工艺主要包括单轴搅拌、双轴搅拌、三轴搅拌和五轴等多轴搅拌形式，无论何种搅拌形式，大体上都是由桩机、后台搅浆装置、浆管等部分组成。各类搅拌形式及特点具体归纳如表 1-3 所示。

各类搅拌形式及特点 表 1-3

搅拌形式		特点
单轴搅拌（单根钻杆）	传统单轴搅拌	设备功率小、搅拌能力弱、钻杆细、垂直度较差；成桩直径 500～700mm，加固深度一般不超过 12m
	SCM 单轴搅拌	设备体积大、机架高、施工扭矩大、垂直度好、作业效率高；成桩直径可达 2m，深度可达 50m，多用于超深满堂加固
	IMS 单轴搅拌	设备体积小、钻杆可接长、施工效率高、垂直度好，可斜向施工；成桩直径 800～1800mm，深度可达 20～40m
双轴搅拌（两根钻杆）		设备功率不大、钻杆较细、垂直度较差；成桩直径一般为 700mm，加固深度 15m 左右；一幅两孔、孔间搭接 200mm
三轴搅拌（三根钻杆）		设备体积大、机架高、钻杆粗、功率大、搅拌均匀、施工垂直度好；成桩直径 650mm 或 850mm，施工深度可达 30m；一幅三孔，施工效率高
五轴等多轴搅拌（多根钻杆）		设备体积大、机架高、钻杆粗、功率很大、搅拌相对均匀、施工垂直度好；成桩直径 650mm 或 850mm、施工深度可达 30m；一幅多孔，施工效率高

以上各形式的搅拌工艺，在基坑工程中主要用于截水帷幕和加固（被动区加固或坑中坑加固等）。需要注意的是：搅拌类工艺主要依靠回转的搅拌叶片进行破土、混合搅拌，因此施工部位必须避开地下障碍物，例如工程桩先行施工部位的加固，就不适合采用搅拌类工艺；截水帷幕采用搅拌工艺时，一般需要套打一孔，不宜采用搭接方式，要特别关注施工垂直度和施工顺序，以降低偏孔引起的搭接不牢或下部开叉等问题。

（2）SMW 工法是在水泥土搅拌技术基础上发展而来的。SMW 是 Soil Mixing Wall（土体搅拌墙）的缩写，也称 SMW 工法连续墙，是利用专门的多轴搅拌桩机在地面向一定深度钻进、破碎土体，同时从钻头端部将水泥浆液注入土体、混合搅拌，在各施工单元之间则采取重叠搭接施工，然后在水泥土混合体未硬结前插入 H 型钢或钢板桩作为其受力补强材料，待水泥硬结后，便形成一道具有一定强度和刚度的、连续完整的、无缝的地下墙体，作为基坑的挡土结构并止水。

SMW 工法于 20 世纪 70 年代问世于日本，并迅速得到推广，在随后的 20 年内，SMW 工法已成为日本主流的基坑支护技术。我国于 20 世纪 80 年代就开始关注 SMW 工法技术，并于 1993 年首次在上海环球世界商厦基坑项目中成功应用，随后又在南京某基坑项目中成功应用，引起较大社会反响，随后在江浙沪等地得到广泛应用。

SMW 工法构造简单、不必像排桩支护那样另设截水帷幕，具有造价低、节材、芯材可回收、不会遗留地下障碍物等特点；施工时噪声较小，对周围环境影响小，置换浆较少且易自固化、无泥浆污染；凡是适合应用水泥土搅拌桩的场合都可使用，并可配合多道支撑，应用于较深的基坑工程，是性价比较高的基坑支护方式之一。

2. 渠式切割水泥土连续墙（TRD 工法）

TRD 工法是 Trench cutting Re-mixing Deep wall method 的缩写，也称渠式切割等厚度水泥土连续墙工法，其基本原理是将链锯式刀具箱竖直插至土层预定位置，然后作水平横向运动，同时由链条带动刀具作上下的回转运动，切削原土、注入水泥浆并搅拌，形成一定强度的等厚度截水帷幕，也可根据需要在水泥土硬结前，按照设计间距插入 H 型钢作为受力补强材料，待水泥土硬结后形成一道具有一定刚度和强度的型钢水泥土复合挡墙。

TRD 工法由日本于 20 世纪 90 年代研制，是能在各类土层和砂砾石层中连续成墙的施工方法，主要应用在各类建筑工程、地下工程、护岸工程、大坝及堤防的基础加固、污染物防渗处理等方面。

与 SMW 工法相比，TRD 工法能够形成连续的等厚度截水帷幕，成墙质量好、止水效果出色；施工设备机架高度在 12m 以内，通过性好、重心低、稳定性高，不易发生倾覆；施工深度大，国内已有多个深度达 60～70m 的施工案例，目前部分机型的施工深度可达 90m；施工精度高，垂直度可控制在 1/400，设备自带监测系统可实时监测切削箱体各深度 *X*、*Y* 方向的数据；适应地层范围更广，不仅适用于砂土、黏土、砾石等一般土层，结合旋挖、成槽机等其他设备，还可在卵石、坚硬黏性土、强风化基岩等硬质地层中施工；此外，该工法对周边环境影响小，特别适合紧邻保护建筑物或重要管线、地铁设施的基坑工程。

3. 双轮深搅工艺

双轮深搅工艺也称 CSM 工法。CSM 是 Cutter Soil Mixing（铣削深层搅拌）的缩写，该工法的原理是通过配置在钻具底端的两个位于防水齿轮箱内的电机驱动铣轮，铣轮旋转深入地层削掘、破坏土体，强制搅拌已松化的土体并注入水泥浆，形成等厚度水泥土搅拌墙。其不仅可以作为单一的防渗墙，而且也可以内插 H 型钢，形成集挡土和止水于一体的型钢水泥土复合挡墙。

CSM 工艺源于德国，宝峨公司在累积了 20 年制造使用连续墙成槽设备“双轮铣槽机”的经验基础上，于 2003 年研发出新的深层搅拌技术“双轮铣深层搅拌”。由于结合了液压铣槽机设备的技术特点和深层搅拌技术的应用领域，CSM 工法相比其他深层搅拌工艺，有着更好的地层适应性，尤其适合卵砾石和风化基岩等复杂地层。

1.4.4 高压喷射注浆工艺

高压喷射注浆工艺起源于 20 世纪 70 年代的日本，是另一类型的土体改良技术。它的工艺原理不同于搅拌工艺的机械搅拌破土，而是旋喷射流破土，即利用钻机把带有喷嘴的注浆管钻进土层预定位置后，以高压设备把浆液或水以 20～40MPa 的高压射流从喷嘴中喷射出来，以此冲切、扰动、破坏土体；同时，以一定速度逐渐提升钻杆，将浆液与土粒强制搅拌混合，浆液凝固后在土中形成一个圆柱状固结体，即旋喷桩。

高压喷射注浆工艺主要包括 CCP 工法（Chemical Churning Pile，即单重管法）、JSP 工法（Jambo Special Pile，即双重管法）、CJP 工法（Column Jet Pile，即三重管法）、RJP 工法（Rodin Jet Pile，即双高压旋喷工法，也称超高压旋喷工法）、MJS 工法（Metro Jet System，即全方位高压喷射工法）等。无论何种形式的工法，大体上都是由桩机、后台搅浆装置、浆管、空压机、高压浆泵等部分组成。喷射注浆工艺的施工质量保障程度一般低于搅拌类工艺，常用于搅拌工艺不适用的场合。尤其是 MJS 工法，因独特的多孔管构造形式，并通过强制排浆确保施工过程中的地内压力平衡，可以降低施工对周边环境的影响，特别适用于邻近地铁或其他周边环境保护要求高的基坑工程。

1.4.5 灌注排桩技术

随着钻孔灌注桩技术的普及应用，排桩支护在基坑领域中得到越来越多的应用。排桩支护对各种地质条件的适应性较大，同时具有抗弯刚度较大、承载力高等特点，施工时无振动、噪声小，无挤土现象，对周围环境影响小；当工程桩也为灌注桩时，可以同步施工，从而有利于现场施工的组织安排。排桩支护现已成为国内最常见的基坑支护手段之一，并与混凝土支撑成为基坑领域传统支护技术的代表。

为满足地下空间设施向“超大、超深”发展的需求，近年来，桩工设备与相关技术均得到迅猛的发展，旋挖、长螺旋压灌、全套筒等新工艺提高了排桩施工质量，同时还出现了咬合排桩、筒桩等新的排桩形式。灌注排桩的最大问题是造价高、耗材多、容易造成泥浆污染、使用期过后会形成地下障碍物，正逐步被工法桩取代。

1.4.6 地下连续墙技术

地下连续墙是在地面上采用一种挖槽机械，沿着深开挖工程的周边轴线，在泥浆护壁条件下，开挖出一条狭长的深槽，清槽后，在槽内吊放钢筋笼，然后采用导管法灌筑水下混凝土而筑成一个单元槽段，如此逐段进行，在地下筑成一道连续的钢筋混凝土墙壁，作为兼具截水、防渗、承重的支护结构。

地下连续墙技术起源于欧洲，20 世纪 20 年代初见于德国，20 世纪 50、60 年代先后在意大利、法国、日本等国得到了迅速发展，20 世纪 50 年代末期传入我国，率先用于水利、水电工程领域作为围护结构。随着城市建设和发展，城市内用地日趋紧张，高层、地铁等地下建构筑物的基坑深度越来越深，承受的荷载越来越大。地下连续墙以其刚度大、承载力高、结构可靠、整体性好等特点，已逐步成为基坑领域的一项重要技术，尤其适用于超深基坑或周边环境复杂的基坑工程。

1.4.7 组合钢板桩墙技术

1902 年，德国工程师 Tryggve Larssen 开发制作了世界上第一块 U 形剖面铆凸互锁的钢制板桩。1903 年钢板桩首次引入日本，用于三井本馆的挡土工程施工，同年引入美国。1911 年，卢森堡阿塞洛米塔尔公司（Arcelor Mittal）生产出第一批钢板桩。1914 年，两头都能连锁的板桩面世，每块 U 形板桩两头的“U 形凸出”能够用来连锁相邻的板桩，互锁构造能够形成一个水密空间从而增加连锁构造处的强度，这个改善一直被国际绝大多数的板桩制造商沿用至今。

组合钢板桩是在拉森钢板桩基础上发展起来的，单纯的钢板桩不论是U形、Z形还是直线形，因其截面刚度小，往往用于围堰或沟槽支挡，较少直接用于基坑工程，发挥不出其施工速度快的优势。组合钢板桩，就是将传统的钢板桩与钢管、型钢等材料结合起来，通过锁口将长而重的主桩（钢管桩或型钢桩）与短而轻的辅桩（钢板桩）交替设置在一起，形成连续的止水挡土墙，由主桩承受大部分侧压力。

组合钢板桩墙在欧洲应用较早，主要用于港口工程；21 世纪初，随着拉森钢板桩在国内的推广，借鉴组合钢板桩在国外的应用经验，近五六年内，国内组合钢板桩墙技术得到快速发展，相继出现了 PC 工法、HU 工法、HC 工法等组合钢板桩墙形式。

组合钢板桩墙技术最大的特点就是实现了竖向围护结构的全回收，解决了临时工程耗材多、废弃形成地下障碍物等问题，并且施工速度快。因此，近年来得到快速推广、应用难点被逐步克服，尤其适用于 1～2 层地下室等施工周期较短的基坑工程，经济效益十分显著。

1.4.8　内支撑技术

基坑工程的内支撑，按支撑提供轴力的方向不同，可分为水平支撑和斜向支撑；按支撑材料的不同，可分为钢筋混凝土支撑、钢管支撑、型钢组合支撑，这三种内支撑形式及特点如表 1-4 所示。

内支撑形式及特点　　表 1-4

内支撑形式	特点
钢筋混凝土支撑	现浇式结构，具有刚度大、整体性好、工艺成熟等优点；但造价高、耗材多、工期长、会产生大量建筑垃圾
钢管支撑	装配式结构，分为单杆体系与组合体系，具有施工速度快、可回收利用、经济性好等优点；但节点相对薄弱、稳定性较差、布置密、对土方开挖影响较大
型钢组合支撑	装配式结构，组合体系，支撑为桁架结构，具有施工速度快、可随撑随挖、可回收利用、经济性好、强度高、稳定性好等优点，已形成成熟的与伺服系统结合的变形主动控制技术；但对施工工艺要求很高

在钢支撑（包括钢管支撑和型钢支撑）发展应用之前，桩撑式深大基坑工程基本上以钢筋混凝土内支撑为主。针对混凝土内支撑的弊端，20 世纪末，随着城市地铁工程的建设，大量采用钢管支撑，并很快代替了地铁工程中的部分混凝土内支撑。钢管支撑存在着稳定性和可靠性方面的缺陷，而且支撑密度高、影响了土方开挖的速度。为了克服上述问题，型钢组合支撑应运而生。

型钢组合内支撑技术，是一种采用由高强度 H 型钢经工厂加工形成的标准构件，模块化组合而成并施加预应力的内支撑技术，在施工现场通过高强度螺栓拼装形成整体。它是一种绿色、节材、高效、可靠、经济的内支撑形式。现阶段它已得到越来越多的认可和使用，国内不少企业也相继涉足此领域。尽管这些企业都在发展型钢组合支撑技术，但各家之间或多或少存在差异，技术类型也多种多样。

斜向支撑包括斜抛撑和超前竖向斜撑等。超前竖向斜撑结构形式接近斜抛撑，但其采用斜桩的施工方式，将 H 型钢、钢格构柱或预制混凝土桩等直接打入土体或插入斜向水泥土搅拌桩中，作为基坑的内支撑。“超前”是相对于“先挖后撑的斜抛撑”而言，即在土方开挖前就完成竖向斜撑的施工，然后再进行基坑土方开挖。该技术与排桩（灌注排桩、型钢桩或组合钢板桩）相结合，非常适用于开挖深度不深、周边环境保护要求不高，但开挖面积大的基坑工程，具有非常不错的经济效益且利于土方快速开挖。

1.4.9　支撑轴力伺服技术

近十来年内，钢支撑因其在工期、环保、经济等方面的优越性，在基坑领域得到越来越多的应用；伴随着钢支撑的推广应用，发展出了能够实时监控并调整轴力的新技术——支撑轴力伺服技术。支撑轴力伺服系统由监控站、伺服油源系统（数控泵站）、伺服千斤顶、油路系统、配电系统、通信系统、无线分布式数控液压站接线盒装置与软件系统（操作平台）等共同组成。

按照设计轴力值预加支撑轴力后，温度及环境变化、应力松弛、局部松动或滑动、相邻支撑预加轴力等都会导致钢支撑轴力损失，伺服系统可实时补偿轴力，使其稳定在设计值。在此基础上，根据基坑监测数据及事先设定的变形控制目标，动态调整支撑轴力，实现每一工况的位移控制，即为基坑变形主动控制技术。这一技术在钢筋混凝土支撑中亦有应用，不同于钢支撑，钢筋混凝土支撑会设置内外两道围檩，将伺服系统安装于两道围檩之间。目前，在江浙沪地区，支撑轴力伺服技术正逐步应用到周边环境复杂、基坑变形控制要求高的基坑工程中。

1.5 小结

本书将主要介绍近年来得到成功应用的基坑支护技术的工艺原理、适用范围、施工机械设备的性能与选择、主要工艺流程与施工要点、质量控制和验收标准、常见质量通病及处理方法，供基坑支护领域的同仁们参考、借鉴。

第 2 章 高压喷射注浆桩

2.1 概述

高压喷射工艺在基坑支护领域，主要用来提高土体抗渗性能或提高土体强度（如被动区加固、坑中坑加固、桩间土加固等），尤其适用于淤泥、淤泥质土、流塑～可塑状黏土、粉砂性土等土层，也可用于勘探孔封堵、基坑渗漏水抢险等特殊情况。

2.1.1 高压喷射注浆桩的成桩机理

高压喷射注浆桩主要的成桩机理如下：

（1）通过高压喷射流来切割、破坏土体，使土体出现空穴，土体裂隙扩张。

（2）钻杆在旋转提升过程中，射流后部将形成空隙，在喷射压力作用下，迫使土粒向着喷射流的反方向运动，并完成泥浆与水泥浆液的混合搅拌。

（3）在高压水和压缩空气混合射流切割土体的同时，压缩气体会把一部分切下的土粒以泥浆的方式排出地面，排出后的空隙由水泥浆液填充。

（4）高压喷射流在切割破坏土体过程中，到达破碎部位边缘还有剩余速度和压力，虽然不足以继续切割破坏土体，但是对土层仍可产生一定压密注浆作用。

2.1.2 不同喷射注浆工法的有效成桩直径

高压喷射注浆法适用于填土、粉砂性土、卵砾石土、淤泥、淤泥质土和黏性土，尤其适合粉砂性土和软弱土。由于土层密实度或黏聚力的差异，同种喷射注浆工艺在不同土层中的有效成桩直径有着较大的差异。不同喷射注浆工艺在各种土层中的有效成桩直径如表 2-1 所示。

不同喷射注浆工艺在各种土层中的有效成桩直径（mm）　　表 2-1

<table>
<tr><th>土层</th><th>状态</th><th>指标</th><th>单重管法</th><th>双重管法</th><th>三重管法</th><th>RJP 工法</th><th>MJS 工法</th></tr>
<tr><td>填土</td><td>松散</td><td rowspan="2">$N \leqslant 10$</td><td rowspan="2">600～700</td><td rowspan="2">700～900</td><td rowspan="2">900～1200</td><td rowspan="2">2900～3200</td><td rowspan="2">2600～2800</td></tr>
<tr><td rowspan="4">砂性土、卵砾石</td><td>松散</td></tr>
<tr><td>稍密</td><td>$10 < N \leqslant 15$</td><td>500～600</td><td>600～800</td><td>800～1000</td><td>2700～3000</td><td>2400～2600</td></tr>
<tr><td>中密</td><td>$15 < N \leqslant 30$</td><td>400～500</td><td>600～700</td><td>700～800</td><td>2500～2800</td><td>2200～2400</td></tr>
<tr><td>密实</td><td>$30 < N \leqslant 50$</td><td>—</td><td>—</td><td>—</td><td>2300～2600</td><td>2000～2200</td></tr>
<tr><td>淤泥、淤泥质土、黏土</td><td>流塑</td><td>$c \leqslant 12$</td><td>500～600</td><td>600～800</td><td>800～1000</td><td>2700～3000</td><td>2400～2600</td></tr>
</table>

续表

土层	状态	指标	单重管法	双重管法	三重管法	RJP 工法	MJS 工法
淤泥、淤泥质土、黏土	软塑	$12 < c \leqslant 25$	500～600	600～700	700～800	2500～2800	2200～2400
	可塑	$25 < c \leqslant 35$	400～500	500～600	600～700	2300～2600	2000～2200
	硬塑	$35 < c \leqslant 50$	—	—	—	2000～2200	1800～2000

注：1. 表中N值为标准贯入试验的锤击数，c值为黏聚力；
2. 有效成桩直径除与土层类别有关外，还和提升速度密切相关，本表为经验数据，仅供参考。

2.1.3 地内压力、排浆和置换土率

受工艺原理的影响，高压喷射注浆桩在施工过程中，会产生较大的地内压力，引起地面隆起、冒浆等现象，严重时还会破坏管线或浅基础建构筑物。单重管法、双重管法和三重管法在施工过程中产生的浆液，只能从钻孔与土体之间的空隙中被动地排出地面，因此易积聚较大的地内压力。

RJP 工法钻孔直径较大并采用了套管护壁跟进，钻杆与套管之间的空隙较大且比较稳定，虽然施工产生的混合泥浆也是被动地排出地面，但排浆能力略强一些。不过 RJP 工法的射流压力更大，施工过程中仍会产生较大的地内压力。

MJS 工法自带强制吸浆装置和地内压力监测系统，可以实现主动排浆、按需排浆，因此 MJS 工法施工时能够较好地控制地内压力。

此外，不同喷射注浆工艺的排浆成分也有一定的差异。单重管法和双重管法从孔口排出的是水泥浆液和破碎土体的混合物；三重管法、RJP 工法和 MJS 工法，高压水气混合射流喷嘴在水泥浆液射流喷嘴的上方，所以排出的浆液以泥为主并附带一部分水泥浆液和破碎土体的混合物。就置换土比率大小而言，单重管、双重管和三重管法的排泥量为 20%～50%，RJP 工法的排泥量为 40%～70%；MJS 工法为了控制地内压力，排泥量最大，通常可达 80%以上。

2.2 主要施工设备介绍

2.2.1 单重管法、双重管法、三重管法的施工设备

单重管法的施工系统由钻机、搅拌后台、高压浆泵（泥浆泵）、浆管等组成，如图 2-1 所示。

双重管法比单重管法多了压缩空气系统，如图 2-2 所示，三重管法比双重管法多了高压清水系统，如图 2-3 所示。

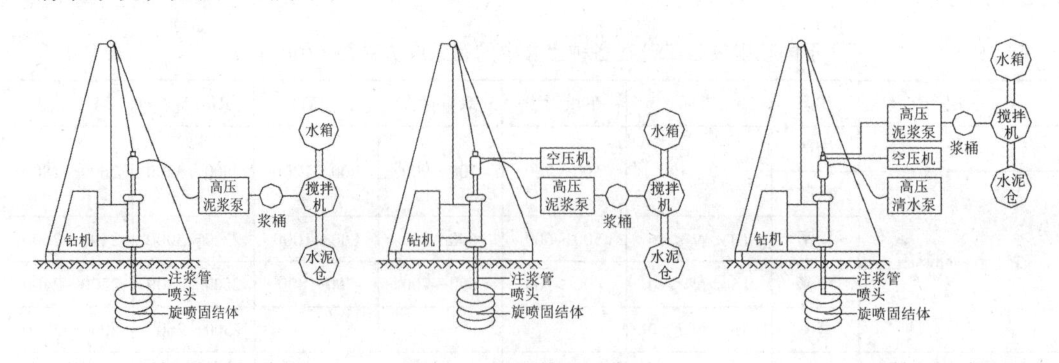

图 2-1 单重管法示意图　　图 2-2 双重管法示意图　　图 2-3 三重管法示意图

现阶段国内的旋喷钻机大多可同时满足单重管法、双重管法、三重管法的施工需求（并兼顾钻孔、喷射注浆功能，即钻喷一体机），施工深度可达 30m。旋喷钻机按行走方式可划分为走管式（如 SJ20、SJ25、XP-20 等机型）、步履式（如 XPB-20、XPB-30、SJB-60 等机型）和履带式（XPL-50、SJL-60 等机型），其中步履式、履带式机型更便于移位；按机架高度，可分为高架机型和低架机型，其中高架机型可以减少现场接管工作量，低架机型每节钻杆长度 1.0～2.0m 不等，现场接管工作量大、施工效率相对较低。主要施工设备性能参数如表 2-2 所示。

主要施工设备性能参数　　**表 2-2**

设备名称	主要性能参数或规格型号	适用工法		
		单重管	双重管	三重管
高压泥浆泵	压力 20～40MPa；功率 75～90kW	✓	✓	
高压水泵	压力 20～40MPa；功率 37kW			✓
空气压缩机	压力 0.5～0.8MPa；流量 ⩾ $3m^3/min$；功率 37kW		✓	✓
泥浆泵-注浆	压力 0.5～5MPa；功率 7.5kW			✓
浆管	DN19 橡胶钢丝软管或 DN21 钢管，耐压 ⩾ 45MPa	✓	✓	
旋喷钻机	如：XP-30（步履式，工作尺寸：长 5.25m × 宽 3.2m × 高 19m，功率约 39kW） 如：XPL-50（履带式，工作尺寸：长 2.6m × 宽 1.8m × 高 4.6m，功率约 22kW）	✓	✓	✓
搅拌后台	配 30/50t 水泥桶、搅拌装置、蓄水箱和储浆桶等	✓	✓	✓
钻杆规格	ϕ76、ϕ89 比较常用，单节长度 1.5/2.0m 不等	✓	✓	✓

注：实际选用的机型及其浆泵、空压机等配套设备型号并非固定，表中参数仅供参考。

单重管法、双重管法和三重管法的射流喷嘴规格一般为 1.8～2.5mm，射流喷嘴直径过大容易造成压力不足而影响成桩直径。

2.2.2　RJP 工法的施工设备

RJP 工法（即双高压旋喷工法）与三重管法相比，主要是钻杆构造上的差异，并由高压水泥浆液和压缩空气的混合喷射流代替了三重管法的低压注浆，具有更大的冲击动能，可以二次冲切破土、扩大桩体直径。该工法的工艺示意图与三重管法类似，工法施工系统由钻机、搅拌后台、高压浆泵（泥浆泵）、高压水泵、浆管、压缩空气系统等组成，如图 2-4 所示。

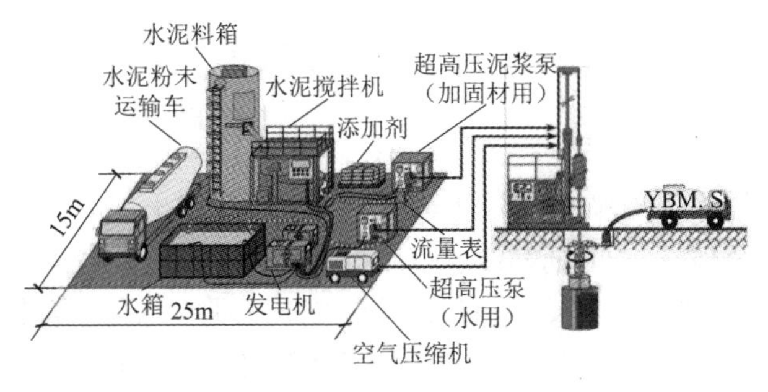

图 2-4　RJP 工法系统示意图

现阶段国内的 RJP 工法设备主要为 RJP-65CV 型，该设备具有步进速度计数器、进给速度表、步进计时器、摇晃计数器（用于摆喷）、角度仪（用于摆喷）、转速表、钻进深度等主要参数的智能控制面板，施工深度可达 65m，单根钻杆长度为 3m，拆装钻杆和设备行走挪孔需要吊车辅助。RJP 工法成套设备配置大体如表 2-3 所示。

RJP 工法成套设备配置　　表 2-3

设备名称	规格型号	单位	数量	功率
工法钻机	RJP-65CV，工作尺寸：长约 2.6m × 宽约 2m × 高约 2.4m	台	1	45kW
高压泥浆泵	GF-200SV 型：压力 30～40MPa、额定流量 100～160L/min	台	1	150kW
高压水泵	GF-75SV 型：压力 30～40MPa、额定流量 50L/min	台	1	55kW
空气压缩机	GRF-100/A12.5：压力 0.6～1.25MPa、容积流量 ≥ $9m^3$/min	台	1	75kW
泥浆泵	3PNL（孔口排泥用）	台	2	2 × 7.5kW
浆管	DN19 橡胶钢丝软管或 DN21 钢管，耐压 ≥ 45MPa	m	按需	—
搅拌后台	自动搅拌装置	套	1	55kW
	配 50/70t 水泥桶、蓄水箱、储浆桶等	套	1	—
其他辅助设备	挖机 PC200、25t 汽车起重机等	台	按需	柴油动力

RJP 工法钻杆直径 142mm、单根钻杆长度为 3m，钻杆构造如图 2-5 所示；钻头的侧面上下各分布两个高压水喷嘴和两个高压浆喷嘴，高压水喷嘴孔径为 1.6～1.8mm，高压浆喷嘴孔径为 1.8～2.5mm；高压水喷嘴和高压浆喷嘴的四周均为环形气孔，能够分别形成高压水气喷射流和高压浆气喷射流。

图 2-5　RJP 钻杆构造实拍图

2.2.3 MJS 工法的施工设备

MJS 工法（即全方位高压喷射工法）与双高压旋喷工法、三重管法相比，MJS 工法的钻杆构造更为复杂（图 2-6），不仅增设了强制排泥功能（双高压旋喷工法、三重管法主要利用引孔通道的气升式排泥排浆），而且增加了地内压力监测装置，它和双高压旋喷工法一样能够形成大直径加固体，但该工法更有利于控制地内压力，减少地面隆起问题和保护周边环境，多用于地铁设施等周边环境保护要求高的部位。MJS 工法施工系统由钻机、搅拌后台、高压浆泵（泥浆泵）、高压水泵、浆管、压缩空气系统、强制排泥系统等组成。

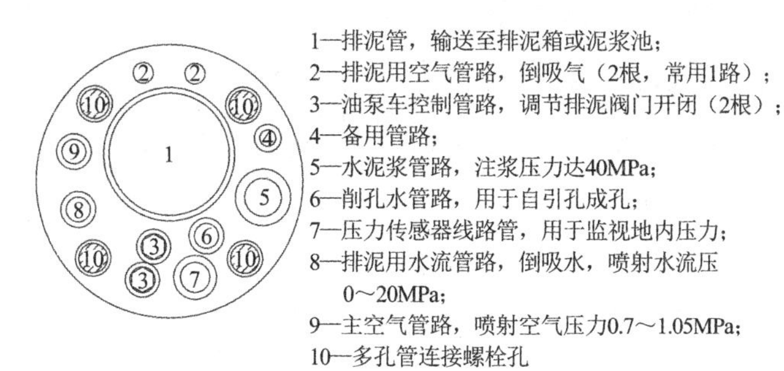

图 2-6　MJS 钻杆构造示意图

现阶段国内的常见 MJS 工法设备主要为 MJS-40VH、MJS-65VH 型，部分 MJS-40VH-S、MJSFHV65、MJS-65CVH 等新机型，自动化程度高、有效加固深度可达 65m，并可实现垂直、水平和倾斜方向的旋喷或摆喷。MJS 工法成套设备配置大体如表 2-4 所示。

MJS 工法成套设备配置　　　　**表 2-4**

设备名称	规格型号	单位	数量	功率
工法钻机	MJS-40VH，工作尺寸：长约 2.6m × 宽约 2.5m × 高约 4m	台	1	45kW
高压泥浆泵	GF-120SV 型：压力 30～40MPa、额定流量 80～160L/min	台	1	90kW
	GF-200SV 型：压力 ≥ 40MPa、额定流量 100～160L/min			150kW
高压水泵	GF-75SV 型：压力 30～40MPa、额定流量 50L/min	台	1	55kW
空气压缩机	GRF-100/A12.5：压力 0.6～1.25MPa，容积流量 ≥ 9m^3/min	台	1	75kW
泥浆泵	3PNL（孔口排泥用）	台	2	2 × 7.5kW
浆管	DN19 橡胶钢丝软管或 DN21 钢管，耐压 ≥ 45MPa	m	按需	—
搅拌后台	自动搅拌装置	套	1	55kW
	配 50/70t 水泥桶、蓄水箱、储浆桶等	套	1	—
其他辅助设备	挖机 PC200、25t 汽车起重机等	—	—	—

MJS 工法钻杆直径 142mm、单根钻杆长度为 1.5/2.0/3.0m 不等，钻杆构造如图 2-6 所示；其钻头主要由削孔水喷嘴、浆液喷嘴、压力传感器和排泥阀门等组成，其中削孔水喷嘴位于钻头最前端、用于钻孔成孔，其上为 2 个高压浆喷嘴、喷嘴孔径为 1.8～2.5mm，在其上为 2 个高压水喷嘴、喷嘴孔径为 1.6～1.8mm，最上部为排泥口（排泥阀门）。高压水喷嘴和高压浆喷嘴的四周均为环形气孔，能够分别形成高压水气喷射流和高压浆气喷射流。

2.3　高压喷射注浆桩的施工参数

2.3.1　主要施工参数

高压喷射注浆桩一般应采用 P · O42.5 普通硅酸盐水泥，水泥浆液的水灰比 0.8～1.5。参照《建筑地基基础工程施工规范》GB 51004—2015 及施工实践等，不同喷射注浆工艺的施工参数汇总如表 2-5 所示。

不同喷射注浆工艺的施工参数 表 2-5

工法类别		单重管法	双重管法	三重管法	RJP 工法	MJS 工法
设计水泥掺量		不宜小于 25%	25%～35%	30%～40%	35%～45%	35%～45%
浆液	水泥浆压	20～30MPa	20～30MPa	0.5～3MPa	30～40MPa	30～40MPa
	喷嘴数量/孔径	2/1.8～2.5mm	2/1.8～2.5mm	1/10～14mm	2/1.8～2.5mm	2/1.8～2.5mm
	喷浆流量	60～90L/min	60～90L/min	80～150L/min	80～160L/min	80～160L/min
水	水压	—	—	25～40MPa	30～40MPa	30～40MPa
	喷嘴数量/孔径	—	—	2/1.6～1.8mm	2/1.6～1.8mm	2/1.6～1.8mm
	流量	—	—	60～80L/min	60～80L/min	60～80L/min
空气压力		—	0.6～0.8MPa	0.6～0.8MPa	0.8～1.0MPa	0.8～1.0MPa
提升速度		15～25cm/min	10～20cm/min	10～15cm/min	4～8cm/min	4～8cm/min
旋转速度		15～20r/min	10～20r/min	10～15r/min	6～8r/min	6～8r/min

注：1. 压力与土层密实度有关；
2. 本表参数仅供参考，实际施工参数应结合现场试桩情况而定。

2.3.2 水泥用量及注浆流量的计算

压力和注浆量是高压喷射注浆工艺的关键指标，其中压力直接关系到成桩直径（进而影响了桩间搭接效果），注浆量直接影响了加固体的强度和抗渗性能。

1. 水泥的设计掺量与水灰比

水泥设计掺量一般按加固土体质量的百分比计，如 30%的设计掺量，即每 100kg 的土体需要掺加 30kg 的水泥。

水灰比也是质量比，即水泥浆液配备时水与水泥的质量比，水灰比越小，说明配制单位体积水泥浆液所用的水越少；水灰比越大，说明配制单位体积水泥浆液所用的水越多；但水灰比不应低于 0.8，否则会因浆液黏稠、不易流动而易发堵管。

2. 单桩水泥用量的计算

$$
\begin{aligned}
\text{单桩水泥用量}Q &= \text{搅拌体积} \times \rho \times \text{水泥设计掺量} \\
&= 1/4 \times \pi \times D^2 \times L \times r/360 \times 1.8 \times \text{水泥设计掺量}
\end{aligned} \tag{2-1}
$$

式中：Q——单桩水泥用量（t）；

D——设计桩径（m）；

L——设计有效桩长（m）；

r——摆喷角度，旋喷时取 360（°）；

ρ——为土体的表观密度（重度），一般取 1.8，砂性土层可取 1.9。

3. 水泥浆液的相对密度与配比

水泥浆液的相对密度 = 水泥浆液的质量 ÷ 水泥浆液的体积

$$
= \frac{\text{水的质量} + \text{水泥的质量}}{\text{水的体积} + \text{水泥的体积}} \tag{2-2}
$$

式中：水的体积 = 水的质量 ÷ 水的密度，水的密度取 1000kg/m^3；

水泥的体积 = 水泥的质量 ÷ 水泥的密度，水泥的密度一般取 2900～3100kg/m³，一般情况下普通硅酸盐水泥取 3000kg/m³，矿渣/粉煤灰水泥略低些，硅酸盐水泥略高些。

常见水灰比的浆液相对密度，以及配置 1000L 水泥浆液的水泥与水的用量，如表 2-6 所示。

常见水灰比的浆液相对密度及配置 1000L 水泥浆液的水泥与水的用量　　表 2-6

水灰比		1.5	1.2	1.0	0.9	0.8	0.7
浆液相对密度		1.36	1.43	1.50	1.54	1.58	1.64
配置 1000L 水泥浆液的用量	水（kg）	816	780	750	730	702	675
	水泥（kg）	544	650	750	810	878	965

注：本表计算采用普通硅酸盐水泥，密度取 3000kg/m³。

4. 单桩总注浆量和注浆流量计算

单桩总注浆量V = 单桩水泥用量 ÷ 配置 1000L 水泥浆液时的水泥用量 × 1000L；

每分钟注浆量 = 单桩总注浆量 ÷ 单桩注浆提升时间；

单桩注浆提升时间 = 有效桩长 ÷ 提升速度。

当设计掺量越大时，理论注浆量越多；当桩径较小时，每延米的理论注浆量较少，如提升速度过慢，会造成水泥超用；当桩径较大时，每延米的理论注浆量较多，如提升速度过快，会造成实际注浆量不足而影响成桩质量。不同桩径、提升速度下的每分钟注浆流量如表 2-7 所示（单/双/三重管的设计掺量按 30%，RJP/MJS 工法的设计掺量按 35%，水灰比按 1.0 考虑）。

不同桩径、提升速度下的每分钟注浆流量　　表 2-7

工法及提升速度		设计桩径（mm）											
		400	500	600	700	800	900	1000	1200	1500	1800	2000	2400
一重管法	15cm/min	13.5L	21.2L	30.5L	41.5L	—	—	—	—	—	—	—	—
	20cm/min	18.1L	28.3L	40.7L	55.4L	—	—	—	—	—	—	—	—
	25cm/min	22.6L	35.3L	50.9L	69.3L	—	—	—	—	—	—	—	—
二重管法	12cm/min	—	—	—	—	43.4L	55.0L	67.8L	—	—	—	—	—
	15cm/min	—	—	—	41.6L	54.3L	68.7L	84.8L	—	—	—	—	—
	20cm/min	—	—	40.7L	55.4L	72.4L	91.6L	113L	—	—	—	—	—
	25cm/min	—	—	50.9L	69.3L	90.5L	115L	—	—	—	—	—	—
三重管法	12cm/min	—	—	—	—	—	—	67.8L	97.7L	—	—	—	—
	15cm/min	—	—	—	—	—	68.7L	84.8L	122L	—	—	—	—
	20cm/min	—	—	—	—	72.4L	91.6L	113L	—	—	—	—	—
RJP/MJS 工法	4cm/min	—	—	—	—	—	—	—	—	—	85.5L	105L	152L
	5cm/min	—	—	—	—	—	—	—	—	74.2L	107L	132L	—
	6cm/min	—	—	—	—	—	—	—	—	89L	128L	158L	—
	7cm/min	—	—	—	—	—	—	—	—	104L	150L	—	—
	8cm/min	—	—	—	—	—	—	—	—	119L	—	—	—

工程实践中，如计算所得的理论注浆流量超出注浆设备的正常工作范围（如低于最小注浆流量或大于最大注浆流量）时，应在设计允许范围内调整水灰比和提升速度，使理论注浆流量在注浆设备的正常注浆能力范围内。

5. 注浆压力复核

注浆流量与注浆压力之间的经验公式如下：

$$p=\frac{0.225\rho Q^2}{(n\mu\Phi d^2)^2} \tag{2-3}$$

式中：p——喷射压力（MPa）；

Q——喷射注浆量（L/min）；

ρ——喷射液体密度（g/cm³）；

n——浆液喷嘴个数；

μ——喷嘴流量系数（一般为圆锥形，圆锥形喷嘴$\mu=0.95$）；

Φ——喷射流速系数（$\Phi=0.97$）；

d——喷嘴出口内径（mm）。

经复核的注浆压力符合设计值时，即可按相应参数进行试桩施工，如经复核的注浆压力达不到设计值或超出设备正常工作范围时，则应调整喷嘴内径、确保喷射压力。

2.4 高压喷射注浆桩的施工流程与注意事项

不同工法的高压喷射注浆桩，其施工流程大体相同，都包括：施工准备、定位、造孔及下钻杆、提升喷浆、成桩移位等环节，施工流程如图 2-7 所示。

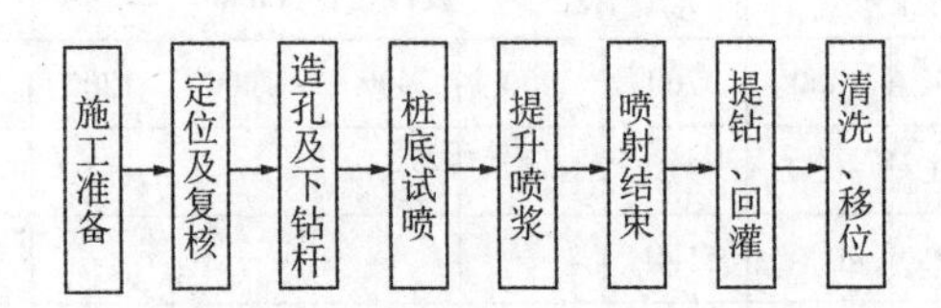

图 2-7 喷射注浆桩施工流程示意图

2.4.1 施工准备

（1）熟悉设计图纸和地勘报告，摸清施工部位的作业空间和周边环境，编报专项施工方案；当施工部位附近存在管线、浅基础建（构）筑物时，需结合所选择的喷射注浆工艺提出处理建议或保护措施，并体现在专项施工方案内。

（2）结合现场场地情况，合理布置搅拌后台并落实好水源、电源；搅拌后台与喷射注浆点位的距离应控制在 50m 左右。超过 50m 时，需考虑送浆管的压损（每 50m 的压损约为 1MPa）；后台水泥罐应竖立在地基承载力大于 100kPa 的硬质地面（不足 100kPa 时，应浇筑配筋混凝土基础）上并铺设钢板，同时做好防尘和防雷防护。

（3）施工设备拼装、校验钻杆长度、调试喷射注浆系统等，确保设备及各系统满足正常施工作业的要求，配备必要的备品备件，减少施工期间维保或故障排除的时间；同时结合现场实际情况和施工顺序，修建排污系统（喷射注浆过程中会产生返浆或排泥），沉淀后的清水根据场地条件可进行无公害排放或循环利用、沉淀或固化的泥土定点堆放并及时外运出场。

（4）根据支护图纸，对拟施工的喷射注浆桩进行编号；当桩顶标高或桩径（或喷射工艺）不同时，应注明相应的区域范围，或分类编号；桩位编号时需做到不遗漏、不重复。

（5）编制材料需求计划，确保材料供应充足。采用符合设计要求的水泥型号，其出厂时应经实验室检验符合国家规范要求，并有质量合格证。严禁使用过期、受潮、结板、变质的水泥。施工用水应干净，酸碱度适中，pH 值在 5～10 之间。

当设计要求掺入木质素磺硫钙、石膏、三乙醇胺、氯化钠、氯化钙、硫酸钠、陶土、碱等外掺剂时，外加剂也应纳入材料需求计划，确保材料及时供应。

（6）场地处理。施工前，需根据测量控制点测设出拟施工范围，然后对该范围内已知的地表以下 2m 内的障碍物进行清理、回填并压实、平整场地，满足后续施工及安全作业的要求。

（7）确定施工参数。结合拟定的喷射注浆工艺、地勘报告中的土层性质和支护图纸的要求等，初定施工参数，选定试桩点位、组织工艺试桩，并根据试桩结果，调整喷浆量，确定搅拌桩提升速度、搅拌回转速度、喷射压力、停浆面等施工工艺参数。

2.4.2　桩孔定位及复核

在已平整的场地上，利用全站仪或经纬仪测设出桩中心，每个桩位上插入废钢筋头进行标记；排桩布置的喷射注浆桩，也可放设出施工控制线，依据控制线放设出桩位并标记；高压喷射注浆桩作截水帷幕用途时，需先按照施工图纸放样、沿桩位中心线开挖沟槽，沟槽宽度约为 1m，深度在 1～2m 之间，以保证沟槽有一定的储浆功能，然后再放出桩位、插入废钢筋头进行标记。

为防止桩机设备移位时触碰已放设的桩中心标记，需在钻机就位时，利用全站仪或经纬仪进行桩位复核，以确保桩孔中心的偏差不超过设计图纸与施工规范的规定。

2.4.3　造孔、下喷射注浆管

单/双/三重管法的喷射注浆钻机和 RJP/MJS 钻机，大多同时兼备钻孔和喷射注浆的功能，因此可以边下（插）注浆管、边射水造孔（为防止泥砂堵塞喷嘴），该法适用于填土层、软可塑黏性土层以及标准贯入度小于 30 的砂性土层，施工效率较高。但采用该法时，插管射水的压力一般不超过 1MPa，若射水压力过大，则容易射塌孔壁（砂性土层尤甚，易埋管）。

当存在中密及以上砂性土层或硬可塑黏土层时，一般需采用地质钻机预先钻孔，钻孔孔径 90～150mm 不等（RJP/MJS 工法时，因下套管的需要，钻孔孔径甚至需达 400mm）、孔深一般为设计桩底以下 0.5～1.0m、钻孔垂直度偏差不大于 1/100；成孔后，再下注浆管（RJP/MJS 工法时，需先下内径约 220mm 的套管，再下注浆管）至设计桩底标高。桩深较大时，为减少垂直度偏差造成的下部搭接不可靠，需在成孔后使用导正器进行扫孔并灌入相对密度约 1.3 的泥浆，以防塌孔。

钻机就位、下钻（造孔）前，先检查钻机和高压设备的工况、各管路系统，确保设备的压力和排量满足施工要求，确保各部位密封圈良好、各通道和喷嘴内不得有杂物，并采用清水替代水泥浆进行高压射水试验（试验时，应将旋转钻头喷嘴旋至合适位置，避开人群和设备，以免发生安全事故或财产损失），试验合格后方可下注浆管。下注浆管过程中，提前将钻杆清洗干净，检查钻杆孔内是否通畅、密封圈的密封性能是否良好，确保注浆管接头部位密闭、不漏浆。根据实际孔深确定钻杆下放根数，最后一节钻杆下放时需控制好钻头在孔底的标高、以确保桩长。

2.4.4 桩底试喷、提升注浆

喷射注浆管下至设计桩底后，原位旋转钻杆，按工艺要求启动喷射注浆系统（单重管法送浆，双重管法送气、送浆，三重管法及 RJP/MJS 工法送气、送水、送浆），进行桩底试喷 10～30s、至孔口开始冒浆；待各系统均处于正常工作状态时，再按规定速度提升钻杆，边提升边喷射注浆。

桩底试喷前，应提前通知后台按照试桩后确定的水灰比制备水泥浆。水泥浆液进入注浆泵前，应经 2～3 道过滤（滤网规格 0.8mm 为宜），以防异物和较大水泥颗粒堵塞泵管和喷嘴，配制完成的水泥浆液宜在 0.5h 内使用完。

提升注浆过程中，需要密切关注施工参数的变化和孔口冒浆情况，记录旋喷时间、用浆量、冒浆情况、压力变化等。按拟定施工参数作业时，如发现孔口冒浆过多（一般不宜超过 25%），应及时适当调高喷射压力，适当降低提升速度，直至参数正常、孔口冒浆正常；如参数正常、而孔口长时间不冒浆的，应及时向施工管理人员反馈，确认地下是否存在空穴等异常情况，以便及时采取相应的措施，确保该部位的施工质量、避免出现质量缺陷。

提升过程中，每一节钻杆露出地面后，应停止喷射流、拆除该节钻杆。每次拆杆时，应注意将注浆泵的压力值下降至安全范围，然后依次关闭前台设备和后台设备，再拆除钻杆；分段提升时，钻杆拆除后需将钻杆下沉至原停喷面以下 100mm，然后再继续提升、注浆，以确保成桩连续性。提升注浆过程中，因故导致喷射注浆中断超 1h 时，恢复喷浆须与原停喷区段搭接 300～500mm。

采用 MJS/RJP 工法喷射注浆时，提钻的时候应同步提升外套管，钻杆与外套管底标高应相差 6～12m。提钻后应及时清洗干净拆卸后的钻杆、套管。此外，MJS 工法还要求施工人员在喷浆过程中必须密切关注地内压力和泥浆排放情况，及时控制排泥阀门的大小，确保地内压力值符合设计要求。

2.4.5 喷射结束，提钻、回灌，清洗、移机

当喷嘴提升接近桩顶，应从桩顶以下约 1.0m 时，开始慢速提升、旋喷数秒，再向上慢速提升 0.5m，直至桩顶停浆面，关闭高压泥浆泵（清水泵、空压机）、停止水泥浆（水、风）的输送，将喷射注浆管旋转提升至地面（MJS/RJP 工法时，最后再拔出套管）。

喷射注浆管旋转提升至地面后，向浆液罐（桶）中注入适量清水，开启高压泵，清洗全部管路中残存的水泥浆和黏附在喷嘴上的浆液或泥土，直至清洗干净，确保管内、机内无残存浆液（以防凝固堵塞），然后再移位或关停钻机。

喷射注浆作业完成后，由于浆液的析水作用以及提钻时所形成的空隙，钻孔部位一般

均有不同程度的收缩，使固结体顶部出现凹穴，此时应及时用水泥浆液补浆、回灌。此外，喷射注浆施工中将产生不少废弃浆液，为确保场地整洁并且不影响后续施工，应及时通过排污沟槽引流至指定区域（废浆池），及时抽运或待自然固化后清运出场。

2.4.6　相关注意事项

1. 高压喷射注浆桩防渗帷幕所存在的不足

工程实践表明，高压喷射注浆桩作防渗帷幕的隔水效果不如搅拌桩帷幕，一般情况下不宜采用此形式的截水帷幕，仅施工空间狭小或有邻近障碍物等特殊情况下局部代替搅拌桩截水帷幕，或存在旧搅拌桩帷幕等特殊部位时局部采用。因为高压喷射注浆桩截水帷幕是通过桩间搭接的方式形成的，而且高压喷射注浆工艺的施工垂直度较低，容易造成桩间搭接不可靠而造成渗漏。

高压喷射注浆桩截水（防渗）帷幕的不足，主要因为桩间搭接存在缺陷，这也是高压喷射注浆桩截水帷幕的单桩桩径取 800～900mm 之间的主要原因。事实上，即便采用 RJP 或 MJS 等大直径高压喷射注浆工艺，也多采用半圆形布置，如直径 1800mm、180°摆喷，形成最大厚度 900mm 的截水帷幕。

高压喷射注浆桩作为截水（防渗）帷幕时，需要注意如下几点：第一，应先施工灌注排桩、后施工高压喷射注浆桩；第二，高压喷射注浆桩宜采用双排交叉布置，或单排布置的基础上另在灌注排桩间采用高压喷射注浆桩进行补强；第三，高压喷射注浆桩之间的搭接长度不应小于 300mm，且垂直度偏差不大于 1/100；第四，高压喷射注浆桩的提升速度不应超过 15cm/min。

2. 施工顺序及邻桩时间间隔的问题

工程实践中，往往会要求高压喷射注浆桩（尤其作为截水帷幕时）采用跳打的方式进行施工，其原因是高压喷射注浆桩施工时喷射流压力大、相邻两桩施工距离太近且间隔时间太短时容易造成邻近已施工桩孔的串浆，这种说法有一定道理。一方面，《建筑地基基础工程施工质量验收标准》GB 50202—2018 则将施工间歇时间不大于 24h 作为高压喷射注浆桩质量检验标准中的一般项目。可见实践操作与相应验收规范存在一定的冲突。另一方面，采用高压喷射注浆桩进行被动区或坑中坑加固时，尤其满堂加固时，邻桩之间的施工间歇不大于 24h 几乎是做不到的，而且间隔跳打也很容易出现漏打的问题。

事实上，高压喷射注浆工艺不同于搅拌工艺，搅拌工艺的原理是机械破土，施工间歇超过 24h，搅拌叶片切削已固化水泥土时，会因机械外力造成搅拌叶片旋转范围外的水泥土产生裂隙而影响防渗效果，或影响搅拌搭接效果，因此邻桩的施工间歇需要控制在 24h 内。高压喷射注浆工艺的原理则是高压喷射流切削土体，射流所至、土体破坏，同时水泥浆液也补充过来，射流范围之外的桩体没有受到切削和破坏，这就是采用高压喷射注浆工艺处理施工冷缝的原因所在，因此高压喷射注浆桩的施工间歇规定是不必要的。

3. 高压喷射注浆对灌注桩的影响

高压喷射注浆桩作为截水帷幕时，一般需要先行施工灌注排桩、后施工高压喷射注浆桩；采用高压喷射注浆桩进行被动区或坑中坑加固时，也多因为工程桩已先行施工、采用搅拌工艺时容易碰损工程桩且加固效果不理想，需要采用高压喷射注浆工艺代替搅拌工艺进行加固。

无论上述哪种情况，都要高度重视高压喷射注浆桩施工时对已施工灌注桩的影响。灌注桩的混凝土等级多为 C30（工程桩的混凝土等级可能会高一些，但也有限），而高压喷射注浆桩的压力可达 20～40MPa，需要在灌注桩桩身强度达到设计强度后再施工高压喷射注浆桩，也可通过调整半圆方向从而避开灌注排桩。

2.5 质量检验标准及主要质量通病的防治

2.5.1 高压喷射注浆桩的质量检验标准

依据国家标准《建筑工程施工质量验收统一标准》GB 50300—2013 和《建筑地基基础工程施工质量验收标准》GB 50202—2018 等，基坑支护工程中的高压喷射注浆桩的施工质量，可按高压喷射注浆截水帷幕检验批（01040105）或高压喷射注浆土体加固检验批（01040802）进行检查验收，其质量检验标准如表 2-8 所示。

质量检验标准　　表 2-8

项目	序号	检查项目	允许值或允许偏差		检查方法
			单位	数值	
主控项目	1	水泥用量	不小于设计值		查看流量表
	2	桩长	不小于设计值		测量钻杆长度
	3	钻孔垂直度	≤1/100		经纬仪测量
	4	桩身强度	不小于设计值		钻芯法
一般项目	1	水胶比	设计值		实际用水量与水泥等胶凝材料的重量比
	2	提升速度	设计值		测机头上升距离及时间
	3	旋转速度	设计值		现场实测
	4	桩位	mm	±20	全站仪或用钢尺量
	5	桩顶标高	mm	±200	水准测量，最上部 500mm 浮浆及劣质桩体不计
	6	注浆压力	设计值		检查压力表读数
	7	施工间歇	h	≤24	检查施工记录

依据《建筑地基基础工程施工质量验收标准》GB 50202—2018 规定，采用高压喷射注浆桩作为截水帷幕时，桩身强度检测时的取芯数量不宜少于总桩数的 1%，且不少于 3 根；采用高压喷射注浆桩进行土体加固时，桩身强度检测时的取芯数量不宜少于总桩数的 0.5%，且不得少于 3 根。

2.5.2 主要质量通病与防治

高压喷射注浆桩施工时，不仅会遇到喷浆压力骤变、孔口大量冒浆或不冒浆等异常情况，还会出现桩径或桩身强度不足、桩身强度不均匀、局部断桩、桩间搭接不牢或局部缩颈等质量通病，这些质量通病和异常情况的产生原因及相应的防治措施如表 2-9 所示。

质量通病和异常情况的产生原因及相应的防治措施　表 2-9

质量通病	产生原因	防治措施
桩径不足	①喷射压力偏小； ②提升和旋转速度偏快	①确保喷射压力，并关注压力变化和冒浆情况； ②严格控制提升和旋转速度
桩身强度不足	①水灰比偏大或注浆量不足； ②孔口返浆过大、水泥浆流失	①严格配比计量、严控水灰比； ②确保供浆压力稳定； ③确保注浆管接头处的密封性能、不漏浆
桩身强度不均匀	①喷浆设备出现故障中断施工； ②提升速度、旋转速度及注浆量适配不当，造成桩身直径大小不均匀，浆液有多有少； ③喷射的浆液与切削的土粒强制搅拌不均匀，不充分	①加强设备的日常维保、减少施工过程故障； ②提升喷射前需桩底试喷，确保各施工参数之间相互匹配协调后提升喷射； ③严控提升速度、旋转速度和喷射压力，不随意调整参数、确保稳定连续作业
螺旋桩体	①提升速度过快且旋转速度偏慢； ②旋转速度正常但提升速度偏快	旋转速度和提升速度需相互匹配、协调
搭接不牢	①桩径不足； ②垂直度偏差过大	①严控施工参数、确保成桩桩径； ②桩长较大时，严控钻孔垂直度
局部缩径	①穿越较密实土层时，没有提高射流压力； ②出现故障或操作失误（如送气中断），造成参数之间不协同； ③浆液有颗粒，造成局部注浆量不足	①熟悉地勘、掌握地层变化，遇密度较大土层时，及时加大喷射压力或降低提升速度； ②加强桩机设备的日常维保、减少设备故障率等； ③清洗送浆系统； ④设置滤网、减少颗粒
局部断桩	拆除钻杆时，桩身接头处的搭接长度不够	拆除一节钻杆后应进行下钻复喷，保证接头处搭接长度不小于 100mm
喷浆压力骤变	①注浆泵或吸浆管工作不正常； ②注浆管有泄漏或堵塞； ③操作人员经验不足等	①排查注浆泵和吸浆管工作不正常的原因； ②加强送浆系统的日常清洗和密封性检查； ③加强对操作人员操作技能的培训
孔口大量冒浆	①注浆管密封性不良或接头处有损伤； ②土体密度大导致喷射浆液切割土体范围较小、浆液相对多； ③喷嘴规格过大造成压力偏小或浆量多	①检查注浆管各接头确保接头密封性良好，对有损伤的接头进行更换； ②确切掌握好地质资料，选择合适的施工技术参数； ③选择合适规格的喷嘴
孔口不冒浆或浆少	①施工参数不匹配，尤其注浆压力不足； ②存在地下不明空穴	①严格按拟定参数进行施工； ②及时向现场管理人员反馈
成桩桩头凹穴	①过早停止注浆； ②水泥浆液析水后收缩	①至桩顶停浆面后、带浆提钻； ②进行二次注浆回灌

2.6　典型工程案例

2.6.1　案例一

杭州某基坑，三层地下室、开挖深度约 15m，竖向围护结构采用ϕ1100@1400 灌注排桩 +ϕ850@600 三轴搅拌桩截水帷幕（深约 24m），内支撑采用三道钢筋混凝土内支撑，被动区加固采用三轴搅拌工艺。整个基坑分为 7 个分坑，其中 1-1 区、1-2 区先行开挖施工，待 1-1 区、1-2 区出正负零后再施工 2-1 区和 2-2 区，待 2-1 区和 2-2 区出正负零后施工 3

区，最后施工 4-1 区和 4-2 区，基坑分区情况和土层、剖面情况如图 2-8、图 2-9 所示。

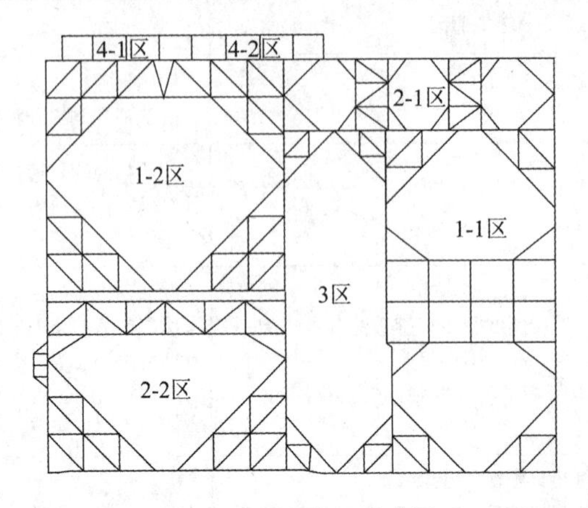

图 2-8　基坑分区示意图

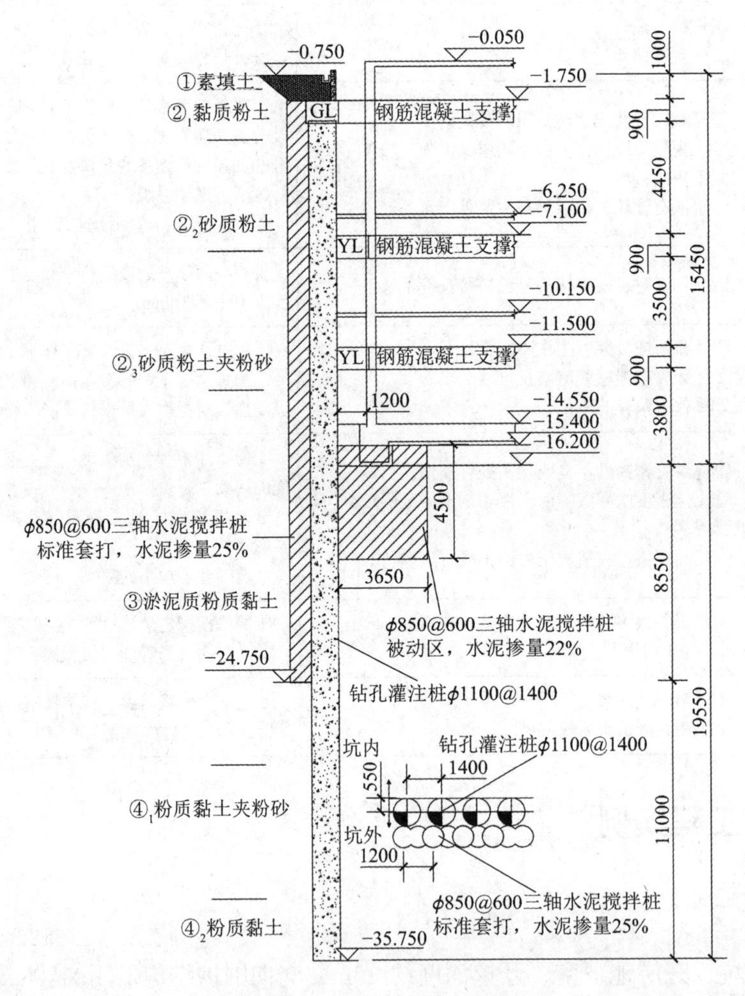

图 2-9　土层与剖面示意图

因 1-1 区、1-2 区施工时现场场地不足，导致 2-2 区与 3 区之间的分隔排桩外的三轴截水帷幕和被动区加固不能继续施工；后商定该部位的三轴搅拌桩改用高压喷射注浆桩，针对原竖向围护结构布置方式（图 2-10），施工单位提出一排高压旋喷注浆桩截水帷幕 + 桩间高压喷射注浆桩的建议方案（图 2-11），后经协商取消了桩间高压喷射注浆桩（图 2-12）。后续 2-2 区基坑开挖时，该部位出现严重的桩间土流失并局部出现帷幕渗流等问题。结合 3 区地下水位不高等实际情况，对渗流部位采用了引流措施并对第三道支撑以下部位的桩间土进行了封闭加固。

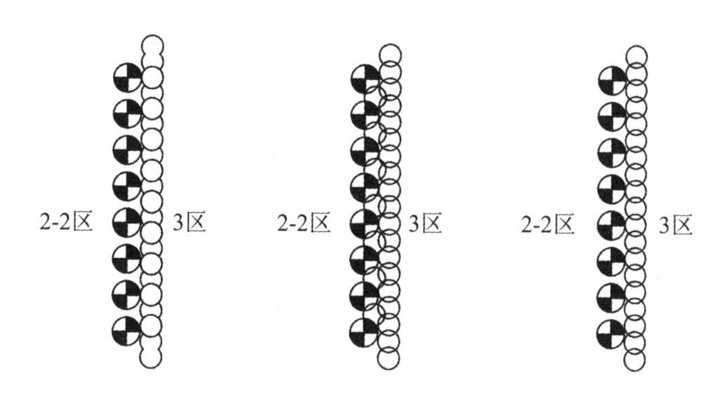

图 2-10　原方案　　图 2-11　建议方案　　图 2-12　实施方案

（1）经分析，上述基坑渗漏问题的主要原因，有以下几点：

①压顶梁施工时截水帷幕被超挖，局部超挖部分采用素土回填；地表积水通过压顶梁底部松散回填土渗入桩间，导致桩间土体流失。

②截水帷幕深 24m，钻孔桩塌孔形成的鼓包易导致高压喷射注浆桩垂直度偏差较大，造成底部搭接不足而存在缺陷。

③桩间土体未加固，土体流失形成空腔，在外侧压力作用下截水帷幕容易开裂失效，进而引发更大的基坑风险。

（2）通过本案例，可以总结如下经验教训：

①采用灌注排桩 + 截水帷幕的形式时，尤其要重视桩间土的流失问题，可以采用事先对桩间土进行加固或挂网喷浆等预防措施。

②压顶梁施工过程的土方开挖，要严格控制截水帷幕的顶标高，确保压顶梁顶面部位截水帷幕顶不被破坏，如有破坏，不得用素土回填，应采用混凝土找平；基坑开挖施工期间，要时刻关注四周排水沟的开裂渗漏情况，一旦发现开裂，应及时修补、防止地表水下渗。

③高压喷射注浆桩截水帷幕的可靠度要低于三轴搅拌桩截水帷幕，确需采用高压喷射注浆桩作为截水帷幕时，宜采用双排交叉布置的方式，或单排 + 桩间高喷补强的方式。

2.6.2　案例二

南昌某连通区基坑，三层地下室，开挖深度约 14.5m。基坑西侧为已建 SF01-4 区（已验收，三层地下室，竖向围护结构为灌注排桩 + CSM 工法截水帷幕）、基坑东侧为在建 SF01-5 区（上部已处于装修阶段，三层地下室，竖向围护结构为灌注排桩 + TRD 截水帷幕）。该连通区原为 SF01-4 区和 SF01-5 区之间的城市道路，连通区基坑的东西侧围护结构借用 SF01-4 区、SF01-5 区的原围护结构，南北侧采用灌注排桩 + MJS 工法截水帷幕，如图 2-13 所示。2022 年 8 月完成连通区南北侧的灌注排桩，2022 年 11 月下旬开始 MJS 施工并于 12 月底完成。

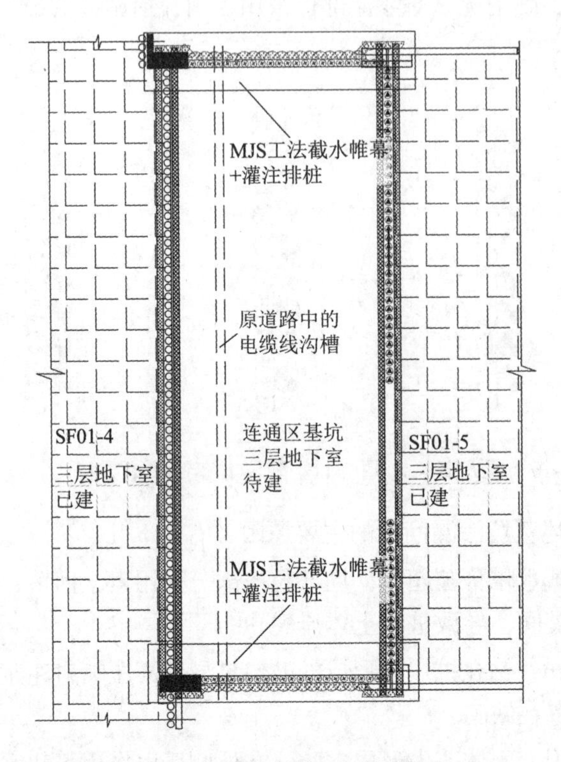

图 2-13 围护结构平面布置图

2023 年 4 月下旬，基坑北侧开挖至地面以下 12m 左右出现渗漏，第一时间采用回土反压渗漏点；随后 1 个月时间内相继出现 5 个漏点，如图 2-14、图 2-15 所示。

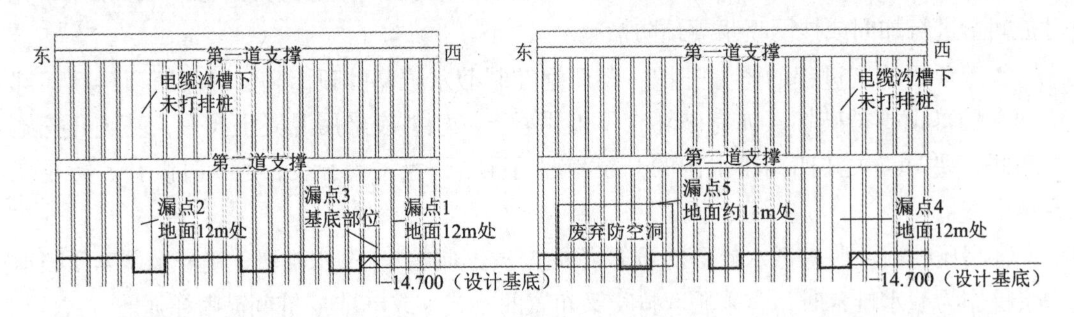

图 2-14 基坑北侧漏点示意　　图 2-15 基坑南侧漏点示意

第 1 和第 3 个漏点位置比较靠近，应该为同一个漏源；第 2 和第 4 个漏点部位的桩间距很大，经了解现场实际施工工况，南北侧灌注排桩施工时，此处存在尚未迁移的道路电缆线，故该部位的灌注排桩没有施工，在 MJS 施工前才完成电缆线迁移工作；第 5 个漏点初步出现在地面以下 11m 左右，当坑外施打高压旋喷桩补漏时发现浆液流失严重，整个注浆过程中均没有返浆，后被告知此处存在废弃防空洞，如图 2-16 所示；而作业人员施打该部位 MJS 工法桩时，也存在冒浆少的情况，但没有引起重视，未及时向上反馈。

图 2-16　漏点 5 部位的废弃防空洞

发生渗漏后，先后采用了坑内引流、插管注浆、坑外高喷和坑内浇筑混凝土等措施，于 2023 年 6 月下旬完成了最后漏点部位的承台砌筑，7 月初完成所有结构底板的浇筑。

（1）本基坑多处渗流的原因，经分析主要有以下几个方面：

①高压旋喷桩搭接不足造成局部缺陷。

②钻孔桩漏打、桩间距过大，导致截水帷幕受力开裂破损。

③废弃防空洞导致漏浆，影响截水帷幕成桩质量。

（2）通过本案例，可以总结如下经验教训：

①单排高压喷射注浆桩作为截水帷幕，防渗可靠性较差，需考虑必要的补强措施。

②施工区域内存在管线的，应先行迁移；施工工程中遇到障碍物应及时上报，先行清障并提前落实相关技术措施。

③如发现孔口不返浆等异常情况，应及时向现场管理人员反馈，会同各方技术人员制定补强技术措施。

第 3 章 水泥搅拌桩

3.1 概述

3.1.1 水泥搅拌桩的成桩机理

水泥土搅拌工法，也称为深层搅拌法。这是一种利用水泥等材料作为固化剂、通过搅拌桩机回转的搅拌叶片进行破土，并与注入的水泥浆液混合搅拌，使水泥与土发生一系列物理化学反应，形成强度较高、抗渗性能良好加固体的土体改良方法，用该方法形成的桩体，称为水泥搅拌桩。它在地基加固和基坑支护领域得到广泛应用，其成桩机理主要包括：

（1）搅拌混合作业。利用桩机回转的搅拌叶片强制破土、并将土体切削为细小颗粒；破土切削土体的同时，注入水泥浆液，并与土体充分搅拌混合，形成水泥土混合料。

（2）水泥在土体中的水解与水化反应。混合搅拌后的水泥土混合料中，水泥颗粒表面的矿物很快与土中的水发生水解和水化反应，生成氢氧化钙、含水硅酸钙等化合物。这些化合物悬浮液具有胶结作用，不仅填充、封闭土体颗粒之间的孔隙，还可以将土体中的自由水转化为结晶水，而且凝结后具有相应的胶结强度。

（3）黏土颗粒与水泥水化物的作用。生成各种水泥化合物后，有的水化物自身硬结，形成水泥石骨架；有的水化物则包裹在微小土块四周并封闭其表面孔隙，经过较长时间后，土块内的土颗粒在周围的水泥水解化合物渗透作用下，与具有一定活性的黏土颗粒发生作用，形成新的矿物，小土块强度也得到一定程度的改善，但强度明显低于水泥石。

工程实践表明，土块被粉碎得越小、水泥与土块搅拌混合越均匀，水泥土强度不仅越接近室内试验的无侧限抗压强度，离散性也越小。

3.1.2 水泥搅拌桩的分类及适用范围

按具体施工工艺的不同，可分为干法搅拌桩（采用粉体搅拌法形成的桩体）和湿法搅拌桩（采用浆液搅拌法形成的桩体），受环境保护的需要，现阶段的水泥搅拌桩大多采用湿法搅拌工艺。按照搅拌装置形式的不同，可分为单轴搅拌桩、双轴搅拌桩、三轴搅拌桩和五轴等多轴搅拌桩。

水泥搅拌桩适用于填土、粉砂性土、淤泥、淤泥质土和可塑黏性土，一般不适用于硬塑黏土或卵砾石等密实土层（此类地层对桩机的扭矩要求高，且下沉和提升速度慢、水泥超用比较明显）；不适用于障碍物较多（如含大孤石的土层）或工程桩已施工区域的加固。用于泥炭土、有机质含量较高或 pH 值小于 4 的酸性土，或在腐蚀性环境中时，应先通过现场和室内试验确定其适用性。

搅拌装置不同形式的水泥搅拌桩，其适用范围如表 3-1 所示。

不同形式的水泥搅拌桩的适用范围　　表 3-1

搅拌桩类型		适用范围
单轴搅拌桩	传统单轴搅拌	桩径 500～700mm，施工深度一般不超过 12m，钻杆柔细、垂直度较差；多适用于软土加固，用作截水帷幕时，防渗效果不如双轴搅拌桩
	SCM 单轴搅拌	桩径 1200～2000mm，施工深度可达 50m，垂直度好，适用于超深满堂加固；用作截水帷幕时，发挥不出大直径的优势（且造价偏高）
	IMS 单轴搅拌	桩径 800～1800mm，施工深度可达 30m，垂直度较好，适用于软土加固、可施工斜桩，机械设备较小，适用于狭小施工场地；用作截水帷幕时，采用大直径经济性较差，小直径则防渗效果不如套打工艺
双轴搅拌桩		桩径 700mm，施工深度一般在 15m 左右，垂直度一般，多用于软土加固；用作截水帷幕时，套打方式的防渗效果高于搭接方式
三轴搅拌桩		桩径 650mm 或 850mm，施工深度可达 30m（加强机型的施工深度可达 40m，但对场地条件要求较高），垂直度好；多用于软土加固，较密实或硬可塑土层需采用大扭矩机型；用作截水帷幕时，一般采用套打方式，防渗效果好，且可内插 H 型钢作为基坑的竖向围护结构
五轴等多轴搅拌桩		桩径一般多为 850mm，加固深度可达 30m，垂直度好，施工效率高；多用于软土地基加固，不大适用于密实或硬塑土层；用作截水帷幕时，一般采用套打方式，防渗效果好，且可内插 H 型钢作为基坑的竖向围护结构

3.1.3　水泥搅拌桩的置换土率

与高压喷射注浆桩相比，水泥搅拌桩在施工过程中不会产生较大的地内压力，但依然会产生置换浆。水泥搅拌桩施工过程中，水泥浆液、破碎土体和土中自由水经搅拌混合成流塑状混合物，并因水泥浆液的掺入而导致总体积增加；当下部桩体继续搅拌、生成更多体积的流塑状混合物时，桩孔内上部的流塑状混合物，就会自下而上排出孔外，俗称置换浆；置换浆中因含有一定的水泥成分，自然堆放一定时间后就会固化成具有一定强度的水泥土。

置换土率是一项衡量搅拌施工所产生置换土数量的指标，它是体积比率，即产生的置换土体积与施工单位体积桩（墙）体的比值。影响该指标的因素比较多，主要取决于土层性质（含水率、黏聚力和渗透性能）和注浆量（水泥掺量和水灰比），它们之间的定性关系大体如表 3-2 所示。

不同因素与置换土率的关系　　表 3-2

因素		与置换土率的关系
土层性质	含水率	含水率大的土层，充分搅拌所需的浆液就少，若注浆量不变、则置换率就越高
	黏聚力	土层的黏聚力越大，充分搅拌所需的浆液就越大（如硬塑黏土层），置换率就越高
	渗透性能	土层渗透性越小，对应的置换土率越高
注浆量	水泥掺量	水灰比一定时，掺量越多，注浆量越多，对应的置换土率越高
	水灰比	掺量一定时，水灰比越大，注浆量越多，对应的置换土率越高

较高的置换土率不仅增加了工程处置成本，而且也会因较多水泥成分的流失而影响加

固效果，因此水泥搅拌桩施工时，应因地制宜采取有效措施控制置换土率。如淤泥质土层或地下水位较高的砂性土层，土层含水率大、黏聚力不大，易搅拌、浆液需求量不大，故采用较小的水灰比来控制置换率；如密实砂层，虽下沉慢、但颗粒间黏聚力小，容易混合，故可采取与下沉速度相匹配的注浆流量来控制置换土率；对于硬塑土层，含水率低、黏聚力大，需要较多的浆液才能保证搅拌充分，这种情况下可采取下沉注水、提升注浆的措施，来提高水泥的利用效率。

3.2 主要施工设备介绍

水泥搅拌桩的施工系统均由搅拌钻机、后台搅拌装置、压缩空气系统等组成，因搅拌装置的形式不同，各种类型搅拌钻机的构造存在较大差别。

3.2.1 单轴搅拌桩的施工设备

单轴搅拌桩机是早期研发的水泥搅拌桩专用施工装置，主要包括 DJB-14 型单轴搅拌桩机、GZB-600 型单轴搅拌桩机和 GPP-5 型粉喷搅拌桩机等；按行走方式，可分为走管式、步履式；按搅拌轴的构造，可分为单轴单向搅拌和单轴双向搅拌等。单轴搅拌桩机采用相应规格的钻头，可以施工桩径 500～700mm 的水泥搅拌桩，由于施工效率低、施工深度受限、垂直度不高等因素，单轴搅拌桩机满足不了超深加固的需求，目前市面上存在的机型，大多比较老旧、故障率也较高。

针对传统单轴搅拌桩机存在的不足，近年来出现了大扭矩单轴搅拌桩机（如武汉天宝 SP-18 型单轴桩机，功率 250kW、施工桩径可达 1800mm、深度可达 30m）、大直径单轴搅拌桩机（如上海金泰 LZ40 型，功率 180kW、施工桩径 600～1000mm、接杆后施工深度可达 60m，目前多用于 DMC 工法桩施工）、SCM 单轴搅工法钻机（如宝峨 BG30H 型，柴油动力、施工桩径可达 2000mm、深度可达 40m）、IMS 单轴搅工法钻机（GI-220C 型，柴油动力、施工桩径 800～1600mm、深度可达 35m，可打斜向搅拌桩）等，这些新的单轴搅拌钻机具有大直径、超深、垂直度高（可达 1/200）等特点，相比大直径高压喷射注浆工艺，具有施工效率高、成桩质量可靠等优势。

单轴搅拌桩的施工系统，一般不需配置压缩空气系统，大多由单轴搅拌钻机、搅拌后台装置、注浆系统等组成，配置情况大致如表 3-3 所示。

单轴搅拌桩的施工系统配置情况 表 3-3

设备名称	规格型号	单位	数量	功率
单轴搅拌钻机	视具体选用机型而定	台	1	视机型
注浆泵	注浆压力 0.5～1.0MPa、注浆流量与钻机搅拌能力匹配	台	1	视机型
输浆管	耐受压力不小于 2.0MPa（且不小于设计注浆压力的 2 倍）	m	按需	—
搅拌后台	搅拌装置	套	1	视配置情况
	配 50/70t 水泥桶、蓄水箱、储浆桶等	套	1	—
其他辅助设备	挖机 PC200 等	台	按需	柴油动力

3.2.2　双轴搅拌桩的施工设备

国内最早的双轴搅拌机型是 SJB-Ⅰ型，由江阴市江阴振冲器厂生产，SJB-Ⅱ为改进机型，施工深度可达 18m（武汉天宝公司生成的 SPII-7B20 步履式双轴搅拌桩机施工深度可达 20m），江浙沪地区以 SJB 系列机型为主，早期机型多为走管式，新机型主要为步履式。双轴搅拌桩的施工系统，大多由搅拌钻机、搅拌后台装置、注浆系统等组成，配置情况大致如表 3-4 所示。

双轴搅拌桩的施工系统配置情况　　**表 3-4**

设备名称	规格型号	单位	数量	功率
双轴搅拌桩机	SJB 系列：轴距 500mm、钻杆直径 129mm	台	1	视机型 70～110kW
注浆泵	注浆压力 0.2～1.0MPa、注浆流量 40～100L/min	台	1	4～5.5kW
输浆管	耐受压力不小于 2.0MPa（且不小于设计注浆压力的 2 倍）	m	按需	—
搅拌后台	搅拌装置	套	1	3～10kW
	配 50t 水泥桶、蓄水箱、储浆桶等	套	1	—
其他辅助设备	挖机 PC200 等	台	按需	柴油动力

3.2.3　三轴等多轴搅拌桩的施工设备

三轴搅拌桩是国内现阶段最常用的桩型，市场上三轴桩机的占有量也最多。近年来，四轴、五轴等钻机也在不断增加。按行走方式，三轴搅拌桩机可分为步履式和履带式，但履带式搅拌桩机的接地比压达 170kPa（步履式桩架的接地比压一般不超过 100kPa），因此对场地条件的要求高、容易存在安全隐患，目前已较少使用。

三轴等多轴搅拌桩机主要由机架和多轴钻机（动力头）等组成，相应规格的机架配不同的多轴钻机（动力头）时，就能同时施打不同桩径和数量的多根搅拌桩。多轴钻机的钻头直径尺寸一般为 650mm 或 850mm（目前也已出现钻头直径 1000mm 的机型）。当采用 650mm 钻头直径时、钻杆中心距 450mm（桩间搭接 200mm）；当采用 850mm 钻头直径时，钻杆中心距为 600mm（桩间搭接 250mm）。三轴等多轴搅拌桩的施工系统，主要包括搅拌桩机（含机架和多轴钻机）、后台搅拌装置、注浆系统和压缩空气系统等组成，配置情况大致如表 3-5 所示。

三轴搅拌桩的施工系统配置情况　　**表 3-5**

设备名称	规格型号	单位	数量	功率
多轴搅拌桩机架	如 BZ70/80 系列步履式机架（机架功率 45kW）； 如 JB160/180 系列步履式机架（机架功率 45/75kW 不等）	台	1	视进场桩机配置
多轴钻机（动力头）	如 ZLD 系列：轴距 450/600，功率 110/180/220/330kW 不等 如 ZKD 系列：轴距 450/600，功率 110/180/264/300kW 不等	台	1	视进场桩机配置
空气压缩机	GRF-75A 或同性能规格：压力 0.5～1.2MPa，容积流量 ≥ $9m^3$/min	台	1	55kW
注浆泵	BW200/250：最大注浆流量 200L/min 或 250L/min	台	2	2 × 15kW
输浆管	耐受压力不小于 10.0MPa（且不小于设计注浆压力的 2 倍）	m	按需	—

续表

设备名称	规格型号	单位	数量	功率
搅拌后台	自动搅拌装置	套	1	约 60kW
	配 2 × 70t 水泥桶、蓄水箱、储浆桶等	套	1	—
其他辅助设备	挖机 PC200、履带式起重机（内插型钢时）等	台	按需	柴油动力

注：1. 因实际选用的机型及配套设备型号等不同，相关参数存在一定差异，表中参数仅供参考；
2. 当采用发电机自发电时，需考虑发电机的有效利用率（一般为 70%）。

3.3 搅拌桩的主要施工参数

3.3.1 主要施工参数

水泥搅拌桩一般应采用 P · O42.5 普通硅酸盐水泥，水泥浆液的水灰比因搅拌设备不同而有较大差异。参照《建筑地基基础工程施工规范》GB 51004—2015 及工程实践等，水泥搅拌桩的主要施工参数大致如表 3-6 所示。

水泥搅拌桩的主要施工参数 表 3-6

搅拌桩类型		普通单轴搅拌桩	IMS 等大直径单轴搅拌桩	双轴搅拌桩	三轴等多轴搅拌桩
导向架垂直度		≤ 1/150	≤ 1/200	≤ 1/150	≤ 1/250
设计水泥掺量		12%～18%	15%～20%	12%～18%	18%～25%
水灰比		0.5～0.7	0.6～1.2	0.5～0.7	1.2～2.0
搅喷次数		四搅四喷或四搅二喷	两搅两喷	四搅四喷或四搅二喷	两搅两喷
水泥浆液	水泥浆压	0.3～0.6MPa	0.3～0.6MPa	0.3～0.6MPa	0.5～1.0MPa
	注浆泵数量	1 个	1 个	1 个	2～3 个
	注浆流量	20～40L/min	60～300L/min	40～80L/min	200～400L/min
压缩空气	压力	—	—	—	0.6～0.8MPa
	供气量	—	—	—	4～6m^3/min
下沉速度		0.5～1.0m/min	0.5～1.0m/min	0.5～1.0m/min	0.5～1.0m/min
提升速度		0.5～0.6m/min	0.8～1.5m/min	0.5～0.6m/min	1.0～1.5m/min
旋转速度		约 60r/min	30～40r/min	约 60r/min	20～30r/min

注：四轴等以上的多轴搅拌桩，注浆泵数量应不少于 3 个或提高单泵注浆能力，以免出现供浆不足的问题。

3.3.2 水泥用量及注浆流量的计算

注浆量与下沉/提升速度的匹配度、水灰比，是水泥搅拌桩施工质量的关键指标，施工前，应结合地勘报告、设计要求等进行水泥浆液用量计算，并使注浆流量与施工速度相匹配。水泥的设计掺量、水灰比、浆液相对密度和配比等，详见 2.3.2 节相关内容，其他相关计算如下：

1. 单幅桩水泥用量的计算

搅拌装置不同形式时，一次施打的桩孔数有差异，如双轴搅拌桩机一次可同时施打二个桩孔、三轴搅拌桩机一次可同时施打三个桩孔等；搅拌桩机一次施打的搅拌面积，一般称为单幅截面积，不同形式搅拌装置的单幅施工截面积如表 3-7 所示。

不同形式搅拌装置的单幅施工截面积　　**表 3-7**

搅拌桩类型	单轴搅拌桩	双轴搅拌桩	三轴搅拌桩		五轴搅拌桩
成桩直径（mm）	D（按设计）	700	650	850	850
单幅截面积（m^2）	$\pi/4 \times D^2$	0.702	套打时 0.599 搭接时 0.866	套打时 1.031 搭接时 1.495	套打时 1.959 搭接时 2.422

注：搅拌桩作为截水帷幕时，一般需采用套打一孔的工艺以确保止水效果，如三轴搅拌桩套打时一幅计二孔、五轴搅拌桩套打时一幅计四孔；加固时采用搭接方式，三轴搅拌桩一幅计三孔、五轴搅拌桩一幅计五孔。

单幅桩水泥用量：

$Q = \sum s \times L \times \rho \times$ 水泥设计掺量（当空、实搅的水泥掺量不同时，按本式分段累加）(3-1)

式中：Q——单幅桩施工的水泥总用量（t）；

s——单幅截面积（m^2）；

L——桩长（m），其中实搅长度按有效桩长 + 0.5m 计，空搅桩长按自设计地面至设计桩顶标高 − 0.5m 计；

ρ——为土体的加权表观密度（重度），一般取 1.8，砂性土层可取 1.9。

2. 单幅桩施工的总注浆量和注浆流量计算

单幅桩总注浆量V = 单幅桩水泥用量Q ÷ 配置 1000L 水泥浆液时的水泥用量 × $1m^3$，单位：m^3；

每分钟注浆量 = 单幅桩总注浆量 × $1000L/m^3$ ÷ 单幅桩的注浆时间，单位：L/min；

单幅桩注浆时间 = 下沉注浆时间 + 提升注浆时间，单位：min。提升不注浆时，按多次下沉注浆时间之和计入，其中下沉注浆时间 = 下沉注浆长度 ÷ 下沉速度、提升注浆时间 = 提升注浆长度 ÷ 提升速度。

需要说明的是，按上述方式计算出来的注浆流量，很可能不在注浆泵的正常工作流量范围内（比如，BW 系列注浆泵大多是分档流量）。这时，就需要结合上述计算结果，反算调整单幅桩的喷浆时间和下沉或提升速度，以确保单幅桩的总注浆量满足设计要求。

对于密实或硬可塑地层，搅拌桩的下沉速度会低于设计给定的速度下限，这个时候就需要根据试桩时的单幅桩施工时间、选定的注浆流量等反推注浆总量，进而在施工规范允许范围内适当调大水灰比，做到水灰比、施工速度和注浆流量等参数相互匹配。

3.4　水泥搅拌桩的主要施工流程和注意事项

各类型水泥搅拌桩，其施工流程大体相同，都包括施工准备、开挖沟槽、定位对中、预搅下沉、提升搅拌、复搅复喷（视设计要求）、成桩移位等环节，水泥搅拌桩施工流程如图 3-1 所示。

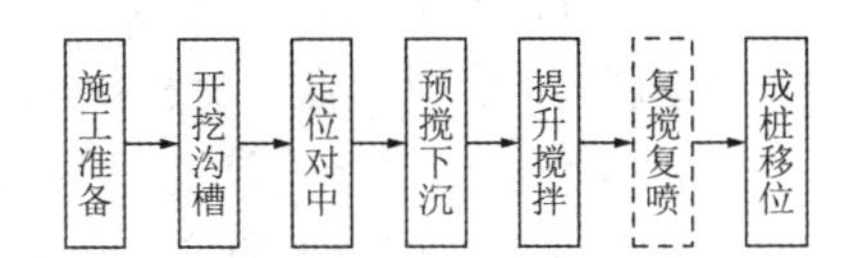

图 3-1　水泥搅拌桩施工流程示意图

3.4.1 施工准备

（1）摸清施工部位的作业空间和周边环境。当场地或场地周边存在外电架空线路时，需复核确认是否满足架空线路最小作业距离的要求［施工机械外缘与架空线路的最小水平距离不小于 2m（10kV 及以下）、6m（10～220kV）、8.5m（200～500kV）］，涉及吊装作业的，还应确保正常吊装作业时吊车吊臂与架空线路的最小水平与垂直距离不小于 8.5m；否则，均应提前落实相应措施或局部调整支护结构的施工工艺；此外，转角部位的外围空间尺寸（搅拌桩外边线到围挡或固定物体的距离）不应小于 4m，否则转角部位的水泥搅拌桩将无相应的施工作业空间。

（2）结合场地现状，确定施工顺序和施工线路，尤其水泥搅拌桩截水帷幕时，应沿拟定的施工线路顺序施工、不得随意穿插，以减少冷缝数量。施工顺序和施工线路的确定，需要遵循：

①与现场其他工艺的施工作业面需相互错开，尽量减少工作面交叉。

②灌注排桩的截水帷幕和被动区加固，需在排桩施工前进行，以避免排桩扩径（或塌孔）而影响搅拌桩的施工（尤其砂性土层）并能确保被动区加固贴牢排桩。

③截水帷幕宜自转角部位开始施工，或两台设备自支护边线上的一点向两个方向相向施工。

④涉及多台搅拌桩机时，提前规划好各自的施工线路、做到有序组织施工。

（3）熟悉设计图纸和地勘报告，结合施工部署和作业空间、周边环境现场实际情况，编报专项施工方案；当施工部位附近存在管线、浅基础建（构）筑物时，需结合施工作业空间提出处理建议或保护措施，并体现在专项施工方案内。

（4）结合现场场地情况，本着“不影响其他工艺施工、交通便利、尽量避免位置调整”的原则，合理布置搅拌后台并落实好水源、电源；搅拌后台与搅拌作业点位的距离应控制在 100m 左右，如超过 100m 时，需考虑送浆管的压损（每 50m 的压损约 1MPa）；后台水泥罐应竖立在地基承载力大于 100kPa 的硬质地面（地基承载力不足 100kPa 时，应浇筑配筋混凝土基础）上并铺设钢板，同时做好搅拌后台的扬尘防护。

（5）桩机设备拼装与调试，准备必要的备品备件，减少施工期间维保或故障排除的时间。设备进场前应考察确定进场线路，落实好桩机拼装场地（尤其三轴和多轴施工设备，设备尺寸大，需要较大的设备安装空间），原则上桩机的拼装场地应相对空旷，并远离基坑周边道路或建（构）筑物。桩机构件拼装节点均根据设备使用手册紧固到位（且不得使用磨损的插销）并设保险装置。组装、调试好的桩机设备，均在自检和第三方检测的基础上申报验收，验收合格后方可投入使用。

（6）根据支护图纸，对拟施工的水泥搅拌桩桩进行编号（一般按幅号编排）；当桩顶标高、桩底标高或桩型不同时，应注明相应的区域范围或分类编号；桩位编号时需做到不遗漏、不重复；涉及内插 H 型钢时，需同时对型钢桩进行编号。

（7）结合现场进度计划编制材料需求计划，确保材料供应充足。施工所用水泥应采用符合设计要求的水泥型号，其出厂时应经实验室检验符合国家规范，并有质量合格证。严禁使用过期、受潮、结板、变质的水泥。施工用水要干净，酸碱度适中，pH 值在 5～10 之间。

当设计要求掺入木质素磺硫钙、石膏、三乙醇胺、氯化钠、氯化钙、硫酸钠、陶土、碱等外掺剂时，外加剂也应纳入材料需求计划，确保材料及时供应。

（8）场地处理。施工前，需根据测量控制点放设出拟施工部位的范围，然后对该范围内已知的地表以下 2m 内的障碍物进行理清、回填并压实、平整场地，满足后续施工及安全作业的要求。

对于三轴等多轴搅拌桩，沟槽开挖的同时，需平整围护中心线内侧 16～18m 范围内的作业场地，当存在坑洞、明浜（塘）时，需排水（如有）、挖出软弱土后再回填压实，同时沿桩机行走方向铺设钢板，以确保场地的地基承载力不小于桩机说明书载明的接地比压；雨季期间，还应在作业场地一侧设置必要的集排水沟槽，以防作业场地受明水浸泡后软化而降低场地地基承载力。

（9）确定施工参数。结合搅拌桩型、地勘报告中的土层性质和支护图纸的要求等，初定施工参数、选定试桩点位、组织工艺试桩，并根据试桩结果，确定下沉和提升速度、水灰比、注浆流量、停浆面等施工参数。

3.4.2　沟槽开挖

根据施工控制线，沿围护中心线撒灰线并开挖沟槽（槽宽 1m、深 1.2m 左右，长度不大于 50m，后续边施工边开挖），沟槽的主要起到置换浆液导流的作用；沟槽不可开挖过深、以防塌方。如沟槽部位存在地下障碍物时，需先清除地下障碍物，并采用原状土回填压实后再开挖。

沟槽附近存在市政管线或浅基础建（构）筑物时，应在沟槽开挖前按拟定方案落实管线或建（构）筑物基础的保护措施；当沟槽在相应管线设施“禁止动土”区域内时，应及时会同管线产权部门协商管线迁移事宜或管线产权单位落实保护。

3.4.3　定位对中

根据建设单位提供的坐标基准点，按照支护图纸进行放样定位和高程引测，并做好永久或临时标志。依据测量控制点放设出施工控制线（同时结合桩机机架尺寸复核转角部位搅拌桩的施工作业空间，如空间不足，应提前落实围挡拆除等措施），该控制线可用以沟槽开挖、控制桩机设备的移位，也可用于校核搅拌的桩位。施工控制线放设示意图如图 3-2 所示。

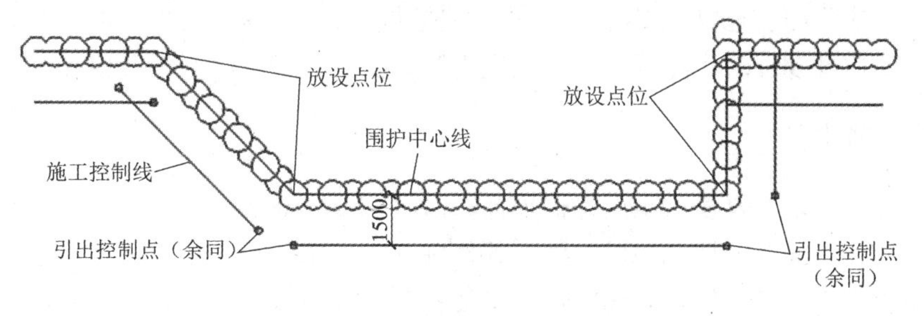

图 3-2　施工控制线放设示意图

沟槽开挖后，利用全站仪放设出转角部位的桩中心，结合施工控制线，放出每个桩孔的中心线，并采用长度不小于 2m 的ϕ16 以上钢筋头做好桩位标记。

钻机就位时，校核机架垂直度，使之达到施工规范要求的垂直度，并钻头对中，启动钻机，进行喷气、注浆试验，确保供浆、供气正常。

3.4.4 预搅下沉

预搅下沉作业前，应提前通知后台按照确定的水灰比制备水泥浆。为严格控制水灰比和注浆量，搅拌后台需配置配比计量系统（三轴等多轴搅拌桩机大多配有自动计量搅拌系统）和自动压力流量记录仪。制备好的水泥浆液送入贮浆桶内备用，水泥浆液进入注浆泵前，应经 1～2 道过滤，以防异物和较大水泥颗粒堵塞泵管和浆管，制备好的水泥浆液宜在 1h 内使用完毕。

桩机就位对中后，启动电机，按拟定的施工参数旋转钻杆、送浆（供气）进行下沉搅拌作业；整个下沉搅拌作业过程中，机操人员需做好施工记录、通过桩机控制系统及时掌握土层变化情况，并与后台工作人员保持密切联络。正常土层时，要保持下沉搅拌速度匀速稳定、送浆（供气）连续稳定；遇土层变化时，及时调节下沉速度并通知后台调整送浆（供气）参数，以避免故障引发的施工中断等异常情况。

预搅下沉过程中，因故障停止施工的，应及时排除故障，恢复施工时需将钻头提升至原停浆面上部 0.5m 处，待恢复供浆再喷浆搅拌下沉（或提升），以确保不发生断桩现象；若停机时间预估超过 3h，需先清洗输浆管和送浆泵中的灰浆，以避免输浆管和送浆泵堵塞。

3.4.5 提升搅拌

下沉至设计桩底时，宜在桩底部位原位搅拌注浆 30s 后再提升搅拌，以确保桩底部位的搅拌质量。与预搅下沉过程相比，提升搅拌过程遇到的异常情况要少很多，因此该过程的重点就是稳定提升速度、稳定送浆（供气），直至设计桩顶标高以上 300～500mm，以保证桩头搅拌质量。

搅拌桩施工期间，需按规定制作水泥土试块，具体做法如下：水泥土试块一般采用边长为 70.7mm 的立方体，每台班抽查 2 根桩，每根桩制作水泥土试块三组，取样点应低于有效桩顶下 3m，试块应在水下养护并测定龄期 28d 的无侧限抗压强度。

3.4.6 复搅复喷

对于单轴搅拌桩和双轴搅拌桩，多采用四搅四喷或四搅二喷的工艺，因此在预搅下沉和提升搅拌完成后需进行复搅复喷。与常规两搅两喷不同的是，四搅二喷主要表现在下沉搅拌时注浆，提升搅拌时不注浆（四喷四搅工艺则要求每个下沉或提升搅拌时均喷浆）。

3.4.7 成桩移位

提升搅拌（或复搅复喷）至设计桩顶标高以上 300～500mm 后，停止注浆，搅拌桩机按规定速度的继续提升搅拌至地面，然后移机施工下一幅桩；如不施工下一幅桩时，则应清洗后台搅拌装置、储浆桶，并用清水冲洗送浆泵、输浆管和钻头，确保整个送浆系统无浆液残渣。

3.4.8 主要注意事项

1. 搅拌速度和供浆量的匹配性

水泥搅拌桩的下沉或提升速度，直接关系到搅拌的均匀性，它和注浆量是影响搅拌桩成桩质量最关键的参数。不仅如此，搅拌速度还需和注浆流量相匹配，两者如果不匹配，不仅容易造成水泥用量不可控，还会造成桩身质量不均匀。对此，无论是一线作业人员还是现场施工管理人员，都应给予足够的重视。

2. 水泥搅拌桩截水帷幕的套打和施工顺序

水泥搅拌桩作为截水帷幕时，为保证其止水效果，一般需采用套打工艺；如采用幅间搭接方式时，止水效果较差，尤其单轴搅拌桩和双轴搅拌桩，可以说，由于施工垂直度不足，很容易造成桩间搭接不牢（类似于单排高压喷射注浆桩截水帷幕），这也是搅拌桩截水帷幕不采用单轴或双轴搅拌桩的主要原因之一（搭接不可靠、套打效率低）。

水泥搅拌桩作为截水帷幕时，其施工顺序包括两个方面：一是搅拌桩与灌注排桩的施工顺序，一般要求先施工水泥搅拌桩截水帷幕、再施工灌注排桩，且灌注排桩与截水帷幕之间需要保持不超过 200mm 的净距，如图 3-3 所示；二是搅拌桩自身的施工顺序，可分为顺幅法和跳幅法，三轴搅拌桩一般采用跳幅法，五轴搅拌桩一般多采用顺幅法，如图 3-3、图 3-4 所示。

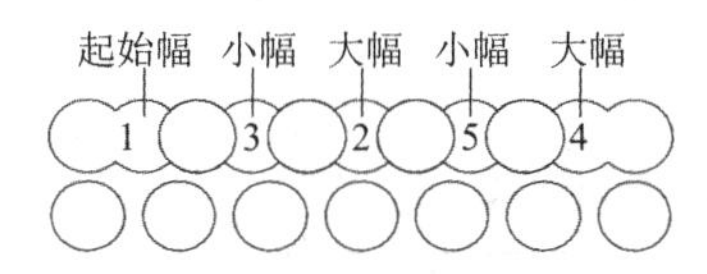

起始幅
小幅
大幅
小幅
大幅
1
3
2
5
4
图 3-3　三轴搅拌桩套打示意图

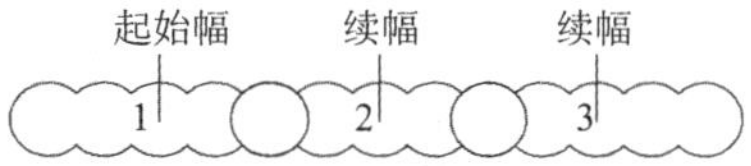

起始幅
续幅
续幅
1
2
3
图 3-4　五轴搅拌桩套打示意图

而采用水泥搅拌桩进行坑内被动区或坑中坑加固时，搅拌桩应在工程桩施工前施工，如工程桩先行施工，则搅拌桩难以施工（搅拌叶片和已施工工程桩之间相互影响）且无法保证加固效果。若工程桩采用预制管桩等挤土桩型时，水泥搅拌桩（不论搅拌桩作为截水帷幕还是坑内加固用途）均应后施工，以免挤土效应带来的不良影响。

3. 施工冷缝的处理

水泥搅拌桩作为截水帷幕时，当相邻两幅桩的施工间隔因故超过 24h，就会形成施工冷缝，该冷缝往往成为截水帷幕的薄弱部位。因此水泥搅拌桩截水帷幕施工期间，如因施工工作面不连续、遇地下障碍物或设备故障等情况，导致相邻两幅桩的施工间隙超过 24h 时，都应视为施工冷缝并及时记录、标记其部位，后期再按设计提供的冷缝补强措施进行处理。通常的冷缝（和障碍物）部位补强做法如图 3-5、图 3-6 所示。

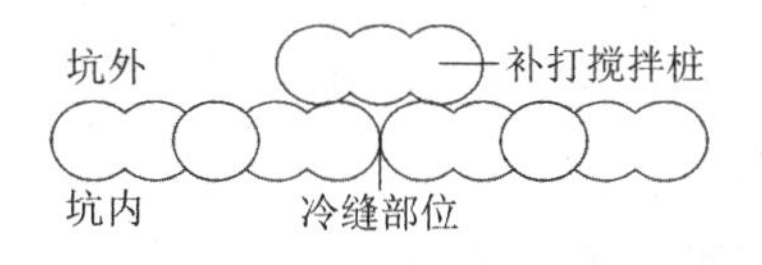

坑外
补打搅拌桩
坑内
冷缝部位
图 3-5　冷缝部位补强示意图

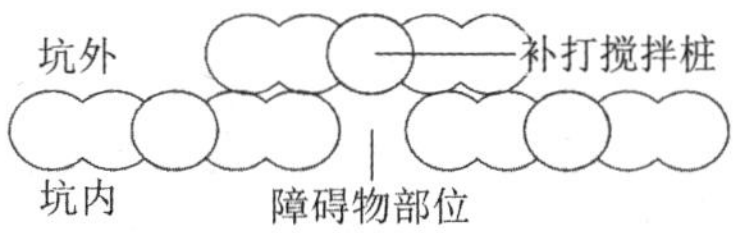

坑外
补打搅拌桩
坑内
障碍物部位
图 3-6　障碍物部位补强示意图

4. 置换土率的控制

搅拌桩施工过程中，如发现置换土率偏高，则应结合地层情况、桩机预搅下沉难易情况等，通过调整施工参数的方式进行控制，以降低置换土率并提高水泥利用效率。

3.5　内插 H 型钢

三轴等多轴水泥搅拌桩作为截水帷幕时，在搅拌桩水泥土混合物未凝固前插入 H 型钢，待水泥土固结后便可形成一道具有一定强度和刚度的、连续完整的墙体，即型钢水泥土搅拌墙，该施工方法也称为SMW（Soil Mixing Wall）工法。该墙体既可止水抗渗，又因具有相应的强度而兼作基坑的竖向挡土结构，具有节材、绿色、造价低等优点。内插型钢的施工详见本手册第8章相关内容。

3.6 质量检验标准及主要质量通病的防治

3.6.1 水泥土搅拌桩的质量检验标准

依据国家标准《建筑工程施工质量验收统一标准》GB 50300—2013和《建筑地基基础工程施工质量验收标准》GB 50202—2018等，基坑支护工程中的水泥搅拌桩施工质量，可按单轴与双轴水泥土搅拌桩截水帷幕检验批（01040102）、三轴水泥土搅拌桩截水帷幕检验批（01040103）、水泥土搅拌桩重力式水泥土墙检验批（01040701）和水泥土搅拌桩土体加固检验批（01040801）进行检查验收；其质量检验标准如表3-8～表3-10所示。

单轴与双轴水泥土搅拌桩截水帷幕质量检验标准　　表3-8

项目	序号	检查项目	允许值或允许偏差		检查方法
			单位	数值	
主控项目	1	水泥用量	不小于设计值		查看流量表
	2	桩长	不小于设计值		测量钻杆长度
	3	导向架垂直度	≤1/150		经纬仪测量
	4	桩径	mm	±20	量搅拌叶回转直径
一般项目	1	桩身强度	不小于设计值		28d试块强度或钻芯法
	2	水胶比	设计值		实际用水量与水泥等胶凝材料的重量比
	3	提升速度	设计值		测机头上升距离及时间
	4	下沉速度	设计值		测机头下沉距离及时间
	5	桩位	mm	±20	全站仪或用钢尺量
	6	桩顶标高	mm	±200	水准测量，最上部500mm浮浆及劣质桩体不计
	7	施工间歇	h	≤24	检查施工记录

三轴水泥土搅拌桩截水帷幕质量检验标准　　表3-9

项目	序号	检查项目	允许值或允许偏差		检查方法
			单位	数值	
主控项目	1	桩身强度	不小于设计值		28d试块强度或钻芯法
	2	水泥用量	不小于设计值		查看流量表
	3	桩长	不小于设计值		测量钻杆长度
	4	导向架垂直度	≤1/250		经纬仪测量
	5	桩径	mm	±20	量搅拌叶回转直径

续表

项目	序号	检查项目	允许值或允许偏差		检查方法
			单位	数值	
一般项目	1	水胶比	设计值		实际用水量与水泥等胶凝材料的重量比
	2	提升速度	设计值		测机头上升距离及时间
	3	下沉速度	设计值		测机头下沉距离及时间
	4	桩位	mm	≤ 50	全站仪或用钢尺量
	5	桩顶标高	mm	±200	水准测量，最上部 500mm 浮浆及劣质桩体不计
	6	施工间歇	h	≤ 24	检查施工记录

水泥搅拌桩（重力式水泥土墙）质量检验标准　　表 3-10

项目	序号	检查项目	允许值或允许偏差		检查方法
			单位	数值	
主控项目	1	桩身强度	不小于设计值		钻芯法
	2	水泥用量	不小于设计值		查看流量表
	3	桩长	不小于设计值		测量钻杆长度
一般项目	1	桩径	mm	±10	量搅拌叶回转直径
	2	水胶比	设计值		实际用水量与水泥等胶凝材料的重量比
	3	提升速度	设计值		测机头上升距离及时间
	4	下沉速度	设计值		测机头下沉距离及时间
	5	桩位	mm	≤ 50	全站仪或用钢尺量
	6	桩顶标高	mm	±200	水准测量，最上部 500mm 浮浆及劣质桩体不计
	7	导向架垂直度	≤ 1/100		经纬仪测量
	8	施工间歇	h	≤ 24	检查施工记录

注：水泥土搅拌桩进行土体加固时，按本表内容进行质量检验。

3.6.2　水泥土搅拌桩的取芯标准

（1）截水帷幕采用单轴、双轴或三轴等轴搅拌工艺，当强度检测采用钻芯法时，取芯数量不宜少于总桩数的 1%且不应少于 3 根（截水帷幕采用高压喷射注浆工艺时，也按此取芯标准）。

（2）水泥搅拌桩内插 H 型钢，当强度检测采用钻芯法时，搅拌墙的取芯数量不应少于总桩数的 2%且不得少于 3 根。

（3）水泥搅拌桩作为重力式水泥土墙，当强度检测采用钻芯法时，取芯数量不宜少于总桩数的 1%且不得少于 6 根。

（4）采用水泥搅拌桩进行土体加固（包括被动区加固、封底加固），当强度检测采用钻芯法时，取芯数量不宜少于总桩数的 0.5%且不得少于 3 根（采用高压喷射注浆工艺时，也按此取芯标准）。

3.6.3 主要质量通病与防治

水泥搅拌桩施工时，经常会遇到注浆异常、搅拌下沉困难，甚至卡钻、埋钻等异常情况，也经常会遇到帷幕渗漏、桩径不足、桩间搭接不牢甚至开叉、局部断桩、芯样差或强度低等质量通病，这些质量通病和异常情况的产生原因及相应的防治措施如表 3-11 所示。

质量通病和异常情况的产生原因及相应的防治措施 **表 3-11**

质量通病	产生原因	防治措施
截水帷幕渗漏	①搭接不牢或桩体开叉； ②漏幅、漏打； ③搅拌不均匀	①尽量避免使用单轴或双轴桩型、并采用套打工艺； ②桩位编号并及时做好施工记录；成桩后设备移至下一幅孔位并对中后，再停机下班，以避免漏幅； ③严格按确定的施工参数进行作业，并结合地层变化及时调整施工参数，不得蛮干冒进
桩间搭接不牢、开叉	①叶片回转直径偏小或磨损时未修复； ②定位有偏差； ③垂直度偏差过大； ④预搅下沉时出现偏钻； ⑤因避开工程桩导致搭接不牢	①搅拌叶片回转直径不小于设计桩径，定期量搅拌叶片回转直径，如有磨损则及时修复； ②加大定位对中的检控力度、避免定位偏差； ③对中后复核机架垂直度； ④提前清理地表障碍物，预搅下沉时关注钻管垂直度，如发生偏钻则及时落实相应处理措施； ⑤工程桩先行施工时，应结合工程桩位重新调整搅拌桩布置，或更换为高压喷射注浆工艺
桩体搅拌不均匀	①下沉或提升速度不稳定； ②注浆不连续	①同一土层内，施工速度和注浆要稳定、连续； ②土层变化时，施工速度与注浆流量要匹配； ③启动压缩空气进行翻浆，提高搅拌效果
桩身强度不足	①水灰比偏大或注浆量不足； ②置换浆多、导致水泥流失	①严格配比计量、严控水灰比、安装浆液流量计； ②密实或坚硬地层宜先引孔、松动土体
局部断桩	①中途停机后继施工时没有搭接； ②供浆中断	①中途停机后继续施工时，要保证 500mm 的搭接； ②后台应连续制浆、供浆，搅拌后台与前台机操要密切联络，确保下沉或提升速度与供浆的协同
取芯芯样差或芯样强度低	①取芯方法不当； ②土中有机物质多或砂性颗粒少； ③置换率高、造成水泥成分流失	①尽量采用隔水单动双管＋硬合金取芯钻头，且取芯时严控用水量、避免冲振；不宜敲打取芯管； ②黏性土层的水泥掺量宜适当提高 2%～3%； ③结合土层和现场施工情况，合理调整施工参数、减少置换浆比例、控制水泥成分流失
注浆异常	①水灰比小、浆液黏稠造成堵管； ②浆液中含有颗粒/结块造成堵管； ③注浆泵损坏或浆管接头不牢，造成注浆中断； ④喷浆口堵塞	①水灰比不可过小（单轴或双轴工艺时），施工前需试配、验证浆液的可泵性； ②采用滤网过滤浆液中的颗粒/结块； ③加强对供浆泵的班前班后检查和日常清洗、保养工作，浆管接头需密闭、可靠并经常检查； ④喷浆口采用止回阀，防止搅拌混合物倒灌
搅拌下沉困难	①土层密实或土层黏聚力大； ②动力头功率（扭矩）不足； 此种情况时，容易卡钻、抱钻而引发安全事故或较大质量缺陷	①优先选用大功率（大扭矩）钻机； ②采用预先引孔、再施打搅拌桩的组合办法； ③以上两者经论证仍存在较大风险时，则调整支护结构工艺类型
抱钻、埋钻	①砂性土层因沉淀快，容易埋钻； ②黏性土层因黏聚力大、容易产生较大土块导致抱钻	①砂性土层时，必须带浆下沉搅拌，提高混合物的和易性，并控制下沉速度不可过快，确保搅拌均匀； ②黏性土层时，应带水低速下沉（以桩机电流稳定为原则）、钻杆快转；但提升时保证总注浆量

3.7　典型工程案例

3.7.1　案例一

杭州某基坑北邻河道、东邻市政道路；一层地下室，±0.000 相当于 85 高程 6.650m，基坑支护设计自然地坪标高为−1.150m（85 高程 5.500m），基坑开挖范围内土质为砂质粉土，采用 SMW 工法桩 + 型钢支撑的支护形式，开挖深度 4.5～5.5m 不等。该基坑设 29 口坑内直流管井、18 口坑外应急降水井，坑外井平时不降水、坑内井随土方开挖工况降至开挖面 0.5m 以下，如图 3-7 所示。

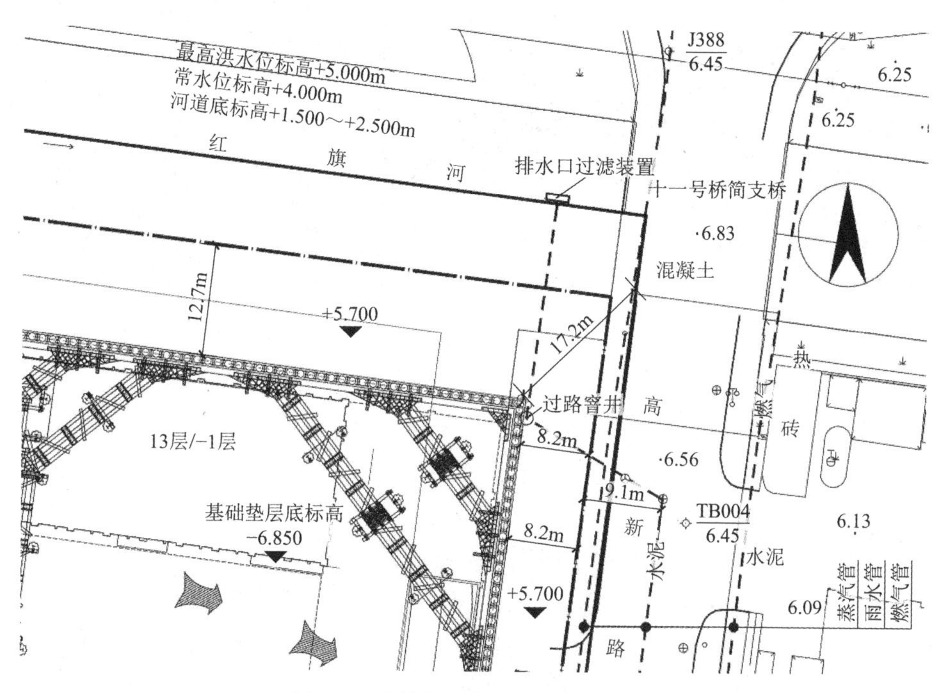

图 3-7　险情部位与周边环境示意图

该项目于 2021 年 12 月底开始施工 SMW 工法桩，施工前分包单位踏勘现场时发现并提出基坑东北角有一排水窨井，位置比较近，可能会影响工法桩的施工；2022 年 1 月初，全站仪复核后发现东北角的排水窨井正好与该处竖向围护结构冲突，并提出迁移建议。至 2022 年 1 月 25 日，除该排水窨井部位以外的工法桩均已完成；春节后，施工单位利用肥槽尺寸采取了避让窨井的方案，由于贴得太近，导致分包单位无法采用三轴工艺对此处的冷缝进行坑外补强，并以联系单的形式告知施工单位采取其他工艺处理该处施工冷缝。

1. 基坑险情与处理概述

2022 年 4 月 27 日 11 时，基坑东北角部位对应的红旗河护堤向河道内坍塌，河水经基坑东北角偏西 1.5m 处倒灌进入基坑（图 3-8、图 3-9）；12 时左右，基坑内水位标高与河水水面标高基本持平（坑内水位稳定在型钢支撑下口标高以下 30cm 处），坑内积水深度 3m 左右（图 3-8、图 3-9）。根据施工单位的规划部署，本基坑共分 8 个区块（自西向东分别为南 1 区、北 1 区、南 2 区、北 2 区、南 3 区、北 3 区、南 4 区、北 4 区）开挖，险情部位位于北 4 区；险情发生时的基坑施工工况为：

①南 1 区、北 1 区、南 2 区、北 2 区均已完成结构底板的浇筑（其中 1 区的角撑已拆除）。

②南 3 区正在绑扎钢筋、北 3 区浇筑垫层（已完成约 50%）。

③南 4 区、北 4 区（险情部位）土方基本完成，仅剩出土口处少量土方。事故部位的土方（北 4 区）于 4 月 26 日上午完成，该部位土方开挖期间，未见渗漏，险情部位的坑外也未见塌陷或沉降等异常征兆，4 月 27 日基坑监测单位 8 时前后进行监测与基坑巡查时也未发现异常。

图 3-8 险情后的基坑

图 3-9 护堤坍塌部位

险情发生后，施工单位立即组织人员进行材料转移、堆砌沙袋围堰等应急抢险工作，并部署抢险施工方案和各项准备工作；4 月 28 日组织专家组对基坑抢险专项方案进行论证后，对基坑东北角的坑外进行高喷加固。2022 年 5 月 13 日，坑外高压旋喷桩完成、河道水位略微上涨，基坑积水抽排、水位下降了 0.5m 左右，基坑外周边巡察无重大变化、基坑监测数据良好；5 月 20 日，坑内积水抽排和坑内清淤工作基本完成。

2. 基坑透水事故的原因分析

基坑北侧红旗河的常水位为 85 高程 4.000m（相对标高−2.650m），红旗河护堤坍塌部位，经查实为高新十一路 DN1500 市政公用排水管道，经过本项目红线内的窨井后排向红旗河的排水口，排水口部位由当地河道部门于 2022 年 3 月初加装了排水过滤装置（2022 年 2 月初时尚未加装）。加装的排水过滤装置（外包尺寸 2.70m 长 × 1.00m 宽 × 3.35m 高，内包尺寸为 1.90m 长 × 0.60m 宽）悬挂在事故点的石砌护堤（挡墙）上并贴近护堤伸缩缝部位，如图 3-10、图 3-11 所示。

图 3-10 排水口过滤装置加装前

图 3-11 排水口过滤装置加装后

打捞出的排水口过滤装置（图 3-12、图 3-13），由内外铁丝网组成、内铁丝网除设滤布，内外铁丝网之间为碎石、石块等重物，因此具有一定的自重。红旗河护堤（挡墙）建造于二十世纪七八十年代，受当时建造工艺影响，质量一般且年久失修，根据打捞出过滤装置的高度，初步判断红旗河护堤的高度 4m 左右，墙体较直立、自身抗倾覆能力有限，而伸缩缝又为薄弱部位。

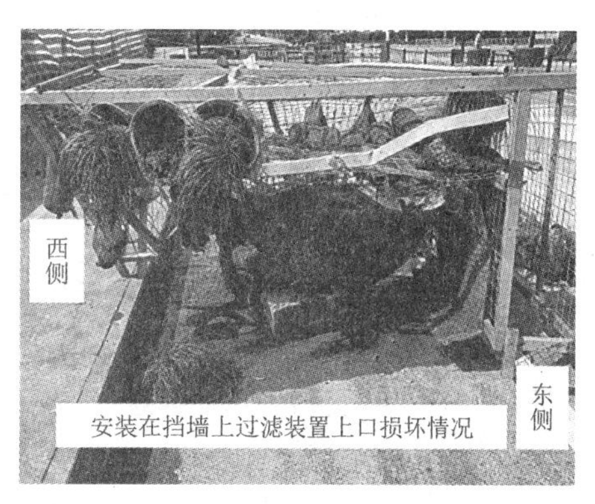

图 3-12　打捞出的排水口过滤装置（一）

图 3-13　打捞出的排水口过滤装置（二）

红旗河与钱塘江相连同，河水水面标高随钱塘江潮汐有起伏，当河道水面降低时，护堤外土压力对护堤产生的压力增大；当河道水面上升时，护堤外土压力对护堤产生的压力变小。排水过滤装置加装后，除装置本身自重对护堤产生作用外，排水口部位的水流也对过滤装置产生冲击，并反作用于河道护堤。

受以上系列因素的共同影响，事故部位的河堤护堤向河道内坍塌，护堤外侧土体随之坍塌、流失，河水回流、冲击范围扩大至基坑东北角。本基坑东北角受红线内排水窨井的影响存在施工冷缝，处理后的施工冷缝仍然为基坑截水帷幕的薄弱环节，导致倒灌水流从截水帷幕的薄弱环节倒灌进入基坑，并在较短时间内灌满整个基坑。

3. 经验教训

（1）基坑工程施工前，需认真排查、摸清周边环境；当基坑周边存在管线、浅基础建（构）筑物时，应提前落实相应的保护措施并体现在施工方案内；当管线或附属设施与距离基坑边线太近且无法实施保护时，或与竖向围护结构存在冲突时，应上报建设单位，由建设单位联络相应产权单位落实管线迁移事宜，不可冒进施工。

（2）基坑邻近河道时，应加大基坑施工期间的巡查力度；尤其当基坑边线范围内存在排水口时，要核实管道走向，明确管道与基坑之间的相对关系；当排水管线毗邻基坑边线时，应提前采取相应地加固保护措施，然后再组织竖向围护结构的施工。

（3）基坑截水帷幕施工期间，因故出现施工冷缝时，应记录冷缝位置、核实冷缝坐标，并及时上报或按支护图纸进行冷缝补强；邻近河道一侧的冷缝，应报由支护设计单位明确相应的冷缝补强方法，并做好冷缝补强施工记录；在基坑开挖期间，要重点观测冷缝部位的渗漏情况并认真做好记录，出现异常情况，立即落实相应的应急预案措施。

3.7.2 案例二

杭州某基坑，邻近地铁 7 号线，2 层地下室，基坑开挖范围内土质为砂质粉土，开挖深度 9～12m 不等，地铁保护区以外分坑采用 SMW 工法桩 + 一道预应力型钢组合支撑（局部设可回收预应力锚索）。该项目开挖后的 SMW 工法桩的桩体成型质量好、基坑施工期间无渗漏，如图 3-14 所示。

图 3-14 开挖后的 SMW 工法桩型和取芯芯样

该项目 SMW 工法桩的施工主要采取了如下措施，以供类似项目借鉴：

（1）结合地层土质等项目实际情况，通过试成桩确定主要施工参数。本项目 SMW 工法桩的设计参数为：P · O42.5 普通硅酸盐水泥的设计掺量为 22%，水灰比 1.2～2.0，下沉速度不大于 1.0m/min，提升速度 1.0～1.5m/min。经试成桩确定的主要施工参数为：水泥掺量 22%，水灰比 1.5，下沉速度 ≤ 1.0m/min、提升速度控制在 1.2m/min 左右。

（2）本项目 SMW 工法桩施工时间为 3 月至 5 月，季节雨水量正常、偏多，施工时的地下水位基本稳定在地表以下 2.5～3.5m，在一定程度上制约了搅拌施工时的水泥浆液外扩，从而保证了桩体成型质量；这也是砂性土层中施工 SMW 工法期间不得擅自降低地下水位的主要原因之一。

（3）施工方法上采用了大小幅套打的施工顺序，大小幅的桩孔定位控制和施工垂直度控制较好；搅拌作业时，严密监测桩机电流，并保持下沉搅拌和提升搅拌的速度稳定，后台制浆能力、供浆流量与搅拌速度相吻合，从而保证了桩体搅拌质量。

（4）施工期间，备足易损易耗件，班前实行设备检查制度，减少了作业中的设备故障率，在项目施工期间基本上做到“不因设备故障”而产生施工冷缝；因现场作业条件而造成的施工冷缝，均及时按设计说明要求的方法进行冷缝处理，基坑工程施工期间，冷缝部位均未见漏点。

（5）关于型钢插入质量的控制，一是严格按施工参数进行搅拌作业、确保搅拌均匀；二是型钢插入时采用定位架，并尽量依靠型钢自重插入，型钢定标高的控制采用振动锤提振；三是对于悬空较多的型钢，采用钢绞线或钢筋头进行固定，直至水泥土固化后去除，以防型钢坠落。

第 4 章 等厚度水泥土搅拌墙

4.1 概述

4.1.1 等厚度水泥土搅拌墙的成墙机理

等厚度水泥土搅拌墙也称为等厚度水泥土连续墙，“等厚度”是相对于三轴等多轴搅拌桩套打成墙而言的，它与搅拌桩套打成墙在形式上的区别如图 4-1、图 4-2 所示。国内现阶段的等厚度水泥土搅拌墙主要有两种成墙工法：TRD 工法和 CSM 工法。

TRD 工法的成墙原理是通过将附有切割链条和刀头的切割箱插入地下、横向推进切削土体成槽后，再注入水泥浆并与切削土体充分搅拌成流塑状水泥土混合物，最后在槽内固化后形成连续的、等厚度的水泥土墙。该工法形成的水泥土墙体，通常称作“渠式切割水泥土搅拌墙”或 TRD 工法搅拌墙。

CSM 工法的成墙原理则是通过轮式搅头自上而下的竖向铣削土体成槽，成槽的同时注入水泥浆液并与土体充分搅拌成流塑状水泥土混合物，在槽内固化后形成等厚度的水泥土墙。该工法形成的水泥土墙体，通常称为“双轮铣削水泥土搅拌墙”或 CSM 工法搅拌墙。

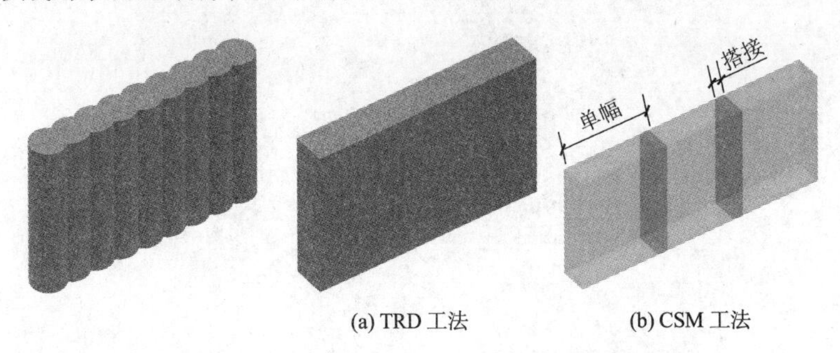

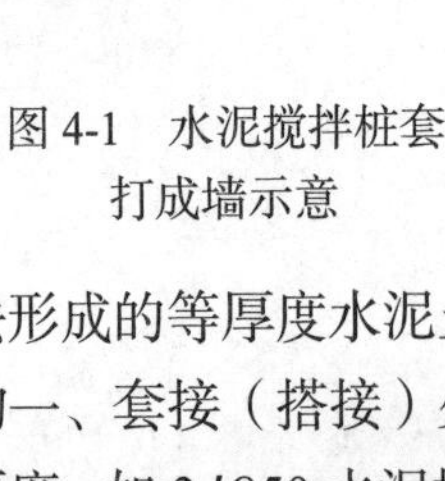

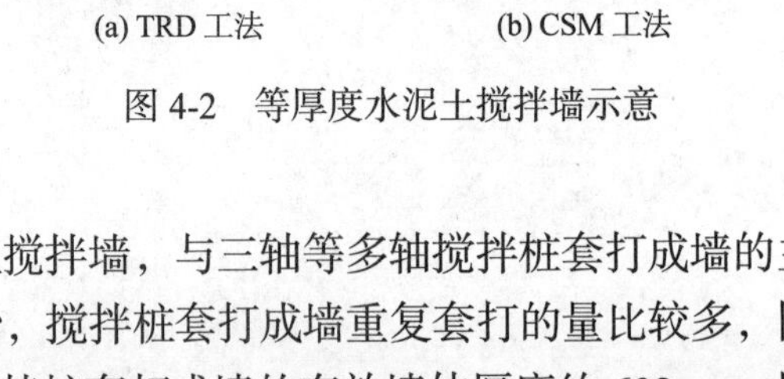

(a) TRD 工法　　(b) CSM 工法

图 4-1　水泥搅拌桩套打成墙示意

图 4-2　等厚度水泥土搅拌墙示意

两种工法形成的等厚度水泥土搅拌墙，与三轴等多轴搅拌桩套打成墙的主要区别，在于墙体厚度均一、套接（搭接）少，搅拌桩套打成墙重复套打的量比较多，同时止水效果受制于最小厚度，如 3ϕ850 水泥搅拌桩套打成墙的有效墙体厚度约 602mm。同等止水效果（有效墙厚）时，等厚度水泥土搅拌墙的施工工程量更少、也更节材；同等工程量时，等厚度水泥土搅拌墙的止水效果更可靠。

等厚度水泥土搅拌墙与多轴搅拌套打成墙的成墙机理对比如表 4-1 所示。

等厚度水泥土搅拌墙与多轴水泥搅拌桩套打成墙的成墙机理对比　　表 4-1

连续墙形式	等厚度水泥土搅拌墙		多轴水泥搅拌桩套打成墙
	TRD 工法连续墙	CSM 工法连续墙	
破土成槽（孔）方式	切割箱横推、链条和刀排竖向切削成槽	搅轮竖向铣削破土成槽	水平回转叶片切削破土
混合搅拌方式	链条和刀排搅拌 + 压缩空气翻浆搅拌	搅轮搅拌 + 压缩空气翻浆搅拌	回转叶片搅拌 + 压缩空气翻浆搅拌
水泥土固化机理	均相同，具体详见第 3.1.1 节相关内容		

此外，两种工法的等厚度水泥土搅拌墙均可内插 H 型钢，形成具有相应强度和抗渗能力的型钢水泥土搅拌墙（作为竖向挡土墙体），且型钢间距可以按需变化、用钢量更贴近实际需求；多轴水泥搅拌桩内插型钢的间距则受固定桩距的限制，只能插一跳一、插二跳一或密插。

4.1.2　两种工法等厚度水泥土搅拌墙的适用范围

TRD 工法施工设备的机架高度一般不超过 12m，具有通过性好（非常适合高压架空线路等空间受限的场所）、重心低、稳定性高、施工深度大（部分机型的施工深度可达 90m，国内也有多个深度超 60m 的施工案例）、施工精度高（垂直度可达 1/400）等优点，设备自带监测系统可实时监测切削箱体各深度X、Y方向的垂直度，适用于砂、粉砂、黏土、非致密卵石层等一般土层以及N值不超过 50 的硬质地层（鹅卵石、老黏土、强风化岩层等）；TRD 工法施工的水泥土搅拌墙具有墙体等厚、连续搭接、成墙质量好、止水效果出色等特点，特别适合毗邻建（构）筑物或管线、地铁设施的基坑工程，也常用作水利工程和环境工程的永久性防渗墙。履带式 TRD 工法桩机如图 4-3 所示。

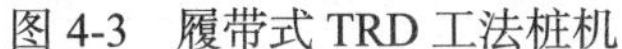

图 4-3　履带式 TRD 工法桩机

图 4-4　钻杆式 CSM 工法桩机

钻杆式 CSM 工法施工设备的机架高度甚至超过三轴搅拌桩机、施工深度可达 50m 以上、施工垂直度达 1/250，该工法的优势主要在于施工设备具备一定的入岩能力、地层适应性强，克服了其他工法不能在深厚卵砾石层或坚硬地层施工的难题，在旋挖等引孔作业辅助的情况下，施工效率也能得到较大的提高，因此常用于较复杂地层的土体改良。钻杆式

CSM 工法桩机如图 4-4 所示。

4.1.3 等厚度水泥土搅拌墙的置换土率

两种工法形成的等厚度水泥土搅拌墙，与水泥搅拌桩一样也会产生置换浆（固化后称为置换土，具体详见本书第 3.1.3 节相关内容），而且由于土体切削搅拌得更加充分均匀，置换浆的比例往往也高于水泥土搅拌桩。

TRD 工法可以采用三步成墙法控制水泥成分的流失，淤泥质土层施工时，采用 1.0～1.2 的小水灰比可以在一定程度上控制置换土率；坚硬地层采用 CSM 工法时，由于下沉切削速度慢，为控制置换土率，可采用双浆液注浆法，即搅轮下沉铣削时注入膨润土浆液或者清水（适用于可自造泥浆的黏性土地层）进行护壁，搅轮提升时注入水泥浆液并搅拌成墙。

4.2 主要施工设备介绍

4.2.1 TRD 工法搅拌墙的主要施工设备

国内现阶段的 TRD 工法施工设备主要有 TRD-Ⅲ（履带式，柴油动力）、TRD-D 系列（步履式，主动力头柴油动力、副动力头 90/110kW）、TRD-E 系列（步履式，主动力头 337kW 以上、副动力头 90/110kW）、CMD 系列（履带式，柴油动力）等机型，成墙厚度和施工深度视设备型号不同有较大差异。采用纯电机型时，应统筹考虑现场临电容量以及同期其他施工设备的用电负荷。

TRD 工法搅拌墙的施工设备系统，基本上均由 TRD 工法桩机、搅拌后台装置、注浆系统和压缩空气系统等组成，整个施工系统的设备配置情况大致如表 4-2 所示。

施工系统的设备配置情况 表 4-2

设备名称	规格型号	单位	数量	功率
TRD 工法桩机	如 CMD 系列履带式桩机（柴油动力）； 如 TRD-D 系列步履式桩机（副动力头 90/110kW） 如 TRD-E 系列步履式桩机（≥ 337kW + 90/110kW）	台	1	视实际机型计
空气压缩机	GRF-75A 或同性能规格：压力 0.5～1.2MPa，容积流量 ≥ 9m³/min	台	1	55kW
注浆泵	BW320：单泵最大注浆流量 320L/min（功率 30kW） BW250：单泵最大注浆流量 250L/min（功率 15kW）	台	2	视实际配置情况计
输浆管	耐受压力不小于 10.0MPa（且不小于设计注浆压力的 2 倍）	m	按需	—
搅拌后台	自动搅拌装置	套	1	约 60kW
	配 2 × 70t 水泥桶、蓄水箱、储浆桶等	套	1	—
其他辅助设备	挖机 PC200、50t 履带式起重机等（内插型钢时另配振动锤）	台	按需	柴油动力

4.2.2 CSM 工法搅拌墙的主要施工设备

CSM 工法搅拌墙的施工设备主要有金泰 SC35/45/50 系列（履带式，柴油动力）、金泰 SC55/65 系列（步履式，总功率 375kW）、上工 MS45E/H 系列（步履式，总功率 365/397kW）、徐工 XCM 系列（履带式，柴油动力；其中 XCM80 为悬索式机型，施工深度可达 80m）等机型，其中步履式 CSM 工法桩机的机架高度约为最大施工深度 +（7～8）m。采用纯电机型时，应统筹考虑现场临电容量以及同期其他施工设备的用电负荷。

CSM 工法搅拌墙的施工设备系统，基本上均由 CSM 工法桩机、搅拌后台装置、注浆系统和压缩空气系统等组成，整个施工系统的设备配置情况大致如表 4-3 所示。

施工系统的设备配置情况　　**表 4-3**

设备名称	规格型号	单位	数量	功率
CSM 工法桩机	如 SC35/45/50 系列履带式 CSM 桩机（柴油动力）； 如 SC55/65 系列步履式 CSM 桩机（功率 375kW）等	台	1	视实际机型计
空气压缩机	GRF-75A 或同性能规格：压力 0.5～1.2MPa，容积流量 ≥ $9m^3/min$	台	1	55kW
注浆泵	BW320：单泵最大注浆流量 320L/min（功率 30kW） BW250：单泵最大注浆流量 250L/min（功率 15kW）	台	2	视实际配置情况计
输浆管	耐受压力不小于 10.0MPa（且不小于设计注浆压力的 2 倍）	m	按需	—
搅拌后台	自动搅拌装置	套	1	约 60kW
	配 2 × 70t 水泥桶、蓄水箱、储浆桶等	套	1	—
其他辅助设备	挖机 PC200，内插型钢时另配 50t 履带式起重机、振动锤	台	按需	柴油动力

4.3　主要施工参数

等厚度水泥土搅拌墙和水泥搅拌桩一样，通常采用 P · O42.5 普通硅酸盐水泥。参照《渠式切割水泥土连续墙技术规程》JGJ/T 303—2013、上海市《等厚度水泥土搅拌墙技术规程》DG/TJ 08-2248—2017、湖北省《等厚度水泥土搅拌墙技术规程》DB42/T 1774—2021 等规程并结合工程实践，等厚度水泥土搅拌墙的主要施工参数汇总如表 4-4 所示。

等厚度水泥土搅拌墙的主要施工参数　　**表 4-4**

工法类型		TRD 工法	CSM 工法
导向架垂直度		配测斜仪施工垂直度可达 1/400	1/250
设计水泥掺量		22%～25%	22%～25%
水灰比		1.0～2.0	1.0～2.0
施工方法		一步法（边切削边注浆、搅拌） 三步法（先切削、后回撤，再注浆搅拌）	单浆法（下沉和提升注同一浆液） 双浆法（下沉和提升注不同浆液）
水泥浆液	水泥浆压	1～3MPa	1～3MPa
	注浆泵数量	2 个	2 个
	注浆流量	250～500L/min	250～400L/min
压缩空气	压力	0.8～1.5MPa（深度大时气压则大）	0.8～1.5MPa（深度大时气压则大）
	供气量	满足翻浆搅拌需求即可	满足翻浆搅拌需求即可
施工速度		先行切割速度 0.5～2.0 延米/h 回撤搅拌速度 5.0～10.0 延米/h 注浆搅拌速度 1.0～3.0 延米/h	下沉铣削速度不大于 0.6m/min 提升搅拌速度不大于 0.5m/min （提升速度需与注浆流量相匹配）

4.4 水泥用量及注浆流量的计算

单幅墙体的注浆量与单幅墙体的成墙体积需相匹配（TRD 工法注浆量需与切割推进速度相互匹配；CSM 工法注浆流量需与下沉/提升速度相互匹配），这是保证等厚度水泥土搅拌墙施工质量的关键之一。施工前，应结合地勘报告、设计要求等计算单幅墙体的水泥浆液用量，并使注浆流量与施工速度相匹配。水泥的设计掺量、水灰比、浆液相对密度和配比等，详见 2.3.2 节相关内容，其他相关计算如下：

1. 每延米墙体的水泥用量计算

TRD 工法成墙时，水泥浆液注浆孔在底部刀箱部位，注入的水泥浆在竖向循环运动的链条与刀排的机械搅拌和压缩空气的翻浆搅拌的共同作用下，与土体泥浆充分混合、上下均一，因此不存在搅拌桩工艺或 CSM 工艺实搅、空搅的划分；CSM 工法成墙，则和搅拌桩工艺一样，水泥浆液注浆孔位于搅轮部位，随着搅轮的下沉与提升，空搅部分的水泥用量可以得到控制，故和搅拌桩工艺一样，可以根据水泥掺量的不同划分为实搅和空搅。因此，工程实践中，为了保证墙体施工质量，TRD 工法的水泥用量一般按成槽深度进行计算。

每延米墙体水泥用量：

$Q=1\times B\times H\times \rho\times$ 水泥设计掺量（CMS 工法时，按本式分段计算后累加） (4-1)

式中：Q——每延米墙体的水泥用量（t）；

B——等厚度水泥土搅拌墙的厚度（m）；

H——墙（槽）体深度（m），CSM 工法时，实搅墙深按有效墙体深度 + 0.5m 计，空搅墙深按自设计地面至设计墙顶标高 − 0.5m 计；

ρ——为土体的加权表观密度（重度），一般取 1.8，砂性土层可取 1.9。

2. TRD 工法一步成墙法时的横向推进速度复核

TRD 工法成墙时，如墙体深度在 25m 以内或不内插 H 型钢时，可以采用一步成墙法，即一边横向推进切削土体、一边连续注浆成墙。此时应结合施工水灰比按最大注浆流量（如 500L/min）复核对应的横向推进速度，以确保施工推进速度和注浆量相匹配，方法如下：

每延米注浆时间 = 每延米墙体对应的注浆量 ÷ 每分钟注浆流量
= 每延米墙体水泥用量Q ÷ 配置 1000L 水泥浆液时的水泥用量 × 1000L ÷ 每分钟注浆流量

横向推进速度 = 1m ÷ 每延米注浆时间。

若上述计算结果大于技术规程规定的最大横推速度（6m/h）时，应按不大于技术规程规定的实际横推速度，反推注浆流量，以确保施工推进速度和注浆量相匹配。

3. TRD 工法三步成墙法时的注浆搅拌速度计算

TRD 工法成墙时，如墙体深度不低于 25m 或内插 H 型钢时，一般多采用三步成墙法，即先横向推进切削土体、然后回撤切削搅拌、最后再注浆搅拌成墙。此时应结合施工水灰比按最大注浆流量（如 500L/min）复核对应的成墙搅拌推进速度，方法如下：

每延米注浆时间 = 每延米墙体对应的注浆量 ÷ 每分钟注浆流量
= 每延米墙体水泥用量Q ÷ 配置 1000L 水泥浆液时的水泥用量 × 1000L ÷ 每分钟注浆流量

成墙搅拌推进速度 = 1m ÷ 每延米注浆时间。

若上述计算结果大于技术规程规定的成墙搅拌推进速度（3m/h）时，应按不大于技术规程规定限值的实际成墙搅拌推进速度，反推注浆流量，确保施工推进速度和注浆量相匹配。

4. CSM 工法成墙的注浆量和注浆流量计算

CSM 工法成墙时，单次 CSM 成槽长度 2800mm，幅间搭接 300～400mm；可以采用顺槽法（也称顺幅法，适用于 20m 深度以内且无深厚砂层等复杂地层）施工或跳槽法（也称跳幅法，适用于深度不小于 20m 或复杂地层）施工，无论采用何种施工方法，单幅墙体的总注浆量都一样，即：

$$V = L \times Q \div \text{配置 1000L 水泥浆液时的水泥用量} \times 1000\text{L} \qquad (4\text{-}2)$$

式中：V——单幅墙体总注浆量；

L——单幅墙体有效长度（m）。

每分钟注浆量（L/min）= 单幅墙体总注浆量 × 1000L/m^3 ÷ 单幅墙体的注浆时间；其中采用单浆液注浆方式时，单幅墙体的注浆时间 = 下沉注浆时间 + 提升注浆时间；采用双浆液注浆方式时，则不计下沉施工时间。

4.5　主要施工流程和注意事项

CSM 工法成墙，除切削破土原理不同外，它和三轴等多轴搅拌桩套打成墙十分类似，均为竖向下沉破土搅拌、提升注浆搅拌成墙（桩），且注浆孔跟随钻头上下移动，因此可分空搅、实搅部分设计不同的水泥掺量；TRD 工法成墙则不同，链条与刀排竖向循环运动、切割箱体横向推进，且注浆孔位于刀箱底部，注入的水泥浆，在链条与刀排的机械搅拌和压缩空气的共同作用下，在整个槽内上下搅拌成均一的流塑态混合物。两种成墙工法的主要施工流程分别整理如下：

4.5.1　TRD 工法成墙

TRD 工法成墙的主要施工流程如图 4-5 所示。

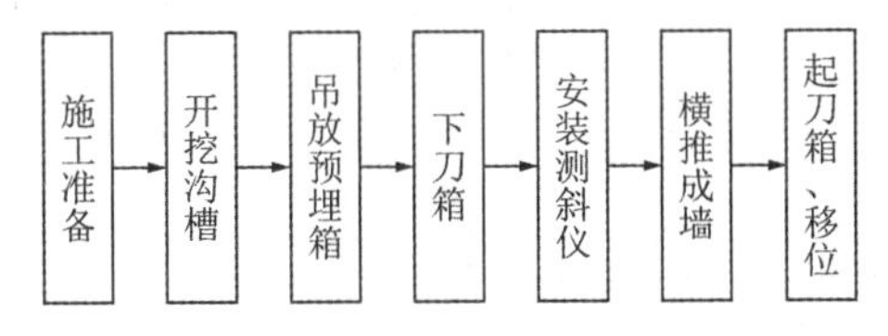

图 4-5　TRD 工法成墙的施工流程示意图

1. 施工准备

（1）摸清施工部位的作业空间和周边环境。当场地或场地周边存在外电架空线路时，需复核确认是否满足架空线路最小作业距离的要求；涉及吊装作业的，还应确保正常吊装作业时吊车吊臂与架空线路的最小水平与垂直距离不小于 8.5m；否则，均应提前落实相应措施或局部调整支护结构的施工工艺；此外，转角部位的外围空间尺寸（搅拌桩外边线到围挡或固定物体的距离）不应小于 TRD 桩机宽度的 50% + 3m，否则转角部位的搅拌墙将无相应的施工作业空间。

（2）结合施工部署、现场实际情况等确定 TRD 截水帷幕的施工起始点和施工顺序，其中施工起始点的确定，遵循如下原则：

①与现场其他工艺的施工要相互错开，尽量减少相互之间的工作面交叉。

②要自转角部位开始施工，不应选择支护边线的中间。

③涉及多台 TRD 桩机的，提前规划好各自的施工线路和施工顺序。TRD 桩机应沿拟定的施工线路顺序施工，以减少冷缝数量。

（3）熟悉设计图纸和地勘报告，结合施工部署、作业空间、周边环境和现场实际情况等，编报专项施工方案；当施工部位附近存在管线、浅基础建（构）筑物时，需结合施工作业空间提出处理建议或保护措施，并体现在专项施工方案内。

（4）布置搅拌后台、落实电源和水源（具体参照 3.4.1 节相关内容）。

（5）设备的拼装。设备进场前应考察确定进场线路，落实好桩机拼装场地。原则上桩机的拼装场地应相对空旷、并远离基坑周边道路或建（构）筑物。组装、调试好的桩机设备，均在自检和第三方检测的基础上申报验收，验收合格后方可投入使用。

（6）结合现场进度计划编制材料需求计划（具体参照 3.4.1 节相关内容）。

（7）场地处理（具体参照 3.4.1 节相关内容）。若施工区存在已知地下障碍物时，需在施工前清理障碍物（障碍物埋深较大的，应另制订针对性的清障专项方案、并提前清障）。

（8）试成墙、确定施工参数。正式施工前，应通过试成墙（试成墙长度一般不小于 6m，现场条件限制时可在帷幕原位进行试成墙）验证土层与地质报告的符合情况，掌握切割速度、垂直度、入土深度等各项数据，并根据试成墙结果确定施工速度、水灰比、注浆量、气压等施工参数。

2. 测量放样

根据测量基准点，按照支护图纸进行测量放样和高程引测，并做好永久或临时标识。依据测量控制点放设出施工控制线，该控制线可用以沟槽开挖、控制桩机设备的移位、校核墙体中心线。

正常情况下，TRD 工法搅拌墙的中心线交点均应放设点位，经复核无误后，按图 4-6 引出施工控制点和施工控制线（如控制线按围护中心线外移 1500mm）。TRD 施工期间，转角部位根据该转角引出的控制点，可按控制线外移尺寸为半径画圆的方式还原出转角点位或重新放设转角点位。

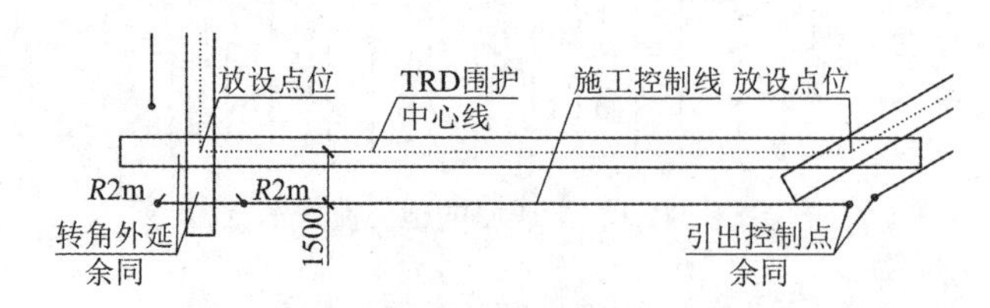

图 4-6 施工控制线放设示意图

测量放样时，还应结合桩机机架尺寸复核转角部位的施工作业空间，如转角部位的施工作业空间不足（一般不小于设备宽度的一半 + 3m）时，应提前采取措施（如拆除围挡等）。

3. 开挖沟槽

根据施工控制线，沿围护中心线撒灰线并开挖沟槽（槽宽一般 1m 左右、深 1.2m 左右、长度不大于 50m，后续边施工边开挖）用以导流置换浆。沟槽不可开挖过深，以防塌方，如已知施工部位存在地下障碍物的，需先清除地下障碍物、采用原状土回填压实后再开挖沟槽。施工期间，后续沟槽开挖的同时，应按施工进度及时平整出后续施工的作业场地（存在坑洞时，需挖出软弱土并换填压实），确保路基箱铺设平稳、牢固。

4. 吊放预埋箱

在拟下刀箱部位的附近，开挖深度约 3m、长度约 2m、宽度约 1m 的预埋穴，然后吊放预埋箱至预埋穴内、预埋箱四周空隙回土填平，以方便人员作业；并将待安装的切割箱逐段吊放入预埋箱内，以方便切割箱与主机拼接。切割箱全部打入结束后，再吊起预埋箱、回填压实预埋穴。

5. 下刀箱（切割箱和刀排）

预埋箱吊放就位后，主机就位、对中，平面偏差不超过±20mm，利用设备的控制系统控制导杆的垂直度偏差在 1/300 以内。然后按图 4-7 示意进行切割箱连接，切割箱逐节连接、逐节沉入地下，直至达到设计墙底标高。

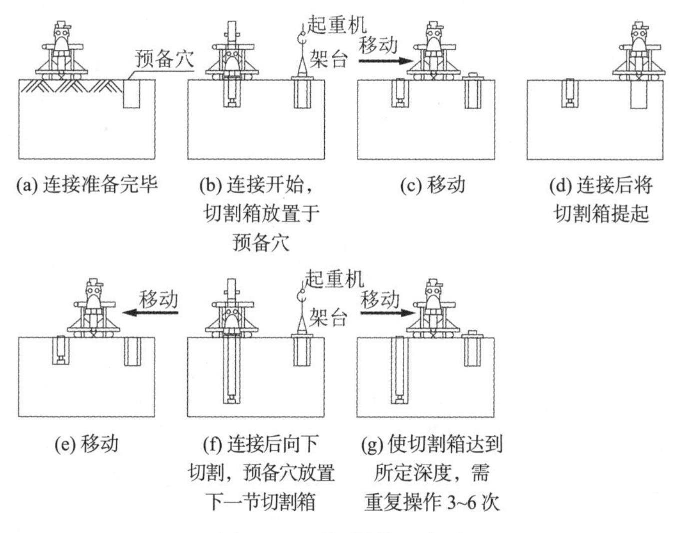

图 4-7　下切割箱示意图

切割箱与主机相连后，固定其上的链条与刀排，做竖向循环运动，原位向下切削土体、利用自重匀速下沉，速度一般宜控制在 40～70mm/min，下沉时需注入稳定液（优质泥浆或膨润土液等）进行护壁，以防刀箱被埋；整个下沉过程，需采用经纬仪实时矫正导杆垂直度。

6. 安装测斜仪

切割箱达到设计深度后，安装测斜仪。通过安装在切割箱内部的多段式测斜仪，可进行墙体的垂直精度管理，墙深 40m 以内时垂直度控制在 1/300；墙深超过 40m 时，测斜仪的垂直度应按 1/400 进行控制。

7. 横推成墙

测斜仪安装完毕后，调整好切割箱垂直度，通常按照三步法成墙工艺进行施工（图 4-8）（先行挖掘、回撤挖掘、搅拌成墙），开放长度（也称单幅槽段施工长度）应控制在 3～6m（具体视土质、内插型钢难易程度等进行调整），幅间回撤搭接长度 400～500mm，以确保搭接部位的止水效果；内插型钢时，在搅拌成墙时插入型钢（同时桩机退避挖掘）。重复操作，直至该段墙体施工完毕。

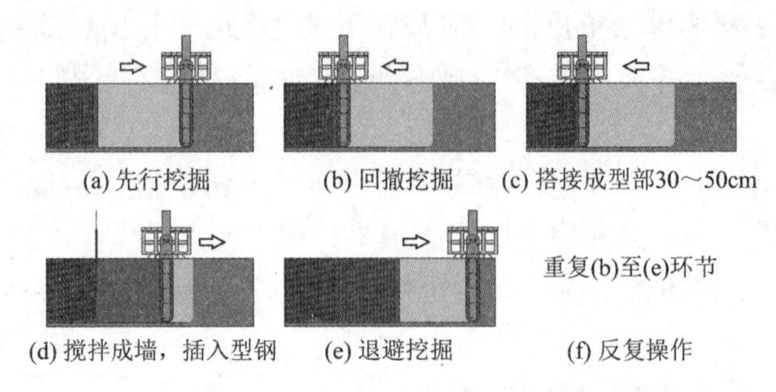

图 4-8　TRD 三步法施工示意图

当墙体深度不大于 25m 且周边环境保护要求不高时（如分坑间的隔离墙）或不内插型钢时，可采用一步法成墙，即切割箱横推切削期间连续注入水泥浆液、边切削边混合搅拌成墙；采用该法施工时，横向推进速度一般应控制在 2～4m/h，且应注意注浆流量与横向推进速度的匹配、协调。

每一直线段墙体自下刀箱开始至该段墙体施工完毕、起刀箱时，无论采用三步法还是一步法，均应连续施工；如因故不能连续施工时（如无夜间施工许可，夜间不能施工），应每 2～4h 启动一次设备、低速运转 10～30min，以避免长时间不动、刀箱被埋（尤其砂性土层时）。

TRD 工法成墙会产生较多置换浆液，施工期间产生置换浆液应向尚未施工的沟槽处流淌，当沟槽内置换浆液将要满出沟槽时，舀出置换浆（可用以处理后续施工的作业场地，或在施工作业区外围堰盛放置换浆，待固化后再外运处理）；此外，施工期间，还需每台班制作一组水泥土试块，按机号、日期进行编号并标养，标养满 28d 时及时安排送检试压，用以检验批验收。

施工期间，如遇障碍物或设备故障（且预估不能在 4h 内排除故障时）等造成施工中断，应拔出切割箱、并对作业部位做好位置标记；恢复施工时，应回撤搭接不小于 500mm，同时相关搭接部位还应采取其他工艺进行局部补强处理。

8. 起刀箱

一段墙体施工结束时，即可起刀箱。起刀箱的过程与下刀箱环节相同、顺序相反，逐节将切割箱提升至地面。起刀箱一般有内拔、外拔两种方式，内拔方式也称为坑内起刀箱，即一段墙体施工完毕后，回撤至距端部 2m 处拔出切割箱；外拔方式也称为坑外起刀箱，即一段墙体施工完毕后，直线外延横推 3～4m、再回撤至距端部 1～2m 处拔出切割箱。一般情况下，应优先采用外拔方式（尤其内插型钢时）。无论何种方式，均应控制切割箱拔出的速度，不可由此造成孔内负压而引发槽壁不稳。此外，在切割箱拔出过程中要及时注入水泥浆液，回补切割箱上提时所造成的沟槽内混合泥浆液面下降。

9. TRD 工法成墙的注意事项

（1）注意横推切削时的“拖刀”现象。TRD 工法施工的原理，是利用位于地面的动力设备带动切割箱作横向推进，并在横向推进的过程中，利用附在作竖向循环运动的链条之上的刀排，像锯子一样循环切削土体。虽然切割箱的整体刚度比较大，但切割箱体的受力相当于悬臂结构，这就容易造成切割箱上下两端不在同一铅垂方向上，尤其下部土层坚硬、设备开足马力横推时更加明显。这种切割箱体上下两端的竖向错位现象，俗称为“拖刀”现象。

工程实践表明，墙体深度越大或下部土层越硬，“拖刀”现象也明显。这种“拖刀”现象，容易造成墙体转角部位的下部搭接不牢，即上部两个方向的墙体看似完全交叉搭接了，但墙体的下端却没有完全交叉搭接；采用三步法成墙工艺时，这种现象也容易造成幅间的下部搭接不足或搅拌混合不均匀，进而造成局部墙体质量缺陷。

解决“拖刀”的方法是：转角处的墙体端部外延，且在设备横推至墙体端部时、利用测斜仪回正设备后再继续横推切削，下端存在坚硬地层或深度超过 50m 时，可多操作一次；TRD 三步法成墙施工时的幅间搭接，也可在回撤至搭接部位时采用类似操作、确保搭接部位注浆搅拌均匀。

（2）超深墙体施工时注意调高气压。TRD 工法成墙需要空气压缩系统，压缩空气在横推切削时有助于加快浆液流动、减缓砂性颗粒的沉降速度，在注浆搅拌时起到翻浆搅拌、提高搅拌均匀度等作用；可以说压缩空气在整个过程中对成墙搅拌质量起到不可替代的作用。

TRD 工法的压缩空气孔和注浆孔都在最底端，由于空气密度很小，出气孔的压力和空气源送出的空气压力几乎相同；如墙体深度较大，就会造成墙体底部的浆液压力大于气体压力而无法排气，从而影响 TRD 成墙质量，甚至难以取芯。为保证 TRD 施工过程中能够正常排气，气压必须要大于排气孔出的浆液压力，即气压$P > \rho g H$，其中ρ为混合浆液相对密度，g为重力加速度，H为 TRD 成槽深度（按此估算，每 10m 深度的槽内混合浆液约 0.16～0.18MPa）。

（3）落底式截水帷幕注意土层起伏。一些情况下，基坑 TRD 连续墙截水帷幕的墙底需要进入弱渗透性土层，如强风化或黏性土层等。弱渗透土层的顶面有较大起伏时，易出现墙底局部未进入弱渗透性土层的情况，尤其当弱渗透土层上方为富水砂性土层时，截水帷幕局部未封底，将会造成坑内降水困难等问题。

为避免出现这种情况，需要在 TRD 施工过程中对照截水帷幕所在部位的地质剖面，稳定横向推进速度。当设备负荷下降时，及时下沉动力头、使切割箱随之下沉；当设备负荷明显增加时，及时稍微提升设备动力头、使切割箱稍微提升，目的在于控制墙底进入弱渗透性土层一定深度、确保封底效果。当然采用这种方法的前提是结合下刀箱部位的勘探孔，摸清沉至设计墙底标高（并保证进入弱渗透性土层深度）后横向切削时的设备参数。

（4）地铁保护区内施工的注意事项。TRD 工法搅拌墙因止水效果好等特点，经常被应用于地铁保护区（或其他周边环境保护要求高的情况）的基坑，而且往往需在 TRD 成墙后方可进行其他工序（如搅拌桩、灌注桩等）的施工。由于地铁保护区基坑的变形要求特别高，因此需要采取有效措施控制 TRD 施工对环境的影响，这些措施主要包括：第一，铺设路基箱分散设备自重所产生的附加荷载；第二，横推速度需控制在 8～10m/d（设计有特殊要求的，按其要求执行）；第三，TRD 施工时的浆液相对密度应控制在 1.7 左右，提高槽体护壁性能；第四，规范操作、减少施工异常等。

4.5.2　CSM 工法成墙的主要施工流程

CSM 工法成墙的主要施工流程，与水泥搅拌桩基本相同，如图 4-9 所示。

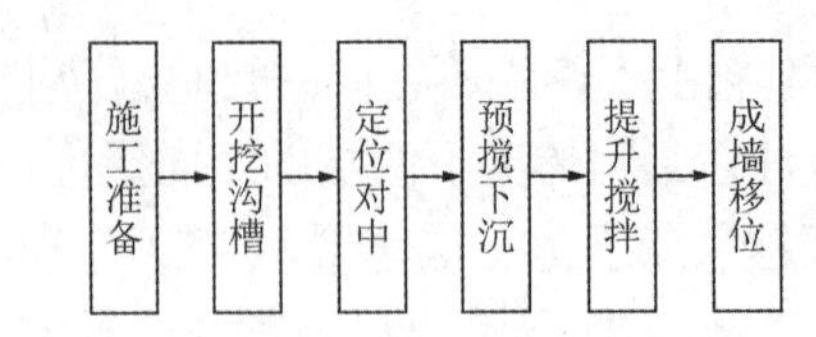

图 4-9 CSM 工法成墙的施工流程示意图

1. 施工准备

（1）摸清施工部位的作业空间和周边环境（具体参照 3.4.1 节相关内容）。

（2）结合场地现状，确定施工顺序和施工线路。

（3）熟悉设计图纸和地勘报告，结合施工部署和作业空间、周边环境现场实际情况，编报专项施工方案；当施工部位附近存在管线、浅基础建（构）筑物时，需结合施工作业空间提出处理建议或保护措施，并体现在专项施工方案内。

（4）结合现场场地情况，本着“不影响其他工艺施工、交通便利、尽量避免位置调整”的原则，合理布置搅拌后台并落实好水源、电源（具体参照 3.4.1 节相关内容）。

（5）桩机设备拼装与调试，必要的备品备件，减少施工期间维保或故障排除的时间（具体参照 3.4.1 节相关内容）。

（6）根据支护图纸，进行水泥土搅拌墙分幅划分（CSM 工法的单幅施工长度 2800mm，转角部位的分幅搭接长度不应小于墙体厚度、直线段的幅间搭接不应小于 300mm），并进行编号。当墙顶标高或墙底标高不同时，应注明相应的区域范围，或分类编号；分幅编号时需做到不遗漏、不重复；涉及内插 H 型钢时，需同时对型钢桩进行编号。

（7）结合现场进度计划编制材料需求计划（具体参照 3.4.1 节相关内容）。

（8）场地处理（具体参照 3.4.1 节相关内容）。

（9）确定施工参数。结合搅拌桩型、地勘报告中的土层性质和支护图纸的要求等，初定施工参数，选定试成墙点位、组织工艺试成墙（一般不少于 3 幅），以验证土层与地质报告的符合情况并确定施工参数（如下沉和提升速度、水灰比、注浆流量、停浆面等）。

2. 测量放样、开挖沟槽

CSM 工法成墙时，测量放样、开挖沟槽环节的要求与 TRD 工法类似，具体参照 TRD 部分相关内容。需要强调的是，开挖沟槽时，需要结合桩机尺寸平整后续施工作业面、确保地基承载力。

3. 定位对中

钻机就位时，先对中搅轮，确保搅轮平面偏差在±20mm 以内；随后再调整桩架（及钻杆）垂直度，使之不大于 1/300，垂直度符合要求后再复核搅轮对中情况；施工前，将搅轮的倾角传感器角度与深度位置均归零；最后启动搅轮，进行喷气、注浆（水）试验，确保供气、供浆正常。

4. 预搅下沉

预搅下沉作业前，应提前通知后台按照确定的水灰比制备水泥浆。为严格控制水灰比和注浆量，搅拌后台需配置配比计量系统（三轴等多轴搅拌桩机均配有自动计量搅拌系统）和自动压力流量记录仪。制备好的水泥浆液送入贮浆桶内备用，水泥浆液进入注浆泵前，应经 1～2 道过滤，以防异物和较大水泥颗粒堵塞泵管和浆管，制备好的水泥浆液宜在 1h 内使用完毕。

一切准备就绪后，即可预搅下沉施工作业。一般情况下，CSM 工法成墙应优先采用跳槽法（也称跳幅法），如图 4-10 所示。一般情况下先行幅与后行幅之间的间隔应大于 24h（冬期施工时，要确保先行幅水泥土已终凝），并据此确定具体的跳幅顺序。

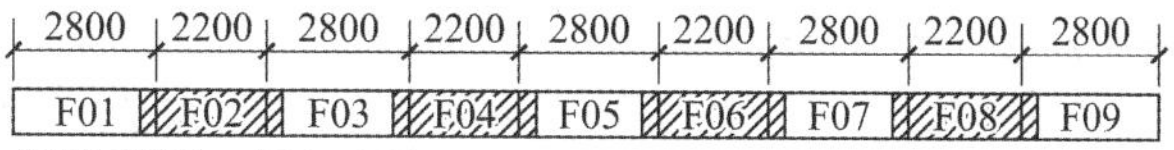

2800　2200　2800　2200　2800　2200　2800　2200　2800

F01　F02　F03　F04　F05　F06　F07　F08　F09

施工顺序为：F01、F03、F05→F02、F04→F07、F09→F06、F08。

图 4-10　CSM 工法跳槽施工示意图

当墙体深度不大于 20m 且无深厚砂层等复杂地层时，也可以采用顺槽法（也称顺幅法）进行施工，此时后施工槽幅应在先施工槽幅终凝前完成且禁止采用双浆液法。当墙体深度大于 20m 或存在深厚砂层等复杂地层时，必须采用跳槽法进行施工。跳槽法施工时，后行槽幅施工时，应采用挖机将沟槽中先行槽幅已终凝的水泥土挖去、确保后行槽幅施工时沟槽导流正常，但不应超过原沟槽深度和设计墙顶标高，以避免损坏压顶梁（冠梁）底处的截水帷幕墙体。

复杂地层采用跳槽法施工时，由于预搅下沉速度慢，为控制水泥用量并减少水泥成分流失，应优先采用双浆液法，即预搅下沉时注水或膨润土液、提升时注水泥浆液，提升时的水泥浆液注入流量需和提升速度相匹配。

预搅下沉过程中，机操人员应时刻关注搅轮位置、搅轮压力和钻杆垂直度，并观察搅拌浆液的状态等，如发现异常，应及时调整；预搅下沉作业过程中，因故停止施工或供浆中断的，应在恢复施工时将搅轮上提至原停浆面以上 0.5m 处后再继续下沉作业。

5. 提升搅拌、成墙移位

下沉至设计桩底时，宜在桩底部位原位搅拌注浆 30s 后再提升搅拌，以确保桩底部位的搅拌质量。与预搅下沉过程相比，提升搅拌过程遇到的异常情况要少很多，因此该过程的重点就是稳定提升速度、稳定送浆（供气），直至设计桩顶标高以上 300～500mm，以保证桩头搅拌质量。然后停止送浆、继续提升搅拌至地面，移位下一槽幅或停止作业。

提升搅拌过程中，要确保提升速度与注浆流量的相互匹配，且不可速度过快，以免造成槽内负压；提升搅拌过程中，因故停止施工或供浆中断的，应在恢复施工时将搅轮下沉至原停浆面以下 0.5m 处后再继续提升注浆作业。

CSM 工法施工期间，需按规定制作水泥土试块，具体做法如下：水泥土试块一般采用边长为 70.7mm 的立方体，每台班抽查 2 幅墙，每幅桩制作水泥土试块 3 组，取样点应低于有效墙顶下 3m，试块应在水下养护并测定龄期 28d 的无侧限抗压强度（用于检验批验收）。

6. CSM 工法成墙的注意事项

（1）施工方法选择问题。CSM 工法的施工，既有顺槽法、跳槽法之分，也有单浆液（下沉和提升均采用同种浆液）、双浆液（下沉和提升分别采用不同的浆液）两种注浆方法，它们各自的适用条件和注意事项，汇总如表 4-5 所示。

施工方法的适用条件和注意事项　　**表 4-5**

施工方法		适用条件	注意事项
成槽方式	顺槽法	适用于墙体深度不大于 20m 且无深厚砂层等复杂地层	①后行幅应在先行幅终凝前完成； ②要确保幅间搭接长度和施工垂直度

续表

施工方法		适用条件	注意事项
成槽方式	跳槽法	适用于墙体深度大于 20m，或存在深厚砂层等复杂地层	①后行幅应在先行幅终凝后开始； ②要确保两端搭接长度和施工垂直度
注浆方式	单浆液法	适用于墙体深度不大于 30m 且无深厚砂层等复杂地层	①下沉或提升时均应连续注浆； ②下沉注浆量往往大于提升注浆量
	双浆液法	适用于墙体深度大于 30m，或存在深厚砂层等复杂地层	①砂性土层时，下沉浆液应选用膨润土液； ②注浆流量需与提升速度相匹配

以上方法可以有 4 种不同的组合，但切记顺槽法施工时禁止采用双浆液注浆方式，这是因为顺槽法施工时，先行施工槽幅内的水泥土并未终凝，这种情况如后行槽幅下沉采用清水或膨润土液，在搅轮和压缩空气的共同作用下，将稀释先行槽段内的水泥成分，从而降低墙体止水效果。

（2）注浆压力问题。CSM 工法施工中的浆液，经注浆泵增压后，通过注浆管连接到桩机钻杆的上端，然后顺着钻杆内的孔道流至搅轮处的出浆孔。然而 CSM 桩机的机架和钻杆往往比较高（如 SC55 型施工深度可达 55m，机架和钻杆高度往往高达 63m），只有当注浆压力较大时，才能克服注浆泵与钻杆顶部浆管接口之间浆管内浆液自身产生的压力（浆液高差每 10m 产生的压力约 0.13～0.14MPa），送至钻杆内。

当墙体深度不大时，正常的注浆压力可以克服这个问题；若墙体深度较大，这个问题就比较明显，会造成墙体上部（搅轮接近地面时钻杆高度大，影响更明显）的注浆流量不稳定；解决办法是在试成墙阶段下沉搅拌前试送浆液，并根据试验情况确定注浆压力。

（3）幅间搭接问题。CSM 工法与三轴搅拌桩一样，均自地面开始竖向下沉搅拌然后再提升搅拌，每一幅的施工垂直度偏差理论上是随机的（尤其复杂地层施工时），或左或右，或内或外；搅轮平面内的左右偏差较容易控制，但垂直于搅轮平面的方向（即垂直于基坑边线的方向）往往较难控制；最极端的情况，如前幅下端偏内、后幅下端偏外时，容易造成幅间部位的底端搭接不足甚至开叉，墙体越深、这个问题就越显著（TRD 工法搅拌墙则不存在类似问题，这是因为 TRD 切割箱横向推进的轨迹是连续的，切割箱移动后的空间会被流塑状浆液填充，所以墙体是连续的）。

依照国内部分省市的技术规程，CSM 工法搅拌墙的垂直度偏差一般不大于 1/250，在符合此要求的情况下，若施工深度 50m，最不利情况下幅间部位的墙底错位可达 400mm。因此，CSM 工法施工超深墙体时，墙厚不宜过小，必要时幅间搭接部位考虑相应的补强措施。

4.6 内插 H 型钢

等厚度水泥土搅拌墙，也可内插 H 型钢（按国内相关技术规程，墙厚 700mm 时内插 H500 型钢，墙厚 850mm 时内插 H700 型钢，墙厚 1000mm 时内插 H800 型钢，墙厚 1200mm 时内插 H900 型钢），内插型钢的施工详见本书第 8 章相关内容。

需要强调的是，等厚度水泥土搅拌墙内插型钢的间距不受限制（水泥搅拌桩内插型钢的间距则受孔距的限制），用钢量更接近于实际需求。然而，也正是由于没有限制，型钢插入时需采取相应的定位装置来确保型钢间距，如图 4-11 所示（H700 × 300 型钢间距 600mm，型钢间采用 300 槽钢控制型钢间距）。

图 4-11　TRD 工法搅拌墙内插 H 型钢

4.7　质量检验标准及主要质量通病的防治

4.7.1　等厚度水泥土搅拌墙的质量检验标准

依据国家标准《建筑工程施工质量验收统一标准》GB 50300—2013 和《建筑地基基础工程施工质量验收标准》GB 50202—2018 等，TRD 工法搅拌墙可按渠式切割水泥土连续墙截水帷幕检验批（01040104）进行检查验收；其质量检验标准如表 4-6 所示。

等厚度水泥土搅拌墙的质量检验标准　　**表 4-6**

项目	序号	检查项目	允许值或允许偏差		检查方法
			单位	数值	
主控项目	1	墙体强度	不小于设计值		28d 试块强度或钻芯法
	2	水泥用量	不小于设计值		查看流量表
	3	墙体深度	不小于设计值		测切割链长度
	4	垂直度	≤ 1/250		用测斜仪量
	5	墙体厚度	mm	±30	用钢尺量
一般项目	1	水胶比	设计值		实际用水量与水泥等胶凝材料的重量比
	2	中心线定位	mm	±25	用钢尺量
	3	墙顶标高	mm	≥ −10	水准测量

现阶段，《建筑地基基础工程施工质量验收标准》GB 50202—2018 尚无 CSM 工法搅拌墙的相关质量检验标准；但结合上海市《等厚度水泥土搅拌墙技术规程》DG/TJ 08-2248—2017、湖北省《等厚度水泥土搅拌墙技术规程》DB42/T 1774—2021 等规程，CSM 工法搅

拌的质量验收标准可以参照《建筑地基基础工程施工质量验收标准》GB 50202—2018 的渠式切割水泥土连续墙的质量检验标准，具体详见表 4-6。

等厚度水泥土搅拌内插型钢时，按内插型钢检验批（01040401）进行质量检查验收。其质量检验标准详见本书第 8.3.3 节相关内容。

4.7.2 主要质量通病与防治

施工等厚度水泥土搅拌墙时，经常会遇到注浆异常、搅拌下沉困难，甚至卡钻、埋钻（埋刀箱）等异常情况，也经常会遇到帷幕渗漏、芯样差或强度低等质量通病。两种工法的等厚度水泥土搅拌墙，常见的质量通病和异常情况的产生原因及相应的防治措施分别整理如下。

（1）TRD 工法搅拌墙常见的质量通病和施工异常情况，如表 4-7 所示。

TRD 工法搅拌墙常见的质量通病和施工异常情况　　表 4-7

质量通病	产生原因	防治措施
截水帷幕渗漏	①搭接不牢或墙体开叉； ②搅拌不均匀或存在冷缝； ③基坑变形不协调或局部支撑轴力过大	①幅间搭接或墙体端部要解决“拖刀”问题； ②按规程操作和保养，减少异常造成的施工中断； ③超深墙体施工时，要核算并适当调高气压； ④中途中断施工部位需按冷缝处理，采取补强措施； ⑤合理布置支撑，减少局部集中受力对帷幕的影响
坑内降水困难	①转角部位搭接不牢或开叉； ②截水帷幕未封底	①转角部位外延并解决“拖刀”问题； ②结合土层变化，采取有效措施确保帷幕落底
墙体强度不足	①水灰比偏大或注浆量不足； ②置换浆多，导致土颗粒或水泥大量流失	①严格配比计量、严控水灰比、安装浆液流量计； ②淤泥质土等软土土层时，应采用较小水灰比
取芯芯样差或芯样强度低	①取芯方法不当； ②土中有机物质多或砂性颗粒少； ③置换浆多，造成土颗粒或水泥成分大量流失； ④搅拌不均匀或水泥用量不足	①尽量采用隔水单动双管＋硬合金取芯钻头，且取芯时严控用水量、避免冲振，且不应敲击取芯管； ②黏性土层的水泥掺量宜适当提高 2%～3%； ③结合土层和现场施工情况，合理调整施工参数、减少置换浆比例、控制水泥成分流失； ④超深墙体施工时，要核算并适当调高气压； ⑤核实注浆流量，并确保注浆量与施工速度相匹配
注浆异常	①水灰比小、浆液黏稠造成堵管； ②浆液中含有颗粒或结块造成堵管； ③注浆泵损坏或浆管接头不牢，造成注浆中断； ④喷浆口堵塞	①水灰比不可过小，施工前需验证浆液的可泵性； ②采用滤网过滤浆液中的颗粒/结块； ③加强对供浆泵的班前班后检查和日常清洗、保养工作，浆管接头需密闭、可靠并经常检查； ④喷浆口采用止回阀、防止搅拌混合物倒灌
断链条	①切削时遇障碍物； ②地层中存在较大直径卵砾石	①沟槽开挖时清理障碍物或填土、垃圾等； ②遇不明障碍物时不可冒进作业； ③地层中卵砾石直径较大时，应放缓横推速度
埋刀箱	砂性土层沉淀快，易发生此类问题： ①下刀箱时稳定液不足； ②横向推进太快、护壁不牢； ③夜间停机时未间歇性启动设备	①下刀箱时需注入足量的稳定液并保证稳定液浓度； ②砂性土层时，要控制横推速度并持续注入稳定液； ③夜间停机时，每 3h 启动一次设备、转动链条进行搅拌，延缓砂性颗粒沉淀

（2）CSM 工法搅拌墙常见的质量通病和施工异常情况，如表 4-8 所示。

CSM 工法搅拌墙常见的质量通病和施工异常情况　表 4-8

质量通病	产生原因	防治措施
搭接不牢或墙体开叉	①幅间搭接长度不足； ②定位偏差大； ③垂直度偏差大	①合理分幅并确保幅间搭接 300～500mm，墙体深度超过 30m 时，应适当提高搭接长度； ②就位对中时，严控定位偏差； ③施工前清理地表障碍物，施工时严控机架垂直度； ④遇坚硬土层时放缓下沉速度、预防偏钻等
墙体搅拌不均匀	①下沉或提升速度不稳定； ②注浆不连续	①同一土层内，施工速度和注浆要稳定、连续； ②土层变化时，施工速度与注浆流量要匹配； ③启动压缩空气进行翻浆，提高搅拌效果
截水帷幕渗漏	①幅间搭接不牢或墙体开叉； ②施工方法不当； ③搅拌不均匀； ④水泥用量不足	①采取有效措施预防幅间搭接不牢或墙体开叉； ②顺槽施工时，严禁采用双浆液注浆法； ③按拟定参数进行施工，稳定施工速度、连续注浆； ④严控配比与计量，并确保施工速度与注浆的匹配； ⑤施工异常情况下的幅间搭接应采取补强措施
墙体强度不足	①水灰比偏大或注浆量不足； ②置换浆多，导致土颗粒或水泥大量流失	①严控配比与计量、严控水灰比、安装浆液流量计； ②密实或坚硬等复杂地层时，采用双浆液注浆法，并确保提升速度与注浆速度的匹配
局部断桩	①中途停机后继施工时没有搭接； ②供浆中断	①中途停机后继续施工时，保证 500mm 的搭接； ②后台应连续制浆、供浆，搅拌后台与前台机操应密切联络，确保下沉或提升速度与供浆的匹配
取芯芯样差或芯样强度低	①取芯方法不当； ②土中有机物质多或砂性颗粒少； ③置换浆多，造成土颗粒或水泥成分流失； ④搅拌不均匀或水泥用量不足	①尽量采用隔水单动双管 + 硬合金取芯钻头，且取芯时严控用水量、避免冲振，不应敲击取芯管； ②黏性土层的水泥掺量宜适当提高 2%～3%； ③结合土层和现场施工情况，合理调整施工参数、减少置换浆比例、控制水泥成分流失； ④超深墙体施工时，要核算并适当调高气压； ⑤核实注浆流量，并确保注浆量与施工速度相匹配
注浆异常	①水灰比小、浆液黏稠造成堵管； ②浆液中含有颗粒/结块造成堵管； ③注浆泵损坏或浆管接头不牢，造成注浆中断； ④喷浆口堵塞	①水灰比不可过小，施工前需验证浆液的可泵性； ②采用滤网过滤浆液中的颗粒/结块； ③加强对供浆泵的班前班后检查和日常清洗、保养工作，浆管接头需密闭、可靠并经常检查； ④喷浆口采用止回阀、防止搅拌混合物倒灌
下沉困难	①硬塑黏土层糊搅轮； ②搅轮型号选用不当； ③入岩层时未采用引孔措施	①搅轮设置刮泥装置，下沉前搅轮需冲洗干净； ②结合地层选用适宜的搅轮型号； ③涉及入岩的，可采用引孔措施提高成墙速度
埋钻	①砂性颗粒沉淀快； ②护壁不牢； ③施工出现异常时，未及时提钻	①地层适宜时，优先考虑单浆液注浆法；采用双浆液法时，砂性土层应采用膨润土液护壁； ②提高护壁浆液浓度、稳定施工速度等； ③异常排除时间预计超过 3h 的，应及时提钻

4.8　典型工程案例

4.8.1　案例一（强风化土层起伏时的落底封闭）

青岛某大道提升改造项目下穿段基坑，土质为杂填土、淤泥质粉质黏土、粉质黏土、砂砾土和砂砾岩全风化带，开挖深度 10～12.5m 不等。主要剖面的竖向围护结构采用 TRD

搅拌墙内插 H700 型钢、型钢间距 500mm，墙底进入砂砾岩全风化带不小于 0.5m；内支撑采用首道混凝土支撑＋1 道钢管支撑（局部加深部位设 2 道钢管支撑），如图 4-12 所示。

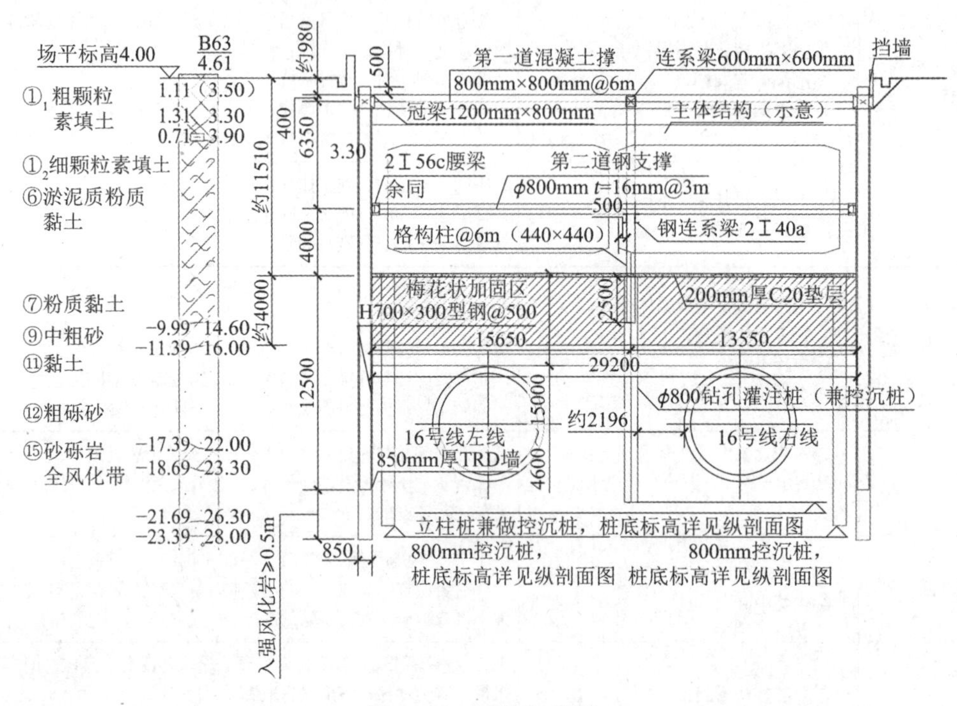

图 4-12　主要剖面做法

该项目下穿段基坑的 TRD 搅拌墙内插型钢整齐、开挖后墙体感观好、基坑无渗漏，得到项目各参建单位的一致好评。TRD 工法桩施工及开挖后的墙体效果如图 4-13 所示。

图 4-13　TRD 工法桩施工及开挖后的墙体效果

该项目下穿段基坑的土层比较复杂，TRD 搅拌墙截水帷幕需穿透承压水层、墙底进入的砂砾岩全风化带顶面也存在一定的起伏，因此有较高的施工要求。该项目的主要施工保证措施如下：

（1）通过试成墙验证地质情况并确定施工控制参数。TRD 工艺试成墙的试验段选在勘探孔处，对照勘探点剖面地质情况逐节下刀箱，直至进入强风化岩层相应深度，然后记录设备横推作业时的设备工况参数，作为后续施工作业时的机操控制依据；并通过试成墙确定 TRD 的主要施工参数如下：先行切割速度 1.5 延米/h、回撤搅拌速度 6 延米/h、注浆搅拌速度 3 延米/h，水泥掺量 22%，水灰比 1.5，气压 0.7～0.8MPa，注浆流量按总浆液量和总注浆时间进行确定等。

（2）严格控制泥浆相对密度，使之控制在 1.6～1.7 之间，以确保槽壁的护壁效果；先行切削搅拌时掺加 3%～4%的膨润土，既起到提高护壁效果的作用，又便于后期的型钢拔除回收。

（3）先行切削作业时，严格按照试成墙确定的设备作业工况参数进行设备操作，设备匀速横推过程中，如发现设备负荷下降时，及时下沉动力头、使切割箱随之下沉；当设备负荷明显增加时，及时稍微提升设备动力头、使切割箱稍微提升，目的是控制墙底进入强风化土层一定深度，以确保截水帷幕落底封闭效果。

（4）关于型钢插入质量的控制，一是严格按施工参数进行搅拌作业、确保搅拌均匀；二是开放长度控制在 5m 左右，型钢难插时减少单幅开放长度、型钢易插时可稳定或稍微提高开放长度；三是型钢插入时采用定位架，并尽量依靠型钢自重插入，型钢采用振动锤提振控制标高；四是对于悬空较多的型钢，采用钢绞线或钢筋头进行固定，直至水泥土固化后去除，以防型钢坠落。

4.8.2　案例二（TRD 用于满堂加固）

南京某地铁江心洲风井为盾构始发工作井，采用 1200mmTRD 渠式切割水泥土墙加固 + 外围一圈 800mm 厚 C20 混凝土素墙 + 单排ϕ1500@1100RJP 高压旋喷桩接缝止水 + 三排垂直冻结管冷冻 + 降水井结合的形式。始发端盾构端头区长度 18.2m、宽度 22.2m、深度 43.992m，如图 4-14、图 4-15 所示。

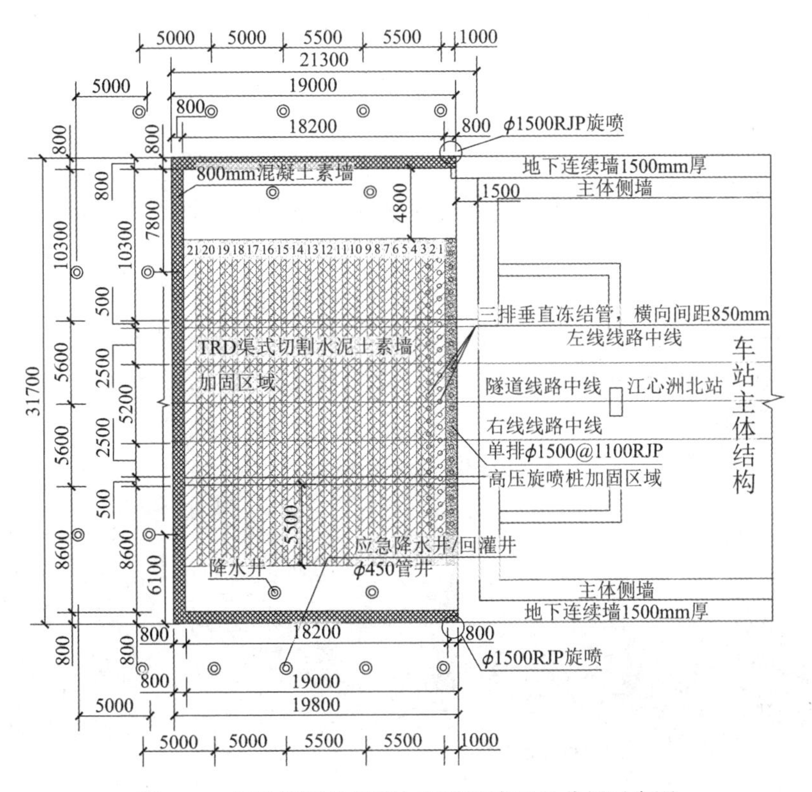

图 4-14　江心洲风井满堂加固平面布置及分幅示意图

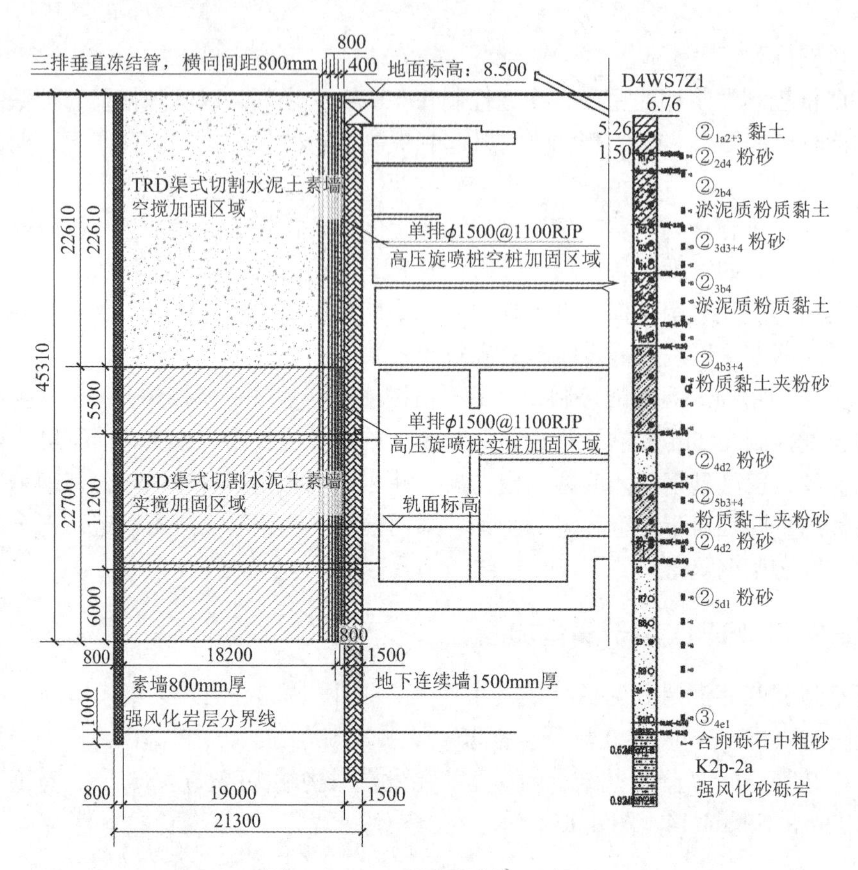

图 4-15　江心洲风井剖面示意图

TRD 等厚度水泥土搅拌墙此前多用于截水帷幕，极少用于满堂加固，本风井满堂加固之所以采用 TRD 搅拌墙工艺，主要是因为 TRD 工法的垂直度控制较好、能够确保深层部位的搭接效果，避免盾构区下方因垂直度控制偏差而在加固体底部出现蜂窝状加固体。结合实际情况以及 TRD 工法施工的特点，江心洲风井满堂加固采用 1200mm 厚墙体、墙体横向咬合 350mm，共划分为 21 幅墙体，如图 4-14 所示。

江心洲中间风井 TRD 工法满堂加固采用一台 TRD 桩机，跳幅法施工，其施工顺序为：1→3→5→2→4→6→8→10→12→7→9→11→13→15→17→14→16→18→20→19→21。2022 年 12 月中旬完成该风井的满堂加固，2023 年 2 月随机取芯，芯样较好，得到各参建方的认可，如图 4-16 所示。

图 4-16　江心洲风井满堂加固施工及取芯情况

第 5 章 钻孔灌注桩施工技术

5.1 概述

通过机械钻孔、钢管挤土、爆扩挤土或人力挖掘等手段在地层中形成桩孔，放置钢筋笼后灌注混凝土而形成的桩，称为灌注桩（与之对应的是预制桩）。按受力性质的不同，可分为端承桩（桩侧摩阻力小到可忽略不计）、摩擦桩（桩端阻力小到可忽略不计）、摩擦端承桩（桩顶竖向荷载主要由桩端阻力承受）和端承摩擦桩（桩顶竖向荷载主要由桩侧摩擦力承受）；按成孔方式的不同，可分为沉管灌注桩、钻孔灌注桩、爆扩灌注桩和挖孔灌注桩等几类。

近年来，人工挖孔桩技术已被列入住房和城乡建设部限制使用的技术名单；沉管灌注桩因桩径较小无法满足高层建筑的桩基需求，钻孔灌注桩是现阶段最常用的桩型，既广泛应用于建筑物桩基础，也广泛应用于基坑围护工程，发挥其水平抗弯能力。

5.1.1 钻孔灌注桩的护壁类型

钻孔灌注桩大多属于非挤土桩，施工过程中不会对周边环境产生较大的不良影响。按照钻孔施工时的护壁方式不同，又可分为干作业成孔、泥浆护壁成孔和全套管护壁成孔（也叫全套管钻孔法或贝诺特工法）三类，这三者的原理、特点与适用范围汇总如表 5-1 所示。

护壁形式的原理、特点与适用范围　　表 5-1

护壁形式	护壁原理	特点与适用范围
干作业成孔	孔壁自立性好，成孔时不需要采取护壁措施	一般适用于风化岩层、硬可塑黏性土层或地下水位以上的黏性土层、粉土层
泥浆护壁成孔	泥浆填充孔内体积，机械钻孔时在孔壁形成泥皮，孔内泥浆对泥皮产生静压力，抵消泥皮外的水土压力而达到稳定孔壁的目的	该法经济、方便，地层适应性广，基本上适用于各类地层，是国内现阶段最常用的护壁方式，但会产生大量的泥浆
全套管护壁成孔	利用钢套管进行护壁，边下钢套管、边在套管内取土，直至桩底	该法无泥浆污染、孔底沉渣少、成桩质量可靠。适用于各类地层，但在密实地层中插、拔管困难

需要说明的是，长螺旋钻孔压灌桩也是一种不需护壁的灌注桩类型，长螺旋钻机钻孔过程中切削的土体还在孔内、可自行抵消孔外侧压力，因此不需要护壁；钻至设计桩底标高时，利用混凝土泵将超流态细石混凝土从钻头底部压出、边压灌边提升钻头，这时候压灌的混凝土可自行抵消孔外侧压力（压灌至桩顶标高后，再借助专门振动装置将钢筋笼一

次插入混凝土桩体至设计标高）。因此，长螺旋钻孔压灌桩具有不需泥浆护壁、无泥浆污染、无沉渣、施工速度快等优势，适用于地下水位较高、易塌孔且长螺旋钻孔机可以钻进的地层（淤泥、饱和松散砂土、坚硬碎石和较厚卵砾石等难钻进土层不宜采用），该技术为建筑业 10 项新技术（2017 版）之一。现阶段可施工的桩长一般不超过 35m、桩径一般不超过 1000mm；用于有地下室的工程桩时，空桩部位需采取有效的护壁措施。

5.1.2 钻孔灌注桩的成孔工艺

钻孔灌注桩的成孔工艺比较多，并有不同的适用范围，大体情况如表 5-2 所示。

钻孔灌注桩的成孔工艺的适用范围及特点 **表 5-2**

成孔工艺		适用范围及特点
干成孔	旋挖干成孔	适用于硬可塑黏性土层或无地下水的黏性土层、粉土层，并存在坚硬地层时；具有无泥浆、成孔速度快、入岩能力强等特点，由于没有泥浆的润滑、软化和降温，密实的干土、粗砂层会出现钻进阻力提升、倒渣困难、钻齿损耗加剧等现象
	长螺旋钻孔	适用于除淤泥、高灵敏度土、饱和松散砂土外的非坚硬地层；桩孔深度一般不超过 35m、桩径不大于 1000mm
	潜孔锤成孔	适用于坚硬岩层，提高岩层施工效率，常与旋挖、长螺旋等钻机配合使用
泥浆护壁	正循环成孔	适用于包括淤泥质土在内的各类黏性土层、粉土层、砂性土层、卵砾石粒径不大的卵砾石层和软岩；钻孔深度可达 100m、桩径 600～3000mm 不等，具有造价低、速度快等优点，缺点是设备扭矩有限、泥浆多、入岩钻进慢、排渣能力弱，且泥皮厚（可达 30～50mm）而降低桩周摩阻
	反循环成孔	适用于包括淤泥质土在内的各类黏性土层、粉土层、砂性土层、卵砾石直径不大于钻杆内径 2/3 的卵砾石层和普通岩层；钻孔深度可达 120m 以上、桩径 700～4000mm 不等，具有设备扭矩大、速度快、排渣能力强等优点，缺点是泥浆多、场地差、扩孔率高（充盈系数较大）
	冲击成孔	适用于各类黏性土层、粉土层、砂性土层、碎石层、卵砾石层和岩溶或裂隙发育的岩层；成孔深度 30～50m 为宜（尤其适用于复杂地层的短桩），桩径 600～1500mm 不等；具有设备简单、操作方便、泥浆量小、护壁稳固（挤孔 + 泥浆护壁）、地层适应性强等优点，缺点则是成孔速度慢、扩孔率高（充盈系数较大）、岩层不均时容易出现偏孔或卡锤等问题
	旋挖成孔	适用于大部分地层，配合潜孔锤可提高入岩效率，配扩底钻具可实现扩底作业，成孔深度大、桩径 700～4500mm 不等；具有地层适应性广、施工速度快、泥浆少、成孔质量好、扩孔率低（充盈系数低）等优点，缺点则是施工作业空间大、造价高
全套管护壁	冲抓成孔	搓管机或全回转钻机下护壁钢套管，采用冲抓锥在套管内冲抓取土成孔。该工艺适用于泥浆护壁不稳的地层或咬合桩施工，也可用于清理地下老桩
	螺旋钻成孔	搓管机或全回转钻机下护壁钢套管，采用螺旋钻在套管内钻孔（双动力头多功能钻机，可边下套管边钻孔作业），适用于泥浆护壁不稳的地层
	旋挖成孔	搓管机或全回转钻机下护壁钢套管，采用旋挖钻机在套管内钻孔（旋挖钻机可自带套管驱动器，边下套管边钻孔作业），适用于泥浆护壁不稳的地层或咬合桩施工

正循环泥浆护壁的工艺原理是，泥浆通过泥浆泵向钻杆输进至钻头底部排出，并将钻头钻进所产生的钻渣随泥浆自下而上沿钻孔上升至孔口，从孔口溢出至钻孔附近的泥浆池，如图 5-1 所示。泥浆在该工艺中起到两个作用，一是护壁、二是排渣。

反循环泥浆护壁的工艺原理则是，孔口附近泥浆池中的泥浆，经孔口沟槽流入孔内不断补充孔内浆液，同时利用泵吸、气举等措施将孔内钻渣和泥浆的混合液抽吸至孔口附近的泥浆池，经沉淀后的泥浆再次循环补入孔内，如图 5-2 所示。泥浆在该工艺中也起到护壁和排渣的作用，但由于反循环吸出的泥块比例较大，因此施工过程中所产生的泥浆总量要低于正循环成孔工艺。

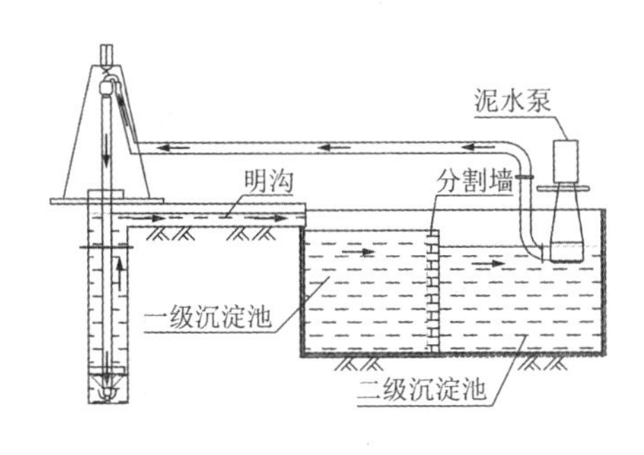

图 5-1 正循环泥浆护壁示意图

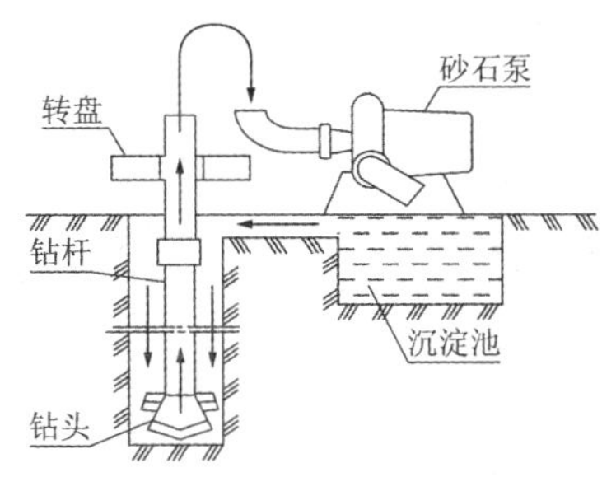

图 5-2 反循环泥浆护壁示意图

5.2 主要施工设备介绍

5.2.1 正循环泥浆护壁工艺的主要施工设备

国内现阶段的正循环泥浆护壁施工设备主要为转盘式回转钻机，最具有代表性的是 GPS 系列钻机（俗称磨盘钻或水磨钻，多为走管式移动方式）。它由底盘、龙门架、传动控制系统、可拆接式钻杆、钻头等组成，钻机龙门架高 10m 左右，钻头通常有三翼钻、四翼钻、牙轮钻等多种形式，以适用不同的土层。

GPS 系列钻机的结构简单，机身较小，安装、拆卸、维修方便，全机械传动，没有液压装置，性能可靠，操作简单，是现阶段钻孔灌注桩施工设备里应用最广泛的一个系列。但由于该系列钻机的动力扭矩小，因此多在软土地层中使用，长三角、珠三角等地区应用最为普遍。GPS 系列钻机的主要参数如表 5-3 所示。

GPS 系列钻机的主要参数 **表 5-3**

设备型号	GPS-10	GPS-15	GPS-18	GPS-20	GPS-25D
钻孔直径（mm）	600～1000	800～1500	800～1800	800～2000	1000～2500
钻孔深度（m）	50～60	50～60	80～100	80～100	120～130
扭矩（kN · m）	6	20 左右	25 左右	30	120
转速（r/min）	44/77/139	14～60 六挡调速	14～60 六挡调速	8～56 六挡调速	6～49 六挡调速
工作状态尺寸（长 × 宽 × 高）	约 5.0m × 2.9m × 10.3m	约 4.7m × 2.2m × 10.0m	约 4.7m × 2.2m × 10.0m	约 5.7m × 2.4m × 9.3m	约 7.5m × 4.0m × 9.5m
钻机功率（kW）	30	30	37	37	75

工程实践表明，GPS-10 机型（图 5-3）旋转速度快、施工效率相对较高，但扭矩小，遇较厚卵砾石层时施工困难；GPS-15 及以上机型（图 5-4）虽然设备扭矩有所提高，但旋转速度慢、施工效率有较大降低。针对 GPS 系列钻机存在的上述问题，近两年出现了履带式全液压循环钻机（如鑫泰 SQ 系列），如图 5-5 所示，该系列钻机具有转速快、扭矩大、垂直度高、移位方便等特点。

与正循环泥浆护壁工艺的施工设备相配套的循环浆泵，一般采用 3PNL 立式泥浆泵、功率约 22kW，钻进时的供浆泵多为液下型泥浆泵、功率约 7.5kW。除此之外，正循环钻孔作业还需要挖机进行辅助（平整场地、清障、下护筒等）。

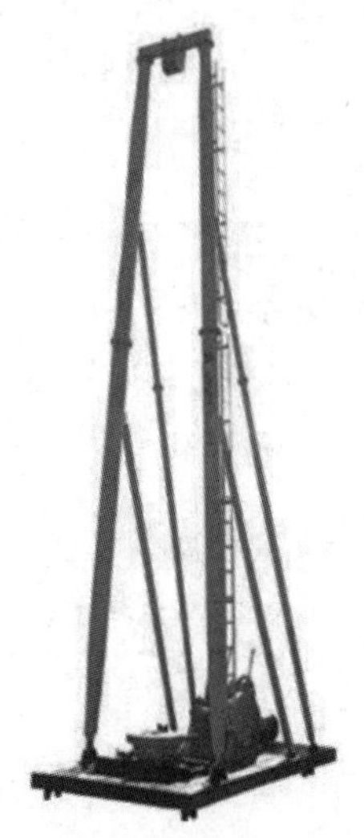

图 5-3　GPS-10 钻机

图 5-4　GPS-15/18/20 钻机

图 5-5　SQ 系列全液压循环钻机

5.2.2　反循环泥浆护壁工艺的主要施工设备

1. 反循环工艺原理

反循环泥浆护壁成孔工艺，按实现反循环的手段不同，主要分为泵吸反循环、气举反循环、射流反循环和复合反循环四类，其中：

泵吸反循环的原理主要是：利用砂石泵（离心泵）的抽吸，在钻杆内产生负压，将孔底带有钻屑的泥浆抽到沉淀池，泥浆经沉淀后再回流至孔内，从而实现泥浆的循环。但启动砂石泵进行反循环之前，主动钻杆内的空气需先排除（一般采用灌液排气法）。

气举反循环的原理主要是：压缩空气与浆液混合后，于钻杆内形成一种密度较小的液气混合物，在钻杆内外浆液压力差和压气动量联合作用下，带有钻屑的泥浆向上流动至地面沉淀池后，空气逸散、泥浆经沉淀后再回流至孔内，从而实现泥浆的循环。

射流反循环的原理主要是：利用射流泵射出的高速液流产生负压，使钻杆内的泥浆上升而形成反循环。射流反循环采用的射流泵不像砂石泵那样需要启动装置，无运动部件，工作可靠，钻屑在循环系统中所经的管路通畅；但由于射流泵喷嘴直径小，因此射流反循环过程中有可能出现的特有故障是喷嘴堵塞（需及时清除泥浆池里的杂物和吸水龙头上的泥砂）。

实际应用中可依据前述工艺的特点结合使用，即复合反循环。例如在 50m 以内孔段采用泵吸或喷射反循环，在 50m 以上孔段采用气举反循环，从而提升效率、降低成本。

工程实践表明，泵吸或射流反循环钻进工艺在孔深 50m 以内时效率很高，此后随着钻孔的加深，排渣与钻进效率逐渐降低；气举反循环钻进工艺在 10m 以内的孔段不能使用、孔深 50m 以内效率不高，但孔深大于 50m 时，排渣与钻进效率就很明显。因此孔深 50m 以上时，就需要采用泵吸 + 气举的复合式反循环钻进工艺，才会取得较好的效果。

2. 反循环工艺的主要施工设备

反循环钻机是反循环泥浆护壁工艺的主要施工设备，按成孔方式的不同，可分为反循环回转钻机和冲击反循环钻机（该机型结合了冲击成孔和反循环排渣的优势，可提高复杂地层的施工效率），按行走方式可分为车载式（基本上都是柴油动力）、履带式（柴油动力或电驱动）和步履式（柴油动力或电驱动）等。履带式、车载式反循环钻机如图 5-6、图 5-7 所示。反循环钻机在构造上和正循环钻机一样，都由底盘、龙门架、传动控制系统、可拆接式钻杆（钻杆内径往往在 200mm 及以上）、钻头等组成，并采用离心式砂石泵（泵吸反循环时）或真空泵（射流反循环时）或空气压缩机（气举反循环时）取代了正循环钻机的循环浆泵。

图 5-6　履带式反循环钻机

图 5-7　车载式反循环钻机

5.2.3　冲击成孔施工设备

按冲击原理的不同，冲击钻机可分为钢丝绳冲击式、钻杆冲击式、液压冲击式和气动冲击式等，其中钻孔灌注桩用冲击钻机多为钢丝绳冲击式钻机（图 5-8、图 5-9），其他形式的冲击钻机多为凿岩钻机。

图 5-8　钢丝绳冲击式钻机（卷扬驱动）

图 5-9　钢丝绳冲击式钻机（连杆驱动）

钢丝绳冲击式钻机主要由桅杆（桩架）、装在顶端的提升滑轮、钢丝绳、卷扬装置（或传动装置、冲击机构）、电动机、钻具（俗称冲锤）等组成。成孔作业时，电动机通过卷扬装置（或传动装置驱动冲击机构），带动钢丝绳使钻具作上下往复运动，并依靠钻头本身的重量切入并破碎岩层。设备的钻进效率与钻具质量、冲击高度（即冲程）和冲击频率等有关。钢丝绳冲击式钻机所用的钻具有各种形状，但它们的冲刃大多是十字形的，钻具冲程为一般为500～1000mm不等，冲击频率30～60次/min不等（卷扬机带动钢丝绳驱动的机型，冲击频率5～6次/min）。

冲击式钻机是钻孔灌注桩施工的一种重要钻孔设备，一方面，它能适应各种不同地质情况，特别是卵石层或碎石层中的钻孔，具有较强的地层适应性，并且设备操作简单、造价较低；另一方面，采用冲击式钻机造孔时，受钻具的冲挤效应，孔壁四周会形成一层密实的土层，对稳定孔壁、提高桩侧摩阻力均有一定作用。但扩孔率往往比较高（充盈系数较大），而且将岩石破碎成粉粒状钻渣时的功耗很大、钻渣重复破碎、钻进效率较低，因此目前多用于深厚卵石层或含较多碎石的地层。

CZ系列钻机是钢丝绳冲击式钻机的代表机型，该机型带有传动装置和冲击机构，设备功率30～50kW不等，额定钻具质量4t（最大5t）、冲击冲程0.65～1.0m、冲击频率40～50次/min，可施工桩径800～3000m不等，施工孔深可达80m（桩径越小、可施工深度越大）。市场上还有一种以卷扬机带动钢丝绳升降的冲击钻机，其特点是冲锤2～10t不等，每分钟冲击频率为5～6次。近年来，国内还出现冲击反循环钻机，该机械综合了冲击钻机和反循环排渣的优势。

钢丝绳冲击式钻机目前多用于含深厚卵石层或碎石的地层，泥浆相对密度较大，且排渣方式不同于正循环或反循环工艺，往往需要另配捞渣装置、定期捞除泥浆中的较大颗粒钻渣；此外尚需配备泥浆泵（一般采用3PNL立式泥浆泵、功率约22kW）用于清孔。

5.2.4 旋挖成孔施工设备

旋挖钻机成孔是通过钻头回转破碎岩土，并将破碎的岩土装入钻头内，再通过钻机提升装置和伸缩式钻杆将钻头提出孔外卸土，这样循环往复、不断地取土/卸土，直至钻至设计深度。旋挖成孔是目前应用越来越多的钻孔灌注桩施工工艺，与传统钻孔设备相比，旋挖桩机具有机械化程度高、施工精度高、施工速度快、地层适应性强、成桩效果好等优势。

旋挖钻机（图5-10）由液压伸缩履带式底盘和工作装置两大部分组成，工作装置主要包括变幅机构、桅杆、主副卷扬、动力头、随动架、加压装置、钻杆等，并具备自动检测/调整钻杆垂直度、监测钻进工作状态等智能控制系统，实现操作一体化。

旋挖钻杆（图5-11）按钻进加压方式的不同，一般分为摩擦加压式钻杆（即利用各节钻杆之间的摩擦力进行加压，简称摩擦杆）、机锁加压式钻杆（简称机锁杆）、组合加压式钻杆（简称组合杆）等几类。摩擦杆多为5或6层构造，一般用于砂层、砂砾层、淤泥质黏土和黏土层等较软地层，可以打深孔，但最外节钻杆所能产生的摩擦力限制了钻进压力，因此钻进效率低；机锁杆多为4层构造，不但可用于较软地层，也可用于卵砾石、漂石、密实砂土和岩石等较硬地层，但可施工孔深受限；组合杆多为5层构造（其中外3层为机锁构造），深层遇较硬地层的钻进效率比摩阻杆有了明显提高，可施工深度也比机锁杆提高了一个级别。

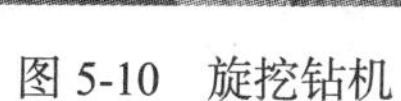

图 5-10　旋挖钻机

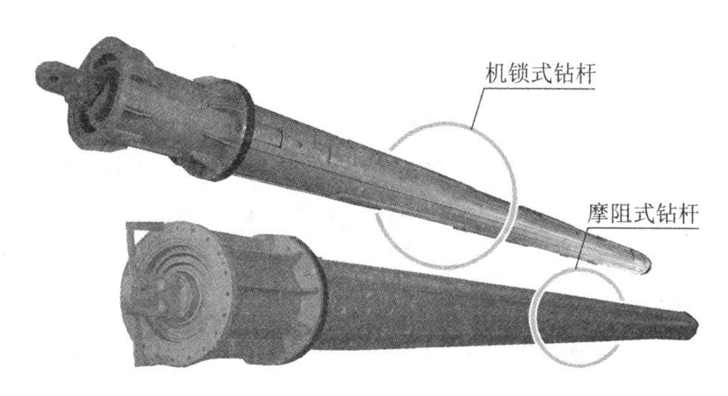

图 5-11　旋挖钻杆

旋挖钻具的种类比较多，不同钻具适合不同的地层，常见的旋挖钻具如表 5-4 所示。

常见的旋挖钻具　　**表 5-4**

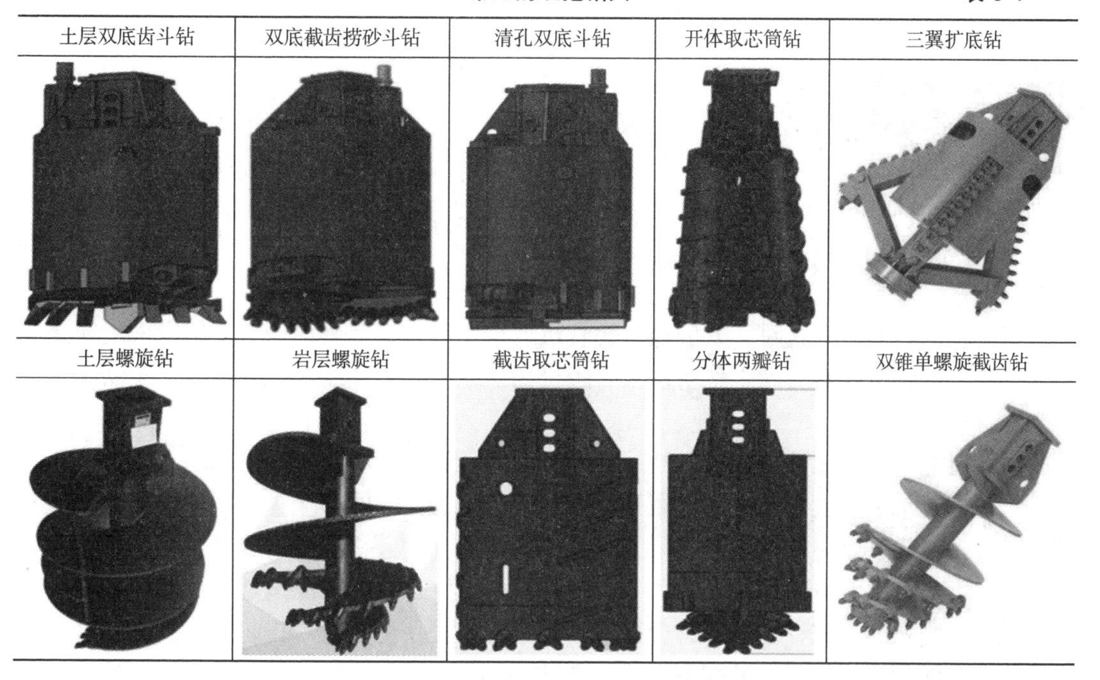

土层双底齿斗钻	双底截齿捞砂斗钻	清孔双底斗钻	开体取芯筒钻	三翼扩底钻
土层螺旋钻	岩层螺旋钻	截齿取芯筒钻	分体两瓣钻	双锥单螺旋截齿钻

市面上的旋挖钻机，其型号大多按设备扭矩进行划分的，不同型号钻机的扭矩不同、可施工桩径也有差异（大桩径往往需要大扭矩钻机），可施工深度视地层、选用机型等情况有相应的差异（设备扭矩越大，可施工桩深度往往也越大、在坚硬地层中的钻进效率越高）。结合桩径大小和实际地层情况选择合适的钻机、钻具，可以在很大程度上确保钻进效率。

旋挖钻进采用泥浆护壁工艺成孔时，尚需配备泥浆泵在钻进过程中不断补充护壁用泥浆，并在混凝土浇灌前进行清孔；施工过程中还需配置挖机、吊机等辅助设备。

5.2.5　长螺旋钻孔设备

长螺旋钻机（图 5-12）是施工 CFG 桩（水泥粉煤灰碎石桩）和长螺旋压灌桩的主要施工设备，也常辅助其他施工工艺进行引孔作业。长螺旋钻机按钻杆结构的不同，可分为整体式和装配式两种；按其行走机构的不同，可分为步履式、履带式和汽车式，其中步履式桩架较高，一次施工深度可达 35m（部分机型可达 40m）。

长螺旋钻机主要由步履式或履带式桩架、动力头、螺旋钻杆、卷扬装置、电气与液压系统、操纵室等组成。工作状态时，由动力头驱动螺旋钻杆、钻头旋转，卷扬机控制钻杆的升降，被钻头切削的土料由螺旋叶片输送至地面，钻至设计深度后提钻成孔。

图 5-12 长螺旋钻机

长螺旋钻机主要适用于除淤泥、高灵敏度土、饱和松散砂土外的非坚硬地层，当地下水位低时可以干成孔作业；当地下水位较高时，可采用超流态混凝土压灌工艺，具有机械化程度高、施工效率高、无泥浆污染等优势。目前的长螺旋钻机可施工桩径 400～1000mm、入土深度 35m 左右（具体视设备型号）。

长螺旋钻机施工压灌桩时，需配套混凝土输送泵，将超流态细石混凝土通过钻杆空腔压灌至桩底，边压灌、边提升钻杆；压灌结束后，再依靠振动装置，将钢筋笼插入流态混凝土内。地下水位较高地层中，如不采用压灌混凝土技术，也可压入泥浆（边压边提钻）进行护壁，然后再按照传统工序下钢筋笼、清孔、浇筑水下混凝土。

5.2.6 全套管护壁施工设备

采用全套管护壁工艺时，一般通过搓管机或全回转钻机沉拔钢护筒（然后采用冲抓、长螺旋或旋挖钻机在套管内干作业取土），也可由液压振动锤或旋挖钻机的套管驱动装置进行套管沉拔。

搓管机通过全液压油缸驱动 1000～2500mm 直径钢套管小角度往复摇动（因此也称为摇摆机）进行沉拔钢套管，可以产生比旋挖套管驱动器更大的力量，在坚硬地层也能下套管；全回转钻机可以驱动钢套管进行 360°回转，具有比搓管机更强的回转扭矩，可钻进单轴抗压强度 100MPa 的岩层，钻机效率高、垂直度可达 1/500。液压振动锤沉拔套管是目前比较成熟、高效的方式，但由于整个振沉套管过程中无任何垂直导正装置，因此垂直度往往较低。此四种套管施工工艺如图 5-13～图 5-16 所示。

图 5-13 搓管机

图 5-14 全回转钻机

图 5-15 旋挖驱动

图 5-16 液压振动锤

5.3　护壁泥浆的性能和制备、处置

5.3.1　泥浆的性能指标

泥浆护壁具有经济性高、适用性广等优势，目前它在钻孔灌注桩施工中仍然占有主导地位。在成孔过程中，首先，泥浆的主要作用是护壁，具体是通过增大静水压力、在孔壁形成泥皮而隔阻孔内外渗流等方式来实现护壁功能；其次，泥浆起到悬浮钻渣的作用，通过抽排泥浆实现携渣功能；除此之外，泥浆还在钻进过程中起到润滑钻具、冷却钻头的作用。

泥浆只有具备一定性能才能发挥其作用，泥浆的性能指标主要有相对密度、黏度、含砂率、胶体率、失水率、静切力和酸碱度（pH 值）等几项，这些指标高低的影响如下：

（1）相对密度：泥浆相对密度是泥浆与 4°C时同体积水的质量比。泥浆相对密度增大时，它对孔壁的静水压力就相应增大、孔壁越稳定，同时悬浮钻渣的能力也增大；但泥浆相对密度过大，其失水率就会增加，孔壁上形成的泥皮也会增厚，并且对清孔和灌混凝土造成困难。

（2）黏度：泥浆黏度是指泥浆混合液运动时，泥浆成分（颗粒）之间所产生的摩擦力。泥浆黏度大时，其悬浮钻渣的能力就大，同时产生的孔壁泥皮也厚，对孔壁隔阻渗流有利；但泥浆黏度过大时，会影响泥浆泵的正常工作，还会凝滞钻头、影响钻进速度，并增大泥浆净化循环的难度。

（3）含砂率：含砂率是单位体积泥浆中所含砂和固体土颗粒的体积比。泥浆含砂率大时，黏度降低、容易沉淀（相对密度降低、影响护壁效果），也会损伤浆泵、并增大清孔和灌混凝土难度。

（4）胶体率：胶体率是指泥浆静止后，其中呈悬浮状态的黏土颗粒与水分离的程度，以百分比表示。胶体率高的泥浆，黏土颗粒不易沉淀，泥浆悬浮钻渣的能力强。

（5）失水率：失水率也叫失水量或渗透量，是衡量泥浆在钻孔内受内外水头压力差作用在一定时间渗入土层的水量，以 mL/30min 为单位。失水率大时，容易降低孔内泥浆的静压力而造成护壁不稳。

（6）静切力：静切力是指静止的泥浆，受外力作用开始流动所需的最小力。泥浆静切力要适当，太小时，泥浆悬浮钻渣的能力就弱并降低钻进速度；太大时则流动阻力大，滞钻并影响钻进速度，同时也因悬浮钻渣的能力强而影响泥浆的循环净化速度，造成循环浆液相对密度过大。

（7）酸碱度：酸碱度以 pH 值表示，pH 值等于 7 时为中性泥浆，小于 7 时为酸性，大于 7 时为碱性。一般情况下，泥浆的 pH 值在 8～10 之间、呈弱碱性，以避免钻具在酸性环境中受腐蚀，并可增强黏粒的水化能力；但当泥浆 pH 值大于 11 时，泥浆会产生分层现象而降低护壁效果。

5.3.2　泥浆的制备

泥浆可采用原土造浆，当遇不适合原土造浆的土层时，应制备泥浆。制备泥浆一般由高塑性黏土（或膨润土）、清水、添加剂等按一定比例或一定浓度配置而成，制备泥浆的性能指标应符合表 5-5 规定并满足实际施工需要（如当桩径较大、或孔深较大、或地下水位

较高、或存在地下水渗流时，泥浆性能指标应取较优值）。

制备泥浆的性能指标　　表 5-5

泥浆性能	制备泥浆		循环泥浆		检验方法
相对密度	1.10～1.15		黏性土	1.1～1.2	泥浆相对密度计
			砂土	1.1～1.3	
			砂夹卵石	1.2～1.4	
黏度	黏性土	18～25s	黏性土	18～30s	漏斗法
	砂土	25～30s	砂土	25～35s	
含砂率	< 6%		< 8%		洗砂瓶
胶体率	> 95%		> 90%		量杯法
失水率	< 30mL/30min		—		失水量仪
泥皮厚度	(1～3)mm/30min		—		失水量仪
静切力	1min：20～30mg/cm^2；10min：50～100mg/cm^2		—		静切力计
pH 值	7～9		—		pH 试纸

泥浆制备时，如无黏土可用，则应选用膨润土。膨润土（包括钠基膨润土和钙基膨润土）具有极强的吸湿性，吸水后膨胀可达 30 倍，并在水介质中能够分散呈胶体悬浮液，这种悬浮液具有一定的黏滞性、触变性和润滑性，同时具备较强的阳离子交换能力和一定的吸附能力，是泥浆制备的理想材料。钠基膨润土的理化性能比钙基膨润土优越，主要表现在：吸水速度慢但吸水率和膨胀倍数大，阳离子交换量高，在水介质中分散性好，胶体悬浮液的触变性、黏度、润滑性好，pH 值高，热稳定性好，有较高的可塑性和较强的粘结性，因此造浆效果更好。

为改善泥浆性能，制备泥浆时往往需要添加外加剂，外加剂的种类有分散剂、增粘剂、降粘剂、加重剂、防漏剂等，泥浆制备常用外加剂名称、作用等如表 5-6 所示。

泥浆制备常用外加剂名称与作用　　表 5-6

外加剂名称	代号	主要作用	常规掺量
羧甲基纤维素	CMC	增稠、提高黏度，降失水	膨润土掺量的 0.05%～0.1%
纯碱	Na_2CO_3	促进黏性颗粒水化和分散	膨润土掺量的 0.1%～0.4%
铁铬木质素磺酸盐	FCL	降黏减稠、分散	膨润土掺量的 0.1%～0.3%
聚丙烯酰胺絮凝剂	PHP	促进钻钻凝聚沉淀	泥浆量的 0.003%
烧碱	NaOH	调节泥浆 pH 值	按需添加
重晶石粉	$BaSO_4$	增加泥浆相对密度	必要时采用
磺化丹宁	SMT	降粘、降失水	必要时采用
磺化沥青粉	FT-1/FT-127/FT-342	防塌、降失水	必要时采用
综合堵漏剂	HD-1/HD-2	防渗漏	必要时采用

5.3.3 泥浆的净化

泥浆护壁钻孔过程中，由于钻渣不断混入泥浆中，使泥浆的相对密实度、黏度、含砂量等性能发生变化，因此需要在泥浆返出地表后除去泥浆中的钻渣，即泥浆净化，净化后的泥浆可循环使用。泥浆净化的方法有自然沉降法、机械净化法和化学净化法等。

1. 自然沉降法

泥浆在流经循环槽和沉淀池时，泥浆中的钻渣在自重的作用下产生沉淀，泥浆得以净化。为提高泥浆的净化效果，可在循环槽中设挡板，改变流态，破坏泥浆中的结构，以利于钻渣沉淀；该法多用于正、反循环成孔工艺，必要时可配合机械净化法控制泥浆含砂量。

2. 机械净化法

即采用专门的机械设备对泥浆中的钻渣进行分离处理，该法是控制泥浆含砂量的有效方法。目前常用的泥浆净化设备是高频振动筛和旋流除砂器，高频振动筛可把泥浆中0.5mm 以上的大颗粒钻渣筛出，剩下混有 0.5mm 以下砂粒的泥浆可采用旋流除砂器进一步净化。

3. 化学净化法

在泥浆中加入化学絮凝剂，使钻渣颗粒聚集而加速沉淀，达到净化泥浆的目的。常用的化学絮凝剂有水解聚丙烯酰胺、铁铬木质素磺酸钠盐等。该法配合机械净化法，可以较大改善循环泥浆的性能，多用于旋挖湿作业成孔工艺。

5.3.4　废弃泥浆的处置

泥浆沉淀池中的沉渣，以及施工过程中性能劣化而不能再重复使用的变质泥浆，需作为废弃泥浆进行妥善处置，以免泥浆污染。目前常采用的废浆处理方法主要有以下几种：

（1）采用封闭泥浆车抽排、运至政府指定地方消纳处理。由于消纳环节容易处置不当而造成污染，故该法已在部分城市限用。

（2）自然干燥法。从沉淀池清理出来的沉渣，集中至蒸发池或现场指定区域，让其自然脱水固化。该法耗时长、场地占用大，多用于砂性地层中钻孔灌注桩；黏性地层时，需辅以化学处理法。

（3）机械处理法。即以泥浆固化设备促进废浆中固体成分分离成土，然后清运至消纳场地；这是目前应用较多的一种处理方法，并经常辅以化学处理法提高固化效率。

（4）化学处理法。即在泥浆中加入有机或无机的化学助凝剂，促使泥浆中的悬浮物质絮凝化，加速沉淀以形成分离。该法可单独使用，也可以与自然干燥法、机械处理法相结合。

5.4　主要施工流程和注意事项

5.4.1　泥浆护壁钻孔灌注桩的主要施工流程

泥浆护壁钻孔灌注桩主要包括正循环、反循环、旋挖湿作业和冲击成孔等工艺（具体结合土层、施工部署等选择适宜的成孔工艺），这些成孔工艺的施工流程大体相同，包括：施工准备、埋设护筒、定位对中、钻孔、清孔、下钢筋笼、安放导管、二次清孔、浇灌水下混凝土等工序环节，具体如图 5-17 所示。

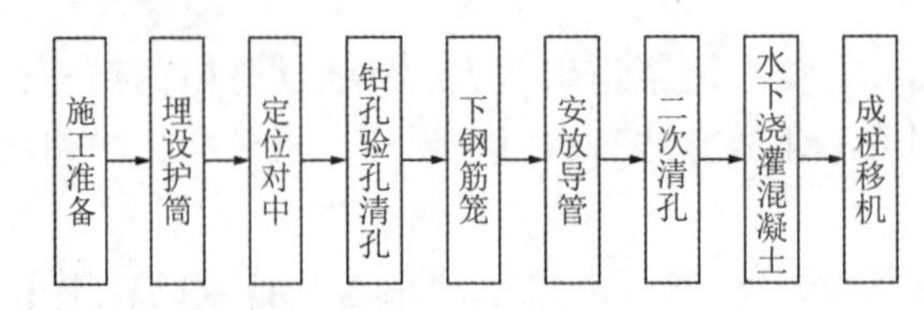

图 5-17 钻孔灌注桩施工流程

1. 施工准备

（1）技术准备。主要包括：熟悉设计图纸、地勘报告和现场条件，选择合适的钻孔工艺和施工设备；施工场地布置，拟定施工部署、编制施工进度计划，编报专项施工方案；认真阅图、做好图纸会审、拟定试成孔方案，桩位编号、核算工程量、编制材料需求计划；组织对施工人员进行技术安全交底，做好开工前的相关技术资料准备工作等。

（2）生产准备。主要包括：平整场地、测量原始场地标高，布置并搭建现场临时生活设施和生产设施，修筑现场施工道路（包括过路管线的埋设与保护），完成现场临水、临电布置等；组织设备、人员进场，对施工队伍进行作业交底，办理施工有关手续；组织桩工设备的拼装、检查和验收，确保设备性能满足正常施工需要等。

（3）材料准备。落实材料供应单位，按施工进度计划组织材料进场；材料的规格、型号与质量等均符合设计要求和施工规范的规定，并有出厂合格证，涉及取样送检的原材料已复试合格。

（4）机具准备。主要包括：成桩设备的选择和工艺试成桩，钢筋焊接工艺的选择与焊接设备，泥浆制备、净化与废浆的处理设备，全站仪、经纬仪、水准仪、卷尺、游标卡尺、测绳等测量设备，泥浆性能检验器具等。

（5）工艺试成桩。相关准备完成后，报经同意后可进行工艺试成桩。详细记录工艺试桩的施工数据，核对和地质报告的符合情况，验证工艺效果，编制工艺试成桩报告，报由监理、设计、勘察、建设等相关参加单位审核确认，作为后期施工的依据之一。

2. 埋设护筒

钻孔灌注桩施工时在孔口埋设的钢护筒，其目的是隔离孔口部位地表杂填松散物，是预防孔口塌陷的必要措施，也是钻孔灌注桩施工时的标高控制基准点。因此每根灌注桩施工前均需埋设护筒，护筒内径一般比桩径大 100～200mm，埋入深度以满足隔离杂填土层、防止孔口塌陷为原则（采用旋挖工艺时，孔内液面随钻具提/降而发生变化，因此多埋设长护筒），护筒外周间隙采用黏土回填并捣实，以确保护筒稳固牢靠。

钢护筒厚度一般为 6～10mm（长护筒的厚度为 12～15mm），钢号等级越高耐久性越好。护筒上部开 1～2 个溢流口，埋设时护筒顶部高出地面约 0.2m，护筒溢流口部位开设泥浆导流沟（反循环工艺时）或溢浆池（正循环工艺时此处架设循环浆泵、旋挖或冲击工艺时储蓄溢浆）。

埋设护筒时，应先采用测量仪器定出桩位，并以桩位为中心埋设护筒（采用 4m 以上长护筒时，应辅以振动锤或液压打拔机下护筒），护筒埋设后其中心线与桩位的允许偏差不应大于 2cm，护筒的垂直度偏差不得超过 1/100；达到上述要求后，再采用黏土填实护筒外周间隙和护筒底部空隙，最后再采用测量仪器复设出桩位、并做好桩位标记。

3. 定位对中

钻机就位前，需对作业场地进行平整与处理（以确保设备作业安全），人员、设备（含配套设备）就位并满足正常作业需要，护壁用泥浆制备并符合相应的性能指标、泥浆储量满足钻孔作业需要。钻机就位时，钻具（转盘）中心与桩中心的偏差以及钻杆垂直度均符合设计图纸与验收标准的规定，自检合格后报请监理单位复核，定位对中复核合格后，办理开孔手续。

4. 钻进成孔

（1）钻孔。不同钻孔工艺的钻进作业有一定差异，如表5-7所示。

不同钻孔工艺的钻进操作要点　　表5-7

钻孔工艺	钻进操作要点
正循环成孔	①先启动泥浆泵和转盘，原位空转一段时间，待泥浆输入钻孔内一定数量后再钻进； ②桩孔上部孔段（尤其护筒刃脚部位）钻进时，应轻压慢转、控制导向，以防偏孔； ③结合地层变化及时调整钻压、转速、泵量（泥浆补给量）、泥浆相对密度等钻进参数； ④钻进过程中，每进尺5～8m时，应检查钻孔直径和钻孔垂直度； ⑤钻进过程中，应严控钻杆摆动幅度（尤其GPS-10机，易晃动，幅度大时扩孔率高、充盈系数高）；遇易缩颈地层时，应采取低转慢进、提高泥浆相对密度等预防措施
反循环成孔	①开钻时，应将钻头提高至距孔底20～30cm，以防钻头吸渣口被堵塞；启动反循环前，需排净空气（一般采用灌水排气法），形成反循环后再启动钻进慢速钻进； ②结合地层变化及时调整钻压、转速、泵量（泥浆补给量）、泥浆相对密度等钻进参数； ③钻杆接长时，应先停止转动钻进、反循环继续工作至孔底沉渣排净后，再关闭泥石泵（循环泵）、接长钻杆；钻杆接长需紧密、不漏水漏气，启动反循环前需先排气； ④钻进过程中，要结合地层情况控制钻速（进尺）；遇易塌或易缩孔地层时，应低挡慢钻、并加大泥浆相对密度或提高泥浆液面高度； ⑤桩孔上部孔段10m范围内不应采用气举反循环工艺
冲击成孔	①开锤前，护筒内必须加入足够的黏土和水，然后边冲击边加黏土造浆； ②开孔时，应低锤密击，成孔至护筒下3～4m后再加大冲程、正常冲击； ③成孔过程中密切关注并及时调整泥浆相对密度，每钻进0.5～1.0m应淘渣一次，淘渣时需及时补充孔内泥浆、保持孔内泥浆液面； ④每钻进1～2m时需检查一次成孔垂直度。遇地质变层或易于发生偏斜的部位时，应采用低锤轻击、间断冲击的办法穿过；如发现偏斜应立即停止钻进，采取措施进行纠正（如回填片石至偏孔上方300mm处后再低锤快击）； ⑤遇岩层表面不平或遇孤石时，应向孔内投入黏土、块石，将孔底表面填平后低锤快击，形成紧密平台后再进行正常冲击
旋挖湿作业成孔	①孔口附近应设蓄浆池，钻进和提钻时要不断补充护壁泥浆；钻孔作业时要控制钻斗升降速度不可过快，避免负压抽吸孔壁造成塌孔； ②钻孔前及提出钻斗时均应检查钻头保护装置、钻头直径及钻头磨损情况（并清除干净钻斗上的渣土），如有磨损，需及时修补钻头，以确保成孔孔径； ③结合地层变化选择合适的钻具，及时调整钻进速度、转速等参数和泥浆性能；钻孔过程中及时观察钻孔垂直度和孔内泥浆液面稳定情况等

钻孔过程中要及时填写钻进记录，并注意土层变化。在土层变化处均应捞渣取样，判明土层，确定标高，记入记录表中，以便与地质剖面图核对。遇有与地质资料严重不符时，应留取渣样袋，放入数据条（地质、标高、时间等）并拍照，同时通知监理工程师到场核实确认。

（2）终孔。摩擦桩或支护排桩钻至设计标高时，可报请监理工程师核验孔深后终止钻孔；端承桩需要在钻至入岩时捞渣取样，经监理工程师现场核实确认并记录入岩孔深后继续钻进，入岩深度达到设计图纸规定后再次捞渣取样，经监理工程师现场核实确认并记录终孔深度终止钻孔。

终孔验收是保证钻孔灌注桩施工质量的重要控制环节，对于工程桩而言，终孔验收是保证桩基承载力的关键；对支护排桩而言，终孔验收是保证桩长的有效控制环节。终孔深度可结合钻杆节数、长度、钻具高度等推算，并辅以测绳测量，推算深度减去测绳深度即是孔底沉渣厚度。

（3）清孔。终孔后即可进入清孔环节，通常称为“一清”，该环节的主要作用是降低孔内泥浆中的钻渣含量，防止沉淀较多而加大二次清孔难度。不同工艺的一次清孔操作要求如表 5-8 所示。

不同工艺的一次清孔操作要求　　表 5-8

钻孔工艺	清孔操作要点
正循环成孔	①利用钻具直接进行清孔（一次清孔），清孔时钻头需提至孔底以上 0.2～0.3m 处； ②一次清孔用泥浆，其性能指标需符合循环泥浆的指标规定； ③一次清孔时间一般为 15～30min，孔深大于 60m 时，宜为 30～45min
反循环成孔	①泵吸或射流反循环工艺时，钻头提至孔底以上 0.5～0.6m 处进行清孔； ②清孔时的供浆量不应小于反循环的排量，以维持孔内液面稳定为原则； ③清孔时间视桩径、孔深而定（一般短于正循环清孔时间）
冲击成孔	①终孔后采用捞渣装置清除泥浆中较大颗粒钻渣； ②将泥浆管捆在锤头的钢丝绳上、缓慢放入孔底进行正循环清孔
旋挖湿作业成孔	采用清底钻斗进行清孔

5. 下钢筋笼

钢筋笼制作所用的钢筋应有出厂质保书，其品种、规格、数量均需符合设计图纸和规范的要求，进场钢筋经取样复检合格后方可使用。钢筋笼一般在现场指定位置统一加工制作，制作成型的钢筋笼经验收合格后运送至孔口，或运至孔口后再进行钢筋笼制作质量的验收。钢筋笼在运送吊放过程中严禁高起高落，以防弯曲、扭曲变形，以保证钢筋笼垂直。

每节钢筋笼的保护层垫块不应少于 2 组，每组不应少于 3 块且应均匀分布于同一截面上。钢筋笼安装入孔时，应保持垂直，对准孔位轻放，避免碰撞孔壁。上下节钢筋笼主筋连接时，应保证主筋部位对正，且保持上下节钢筋笼垂直，焊接时应对称进行。每一节钢筋笼接头连接完成后，均应报请监理工程师进行钢筋笼连接质量验收，验收合格后方可下放入孔。逐节安装、逐节下放，最后采用吊筋固定于孔口处。

钢筋笼的制作与孔口连接质量是钻孔灌注桩施工质量控制的另一个关键点，尤其用作支护排桩时，钢筋笼连接质量直接关系到灌注桩的水平抗弯性能，需作为施工控制和质量验收的重点。

6. 下导管

水下混凝土的浇灌大多采用导管法，导管直径一般为 200～250mm 不等、壁厚不宜小于 3mm，底管长度一般为 4m、标准节长度一般为 2.5～3m，同时配置一些短导管。导管接头一般采用法兰或双螺纹丝扣连接，以保证连接可靠并具有良好的水密性。

钢筋笼安放完毕后需及时下导管，导管使用前需经检查，确保不漏气、不渗水。下导管时，导管接头连接处必须上好密封圈并上紧丝扣（确保水密性），导管逐节拼装，下放时要控制速度不可过快并避免碰损钢筋笼，直至导管下至孔底。

7. 二次清孔

由于安放钢筋笼及导管时间较长，该期间孔底会产生新的沉渣，因此导管安装完毕、浇筑混凝土前需进行二次清孔。二次清孔采用换浆法，采用正循环或反循环工艺，清孔时应勤摆动导管，改变导管在孔底的位置，保证沉渣置换彻底。在浇筑混凝土前，孔内泥浆应达到循环泥浆的性能指标，且孔底的沉渣厚度达到表 5-9 要求。

孔底的沉渣厚度要求　　**表 5-9**

桩类型	端承型桩	摩擦型桩	抗拔、抗水平荷载桩
沉渣厚度（mm）	≤ 50	≤ 100	≤ 200

8. 浇灌水下混凝土

二次清孔经监理工程师现场核验确认后，方可浇筑水下混凝土，并应立即浇筑混凝土；混凝土浇筑时，导管底部至孔底的距离宜控制在 300～500mm，料斗容量不小于相应桩径类型的初灌量（初灌量应满足导管埋入混凝土深度不小于 1.0m），初灌前料斗与导管之间的隔水栓应具有良好的隔水性能，并能够顺利移除。

混凝土浇灌过程中导管需始终埋入混凝土内 2～6m；浇灌过程中应经常检测混凝土面上升情况，浇筑连续并尽量缩短导管拆除的间隔时间（导管应勤提、勤拆），一次拆管长度不应大于 4m，严禁将导管提出混凝土面或埋入过深；控制好最后一次浇灌量，保证超灌高度，并依此控制桩顶部位的浇筑质量。浇灌过程中，导管应经常提拆，以保证桩身混凝土密实，提拆导管时要注意避免碰损钢筋笼，并防止钢筋笼上浮。浇筑过程中翻出的泥浆需及时排向泥浆池。

单桩混凝土浇灌量超过 $50m^3$ 的，每浇灌 $50m^3$ 混凝土需留置一组试件（不足 $50m^3$ 的按 $50m^3$ 计）；单桩浇灌量不足 $50m^3$ 时，每桩留置一组试件（每组试件应有 3 个试块），试件需标注桩号、浇筑日期和混凝土强度等级并标准养护。

9. 成桩移位

混凝土浇筑完毕后，钻机移位至下一桩孔施工（支护排桩应跳孔施打，采用旋挖工艺时，因钻孔与浇灌工序分离，故可在成孔后移至下一桩孔施工）；同时应及时割除吊筋，待地面以上混凝土初凝后提出护筒、清除孔口泥浆和混凝土残浆，做好孔口防护；待混凝土终凝后再回填桩孔。

5.4.2　咬合桩墙及其主要施工流程

钻孔灌注桩的全套管护壁工艺，主要用于复杂地层或周边环境敏感部位（如地铁设施特别保护区）的灌注桩施工，或用于咬合桩墙的施工。如图 5-18、图 5-19 所示，可代替复杂地层中的地下连续墙。用于复杂地层或周边环境敏感部位的钻孔灌注桩施工时，可视地层情况选用搓管机、全回转钻机、旋挖驱动或液压振动锤等设备沉拔套管，但周边环境敏感部位施工时尽量避用锤振法沉拔护筒和冲抓成孔工艺，以减少对周边环境的影响。

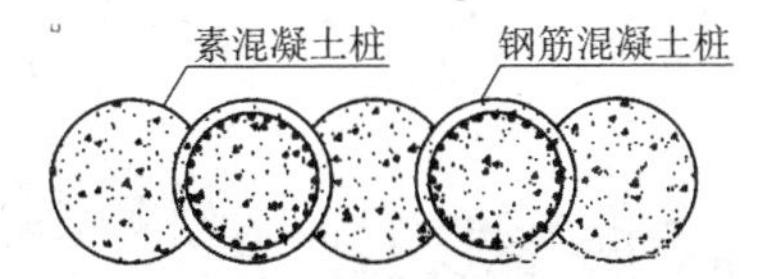

图 5-18　咬合桩墙示意图 1（荤素咬合）

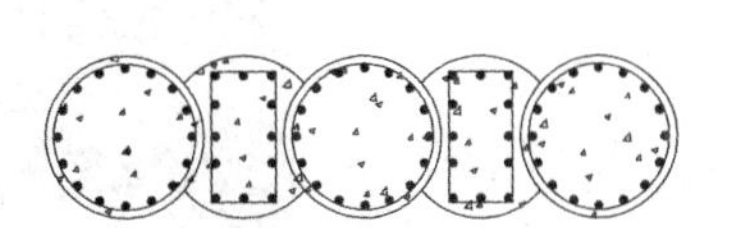

图 5-19　咬合桩墙示意图 2（荤荤咬合）

咬合桩墙一般由不配钢筋笼或配方形钢筋笼的 A 桩（不配钢筋笼时，俗称为素桩）和配圆形钢筋笼的 B 桩（俗称为荤桩）交错序列组成，既挡土又兼具止水功能，是基坑支护工程不可或缺的一种围护形式，可代替复杂地层中的地下连续墙。在A桩初凝后、终凝前施工B桩时，一般称为软切割或软咬合；在A桩终凝并强度达到30%以上再施工B桩时，一般称为硬切割或硬咬合。

咬合桩墙的布置形式，大体上确定了其施工顺序，如图5-20所示，其施工顺序一般为A1→A2→B1→A3→B2→A4→B3…，具体顺序需结合现场实际情况以及素桩混凝土初凝时间确定。为避免最先施工的A1桩和与其闭合的最后一根荤桩咬合困难，最先施工的A1桩往往填砂（俗称砂桩），待与其闭合的最后一个荤桩浇筑成桩后再洗砂、灌混凝土，此部位的冷缝往往需采取补强措施。

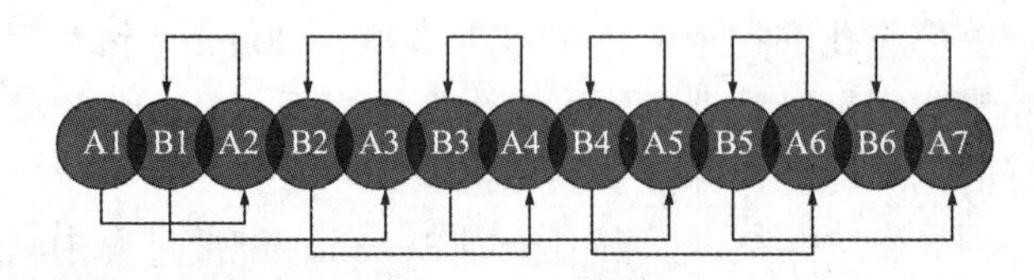

图5-20 咬合桩墙施工顺序示意图

咬合桩墙的主要施工流程包括：施工准备、浇筑导墙、压入套管、管内成孔、清孔、下钢筋笼、安放导管、浇灌水下混凝土、拔出套管、成桩移位等工序环节，如图5-21所示。

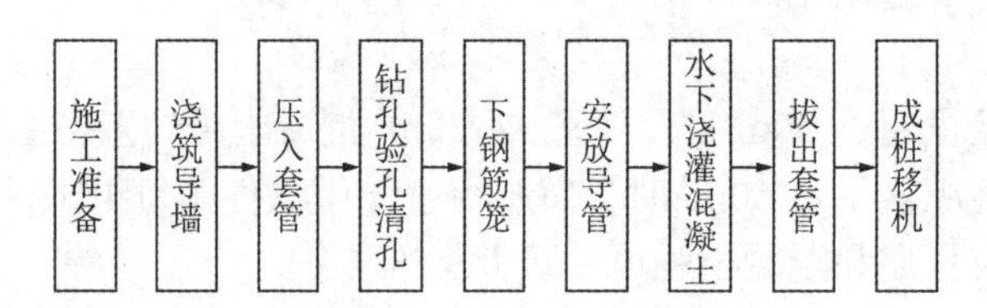

图5-21 钻孔灌注桩施工流程

与泥浆护壁钻孔灌注桩相比，咬合桩的施工工艺主要有以下不同之处：

1. 浇筑导墙

场地平整后、咬合桩施工前，需沿咬合桩两侧设置导墙，导墙的主要作用是为了定位并确保桩间咬合精度，同时承受静、动荷载。导墙应建在坚实的地基上，导墙上的定位孔直径一般需大于桩径30～50mm、以方便钻孔操作，厚度为250～300mm，一般多采用C25混凝土并内配ϕ14@200双向钢筋网片，如图5-22～图5-24所示。

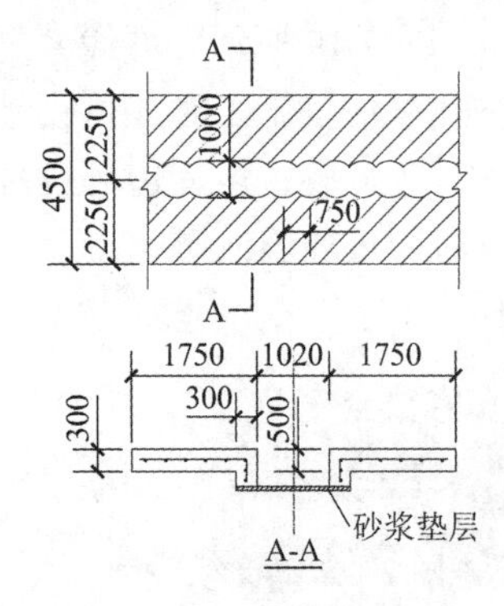

图5-22 咬合桩导墙做法示意

图5-23 咬合桩导墙模板与配筋

图5-24 咬合桩导墙

咬合桩导墙的施工精度，直接影响到钻孔咬合桩的咬合效果，应做重点工序进行控制。

2. 压入套管及套管内取土

当桩间为软咬合时，可采用搓管机、全回转钻机或旋挖驱动沉拔套管，且 B 桩需在 A 桩初凝后、终凝前完成切割咬合；当桩间为硬咬合时，往往优先采用全回转钻机沉拔套管。

待导墙混凝土达到强度后，套管机就位，并使底盘或套管中心与桩中心重合。套管钻机就位对中并经检查无误后，方可安装第一节套管，启动设备将第一节套管压入土中。在下压过程中，沿互相垂直方向用经纬仪观测套管垂直度（偏差 3‰以内），如发现超标，应找出原因并及时校正。

套管压入过程中，如套管垂直度正常，可在压管过程中在套管内进行取土（冲抓取土、螺旋钻或旋挖取土），但取土面到套管底口的深度不应小于 2.5m。当第一节套管外露约 1.5m 时可吊装第二节套管，套管对接安装完成并校验垂直度后拧紧套管连接螺丝，按前述方法继续下压套管、取土，如此循环直至设计孔底标高。

套管内取土要准、稳，避免取土钻头撞击套管，产生不必要的偏斜。当取土至设计孔底标高时，采用冲抓取土或旋挖清底钻斗进行清底，并及时请监理工程师核验孔深后终止钻孔。同时清理干净套管四周附着的土体，避免下笼时带入孔内。

3. 浇灌混凝土和提拔套管

采用软咬合工艺施工咬合桩墙时，A 桩应采用超缓凝混凝土，缓凝时间不应小于 60h、混凝土 3d 强度不宜大于 3MPa。软咬合工艺的 B 桩以及硬咬合工艺时，均可采用普通商品混凝土。

钢筋笼安装到位后，即可浇灌混凝土；当孔内无水时可干孔灌注混凝土，混凝土坍落度不宜大于 140mm；当孔内有水时应下导管，水下灌注混凝土，混凝土坍落度宜为 180mm 左右。

采用水下浇灌工艺时，料斗容量不应小于初灌量，拔除漏斗挡盖后应连续浇筑，浇筑过程中要注意孔内水位升降情况并及时测量混凝土面高度和导管埋深，确保导管埋入混凝土面以下 2～6m，并随混凝土面上升逐节提升、拆除导管，直至浇筑至桩顶设计标高以上 0.5m（参照 5.4.1 节相关内容）。

全套管法施工咬合桩时，一般采取边灌注混凝土边提拔套管的方法，此时要确保混凝土面必须高出套管底端不少于 2.5m。提拔套管时，要控制速度并注意观察，以免带动钢筋笼。

5.4.3　长螺旋钻孔压灌桩及其主要施工流程

长螺旋钻孔压灌桩不需泥浆或套管护壁，工艺简单、机械化程度高、无泥浆污染、成桩速度快且施工期间对周边环境无振动影响，在设备钻孔深度范围内，是理想的灌注桩排桩施工技术。

与其他钻孔灌注桩施工方法相比，长螺旋钻孔压灌桩具有钻孔与压灌混凝土一气呵成、钢筋笼后置的特点，该法工艺简单、成桩质量的影响因素少，其主要施工流程主要包括：施工准备、定位对中、钻进成孔、压灌提钻、钢筋笼植入、移机等环节。与泥浆护壁钻孔灌注桩等其他成桩工艺相比，长螺旋钻孔压灌桩的施工工艺主要有以下不同之处：

1. 钻进成孔

长螺旋钻机就位对中后，液压支腿应落在地面上，并通过调节液压支腿使钻机水平，使钻机机架（立柱）垂直于水平面（机架垂直度偏差一般需控制在 1/200），桩位对中偏差不大于 20mm。

钻孔前，需确保泵送管道已清洗干净并湿润管路，以防后续压灌混凝土出现管道堵塞；下钻时需封闭钻头阀门、触及地面时取掉阀门插销后方可钻进。钻进速度一般需先慢后快，钻机钻进时，需根据地层变化和动力头工作电流显示值，及时调整钻压、转速和钻机速度在合理范围。正常钻进时，钻机电流值一般在 100A 左右，当电流值达到额定值 140A 时，需迅速进行空钻，以便将握紧钻杆刀片的土块抛出。只有当电流值降至正常范围后，才能继续钻孔，严禁强行钻进。

钻孔深度可根据钻杆上做出标记进行判断，当钻至设计桩底标高时原位缓速转动钻杆（但不再进尺），及时请监理工程师核验孔深后终止钻孔。

2. 压灌超流态混凝土

确认终孔后即可压灌超流态混凝土，混凝土坍落度一般为 180～220mm、石料粒径 5～20mm 并掺高效减水剂。泵送压灌前，司钻应和泵工保持密切联系，确认压灌准备工作就绪后（采用清水湿润混凝土泵的料斗及输送管路，并泵入适量的润管砂浆），泵送混凝土通过钻杆空腔压灌至桩底并加压 3～4MPa（泵压达 3～4MPa 时，基本上可使钻头埋在混凝土面以下 1m 左右）后方可提钻，严禁先提钻、后压灌的行为。

在混凝土压灌过程中，需保持钻具排气孔通畅，泵送压力一般控制在 3～5MPa（提升至桩顶部位时，压灌压力需适当增大，以确保混凝土可压入钻杆内），且钻杆提升速度与混凝土泵送量相匹配，直至钻头提升至设计桩顶标高、桩顶超灌 500mm。单桩压灌结束后，应采用清水将混凝土泵及输送管路冲洗干净，以防再次施工时管路堵塞。

3. 后置钢筋笼

长螺旋钻孔压灌桩的钢筋笼，应优先采用整体制作的方式，底部作成锥状，以方便振插。钢筋笼在存放、运输和吊装时，需采取可靠的防变形措施，后置插入起吊前应隐蔽验收合格。

压灌混凝土结束后，要迅速移动钻具、清理孔口周边弃土，借助辅助绞车将钢筋笼吊入孔内，依靠钢筋笼自重与振动植入装置缓缓植入。钢筋笼植入过程中，笼体中心应始终对准桩孔中心，严控垂直度，缓缓振插、不可过快，以防振插过程中钢筋笼发生变形，整个植入过程要连续、不宜停顿，且应在桩身混凝土初凝前完成钢筋笼的植入。钢筋笼植入预定位置后，断开振动装置与钢筋笼的连接，缓缓连续振动并拔除钢筋笼导入管。

5.4.4 注意事项

1. 超长钻孔灌注桩的施工注意事项

当持力层埋深较厚时，往往会涉及超长灌注桩的问题。依据《大直径超长灌注桩设计与施工技术指南》CCES 01—2016，当桩长$L \geqslant 50$m 且长径比$L/D \geqslant 50$时，一般称为超长桩。超长桩往往只能采用泥浆护壁工艺（干作业成孔受地下水位影响大，全套管护壁又往往存在套管沉拔困难），而采用泥浆护壁工艺施工超长桩时，普遍存在着施工时间长、孔壁易失稳、泥皮厚、沉渣多、清孔难和垂直度偏差大等问题，因此需予以充分的重视：

（1）超长桩的桩径不宜过小，一般不应小于 800mm，桩径过小不仅降低承载力，也容易出现钢筋笼、导管下放等困难和缩颈、断桩等质量问题；但也不宜过大，过大则护壁难度增加。

（2）应优先考虑旋挖湿作业、反循环成孔工艺，慎用正循环工艺（尤其慎用 GPS-10 机型），否则成孔垂直度难以得到保证，且正循环清孔困难。钻进时要结合土层变化及时调整钻进参数。

（3）泥浆性能是施工质量的重要保证，需采用优质泥浆，严控泥浆的相对密度、含砂率和黏度（旋挖湿作业成孔时，泥浆性能尤为关键，会影响后续清孔）。

（4）混凝土浇筑前的二次清孔，应优先考虑反循环清孔法；浇筑时的初灌量需结合桩径进行计算复核，以确保导管最小埋置深度。

2. 灌注桩排桩的施工注意事项

灌注桩排桩（包括咬合桩墙）多用于基坑支护工程，主要发挥其水平抗弯性能和入土嵌固作用，其特点是桩径大、桩长有限、配筋多、间距密，正是由于这个原因，灌注桩排桩的桩底沉渣厚度往往不是施工质量控制的重点，其质量控制关键如下：

（1）桩间距和桩长。桩间距过大则容易增大单桩所承受的水平侧压力；桩长不足则容易造成入土嵌固不足。

（2）钢筋笼制作质量和钢筋接头的连接质量。主筋连接应优先采用机械连接方式，钢筋笼制作时要严控笼径、主筋间距和制作精度；主筋采用焊接连接时，要严控主筋搭接长度和焊接质量。

（3）采用跳孔法施工。灌注桩排桩的间距较密，为避免对邻桩新浇混凝土产生不利影响，一般情况下应采用跳孔法；在易塌孔土层中施工排桩时，因桩径局部扩大，跳孔施工时很容易造成夹桩（相邻两根已施工排桩之间的桩，俗称夹桩）成孔困难的问题，此时可采用顺孔法施工，但必须要确保邻桩的混凝土已初凝为固态。

（4）采用三轴搅拌桩或 TRD 搅拌墙作为截水帷幕时，应先施工截水帷幕，且截水帷幕与灌注排桩之间应保持一定的净距（一般不超过 200mm）；采用高压喷射注浆桩作为排桩截水帷幕时，应先施工灌注桩排桩，且待桩身强度达到设计值后方可施工高压喷射注浆桩，以免对排桩桩身混凝土造成破坏。

（5）灌注桩排桩之间的桩间土需采取必要的保护措施（如高压喷射注浆桩进行桩间土加固或桩间挂网喷浆等），以防地表水冲刷而造成桩间土流失。

3. 咬合桩墙的施工注意事项

咬合桩墙属于灌注桩排桩的一种形式，特点是桩间相互咬合成连续墙体，既作为竖向围护结构构件又兼具截水帷幕的作用。咬合桩的施工关键是桩孔定位和施工垂直度，桩孔定位一般通过导墙来控制并保证桩间搭接；较高的施工垂直度要求则是为了保证桩体下部能够相互咬合搭接，因此其施工垂直度偏差往往要控制在 1/300 以内，而且桩长越大时对垂直度要求越高，因此应优先采用搓管机或全回转钻机沉拔套管。

此外，闭合部位先行的 A 桩应优先采用填砂的方式来保证 B 桩的闭合，并在 B 桩闭合后洗砂清孔、浇筑该部位的 A 桩，为了确保该部位的止水效果，往往需在此处采用高喷工艺进行局部止水补强处理。

4. 其他需要注意的事项

主要包括：

（1）当场地存在承压水层且承压水层高于设计基底时，基坑开挖范围内出现的试成桩孔、废桩孔等，均应按水下浇灌法浇筑素混凝土，以免基坑开挖期间这些部位出现承压水突涌；当采用桩底注浆工艺时，必须确保注浆管均已注浆、无遗漏（以避免承压水从注浆管喷出）。

（2）遇淤泥质土等软弱土层时，基坑开挖时必须严控分层开挖厚度以及不同开挖面之间的坡度，否则将因软土的蠕变而导致桩身偏位，甚至折断。

（3）当坑中坑、排桩截水帷幕或排桩桩间土采用高压喷射工艺时，务必要确保桩身达到一定强度后方可进行高压喷射桩的施工，否则高压射流将会损伤桩身混凝土，造成严重质量缺陷。

5.5 质量检验标准及主要质量通病的防治

5.5.1 钻孔灌注桩质量检验标准

依据国家标准《建筑工程施工质量验收统一标准》GB 50300—2013 和《建筑地基基础工程施工质量验收标准》GB 50202—2018 等，钻孔灌注桩作为工程桩（桩基础）时，其施工质量可按泥浆护壁成孔灌注桩检验批(01020501)、干作业成孔灌注桩检验批(01020601)、长螺旋钻孔压灌桩检验批（01020701）进行检查验收；钻孔灌注桩用作支护排桩时，施工质量可按灌注桩排桩检验批(01040101)、咬合桩围护墙检验批(01040101)进行质量验收，钻孔灌注桩钢筋笼均需另按现行标准进行隐蔽验收。钻孔灌注桩相关的质量检验标准如表 5-10～表 5-15 所示。

灌注桩的桩径、垂直度及桩位允许偏差表（适用于桩基础子分部） 表 5-10

序号	成孔方法		桩径允许偏差（mm）	垂直度允许偏差	桩位允许偏差（mm）
1	泥浆护壁钻孔桩	$D < 1000$mm	⩾0	⩽1/100	$\leqslant 70 + 0.01H$
		$D \geqslant 1000$mm			$\leqslant 100 + 0.01H$
2	套管成孔灌注桩	$D < 500$mm	⩾0	⩽1/100	$\leqslant 70 + 0.01H$
		$D \geqslant 500$mm			$\leqslant 100 + 0.01H$
3	干成孔灌注桩		⩾0	⩽1/100	$\leqslant 70 + 0.01H$
4	人工挖孔桩		⩾0	⩽1/200	$\leqslant 50 + 0.005H$

注：1. H为桩基施工面至设计桩顶的距离（mm）；
2. D为设计桩径（mm）。

泥浆护壁成孔灌注桩质量检验标准（适用于桩基础子分部） 表 5-11

项目	序号	检查项目	允许值或允许偏差		检查方法
			单位	数值	
主控项目	1	承载力	不小于设计值		静载试验
	2	孔深	不小于设计值		用测绳或井径仪测量
	3	桩身完整性	—		钻芯法、低应变法、声波透射法
	4	混凝土强度	不小于设计值		28d 试块强度或钻芯法
	5	嵌岩深度	不小于设计值		取岩样或超前钻孔取样
一般项目	1	垂直度	详表 5-10		用超声波或井径仪测量
	2	桩径	详表 5-10		用超声波或井径仪测量

续表

项目	序号	检查项目		允许值或允许偏差		检查方法
				单位	数值	
一般项目	3	桩位		详表 5-10		全站仪或用钢尺量开挖前量护筒，开挖后量桩中心
	4	泥浆指标	相对密度	1.10～1.25		用相对密度仪测，清孔后在距孔底 500mm 处取样
			含砂率	%	≤ 8	洗砂瓶
			黏度	s	18～28	黏度计
	5	泥浆面标高		m	0.5～1.0	目测法（高于地下水位的高度）
	6	钢筋笼质量	主筋间距	mm	±10	用钢尺量
			长度	mm	±100	用钢尺量
			钢筋材质	设计要求		抽样送检
			箍筋间距	mm	±20	用钢尺量
			笼直径	mm	±10	用钢尺量
	7	沉渣厚度	端承桩	mm	≤ 50	用沉渣仪或重锤测
			摩擦桩	mm	≤ 150	
	8	混凝土坍落度		mm	180～220	坍落度仪
	9	钢筋笼安装深度		mm	0～100	用钢尺量
	10	混凝土充盈系数		≥ 1.0		实际灌注量与计算灌注量的比
	11	桩顶标高		mm	− 50～30	水准测量，需扣除桩顶浮浆层及劣质桩体
	12	后注浆	注浆终止条件	注浆量不小于设计值		查看流量表
				注浆量不小于设计值 80%，且注浆压力达到设计值		查看流量表、检查压力表读数
			水胶比	设计值		实际用水量与水泥等胶凝材料的重量比
	13	扩底桩	扩底直径	不小于设计值		井径仪测量
			扩底高度	不小于设计值		

干作业成孔灌注桩质量检验标准（适用于桩基础子分部）　　表 5-12

项目	序号	检查项目		允许值或允许偏差		检查方法
				单位	数值	
主控项目	1	承载力		不小于设计值		静载试验
	2	孔深及孔底土岩性		不小于设计值		测钻杆套管长度或用测绳，检查孔底土岩性报告
	3	桩身完整性		—		钻芯法（大直径嵌岩桩应钻至桩尖下 500mm）、低应变法、声波投射法
	4	混凝土强度		不小于设计值		28d 试块强度或钻芯法
	5	桩径		详表 5-10		井径仪或超声波检测，干作业时用钢尺量，人工挖孔桩桩径不包括护壁厚
一般项目	1	桩位		详表 5-10		全站仪或用钢尺量开挖前量护筒，开挖后量桩中心
	2	垂直度		详表 5-10		用经纬仪或线锤测量
	3	桩顶标高		mm	−50～30	水准测量
	4	混凝土坍落度		mm	90～150	坍落度仪
	5	钢筋笼质量	主筋间距	mm	±10	用钢尺量
			长度	mm	±100	用钢尺量

续表

项目	序号	检查项目		允许值或允许偏差		检查方法
				单位	数值	
一般项目	5	钢筋笼质量	钢筋材质	设计要求		抽样送检
			箍筋间距	mm	±20	用钢尺量
			笼直径	mm	±10	用钢尺量

长螺旋钻孔压灌桩质量检验标准（适用于桩基础子分部，施工灌注桩排桩时也可参照）表 5-13

项目	序号	检查项目	允许值或允许偏差		检查方法
			单位	数值	
主控项目	1	承载力	不小于设计值		静载试验
	2	混凝土强度	不小于设计值		28d 试块强度或钻芯法
	3	桩长	不小于设计值		施工中量钻杆长度，施工后钻芯法或低应变法检测
	4	桩径	不小于设计值		用钢尺量
	5	桩身完整性	—		低应变法
一般项目	1	混凝土坍落度	mm	160～220	坍落度仪
	2	混凝土充盈系数	≥1.0		实际灌注量与理论灌注量的比
	3	垂直度	详表 5-10		用经纬仪或线锤测量
	4	桩位	详表 5-10		全站仪或用钢尺量开挖前量护筒，开挖后量桩中心
	5	桩顶标高	mm	−50～30	水准测量
	6	钢筋笼笼顶标高	mm	±100	水准测量

灌注桩排桩质量检验标准（适用于基坑支护子分部） 表 5-14

项目	序号	检查项目		允许值或允许偏差		检查方法
				单位	数值	
主控项目	1	孔深		不小于设计值		测钻杆长度或用测绳
	2	桩身完整性		设计要求		按设计要求采用低应变法、声波投射法或钻芯法
	3	混凝土强度		不小于设计值		28d 试块强度或钻芯法
	4	嵌岩深度		不小于设计值		取岩样或超前钻孔取样
	5	钢筋笼主筋间距		mm	±10	用钢尺量
一般项目	1	垂直度		≤1/100（≤1/200）		测钻杆、用超声波或井径仪测量
	2	孔径		不小于设计值		测钻头直径
	3	桩位		mm	≤50	开挖前量护筒、开挖后量桩中心
	4	泥浆指标	相对密度	1.10～1.25		用相对密度仪测，清孔后在距孔底 500mm 处取样
			含砂率	%	≤8	洗砂瓶
			黏度	s	18～28	黏度计
	5	钢筋笼质量	长度	mm	±100	用钢尺量
			钢筋连接质量	设计要求		实验室试验
			箍筋间距	mm	±20	用钢尺量
			笼直径	mm	±10	用钢尺量
	6	沉渣厚度		mm	≤200	用沉渣仪或重锤测

续表

项目	序号	检查项目	允许值或允许偏差		检查方法
			单位	数值	
一般项目	7	混凝土坍落度	mm	180～220	坍落度仪
	8	钢筋笼安装深度	mm	±100	用钢尺量
	9	混凝土充盈系数	≥ 1.0		实际灌注量与理论灌注量的比
	10	桩顶标高	mm	±50	水准测量，需扣除桩顶浮浆层及劣质桩体

注：垂直度项括号中数值适用于灌注桩排桩采用桩墙合一设计的情况。

咬合桩墙质量检验标准（适用于基坑支护子分部）　　**表 5-15**

项目	序号	检查项目	允许值或允许偏差		检查方法
			单位	数值	
主控项目	1	导墙定位孔孔径	mm	±10	用钢尺量
	2	导墙定位孔定位	mm	≤ 10	用钢尺量
	3	钢套管顺直度	≤ 1/500		用线锤测
	4	成孔孔径	mm	0～30	用超声波或井径仪测量
	5	成孔垂直度	≤ 1/300		用超声波或井径仪测量
	6	成孔孔深	不小于设计值		测钻杆长度或用测绳
	7	桩身完整性	设计要求		按设计要求采用低应变法、声波投射法或钻芯法
一般项目	1	导墙面平整度	mm	±5	用钢尺量
	2	导墙平面位置	mm	≤ 20	用钢尺量
	3	导墙顶面标高	mm	±20	水准测量
	4	桩位	mm	≤ 20	全站仪或用钢尺量
	5	矩形钢筋笼长边	mm	±10	用钢尺量
	6	矩形钢筋笼短边	mm	−10～0	用钢尺量
	7	矩形钢筋笼转角	°	≤ 5	用量角器量
	8	钢筋笼安放位置	mm	≤ 10	用钢尺量
	9	混凝土坍落度	mm	180～220	坍落度仪，单桩 ≤ 30m³ 时测 2 次，> 30m³ 时测 3 次
	10	混凝土充盈系数	≥ 1.0		实际灌注量与理论灌注量的比

5.5.2　钻孔灌注桩的主要质量通病与防治

钻孔灌注桩的施工方法多，每种成桩工艺均存在着相应的质量通病和施工异常。各工艺在施工过程中常见的质量通病、异常情况及相应的防治措施归纳如表 5-16 所示。

常见的质量通病、异常情况及相应的防治措施　　**表 5-16**

质量通病	产生原因	防治措施
承载力不足	①桩长不足或桩端未入持力层； ②桩底沉渣多； ③浇筑时导管与孔底距离过大，导致孔底沉渣未被反冲上来； ④局部缩颈或断桩； ⑤泥皮厚导致桩周摩阻降低； ⑥桩底注浆量少或养护不足	①按设计图纸控制桩长并确保桩端进入持力层深度； ②控制泥浆性能、选择合适清孔工艺，减少桩底沉渣； ③浇筑时控制导管与孔底的距离在允许范围内； ④采取相关措施预防缩颈和断桩； ⑤控制泥浆性能、结合土层调整钻进参数，避免泥皮过厚； ⑥按设计要求进行注浆并保证注浆水泥的养护时间

续表

质量通病	产生原因	防治措施
缩颈	①存在软土土层导致局部缩孔； ②成孔与浇灌的时间间隔长； ③泥浆中砂含量高、拔管太快	①严控泥浆性能和孔内液面，确保护壁效果； ②软土土层中钻进时控制速度不可过快； ③成孔后的工序安排紧凑、减少成孔与浇灌时间间隔； ④减少泥浆砂含量、严控沉渣厚度、控制拔管速度
断桩	①初灌量不足造成导管埋深太浅； ②浇筑时导管拔出混凝土面； ③浇筑不连续、浇筑时间长； ④浇筑时导管堵塞而提管处理； ⑤混凝土离析	①根据桩孔径验算初灌量并选择合适的料斗，初灌时连续放料，确保导管埋置深度； ②浇筑过程中勤测混凝土面、提拆导管时确保导管埋深； ③浇筑应连续，供料及时、供电正常； ④从导管清洗、混凝土和易性、连续浇筑等方面预防堵管； ⑤禁用离析混凝土，禁止混凝土加水
烂桩头	①浇筑超灌高度不足； ②测锤太轻，沉不到混凝土面； ③泥浆过稠，沉不到混凝土面	①浇筑超灌高度不得低于设计和规范要求； ②制作合适重量的测锤（尤其泥浆含砂率较大时）； ③清孔验收时，沉渣厚度和泥浆性能均应达到要求
桩偏位	①定位不准、对中不准； ②桩孔垂直度偏差大； ③钻进时出现了偏孔； ④桩孔范围内土层硬度不均	①埋护筒前后均需定位复核，严控定位对中环节； ②预清地表障碍物，调平钻机底座、严控机架垂直度，确保磨盘中心、钻杆起重滑轮缘或钻杆卡孔与护筒中心在同一铅垂线上； ③钻进中遇土层变化时及时调整钻进参数，避免钻杆摆动过大；如遇偏钻，及时扫孔纠偏等； ④桩位应全截面位于或避开水泥土加固区
桩径不足	①钻头直径不足； ②钻头磨损后未及时补焊； ③局部缩孔	①施工前量测钻头直径，确保满足施工要求； ②施工期间钻头如有磨损需及时补焊； ③采取相关措施预防缩孔
桩头冒水	①混凝土浇捣不密实； ②混凝土中石子粒径大、级配不均匀； ③泥浆相对密度大、主筋表面夹泥； ④存在承压水或径流水	①浇灌提拔导管时，应经常性插捣混凝土； ②控制大粒径骨料并级配均匀； ③二清时除检验沉渣厚度外，还应检验泥浆性能、严控泥浆相对密度和含砂率； ④浇筑期间及混凝土终凝前，要保持孔内液面
塌孔	①护筒长度不足； ②泥浆性能不达标、护壁失稳； ③孔内液面低造成护壁不牢； ④钻进速度过快； ⑤土层漏浆； ⑥成孔至浇筑的间隔过长	①埋入深度达到隔离杂填土层的要求； ②采用除砂、添加外加剂等优化泥浆性能； ③稳定孔内泥浆液面； ④结合地层及时调整钻进参数； ⑤遇渗浆土层时，泥浆添加防漏剂并及时补浆； ⑥成孔后序工作安排紧凑，减少成孔至浇筑的间隔
埋管	①导管埋入混凝土面以下过深； ②浇筑间隔过长导致混凝土硬化； ③导管被钢筋笼挂住； ④浇筑过程中出现塌孔	①导管埋入混凝土面以下不可过深，以免提管困难； ②浇筑应连续，供料供电均需有保障； ③提拔导管之初应转动导管、缓缓提升； ④提高泥浆性能，减少成孔至灌注的时间间隔
沉渣偏厚	①清孔工艺选用不当； ②清孔泥浆相对密度过小、胶体率低； ③下钢筋笼时碰落孔壁土； ④清孔合格后浇筑不及时； ⑤初灌混凝土冲击力不够	①超长桩应优先采用反循环清孔工艺； ②控制清孔用泥浆的性能指标； ③钢筋笼下端直径宜小、下笼时要避免碰刮孔壁； ④清孔验收合格后应及时浇灌混凝土并连续浇筑； ⑤控制导管下端距孔底距离、保证初灌量
钻进困难	①钻具选择不合理； ②钻压不足或钻压过大	①结合土层选择钻具、钻齿，合理调整掘进角度； ②结合土层调整钻进速度和钻压等参数
加劲箍制作质量通病	①加劲箍直径存在偏差； ②加劲箍搭接焊长度不足； ③加劲箍焊缝不饱满	①按主筋保护层尺寸确定加劲箍直径，调整加劲箍制作模具，确保加劲箍直径偏差在±1mm内； ②加劲箍制作断料时，双面焊搭接长度不小于 $5d$，单面焊搭接长度不小于 $10d$； ③施焊人员持证上岗，焊缝连续、饱满

续表

质量通病	产生原因	防治措施
钢筋笼制作质量通病	①相邻主筋相互错开长度不一，同一截面的接头超过50%，相邻接头错开长度不足35d； ②主筋锚固长度不足或过多； ③主筋间距不均匀； ④主筋不顺直，主筋与加劲箍的焊接不牢； ⑤加劲箍间距过大或过小； ⑥箍筋间距不均匀； ⑦箍筋加密区长度不足； ⑧箍筋与主筋的焊点少或脱焊或烧伤主筋； ⑨起/终端部箍筋的长度不足	①相邻主筋需交错布置、相互错开的长度要一致并≥35d，每节笼的端部钢筋要对齐，确保同一截面的接头不超过50%，且相邻接头错开长度≥35d； ②主筋锚固长度需符合设计图纸要求，且顶端齐整； ③按主筋数量均分加劲箍并作标记，确保主筋间距； ④主筋与加劲箍焊接时，需带线或目测主筋顺直并贴紧后再焊接固定，且不可烧伤主筋； ⑤加劲箍间距不大于设计要求，并间距均匀； ⑥应优先采用滚笼机盘绕箍筋，箍筋间距均匀； ⑦箍筋加密区长度不得少于设计要求； ⑧焊点布置符合规范要求，箍筋与主筋贴紧后再焊牢，且不可烧伤主筋； ⑨起/终端部箍筋的水平段长度需符合规范要求
孔口对接的质量通病	①钢筋笼重量大，导致主筋与加劲箍脱焊而无法临时固定； ②主筋连接质量差（另详）； ③对接部位的箍筋盘绕不规范	①采用2～4个100mm钢筋短料，侧焊于主筋上，并紧紧顶住钢筋笼顶端的加劲箍，以便孔口临时固定； ②采取有效措施确保钢筋连接质量（另详）； ③对接部位的箍筋间距符合设计要求，且箍筋的起终部位焊接于加劲箍上，搭接长度不少于10d
主筋焊接连接质量通病	①搭接长度不足； ②焊接不连续、焊缝不饱满； ③焊接时包裹焊渣； ④焊渣未清除干净	①主筋直径超过25mm时，应优先采用机械连接方式，制笼时采取有效措施确保主筋搭接长度≥10d； ②施焊人员持证上岗，焊缝连续、饱满； ③立焊时要自下而上操作，以免焊缝内包裹焊渣； ④施焊完毕后清除焊渣，缺陷部位及时补焊
主筋机械连接质量通病	①钢筋接头面不平齐； ②套丝长度不够； ③采用非标的连接套筒； ④制笼时预拼不紧或未作标记； ⑤孔口连接困难； ⑥连接扭矩不够	①主筋端面切口平齐并打磨后再套丝； ②套丝长度应符合现行标准规范的要求； ③需采用国标套筒且使用前进行原材送检； ④制笼时，上下节钢筋笼主筋需预拼顶紧，待主筋与加劲箍焊接牢固后对上下节笼同一根主筋做标记； ⑤采用机械连接时，应优先采用长短丝、顺丝工艺； ⑥孔口连接时，需采用扭矩扳手确保连接效果
钢筋笼上浮	①浇筑速度过快； ②导管提拔时刮碰钢筋笼； ③导管埋置深度过大； ④浇筑不连续、间歇时间长； ⑤混凝土和易性差或离析； ⑥吊筋过细或未固定	①浇灌应连续，但速度不可过快； ②导管提拔时避免碰刮钢筋笼、提拔速度宜缓； ③导管埋置深度应控制在2～6m范围内； ④浇筑要连续、间歇时间不可过长； ⑤混凝土要保持和易性、不离析； ⑥配筋较小时，应采用较粗直径吊筋固定于护筒上
露筋（排桩常见）	①未设保护层垫块； ②钢筋笼安放偏位； ③局部缩孔、缩颈； ④泥浆砂含量高、上端浇筑时沉渣多，包裹钢筋笼	①钢筋笼需按规定设置保护层垫块且规格符合要求； ②钢筋笼应居中下放入孔； ③采取相关措施预防缩孔； ④二清时，沉渣厚度和泥浆厚度均应符合要求，浇灌时导管不可提升过快

5.6　典型工程案例

5.6.1　案例一

杭州某基坑，三层地下室，开挖深度约15m，开挖范围内的土质以淤泥质土为主，竖向围护结构为3ϕ850@600截水帷幕+ϕ1000@1200灌注排桩。先施工三轴搅拌桩截水帷幕、后施工灌注排桩，灌注排桩采用旋挖跳孔施工方法。施工期间，发现夹桩成孔时出现

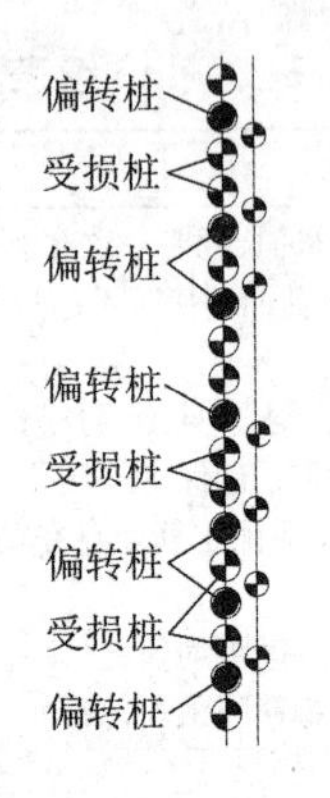

图 5-25 排桩补强示意图

了偏钻现象，距设计桩底 5～6m 处的取土中发现有钢筋头，钢筋头的直径与灌注排桩主筋直径相同，后经查实为夹桩偏孔造成邻桩桩体受损。

造成偏孔的主要原因是该侧灌注排桩邻近河道，河道堤岸存在抛石，后期河道整治时，该侧也曾回填了建筑垃圾，旋挖成孔时在该处出现了偏钻，随成孔深度增加而造成邻桩桩体受损。结合上述情况，支护设计单位在受损桩和偏转桩之间的外侧增补了若干根ϕ800 的灌注桩进行了局部补强，补强的钻孔灌注桩位于截水帷幕之上，如图 5-25 所示。后续基坑开挖期间，该部位的变形和止淤情况均未见异常。

5.6.2 案例二

杭州某基坑，三层地下室，开挖深度约 15m，开挖范围内的土质主要为砂质粉土、淤泥质粉质黏土，竖向围护结构为 3ϕ850@600 截水帷幕 +ϕ1100@1400 灌注排桩，主要剖面情况如图 5-26 所示。

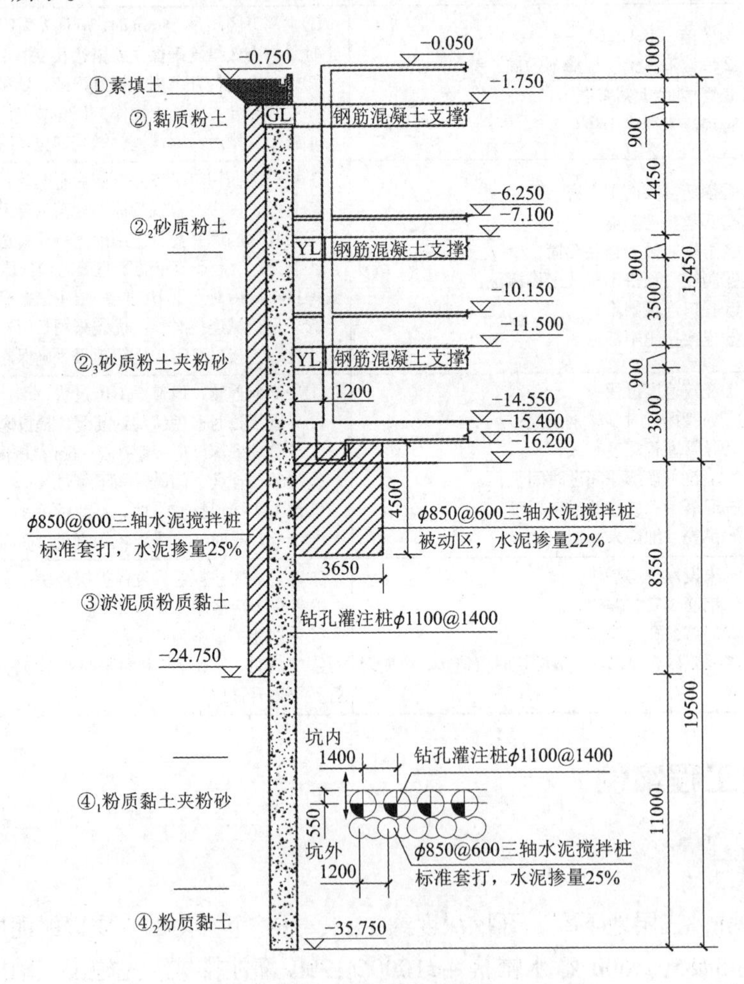

图 5-26 剖面示意图

该项目灌注排桩原设计采用正循环泥浆护壁成孔工艺、跳孔施工法。初期施工时，发现充盈系数高达 1.20 以上，后夹桩施工时出现偏钻、钢筋笼下放困难等问题，经分析认为与砂性土层局部扩孔有关。经协商改用顺打法，确定在邻桩终凝后（浇筑后不小于 8h）再施工后一根桩，后期排桩施工均比较顺利。开挖后局部扩孔位置现场实拍图如图 5-27 所示。

图 5-27　开挖后局部扩孔位置现场实拍图

第 6 章 地下连续墙施工技术

6.1 概述

地下连续墙是利用泥浆护壁原理，采用成槽机械在地层中分槽段成槽、置入钢筋笼、浇筑水下混凝土后形成单元墙幅，并通过特定接头形式将各单元墙幅相连而成的连续的钢筋混凝土地下墙体。它具有挡土、止水、防渗等功能。

地下连续墙技术起源于欧洲，并于 20 世纪 50 年代末期引入国内，率先用于水利、水电工程领域的防渗墙或围护结构。地下连续墙具有刚度大、结构可靠、利于控制变形等特点，广泛应用于地铁和周边环境保护要求高的支护工程，是基坑支护工程领域重要的支护技术之一。

6.1.1 地下连续墙的槽段划分和接头构造

1. 常见的槽段形式

目前在工程中应用较广的是现浇地下连续墙，其槽段形式主要有一字形、L 形（多用于转角部位）、T 形（多用于交叉部位）和 Π 形（多用于局部加强部位），如图 6-1 所示。实际当中，可将不同形式槽段组合来满足工程需要，如圆筒状、格栅状（可用于无支撑或局部加强部位）等，如图 6-2、图 6-3 所示。

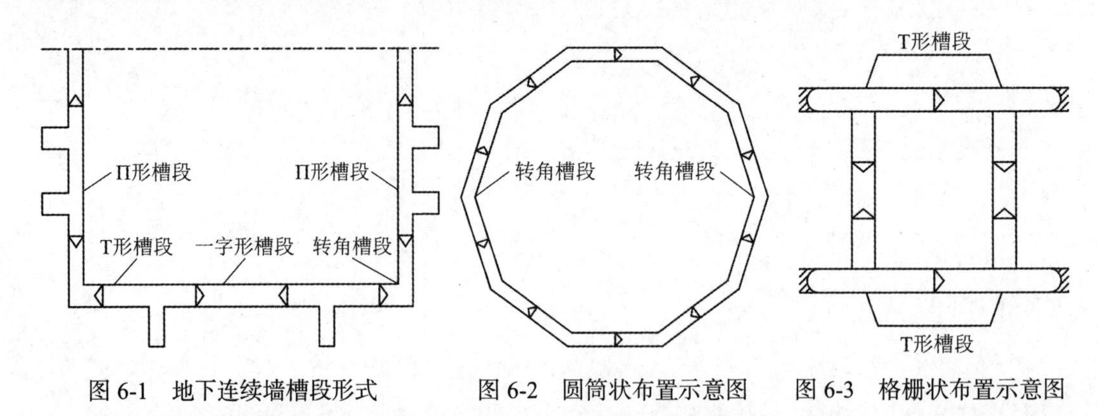

图 6-1 地下连续墙槽段形式　　图 6-2 圆筒状布置示意图　　图 6-3 格栅状布置示意图

2. 单元槽段的划分

地下连续墙施工前，预先沿墙体长度方向把地下连续墙划分为若干某种长度的施工单元，每一个施工单元称为一个“单元槽段”。一个单元槽段可以包含一个或若干个挖掘段。理论上讲，单元槽段越长，槽段接头的数量就越少、整体性和防渗能力越好，但单元槽段的施工时间就会更长、槽壁失稳的风险也会越大，因此合理的槽段划分是保证连续墙施工质量的前提。槽段划分就是将各种单元槽段的形状和长度标明在墙体平面图上，它是地下连续墙施工组织设计中的重要内容。地下连续墙的单元槽段分段长度一般为 5～8m，具体需综合如下因素进行确定：

①地下连续墙的设计深度、厚度、构造以及布置形状（包括转角、端头等）。单元槽段之间的接头位置一般需避开转角部位或墙体交接部位，墙体深度较大时、槽段单元长度不宜过大。

②水文地质条件、所选用成槽设备类型和最大开幅、单元槽段的施工时间和槽壁稳定性。当地下水位高或土层不稳时，为防止槽壁倒塌、缩短槽段施工时间，应减少单元槽段的长度。

③周边环境以及地面荷载的影响。周边环境保护要求较高或地面荷载较大时，应缩短单元槽段的长度，以提高槽壁稳定性、缩短槽段施工时间。

④起重设备的起重能力、吊装环境和吊放方法。地下连续墙钢筋笼多为整体吊装，单元槽段钢筋笼的尺寸（也受场地限制）和重量，要在起重设备吊装能力内且符合现场实际吊装环境。

⑤混凝土的供应能力。一般情况下一个单元槽段长度内的全部混凝土，宜在 4h 内（混凝土初凝前）浇筑完毕，如混凝土供应能力不足，应缩短单元槽段的长度。

⑥槽段施工顺序。后行幅段（即闭合槽段）的施工进度易受已施工槽段的影响或出现卡钻、偏钻等情况，槽段划分时需注意施工顺序和后行幅段的施工特殊要求。

⑦槽段接头。在确保槽壁稳定的前提下，槽段数量宜少，尤其接头构造复杂、施工难度大时。

⑧其他因素，如泥浆池容量、连续作业的时间限制等。

3. 槽段接头构造

地下连续墙需要按槽段分幅施工，相邻槽段之间的接头，称为槽段接头，也称施工接头。根据接头受力的特点，地下连续墙槽段接头可分为柔性接头和刚性接头，其中能够承受弯矩、剪力和水平拉力的接头称为刚性接头；反之，不能承受弯矩、水平拉力和剪力的接头称为柔性接头。

工程中常用的柔性接头主要有圆形（或半圆形）的锁口管接头、波形管（双波管、三波管）接头、楔形接头、钢筋混凝土预制接头、橡胶止水带接头和工字钢接头等，如图 6-4、图 6-5 所示。柔性接头的抗剪、抗弯能力较差，一般适用于对槽段接头抗剪、抗弯能力要求不高的基坑工程中，其中锁口管接头构造简单、施工适应性较强，止水效果也能满足一般工程的需要，因此应用较多；但墙体深度较大时，往往采用工字钢接头（避免了锁口管或接头箱插拔过程且止水效果好）。

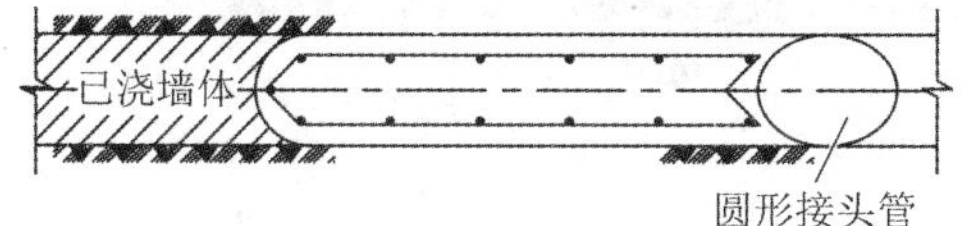

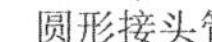

(a) 圆形锁口管接头

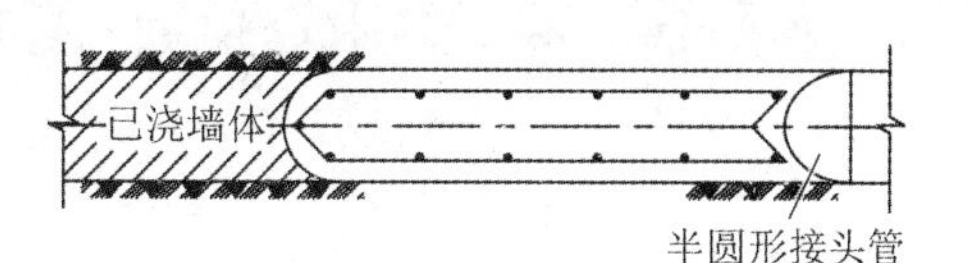

(b) 半圆形锁口管接头

封头钢板
已浇墙体
带榫接头管

(c) 带榫锁口管接头

(d) 波形锁口管接头

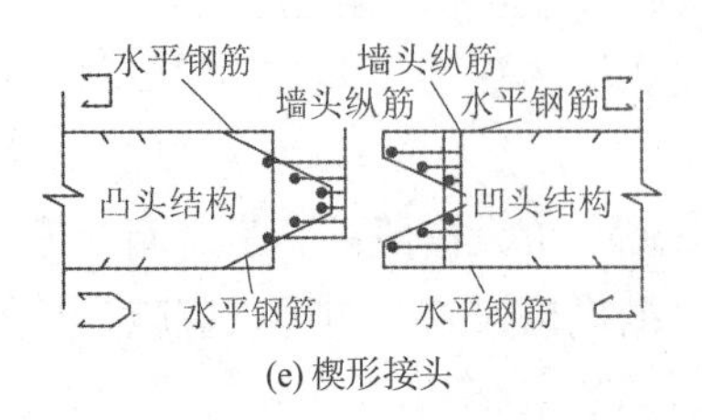

(e) 楔形接头

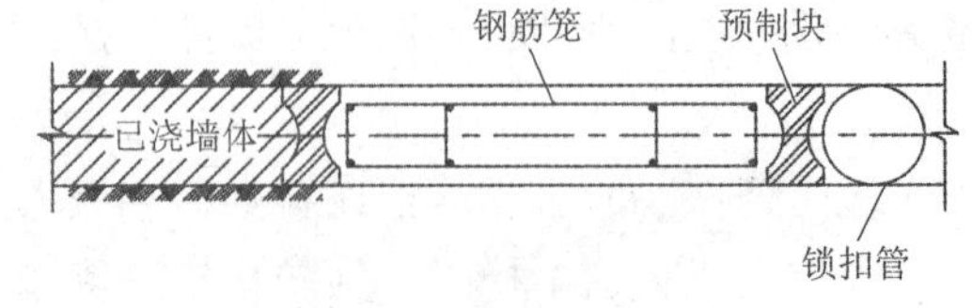

(f) 钢筋混凝土预制接头

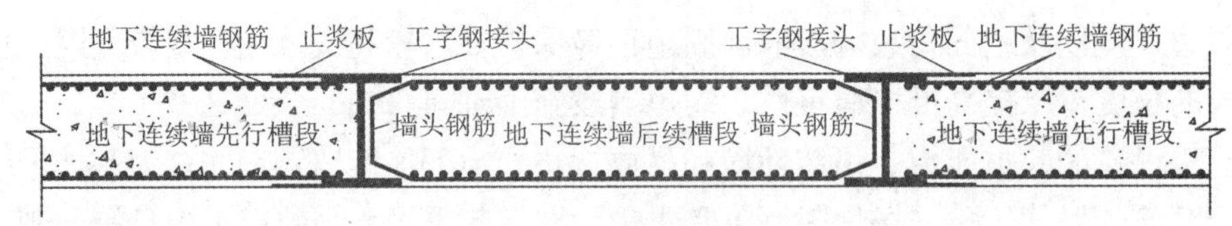

(g) 工字钢接头

图 6-4　柔性接头形式

(a) 圆形锁口管

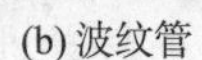

(b) 波纹管

(c) 半圆形锁口管

(d) 工字钢接头

图 6-5　柔性接头实物

刚性接头的受力性能较强，但构造复杂、施工难度较大，主要有一字或十字穿孔钢板接头、钢筋搭接接头和十字型钢插入式接头等形式，如图 6-6、图 6-7 所示。

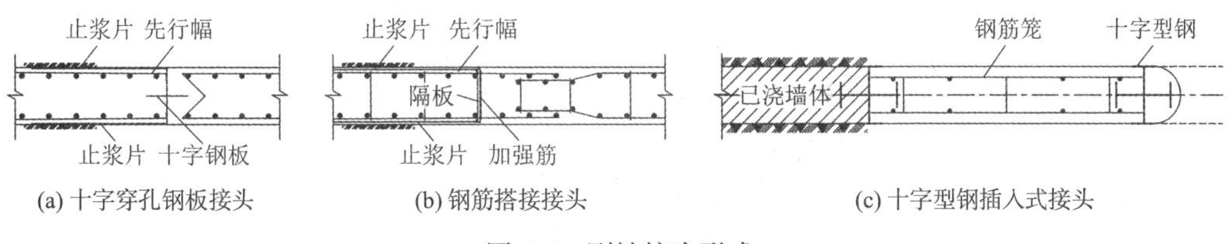

(a) 十字穿孔钢板接头　(b) 钢筋搭接接头　(c) 十字型钢插入式接头

图 6-6　刚性接头形式

(a) 十字钢板接头

(b) 十字钢板接头箱

图 6-7　刚性接头实物

4. 槽段接头的选用

地下连续墙的槽段接头形式较多，实际工程中，应在满足受力和止水要求的前提下、结合地区经验等，尽量选用构造简单、施工简便、工艺成熟的接头形式，以确保接头的施工质量：

①柔性接头施工方便，构造简单，一般工程中在满足受力和止水要求的条件下，地下连续墙槽段接头可优先采用锁口管或波形管等柔性接头；当地下连续墙深度较大，顶拔锁口管困难时，可采用工字形型钢接头或钢筋混凝土预制接头等。

②根据结构受力要求，当需形成整体或当多幅墙段共同承受竖向荷载时，墙段间需传递竖向剪力时，槽段间宜采用刚性接头，并应根据实际受力状态验算槽段接头的承载力。选用刚性接头时，要特别注意施工精度的控制并落实好防绕流措施。

6.1.2　地下连续墙的主要成槽方法及适用范围

目前国内的地下连续墙成槽方法，主要有抓斗成槽、冲击钻进成槽、铣槽机成槽、钻抓结合法成槽、先抓后铣法成槽等几种，目前比较常用的是液压抓斗成槽。这些成槽方法均采用了泥浆护壁工艺，但由于方形槽孔的孔壁稳定性要低于圆形桩孔的孔壁稳定性，地下连续墙护壁泥浆的性能要求往往高于钻孔灌注桩。

地下连续墙各成槽方法的特点及适用范围如表 6-1 所示。

地下连续墙各成槽方法的特点及适用范围　　表 6-1

成槽方法		特点及适用范围
泥浆护壁	抓斗成槽	利用抓斗机（目前多为液压式抓斗）直接槽内取土，是地下连续墙施工最常用的方法，具有挖槽能力强、施工高效、造价低等优势，主要适用于标贯值在 50 击以下的土层或单轴抗压强度在 3MPa 以下的极软岩
	冲击钻进成槽	通过冲击钻具往复提落运动，钻具依靠自重反复冲击破碎土层或岩石，再通过捞渣筒或反循环装置进行排渣。一般先钻主孔、后钻副孔，主副孔相连成为一个槽孔。该法施工设备简单、操作方便、成本低，适用于坚硬土层和岩层，但成槽效率低、成槽质量差，目前已很少单独采用
	铣槽机成槽	利用铣轮切削破碎土体并通过泵吸反循环系统排渣，具有地层适应性广、入岩能力强、施工深度大等优势，但产生的泥浆多、设备贵、造价高。主要适用于坚硬地层或岩层，但不适用于存在孤石或较大卵石的地层（此时需配合使用冲击钻进工法或爆破），且黏性土层中易糊铣轮而降低进尺速度
	钻抓结合法成槽	采用旋挖钻机或工程钻机在槽段的两端或中间先施工导向孔（也称引孔，孔径同墙厚、孔深同墙深、孔垂直度偏差 1/300 以内），再利用液压抓斗成槽机成槽，成槽时液压抓斗斗齿伸入已引的两孔内、夹住并取出两孔间的土体。该法属组合工法，既发挥了液压抓斗成槽机的优势，又克服了坚硬土层，一般适用于地墙深度不大且含有坚硬土层的情况
	先抓后铣法成槽	地墙深度较深时，上部软土层采用液压抓斗成槽、下部坚硬土层采用铣槽机成槽；该法属组合工法，发挥了液压抓斗成槽机和铣槽机的各自优势，一般适用于地墙深度较深且含有坚硬土层或岩层的情况

抓斗成槽时，液压抓斗的最大开度一般为 2.4m 左右，可以单抓成槽（即一次抓取一个槽幅）、也可多抓成槽；多抓成槽时一般分主副孔，主孔长度一般为抓斗的最大开度、先施工；副孔长度需小于主孔长度、后施工。抓钻组合施工时，一般需两钻一抓、三钻两抓或四钻三抓。

双轮铣槽机成槽时，两个铣轮张开最大时（称为满刀）铣削头长度为 2.8m，预开挖土体两侧均未开挖时采用满刀；预开挖土体两侧均已开挖时采用闭合刀（闭合刀长度 0.8～1.6m），需使铣轮中心与土体中心吻合，避免由于偏心而使成槽施工时铣轮产生水平偏移。由于铣槽机对预开挖土体的这种特殊要求，单元槽段尺寸划分时有一定要求，一般情况下先行槽段三刀成槽、后行槽段一刀成槽。

6.2 主要施工设备介绍

6.2.1 连续墙抓斗

地下连续墙的施工设备比较多，有多轴钻机、冲击钻机、连续墙抓斗、双轮铣槽机等多种，其中多轴钻机的成槽深度浅、一般较少采用；冲击钻机虽然地层适用性广、造价低，但是其施工效率很低、成槽质量差，目前也已很少单独采用；连续墙抓斗的成槽特点是通过泥浆护壁、利用抓斗直接在槽内取土，在一般地层中的施工效率比较高，是目前国内使用最普遍的地下连续墙成槽设备，而且现阶段此类施工设备的市场保有量也最多。

连续墙抓斗机（图 6-8）主要分为主机和抓斗两大部分，主机一般为履带式底盘，由行走装置、底盘和车架总成、臂架总成、卷扬总成、动力系统、电气系统、配重和驾驶室等组成。抓斗部分，按驱动方式可分为液压式抓斗（液压驱动）和机械式抓斗（如钢丝绳驱动），目前大部分设备都为液压式。

依据纠偏方式的不同，液压式抓斗通常又分为推板式抓斗（通过纠偏装置改变抓斗体与槽壁所成角度保证成槽精度，适用于较硬地层，但纠偏能力较弱且更换斗头的工作量较大）和龙门式抓斗（通过改变内外车体之间所成角度实现纠偏，纠偏能力强、斗头更换方便，但仅适用于较软地层且制造成本高），如图 6-9、图 6-10 所示。

图 6-8　连续墙抓斗机

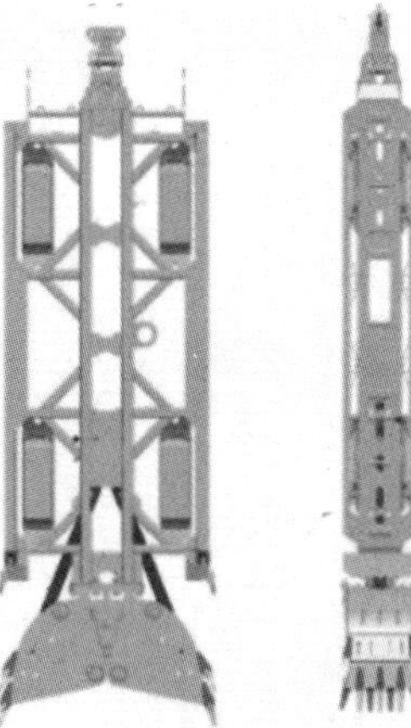

图 6-9　推板式抓斗

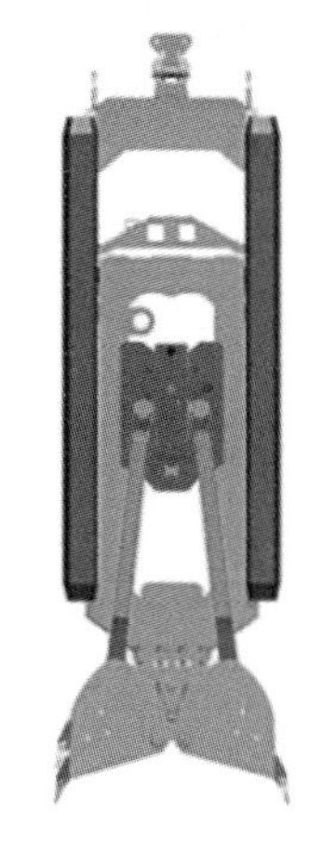

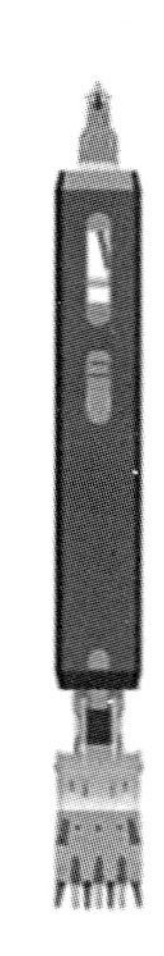

图 6-10　龙门式抓斗

现阶段的连续墙抓斗已实现国产化生产，以市场保有量较多的上海金泰连续墙抓斗为例，不同型号设备的主要参数如表 6-2 所示。

不同型号设备的主要参数　　表 6-2

设备型号	SG50	SG59	SG70	SG90
成槽宽度（m）	0.3～1.2	0.3～1.2	0.8～1.5	0.8～2.5
最大成槽深度（m）	75	75	80	90（标配 80m）
抓斗最大开度（mm）	2400	2400	2400	2400
最大提升力（kN）	500	590	700	700
系统压力（MPa）	33	33	35	35
系统流量（L/min）	2 × 380	2 × 380	2 × 380	2 × 435
功率	柴油动力 266kW	柴油动力 266kW	柴油动力 300kW	柴油动力 380kW

采用连续墙抓斗施工地下连续墙时，除连续墙抓斗机外，还需泥浆制备与循环净化处理池、渣土池、钢筋制作加工场地等，这些设施占用的场地比较大，需要合理规划、布置；此外还需配备挖机、渣土车、履带起重机（履带起重机需根据吊装验算进行选型）、砂石泵（反循环清孔）、泥浆泵（补浆）、锁口管/接头箱及沉拔装置、浇灌架等辅助设备/设施。

6.2.2　双轮铣槽机

连续墙抓斗机在坚硬土层中难以成槽，双轮铣槽机则克服了这个难题，可以说是地下连续墙施工的利器。与连续墙抓斗机相比，双轮铣槽机通过搅轮铣削土体、再利用泵吸反循环或气举反循环浆等方式，将切削土渣排出槽孔至沉淀池，因此会产生较多泥浆。

双轮铣槽机主要由主机和铣刀架（铣头）两大部分组成（图 6-11），其中主机与连续墙抓斗机一样为履带式底盘，铣刀架是双轮铣槽机在地层中切削的执行部件，也是双轮铣槽机最核心的部分；铣刀架是一个带液压系统、软管、泥浆泵和铣轮刀具的钢制框架结构，高达十几米。通过调整两个铣轮的转速进行纠偏，成槽垂直度偏差控制在 3‰以内。铣轮主要有平齿铣轮、锥齿铣轮和球齿铣轮等形式（图 6-12），可根据地层岩石强度进行更换，其中平齿铣轮适用于土层和 30MPa 以下岩层，锥齿铣轮适用于 30～100MPa 的岩层，球齿齿轮适用于 100MPa 以上的硬岩。

图 6-11　双轮铣槽机

(a) 平齿铣轮

(b) 锥齿铣轮

(c) 球齿铣轮

图 6-12　常见铣轮形式

现阶段国内市场占有量较大的是德国宝峨公司生产的 BC 系列双轮铣槽机，近年来金泰、三一、徐工等国内厂家相继开发出双轮铣槽设备。以宝峨铣槽机为例，主要型号设备的参数如表 6-3 所示。

宝峨铣槽机设备的参数　　表 6-3

设备型号		宝峨 BC32	宝峨 BC36	宝峨 BC40
主机型号及功率		MC64 455kW	HS883 605kW	MC96 570kW
铣头	铣头重量（t）	约 32	约 36	约 40
	铣削宽度（mm）	640～1500	640～1800	800～1500
	铣削深度（m）	50	80	100
	单孔铣削长度（mm）	2800	2790	2800

续表

设备型号		宝峨 BC32	宝峨 BC36	宝峨 BC40
主机型号及功率		MC64 455kW	HS883 605kW	MC96 570kW
铣刀进给速度	较软土层中	25～35cm/min	25～35cm/min	25～35cm/min
	较硬土质岩层中	10～15cm/min	10～15cm/min	10～15cm/min
泥浆筛分净化系统	最大泥浆处理能力	$500m^3/h$		
	功率（kW）	55 × 2 + 2 × 6		
	筛网规格	粗 5mm × 5mm/细 0.4mm × 25mm		
泥浆泵	功率（kW）	110	110	110
	流量（m^3/h）	200～500	200～500	200～500
工作重量（t）		—	约 160	约 180

注：双轮铣槽机的最大施工深度取决于配套的主机型号和悬挂系统。

双轮铣槽机施工地下连续墙时，需泥浆制备与循环净化处理池、渣土池、钢筋制作加工场地，这些设施占用的场地比较大，需要合理规划、布置；此外还需配备挖机、泥浆固化、履带起重机（履带起重机需根据吊装验算进行选型）、砂石泵（反循环清孔）、泥浆泵（补浆）、锁口管/接头箱及沉拔装置、浇灌架等辅助设备/设施。

6.2.3　地下连续墙施工设备的选择

地下连续墙施工设备的选择，需要综合地层、深度、岩层强度和场地调节等实际情况，以及施工工期的要求，本着“安全、适用、经济”的原则进行选择。

（1）当墙体深度范围的土层标贯值在 40 以内时，可直接选用连续墙抓斗机。

（2）当墙体深度范围内的土层标贯值大于 40 或墙底进入强风化或岩层强度 10MPa 以下的中风化岩层时，可选用钻抓结合法施工。

（3）墙体深度较大且墙底进入中风化岩层时，可采用先抓后铣组合法进行施工。

（4）地层以砂砾石土层为主、墙体深度不大且墙底进入中风化岩层时，可采用双轮铣槽机施工，并辅以冲击钻机处理较大孤石。

6.3　护壁泥浆的性能与处理

地下连续墙施工也是采用了泥浆护壁工艺，但由于方形槽孔的孔壁稳定性要低于圆形桩孔的孔壁稳定性，因此地下连续墙护壁泥浆的性能要求往往高于钻孔灌注桩。

6.3.1　地下连续墙用泥浆的配制和性能

地下连续墙施工用泥浆需要按土层情况试配，由清水、膨润土（优先采用钠基膨润土）和增粘剂、纯碱等添加剂等按一定比例配制而成，一般情况下泥浆的配制比例如表 6-4 所示。

泥浆的配制比例　　表 6-4

土层类型	膨润土（%）	增粘剂 CMC（%）	纯碱 Na_2CO_3（%）	备注
黏性土	8～10	0～0.02	0～0.50	改善泥浆性能的其他外加剂按需添加
砂土	10～12	0～0.05	0～0.50	改善泥浆性能的其他外加剂按需添加

改善泥浆性能的外加剂详见 5.3.2 节相关内容。遇极松散或颗粒粒径较大的土层、含盐或受化学污染的土层时，应配制专用泥浆。先配制的泥浆应经充分水化，储放时间不应小于 24h；泥浆的储备量一般为日最大成槽方量的 2 倍。

新配制泥浆、循环泥浆和清基后泥浆的指标分别如表 6-5 所示。

泥浆的指标　　表 6-5

泥浆性能		新配制泥浆	循环泥浆	清基后泥浆	检验方法
相对密度		1.03～1.10	1.05～1.25	黏性土 ≤ 1.15 砂土 ≤ 1.20	泥浆相对密度计
黏度	黏性土	19～25s	19～30s	20～30s	漏斗法
	砂土	30～35s	25～40s	—	
胶体率		> 98%	> 98%	—	量杯法
失水率		< 30mL/30min	< 30mL/30min	—	失水量仪
泥皮厚度		< 1mm/30min	1～3mm/30min	—	失水量仪
pH 值		8～9	8～10	—	pH 试纸
含砂率	黏性土	0	< 4%	≤ 7%	洗砂瓶
	砂土	0	< 7%		

注：清基后泥浆检验测试，每幅槽段检测 2 处，取样点距槽底 0.5～1.0m。

6.3.2 泥浆的净化与处置

详见第 5 章第 5.3.3、5.3.4 节相关内容，地下连续墙施工期间的泥浆配制、净化处理（通常采用振动筛和旋流器）和废浆处置的工艺流程如图 6-13 所示。

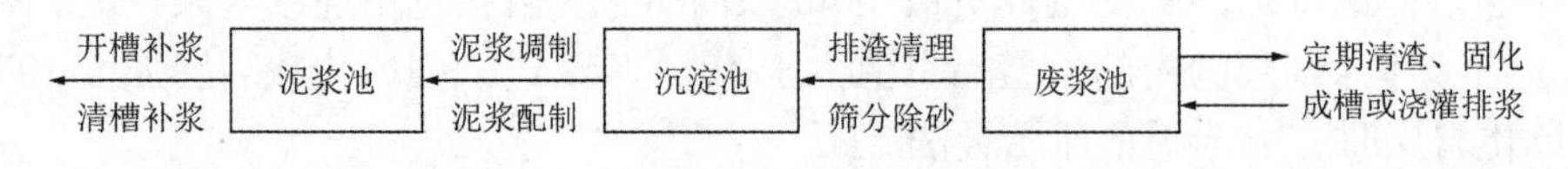

图 6-13　泥浆配制、净化循环和处置流程

6.4 主要施工流程和注意事项

6.4.1 主要施工流程

地下连续墙的主要施工流程包括施工准备、浇筑导墙、分槽段成槽、验槽清底、插接头管（箱）、下钢筋笼、下导管/清槽、水下浇灌混凝土、拔接头管（箱）等环节工序，如图 6-14 所示。

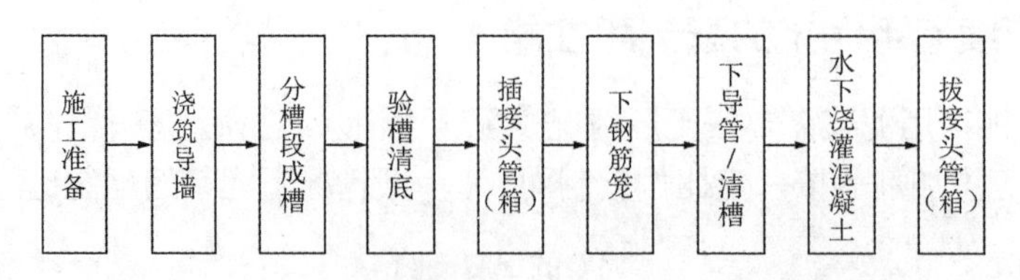

图 6-14　地下连续墙主要施工流程示意图

1. 施工准备

（1）技术准备。主要包括：熟悉设计图纸、地勘报告和现场条件，选择合适的成槽工艺

和施工设备，槽段分幅及编号、确定槽幅施工顺序，履带起重机选型与吊装验算，布置场地、拟定施工部署，编报专项施工方案；认真阅图、做好图纸会审，核算工程量、编制材料需求计划，组织对施工人员进行技术安全交底，做好开工前的相关技术资料准备工作等。

（2）生产准备。主要包括：平整场地、布置并搭建现场临时生活设施和生产设施，修筑现场施工道路、作业场地硬化，现场临水、临电布置等；组织设备、人员进场，对施工队伍进行作业交底，办理施工有关手续；组织桩工设备的拼装、检查和验收，确保设备性能满足正常施工需要等。

涉及槽壁加固的，需先组织完成槽壁加固作业或槽壁加固施工进度满足导墙施工的要求。

（3）材料准备。落实材料供应单位，按施工进度计划组织材料进场；材料的规格、型号与质量等均符合设计要求和施工规范的规定，并有出厂合格证，涉及取样送检的原材料已复试合格。

（4）机具准备。主要包括：成槽设备的选择和工艺试成槽，钢筋焊接工艺的选择与焊接设备，泥浆制备、净化与废浆的处理设备，全站仪、经纬仪、水准仪、卷尺、游标卡尺、测绳等测量设备，泥浆性能检验器具等。

（5）工艺试成槽。相关准备完成后，报经同意后可进行工艺试成槽，详细记录工艺试槽的施工数据，核对和地质报告的符合情况，验证工艺效果，编制工艺试成桩报告，报由监理、设计、勘察、建设等相关参加单位审核确认，作为后期施工的依据之一。

2. 浇筑导墙

导墙对地下连续墙施工有很大作用，因此应将导墙作为重点工序进行控制。

（1）导墙的作用与形式。地下连续墙施工前浇筑的导墙，主要起到定位导向（控制地下连续墙施工精度）、作为施工期间的重物支撑平台、稳定泥浆液面并减少液面变化对地表杂填土层的冲刷、文明施工等作用。地下连续墙导墙可以采用现浇钢筋混凝土结构、钢制装配式结构或预制钢筋混凝土结构等形式，目前普遍采用的是现浇钢筋混凝土结构，如图 6-15、图 6-16 所示。

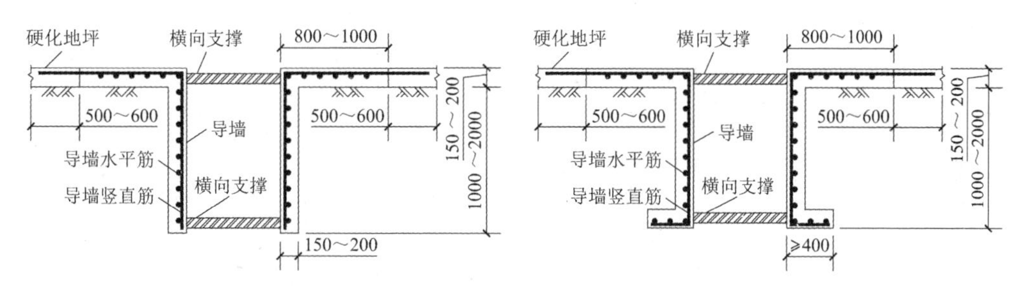

图 6-15　倒 L 形导墙示意图　　　　图 6-16　C 形导墙示意图

（2）导墙的构造。导墙应依据设计图纸进行施工，当设计无明确要求时，应采用现浇混凝土结构，且混凝土强度等级不低于 C20、厚度不小于 200mm、配筋不小于ϕ12@200；导墙高度不小于 1.2m、内侧面垂直、净距比连续墙厚度宽 30～50mm、顶面应高于地面 100mm 且高于地下水位 0.5m 以上、底端需进入原状土 200mm 以上；导墙外侧需回填的，应采用黏性土填实。

（3）导墙的施工（图 6-17、图 6-18）。导墙的施工顺序为：平整场地→测量放样→挖槽→钢筋绑扎→立模板→浇筑混凝土→养护→设置横向支撑。导墙施工前，涉及槽壁加固的（当遇松软易塌或暗浜等不良地质，或周边环境复杂时，需采用三轴搅拌桩或渠式切割水泥土连续墙进行槽壁加固，以提高槽壁稳定性），连续墙槽壁加固应施工完毕。

图 6-17　施工 L 形导墙

图 6-18　施工倒 L 形导墙

导墙混凝土应对称浇筑，达到设计强度的 70%后方可拆模，拆模后的导墙应加设对撑或采用黏土填实；导墙浇筑完毕、每幅槽段施工前，需将槽段分幅线、钢筋笼控制边线、铣槽边线放样（如涉及时）等用彩色油漆做好标记，用作地下连续墙施工的控制依据之一。

3. 单元槽段的成槽

成槽作业前，应确保作业场地、设备工况、泥浆储量等满足正常作业的要求，设备就位对中后，按照事先划分的单元槽段和施工顺序进行成槽施工作业。

采用连续墙抓斗机成槽时，一般多采用三抓成槽法，即先抓两侧土体、后抓中心土体，如此反复开挖直至设计槽底标高为止，如图 6-19 所示。成槽掘进期间，需密切关注垂直度偏差情况，及时纠偏（偏移量过大时应立即停止施工。当成槽设备无自动纠偏装置时，需确保主钢丝绳与槽段的中心重合，并采用经纬仪双向监控钢丝绳垂直度），做到稳、准、轻放、慢提，同时不断向槽内注入泥浆，保持浆面稳定在导墙顶面以下 0.2m 左右（且高出地下水位 0.5m 以上，地下水位较高时需提高导墙顶面）。

采用先抓后铣法成槽时，连续墙抓斗机三抓至控制标高后，换成双轮铣槽机按图 6-20 施工至设计墙底标高；采用钻抓组合法成槽时，需先行钻孔至设计墙底标高后再按图 6-19 所示进行三抓成槽。

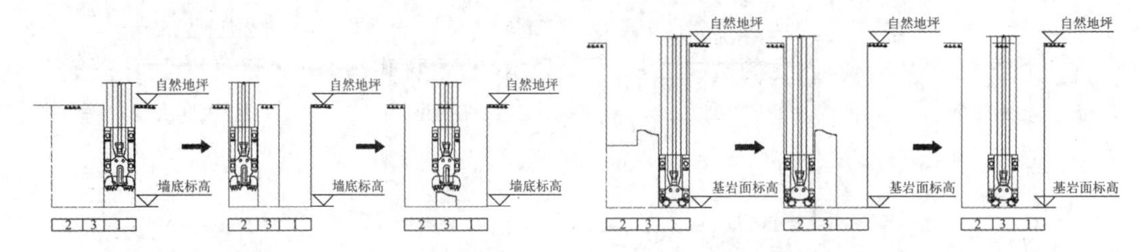

图 6-19　连续墙抓斗三抓成槽示意图　　图 6-20　双轮铣槽机三刀成槽示意图

成槽作业期间，泥浆性能和泥浆液面高低对槽壁稳定有很大影响，而护壁稳定性则是确保成槽施工质量和正常施工的前提条件，因此单元槽段成槽过程中抽检泥浆指标不应少于 2 处且每处不应少于 3 次（2 处应分在不同的两抓，当只有一抓时，只需测 1 处即可；每处应自成槽开挖到三分之一深度开始到槽底均匀分布检测）。

对于异形槽段，为了保证槽壁不塌方，往往后行槽段（即闭合槽段）在相邻槽段浇筑完成后再进行施工。同时为了确保异形槽段的槽壁稳定，可采取增加泥浆相对密度、槽外降水等措施。

4. 验槽和清底换浆

单元槽段挖至设计桩底标高或达到设计要求的入岩深度后，报请监理工程师进行验槽，验槽时应采用超声波检测成槽质量（主要检测垂直度、墙深、墙厚、沉渣厚度及局部塌孔情况，验证成槽质量并为后续泥浆性能的优化调配和施工垂直度的控制等提供参考）。

验槽合格后应及时进行清槽，清槽的目的是把槽内不合格泥浆置换成合格泥浆、清除槽底沉渣和接头部位淤泥、降低二次清孔难度等。验槽合格后，对于槽底沉渣，可采用成槽作业用的抓斗直接挖除，再采用泥浆置换法对细小土渣进行清底换浆，具体可采用泵吸反循环、气举反循环或潜水泥浆泵排泥换浆法等，直至符合“清基后泥浆”的性能指标要求。

对于后行幅段（即闭合槽段），应在成槽完成后、清底前，对相邻槽段已浇混凝土端面进行刷壁清理（刷壁次数一般不少于 10 次，且刷壁器上无泥后方可清底换浆），以保证槽段之间紧密结合、形成一个整体；若刷壁清理不到位，将直接影响接头部位的墙体质量，开挖期间易发生接头部位渗水、漏水甚至涌水涌砂等现象，影响基坑安全。

5. 插接头管（箱）

当槽段接头部位采用接头管（圆形或半圆形锁口管、带榫接头管、波形接头管）或接头箱（十字钢板接头箱）构造时，先行槽幅需在清底后、下钢筋笼前，先插入接头管（箱）。

接头管（箱）及连接件需具有足够的强度和刚度，确保在混凝土侧压力和顶拔力作用下不产生变形。接头管（箱）进场后、首次使用前，应在现场进行组装试验。接头管（箱）的吊装应垂直缓慢下放，严格控制垂直度（偏差不超过 1/300），下端插入槽底，上端应高出导墙顶 1.5～2.0m，接头管（箱）垂直度符合要求后，背后应填实，以防混凝土绕流。

6. 下钢筋笼

槽段钢筋笼一般均在施工现场铺设制作平台、依据设计图纸整笼制作，应在成槽结束时加工制作完成并通过验收。钢筋笼加工制作需要把好六道工序验收关，即：钢筋加工半成品验收（如切割断料、弯曲、套丝等）、下排钢筋验收（如钢筋间距、接头错开比例、接头连接等）、桁架验收（如吊装桁架、桁架剪刀撑、浇筑仓构造等）、上排钢筋验收（如钢筋间距、接头错开比例、接头连接等）、预埋件和附件验收（如封口筋、保护层铁片、接头工字钢、止浆铁皮、注浆管、声测管、与主体结构连接的预埋件等）、钢筋笼整体验收，如图 6-21 所示。只有上道工序通过验收时，才可以进入下道工序，否则钢筋笼的返工整改难度很大。

(a) 底排钢筋网片铺设

(b) 安装横向桁架

(c) 安装纵向桁架

(d) 底排钢筋和桁架检查

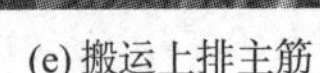

(e) 搬运上排主筋

(f) 搬运钢筋网片焊接

(g) 吊点焊接，钢筋笼制作完成

(h) 钢筋笼验收

图 6-21 槽段钢筋笼的加工制作与验收

钢筋笼起吊前，应结合钢筋笼整体吊装方案检测起重设备工况、吊具、钢筋笼吊点及其加固情况（如纵横向钢筋桁架、外侧钢筋剪刀撑、笼口上部钢筋剪刀撑、吊点加固筋等），确定钢筋笼吊放标高的吊筋，以确保吊放过程中钢筋笼的整体稳定性，防止产生不可恢复的变形。

采用 2 台起重设备抬吊时，要注意荷载的分配，每台起重设备分配的负荷不允许大于该机允许负荷的 80%。钢筋笼起吊前，检查吊车回转半径 1m 范围内无障碍物后，方可进行试吊。试吊时一般采用平吊，钢筋笼距地面 0.3m 时，悬空停留 5～10min，检验钢筋笼及吊点的焊接质量。试吊无异常后，主吊在原位缓慢起钩、副吊随着钢筋笼竖起程度而缓慢前移（确保副吊滑轮重心与吊钩在同一垂线上）。待完全竖立、副吊摘钩后，主吊再移至槽孔，对准孔位后缓缓下放至槽底（图 6-22）。对于异形槽段，钢筋笼起吊前应对转角处进行加强处理，并随入槽过程逐渐割除。

(a) 钢筋笼试吊

(b) 钢筋笼竖立

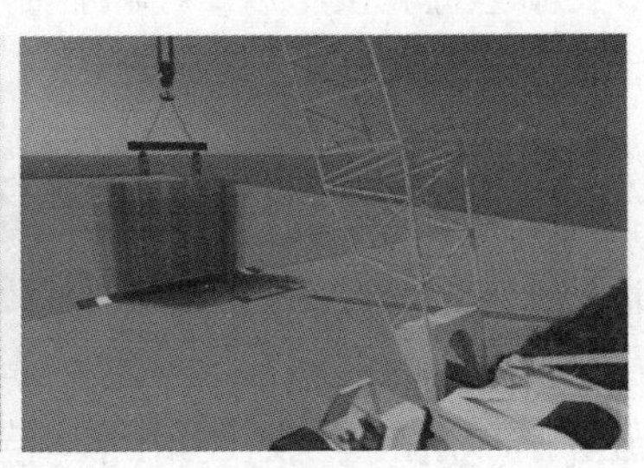

(c) 钢筋笼入槽

图 6-22 钢筋笼起吊和入槽

7. 下导管、浇筑混凝土

钢筋笼下放至槽底后，笼顶标高复核无误后固定于导墙上（当地墙与主体结构相连接时，为确保预埋件位置准确，需严格控制笼顶标高），即可从浇筑仓处下导管、架设混凝土浇灌架。进场时、导管使用前，需进行水密性试验，水密性试验时导管可接长至 30m 一段，采用四级增压水泵加压至 1.5MPa 并保压 15min。导管管节连接需密封、牢固，导管下至槽底后、浇筑前，需重测槽底沉渣厚度和泥浆性能，如不符合要求，应清底换浆。槽底沉渣和清基后泥浆性能达到要求后，应立即进行浇灌（间隔时间不得超过 4h），主要要求如下：

（1）导管与浇灌架数量，需与浇筑仓数量一致。多个浇筑仓时，导管水平布置距离不应大于 3m、导管距槽段两侧端部也不应大于 1.5m，导管下端距离槽底 300～500mm，导管设隔水栓。

（2）水下混凝土的初凝时间需满足浇筑要求并具有良好的和易性，坍落度180～220mm，浇筑过程中不得加水稀释。

（3）初灌量符合要求，多个浇筑仓时需同时初灌放料、同时连续浇灌（中间间隔时间控制在30min以内），槽内混凝土面的上升速度不小于3m/h，但也不应大于10m/h。

（4）浇筑过程中，需勤测混凝土面标高，并确保导管埋置深度控制在2～6m，相邻两导管内混凝土高差应控制在0.5m以内，导管应随拆随清洗干净，以便下次使用。

（5）混凝土浇筑面一般需高出设计标高300～500mm，确保凿去浮浆后的墙顶标高和墙体混凝土强度满足设计要求。

8. 拔接头管（箱）

接头管（箱）在混凝土灌注初凝后即应上下活动，每15min活动一次，逐节顶拔，并需在混凝土终凝前全部拔出；接头管（箱）起拔时，应垂直、匀速、缓慢、连续，不应损坏接头处的混凝土，起拔后应及时清洗干净。

6.4.2 注意事项

1. 槽壁加固

当遇松软易塌或暗浜等不良地质，或地下水位较高，或周边环境复杂时，需在导墙施工前采用水泥搅拌桩（墙）进行槽壁加固，以提高槽壁稳定性。槽壁加固时需注意如下几点：

（1）需采用垂直度有保障的加固工艺，如三轴搅拌桩、渠式切割水泥土连续墙等并严格控制施工垂直度。若槽壁加固深度较大，且采用三轴搅拌桩进行槽壁加固时，应采用套打一孔的工艺；周边环境复杂或周边环境保护要求较高时，外槽壁加固应优先采用渠式切割水泥土连续墙。

（2）需严格内外槽壁之间的净距。内外槽壁之间的净距通常为地下连续墙厚度+100mm（加固深度较大时可适当增加），净距太小则容易因槽壁加固的垂直度偏差而影响连续墙抓斗的正常作业，净距太大则容易增加混凝土的浇灌方量。

2. 槽壁坍塌的预防措施

地下连续墙的施工主要利用了泥浆护壁原理，泥浆护壁不稳时很容易造成槽壁坍塌，槽壁坍塌不仅打断的正常施工节奏、降低了地墙施工质量，甚至会对周边环境产生不利影响或引发重大安全事故，为此需在施工时结合水文地质等实际情况，从改善泥浆性能、稳定或提高泥浆液面标高、减少地面堆载、采用槽壁加固等方面认真落实相关措施：

（1）当地下水位较高时，应提高导墙顶面标高或采用槽壁加固。

（2）当地下水位较高或流塑地层埋深较浅时，施工场地的场地硬化需适当加强（如提高配筋率），确保施工荷载能够有效分散；同时施工期间，需严控地面荷载，减少附加荷载对槽壁的影响。

（3）当存在松软易塌或暗浜等不良地质，或地下水位较高，或周边环境复杂时，应采用槽壁加固。

（4）导墙底部需穿透地表杂填土层、底端需进入原状土200mm以上。

（5）施工期间，及时添加外加剂改善泥浆性能、稳定泥浆液面标高。

（6）施工期间如遇地下水位上升可采取槽外降水措施稳定槽壁，或对施工槽段采取临时围堰、提高槽内泥浆液面的措施。

3. 超声波检测成槽质量

现阶段，超声波检测成槽质量已成为连续墙施工质量过程控制的一个重要手段，它可以检测成槽垂直度、墙深、墙厚、局部塌孔甚至沉淀厚度等情况，其结果不仅仅用于验证成槽质量，更利于通过查明成槽质量缺陷问题，为后续施工参数（包括设备操作、泥浆性能优化调配）调整指明方向。

超声波检测成槽质量时，仪器架设需保持探头位于槽的中心，并选择合适的检测半径，以降低碰触槽壁的概率、降低检测盲区造成的检测结果失真。探头下放过程中，如碰触到槽壁，可依据探头下放深度判断最大的垂直度偏移量，然后收起探头，按最大偏移量反向平移后进行第 2 次测量，综合两次测量情况进行分析判断，避免误判。

4. 空槽段填充

地下连续墙施工时，经常会遇到墙顶不到地面而存在空槽段的情况。空槽段往往成为连续墙施工的重大隐患部位，一是空槽段不填充则容易造成槽壁失稳，发生坍塌等安全事故；二是填充料会增大闭合槽段的施工难度，这两个问题都需要予以充分的重视。

对于先行槽段，在混凝土浇筑完毕后采用低强度等级混凝土或水泥砂浆填充至导墙底端；对于后行槽段（即闭合槽段），可在混凝土浇筑完毕并初凝后采用涂料进行填充。空槽段填充时，需做好注浆管和声测管的保护工作，避免不均匀填充造成的不利影响。

5. 墙底注浆

注浆管应在制笼时按设计要求进行安装、布置。一般而言，单幅槽段注浆管数量不应少于 2 根，槽段长度大于 6m 宜增设注浆管，注浆管下端应伸至槽底 200～500mm，槽底持力层为碎石、基岩时，注浆管下端宜做成 T 形并与槽底齐平。注浆管一般采用钢管、丝扣连接，并确保接头部位密闭；注浆管下端的注浆器需采用单向阀，并能承受不小于 2MPa 的静水压力。

槽段混凝土浇筑并初凝后（终凝前），需用高压水劈通压浆管路，但要在墙体混凝土达到设计强度后方可进行墙底注浆。当注浆总量达到设计要求，或注浆量达到 80%以上且注浆压力达到 2MPa 时可终止注浆。

6.5 质量检验标准及主要质量通病的防治

6.5.1 地下连续墙施工质量检验标准

依据国家标准《建筑工程施工质量验收统一标准》GB 50300—2013 和《建筑地基基础工程施工质量验收标准》GB 50202—2018 等，地下连续墙的施工质量可按泥浆性能检验批（01040601）、钢筋笼制作与安装检验批（01040602）、地下连续墙成槽与墙体检验批（01040603）进行检查验收，相关的质量检验标准如表 6-6～表 6-8 所示。

泥浆护壁成孔灌注桩质量检验标准　　表 6-6

项目	序号	检查项目			性能指标	检查方法
一般项目	1	新拌制泥浆	相对密度		1.03～1.10	泥浆相对密度计
			黏度	黏性土	20～25s	黏度计
				砂土	25～35s	

续表

项目	序号	检查项目				性能指标	检查方法
一般项目	2	循环泥浆		相对密度		1.05～1.25	泥浆相对密度计
				黏度	黏性土	20～30s	黏度计
					砂土	30～40s	
	3	清基（槽）后的泥浆	现浇地下连续墙	相对密度	黏性土	1.10～1.15	泥浆相对密度计
					砂土	1.10～1.20	
				黏度		20～30s	黏度计
				含砂率		≤ 7%	洗砂瓶
	4		预制地下连续墙	相对密度		1.10～1.20	泥浆相对密度计
				黏度		20～30s	黏度计
				pH 值		7～9	pH 试纸

钢筋笼制作与安装质量检验标准　　表 6-7

项目	序号	检查项目		允许值或允许偏差		检查方法
				单位	数值	
主控项目	1	钢筋笼长度		mm	±100	用钢尺量，每片钢筋网检查上中下 3 处
	2	钢筋笼宽度		mm	－20～0	
	3	钢筋笼安装标高	临时结构	mm	±20	
			永久结构	mm	±15	
	4	主筋间距		mm	±10	任取一断面，连续量取间距，取平均值作为一个点，每片钢筋网测 4 点
一般项目	1	分布筋间距		mm	±20	
	2	预埋件及槽底注浆管中心位置	临时结构	mm	≤ 10	用钢尺量
			永久结构	mm	≤ 5	
	3	预埋钢筋和接驳器中心位置	临时结构	mm	≤ 10	用钢尺量
			永久结构	mm	≤ 5	
	4	钢筋笼制作平台平整度		mm	±20	用钢尺量

地下连续墙成槽及墙体质量检验标准　　表 6-8

项目	序号	检查项目		允许值或允许偏差		检查方法
				单位	数值	
主控项目	1	墙体强度		不小于设计值		28d 试块强度或钻芯法
	2	槽壁垂直度	临时结构	≤ 1/200		20%超声波，2 点/幅
			永久结构	≤ 1/300		100%超声波，2 点/幅
	3	槽段深度		不小于设计值		测绳 2 点/幅
一般项目	1	导墙尺寸	宽度（设计墙厚＋40mm）	mm	±10	用钢尺量
			垂直度	≤ 1/500		用线锤测
			导墙顶面平整度	mm	±5	用钢尺量
			导墙平面定位	mm	≤ 10	用钢尺量
			导墙顶标高	mm	±20	水准测量
	2	槽段宽度	临时结构	不小于设计值		20%超声波，2 点/幅

续表

项目	序号	检查项目		允许值或允许偏差		检查方法
				单位	数值	
一般项目	2	槽段宽度	永久结构	不小于设计值		100%超声波，2点/幅
	3	槽段位	临时结构	mm	≤50	钢尺，1点/幅
			永久结构	mm	≤30	
	4	沉渣厚度	临时结构	mm	≤150	100%测绳，2点/幅
			永久结构	mm	≤100	
	5	混凝土坍落度		mm	180～220	坍落度仪
	6	地下连续墙表面平整度	临时结构	mm	±150	用钢尺量
			永久结构	mm	±100	
			预制地下连续墙	mm	±20	
	7	预制墙顶标高		mm	±10	水准测量
	8	预制墙体中心位移		mm	≤10	用钢尺量
	9	永久结构的渗漏水		无渗漏、线流，且≤0.1L/（m^2·d）		现场检验

6.5.2 地下连续墙的主要质量通病与防治

地下连续墙施工过程中常见的质量通病、异常情况及相应的防治措施归纳如表6-9所示。

常见的质量通病、异常情况及相应的防治措施 **表6-9**

质量通病	产生原因	防治措施
导墙变形或破坏	①导墙的强度和刚度不足； ②导墙拆模后未设支撑； ③槽壁坍塌或受到冲刷； ④作用在导墙上的荷载过大	①结合水文地质情况选择合适的导墙形式，导墙底端需进入原状土，施工时保证导墙厚度、规范配筋； ②导墙拆模后要及时设支撑或回填黏土； ③采取相关措施防止槽壁坍塌、空槽及时填充； ④设置钢板等分散施工荷载、减少集中荷载
槽壁坍塌	①单元槽段过长； ②遇软弱或流塑等不良地层； ③地面附加荷载过大； ④泥浆相对密度不够、护壁失稳； ⑤泥浆液面不稳或漏浆； ⑥地下水位较高； ⑦成槽后间隔时间太长	①合理划分单元槽段； ②熟悉水文地质情况，提前采取如槽壁加固等技术措施； ③采取配筋硬化、铺设钢板等措施分散施工荷载； ④添加外加剂改善泥浆性能、提高泥浆相对密度； ⑤成槽作业时或发生漏浆时及时补浆，维持液面稳定； ⑥抬高导墙顶面标高或临时围堰并提高泥浆液面标高，或槽外降水； ⑦科学组织、统筹安排，缩短成槽至浇灌的时间间隔
槽段偏斜	①成槽设备无纠偏装置； ②未按仪表显示进行纠偏； ③入槽时抓斗摆动、偏离方向； ④成槽中遇软硬不均地层； ⑤挖槽顺序不当	①成槽设备应带纠偏装置，并在使用前进行校准； ②仪表显示偏斜时，应及时进行纠偏； ③设备就位时，主钢丝绳中心与槽中心应在同一垂线上；抓斗入槽时，不可摆动； ④遇软硬不均地层时，低速成槽； ⑤三抓成槽时，需合理安排挖槽顺序
钢筋笼质量通病	①制作平台平整度偏差大； ②钢筋下料尺寸偏差大； ③钢筋间距大或不均匀； ④钢筋连接不符合要求； ⑤桁架筋安装不规范、不牢靠； ⑥吊点加固不牢靠；	①采用槽钢架设制作平台，并拉通线校验制作平台平整度； ②按设计图纸进行下料、弯曲，按规范进行套丝加工； ③主筋和分布筋需均匀布置且间距偏差不超过验收要求，同一截面的接头数量不超过50%且相邻接头距离≥35d； ④套筒连接时采用扭矩扳手检查，严控焊接接头的搭接长度和焊缝质量，钢筋接头见证取样送检等；

续表

质量通病	产生原因	防治措施
钢筋笼质量通病	⑦措施筋设置不到位； ⑧预埋件预埋偏差大或不牢固	⑤按图纸安装桁架筋，并结合吊装要求对桁架筋进行加强，确保钢筋笼吊装时不发生不可恢复变形； ⑥依据吊装方案布置吊点并加固，确保满足吊装要求； ⑦按图纸安装措施筋并固定牢靠； ⑧严控预埋件尺寸定位和预埋安装质量
钢筋笼起吊变形、散架	①钢筋笼制作质量差； ②吊点布置不合理或不牢固； ③未试吊观察和补强加固	①对钢筋笼制作质量实行工序验收制度、严把工序验收关； ②合理设置吊点并加固，确保笼重分布均匀； ③起吊前试吊并观察吊点和钢筋笼变化，及时加固补强
钢筋笼入槽困难	①槽壁凸凹不平或扭曲； ②钢筋笼尺寸不准； ③起吊时钢筋笼发生变形	①采取有效措施预防槽段偏斜或扭曲，严控垂直度，垂直度纠偏要及时、不可累计偏移量较大时再纠偏； ②严控钢筋笼制作尺寸、底笼端部应适当内收； ③合理设置吊点、避免起吊时发生不可恢复变形
浇灌夹泥、漏筋	①初灌量不足； ②导管底距槽底间距过大； ③单管浇灌面积过大，部分角落浇筑不到、被泥渣填充； ④导管埋入深度不足； ⑤提管过度导致泥渣被包裹； ⑥导管接头不严密导致泥浆渗入导管内； ⑦浇筑不连续、间隔时间长； ⑧浇筑时出现局部塌缩	①根据槽段截面尺寸核算初灌量，初灌放料时连续补料； ②导管底距槽段的间距应控制在 300～500mm； ③导管间距不得大于 3m、距槽壁不大于 1.5m；确保混凝土和易性良好、坍落度符合要求； ④浇筑过程中，导管埋入混凝土的深度不少于 2m； ⑤提管时需测混凝土面标高，确保最少埋管深度； ⑥导管使用前应做水密性试验，导管拼接严密、不渗浆； ⑦浇筑应连续，避免间隔过长而使混凝土丧失流动性； ⑧清底换浆后的泥浆指标要符合要求且泥浆相对密度不宜过小，以提高槽壁稳定性/降低槽壁塌缩风险；工序间安排紧凑，缩短时间间隔，浇筑过程要连续、可控
接头管（箱）拔不出	①接头管（箱）弯曲变形； ②接头管（箱）安装不直； ③千斤顶能力不足或不同步； ④接头管（箱）表面耳槽漏盖； ⑤顶拔时机未把握好	①接头管（箱）制作精度应控制在 1/1000 以内； ②接头管（箱）安装必须顺直且垂直插入； ③拔管（箱）装置的顶升力应大于 1.5 倍的摩阻力； ④下管（箱）时，管（箱）表面耳槽全盖实、不遗漏； ⑤在混凝土初凝后开始预拔活动管（箱），此后每 15min 活动一次，并于混凝土终凝前全部拔出
混凝土绕流	①接头管（箱）外侧填充不密实； ②导墙底端未进入原状土层； ③止浆铁皮固定不牢固； ④接头部位出现局部坍塌	①选用可靠的槽段接头形式，接头管（箱）插入垂直度符合要求且外侧填充密实； ②导墙底端需穿透杂填层、进入原装土层，以避免成槽作业时泥浆液面上下浮动冲刷掉杂填土层； ③接头部位的止浆铁皮需与接头处型钢贴紧焊牢； ④改善泥浆性能，提高止浆铁皮的止浆效果
槽段接头渗漏水	①闭合槽幅清底换浆前的接头端面清刷不到位； ②先行槽幅浇筑时出现绕流	①闭合槽幅清底换浆前，需采用刮泥器将先行槽段已浇筑混凝土的端面冲刷干净； ②先行槽幅浇筑时采取有效措施防止绕流

6.6 典型工程案例

6.6.1 案例一（地下水位高引起的槽壁塌孔）

青岛市上合示范区某轨道交通线湘江路站—长江路站区间明挖段基坑，开挖深度 26.5～32.7m，采用 1200mm 厚地下连续墙 + 内支撑的支护形式，如图 6-23 所示。

该明挖段基坑的地下室连续墙施工时，施工单位结合现场实际情况，将场地平整标高降低了 1.2～1.4m，然后再浇筑导墙、硬化作业场地，如图 6-24 所示。2022 年 5 月份开始试成槽、施工地下连续墙，同年 7 月至 8 月份地下室连续墙施工出现了槽壁护壁不牢、局部塌孔等问题。

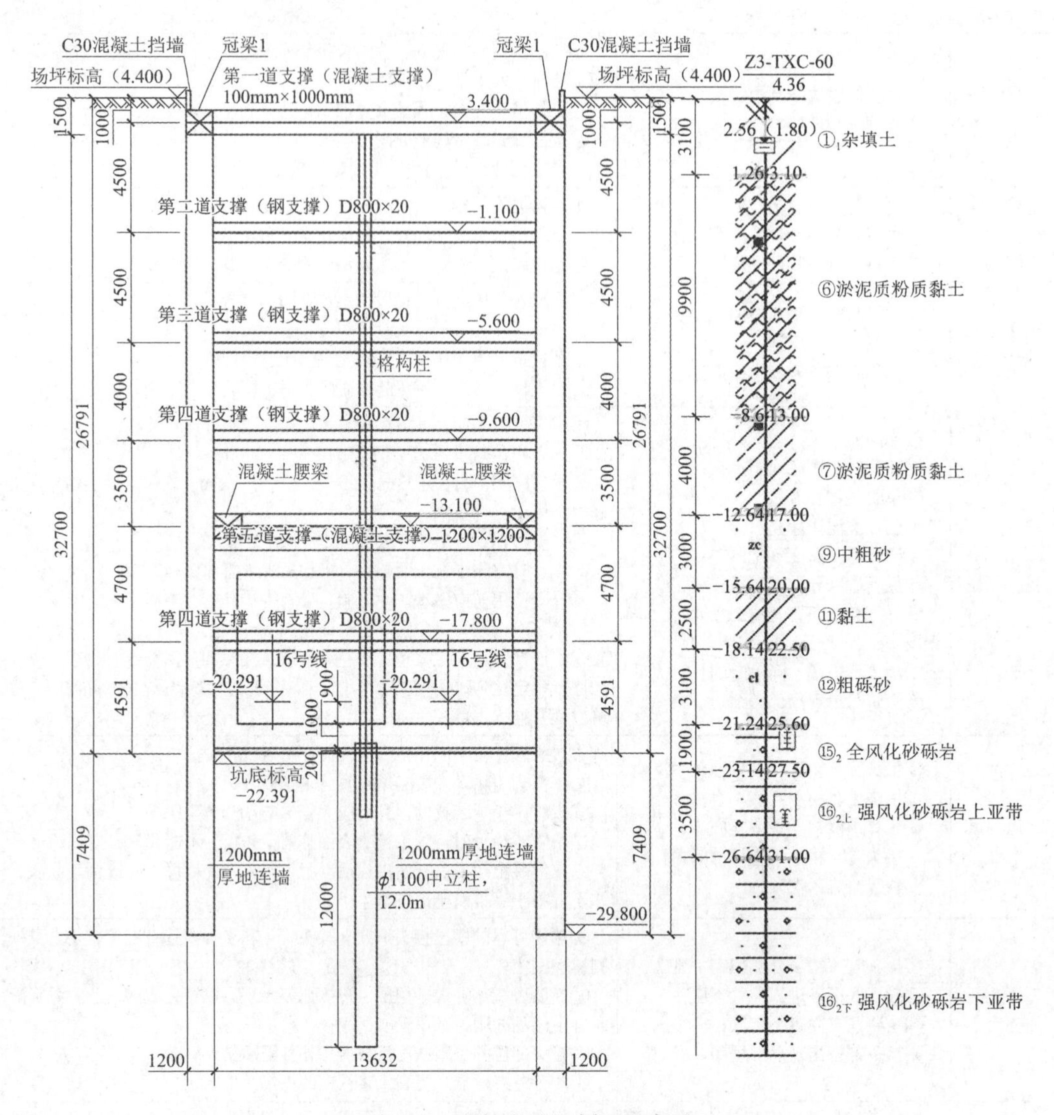

图 6-23 明挖段基坑剖面示意图

图 6-24 现场施工场地降低情况

后经查实，7 月至 8 月份地下连续墙施工所存在的护壁不牢、局部塌孔等问题，主要是因为该期间雨水较多，导致槽壁外的地下水水位高于或接近槽内的泥浆液面，造成槽壁不稳。后经商定采取降低地下水位、调整护壁泥浆性能等措施，塌孔现象得到较大程度的改善。

通过本案例可知：①地墙施工场地地坪标高不可随意降低，要保证导墙面标高高于地下水位，且两者高差越大，后期施工时的泥浆护壁效果越好；②当地下水水位较高时，可采取必要的降水措施。

6.6.2　案例二

杭州某地下蓄车楼项目基坑，位于待建的 6 条地铁盾构隧道上方，两层地下室，开挖深度 10～12m，垂直于盾构线一侧的竖向围护结构采用 600mm 厚地下连续墙、两侧采用三轴搅拌桩进行槽壁加固。实际施工过程中发现，毗邻竖向围护结构的工程桩与内槽壁加固部分重叠，造成后续工程桩难以施工。针对这种情况，比较合理的处理方法是在相应工程桩位处补打一副三轴搅拌桩，使工程桩全截面位于加固土体范围内，如图 6-25 所示。

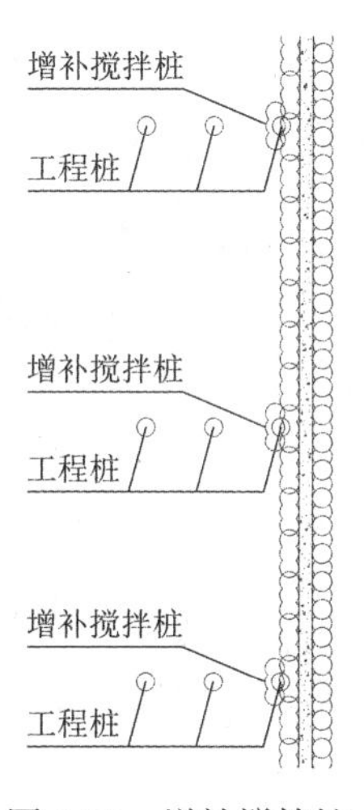

图 6-25　增补搅拌桩

第 7 章　组合钢板桩墙

7.1　概述

随着《热轧钢板桩》GB/T 20933—2021 颁布实施，钢板桩墙因其施工速度快、可回收利用等优势，在桥梁围堰、沟槽支护和浅基坑工程中的应用得到了迅猛发展。近年来，国内组合钢板桩墙技术得到快速发展，相继出现了各种形式的组合钢板桩墙。组合钢板桩墙继承了钢板桩墙施工速度快、可回收利用的优势，同时克服了截面刚度小的问题，尤其适用于 1～2 层地下室且周边环境保护要求不高的基坑工程。

7.1.1　钢板桩主要类型

钢板桩是一种带有锁口的型钢，国内市场中其截面多为直线型（产品代号为 PI）、U 型（产品代号为 PU）或 Z 型（产品代号为 PZ）等，有各种尺寸及连锁形式，如图 7-1 所示，其中以 U 型钢板桩最为常见（又称为拉森钢板桩）。钢板桩之间通过锁口连接而成的连续墙体，一般称为钢板桩墙，它具有挡土、止水的作用并可重复使用，非常适合围堰和沟槽支护。

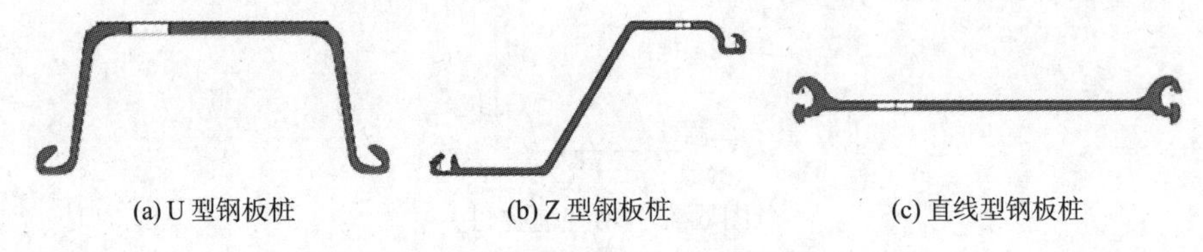

(a) U 型钢板桩　　(b) Z 型钢板桩　　(c) 直线型钢板桩

图 7-1　钢板桩截面类型与锁口形式

按生产工艺的不同，可分为冷弯钢板桩和热轧钢板桩两种类型。冷弯钢板桩是采用钢带经过连续幅弯变形（包括锁口）而成，包括非咬口型冷弯钢板桩（俗称沟道板）和咬口型冷弯钢板桩（截面可分为 L 型、S 型、U 型、Z 型），其特点是产品定尺灵活，但桩体各部位的厚度相同，截面尺寸无法优化，锁口部位往往卡扣不严（止水效果差）等。

热轧钢板桩则是钢坯加热后经高温轧制而成，主要有 U 型、Z 型、AS 型、H 型等截面类型（Z 型和 AS 型钢板桩的生产、加工及安装工艺较为复杂，主要在欧美应用较多，国内则主要为 U 型钢板桩），其特点是截面尺寸合理、尺寸精度高、锁口咬合严密，但规格系列不灵活、生产成本较高。目前国内建设工程领域中的钢板桩以热轧钢板桩居多。

7.1.2　组合钢板桩墙的形式与特点

钢板桩墙用于临时支护具有施工速度快、绿色节材、可回收重复利用、造价经济等优点，但无论U型、Z型还是直线型，都存在着截面刚度小的不足，因此在工程建设中的应用受到限制。为解决这个问题，组合钢板桩墙技术应运而生。组合钢板桩墙，实质上就是将传统的钢板桩与钢管、H 型钢等材料结合起来，通过锁口将长而重的主桩（钢管桩或 H 型钢桩）与短而轻的辅桩（钢板桩）交替设置在一起，形成连续的挡土墙，其中辅桩挡土止水、主桩承受侧压力。

现阶段国内组合钢板桩墙的名称多种多样（图 7-2），如 HZ 组合钢板桩墙（H 型钢与 Z 型钢板桩组合）、PZ 组合钢板桩墙(钢管桩与 Z 型钢板桩组合）、HSW 组合钢板桩墙（H 型钢与帽型钢板桩的组合）、HUW 组合钢板桩墙（H 型钢与 6 号 U 型钢板桩组合，与 HC 工法组合钢板桩墙类似），以及基于Ⅳ拉森钢板桩的 PC 工法组合钢板桩墙、HU 工法组合钢板桩墙和 HC 工法组合钢板桩墙（与 HUW 组合钢板桩墙类似，但副桩采用的是Ⅳ拉森钢板桩）等。

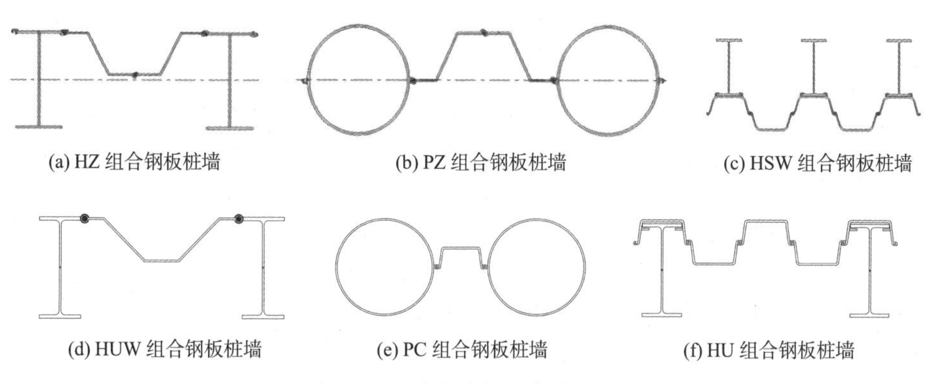

(a) HZ 组合钢板桩墙　(b) PZ 组合钢板桩墙　(c) HSW 组合钢板桩墙

(d) HUW 组合钢板桩墙　(e) PC 组合钢板桩墙　(f) HU 组合钢板桩墙

图 7-2　几种形式的组合钢板桩墙

现阶段国内市场上Ⅳ型拉森钢板桩占比较大，与之相关的 PC 工法组合桩墙、HU 工法组合钢板桩墙和 HC 工法组合钢板桩墙的主要组合形式和特点如表 7-1 所示。

主要组合形式和特点　　**表 7-1**

组合类型	主要组合形式	特点
PC 工法桩墙	(a) 组合方式一 (b) 组合方式二	①主桩为钢管桩（管径有多种规格），长度可达 30m 以上，副桩多为定尺 9m/12m/15m/18m 的Ⅳ型拉森钢板桩； ②主桩桩身和副桩之间通过锁口连接，共同组成连续的钢板桩墙，副桩所承受的侧压力通过锁口传递给主桩； ③优点：具有较大的抗弯刚度和稳定性，插打速度快； ④不足：对锁口的焊接质量要求高（依靠锁口传力），且圆管桩为闭口构件，插入时阻力较大、拔除时易带土而不利于周边环境；锁口连接精度也会增加打拔难度
HU 工法桩墙	坑外 坑内 (a) 组合方式一 坑外 坑内 (b) 组合方式二	①主桩为 H 型钢（如 H500 或 H700），长度可达 30m 以上，副桩多为定尺 9m/12m/15m/18m 的Ⅳ型拉森钢板桩； ②副桩之间通过锁口连接、形成连续的钢板桩墙，主桩插在钢板桩墙内侧，承受钢板桩墙传递的侧压力； ③优点：具有较大的抗弯刚度，且 H 型钢在钢板桩内侧、体系传力可靠；锁口仅用于定位，故插拔难度低、施工速度快；主副桩均非闭口、拔除时无明显带土现象； ④不足：主副桩之间的空隙较难控制，对施工垂直度要求较高；增加土方量且主桩之间无土体约束，侧向稳定性较低（设计时需进行相应的核算）

续表

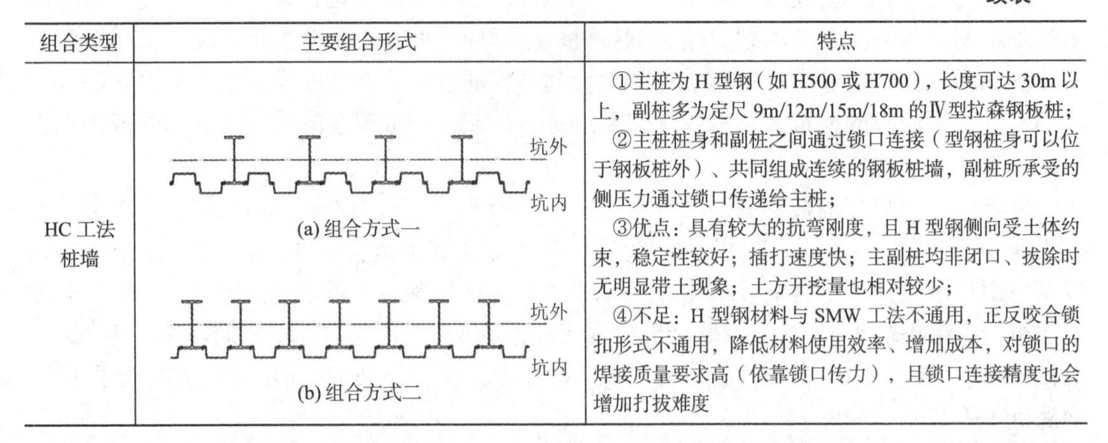

组合类型	主要组合形式	特点
HC 工法桩墙	坑外 坑内 (a) 组合方式一 坑外 坑内 (b) 组合方式二	①主桩为 H 型钢（如 H500 或 H700），长度可达 30m 以上，副桩多为定尺 9m/12m/15m/18m 的Ⅳ型拉森钢板桩； ②主桩桩身和副桩之间通过锁口连接（型钢桩身可以位于钢板桩外）、共同组成连续的钢板桩墙，副桩所承受的侧压力通过锁口传递给主桩； ③优点：具有较大的抗弯刚度，且 H 型钢侧向受土体约束，稳定性较好；插打速度快；主副桩均非闭口、拔除时无明显带土现象；土方开挖量也相对较少； ④不足：H 型钢材料与 SMW 工法不通用，正反咬合锁扣形式不通用，降低材料使用效率、增加成本，对锁口的焊接质量要求高（依靠锁口传力），且锁口连接精度也会增加打拔难度

总而言之，组合钢板桩墙克服了纯钢板桩墙刚度不足的问题，因此比纯钢板桩墙有更大的适用范围。但由于组合钢板桩墙插打时会产生振动，拔除时存在基坑的二次变形（对肥槽回填要求高，钢管等闭口形式构件易形成土塞），往往适用于周边环境不复杂或周边环境保护要求不高的支护工程。

7.2 主要施工设备介绍

钢板桩的施工设备比较多，按照打桩方式的不同，大致可分为冲击锤打桩机（如柴油锤、蒸汽锤等，该类设备往往只适合插打作业、不适合拔除作业，目前已很少使用）、振动打桩设备（适合沉桩和拔桩作业）、振动冲击打桩设备和静力压桩设备（如静压植桩机）。比较常用的是振动打桩设备，如履带式振动打拔机（俗称机械手）、液压振动锤等。

7.2.1 履带式振动打拔机

履带式振动打拔机，多是在相应型号挖掘机基础上加装液压振动锤夹而成，液压振动锤夹有两个偏心轴，采用液压马达驱动，在一定振幅内高速旋转可产生激振力作用于桩身，使桩身四周土体结构扰动而降低桩侧摩阻力，然后通过设备下压力和桩身自重将桩体沉入土体；拔桩时，也是通过同样的方式降低桩侧摩阻力，以设备上提力克服桩身自重和桩侧摩阻力而将桩体拔出。

现行的履带式振动打拔机（图 7-3）其型号多以挖掘机重量等级进行划分，履带式振动打拔机（以上海科士信重工有限公司锤夹型号为例）的主要参数可参考如表 7-2 所示。

履带式振动打拔机　表 7-2

液压振动锤夹型号	THV35S	THV45A	THV45S	THV60S	THV80S
匹配挖机重量（t）	30～35	35～40	35～45	45～60	≥ 60
最高转速（r/min）	2600	2600	2600	2600	2600
压力（MPa）	35	35	35	35	35
激振力（kN）	470	580	670	840	960
适用桩长（m）	6～12	6～15	6～18	6～21	6～24

注：1. 不同厂家的锤夹型号与匹配挖机型号有一定差异；
2. 施打桩长与匹配挖机型号有关。

图 7-3　履带式振动打拔机

履带式振动打拔机既可以沉桩，也可以拔桩，是最常用的组合钢板桩墙施工设备。虽然设备的适用桩长基本上在 20m 以内（个别机型可达 24m），但可以在主桩上加装接力板，实现 20m 以上的主桩插拔作业，前提是履带式振动打拔机的激振力、沉桩压力和拔桩提升力满足施工要求。

7.2.2　液压振动锤

履带式振动打拔机所配用液压振动锤夹的激振力有限、适用桩长也有限；而液压振动锤的激振力则比较大、并能满足长桩的施工要求。液压振动锤的工作原理与履带式振动打拔机的液压振动锤夹一样，也是利用激振力使桩身四周土体结构扰动而降低桩侧摩擦力，再通过桩体自重将桩沉入土体，或利用悬吊提升力克服自重实现拔桩作业。液压振动锤一般需配套起重设备（或桩架）、液压动力站等设备设施（图 7-4）。

(a) 作业中的液压振动锤

(b) 液压振动锤

(c) 液压动力站

图 7-4　液压振动锤和液压动力站

液压振动锤是一种高效的环保型桩工机械，与电动锤、柴油锤相比，它振感小、噪声小、不扰民，如配备降噪动力箱则可实现无噪声施工；液压振动锤的地层适应性广、施工效率高，振动沉桩速度一般在 4～12m/min，远远高于其他桩工设备，若与振动专用桩架配套使用还可以大大缩短对桩时间。液压振动锤主要分为常规型、高频型（25～60Hz）、无共振型三大系列，其中高频液压振动锤穿透卵石层、砂层、建筑垃圾等地层的能力很强。

国内早期的液压振动锤多为国外品牌产品，如法国 PTC、德国 KRUPP、荷兰 ICE 和美国 APE 等公司产品，现阶段已实现了国产化，如中铁工程机械研究设计院研发的 HFV 系列液压振动锤、浙江永安工程机械有限公司 YZ 系列液压振动锤和上海振力工程机械设备有限公司的 APE 液压振动锤等。以浙江永安工程机械有限公司 YZ 系列液压振动锤为例，液压振动锤的主要参数如表 7-3 所示。

液压振动锤的主要参数 表 7-3

液压振动锤型号	YZ-180B	YZ-230B	YZ-230F（高频免共振）	YZ-230VM（高频免共振）	YZ-300	YZ-400
偏心力矩（kg · m）	51	76	33.5	0～40	137	226
最高转速（r/min）	1800	1700	2500	2300	1410	1300
额定激振力（kN）	1810	2410	2300	0～2320	3000	4185
最大激振力（kN）	2340	2980	2900	2920	3700	4850
最大拔桩力（kN）	600	800	800	800	2000	2500
最大振幅（mm）	32	32	20	19	37	40
最大油流量（L/min）	680	800	800	800	1015	1300
配套液压动力站	600P	800P	800P	800P	1200P	1400P

7.2.3 静压植桩机

静压植桩机是由日本 GIKEN（日本技研有限公司）研发的桩工设备，它应用了与各类传统型打桩机完全不同的桩体贯入工艺，即通过夹住数根已经压入地面的桩（完成桩）、将其拔出阻力作为反力、利用静荷载将下一根桩压入地面（图 7-5）。该设备体积小、所需施工作业面小，并实现了施工过程无振动、噪声小、精度高，非常适合在空间狭小或对噪声与振动比较敏感的环境中作业，其不足之处是应用范围受限，仅适用于纯钢板桩墙或布置规律的圆管桩，不大适合组合钢板桩墙的施工。静压植桩施工示意图如图 7-6 所示。

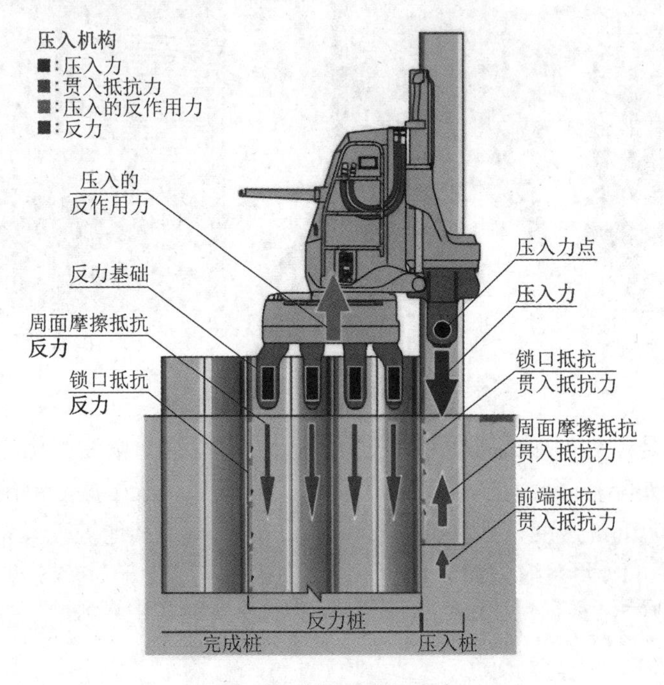

图 7-5 静压植桩原理

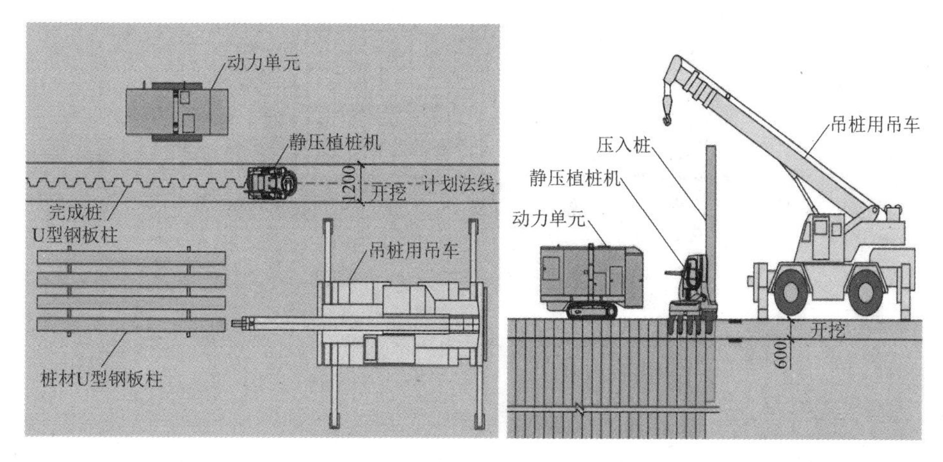

图 7-6　静压植桩施工示意图

7.3　组合钢板桩墙的施工方法

组合钢板桩墙的特点是桩间通过锁口相互咬合而连续成墙，故保证咬合连接质量是其施工的关键。组合钢板桩墙的施工方法主要有逐根顺打法、屏风式打入法和跳打式打入法等，其中比较常用的是逐根顺打法。

7.3.1　逐根顺打法

该法是从指定部位按拟定的施工顺序，将组合钢板桩墙的主副桩按顺序逐根打入土中，直至全部打设完毕，如图 7-7。该法施工简便、迅速、不需要其他辅助支架，是最简捷的打桩方法，非常适用于在较软弱土层中打设 PC 组合桩墙、HC 组合桩墙或 HU 组合桩墙中的钢板桩。如遇坚硬土层时，可采用水刀法或预钻孔法辅助沉桩。

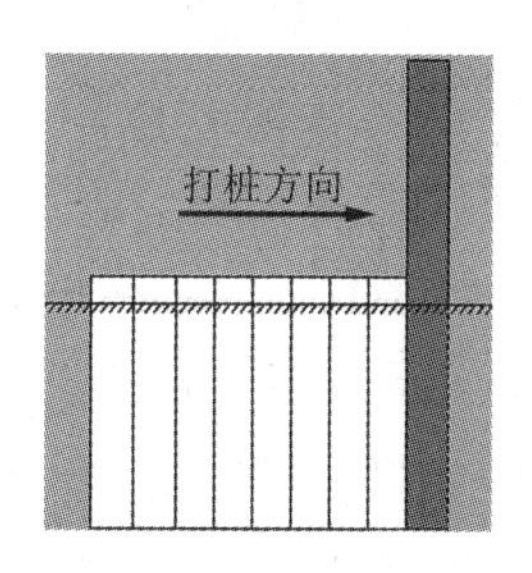

图 7-7　逐根顺打示意图

但采用该法施工时会出现桩体累计倾斜的情况，尤其当遇密实砂层或硬塑黏土层或障碍物时，需要及时观察沉桩时的桩体垂直度，并及时采用纠偏钢板桩进行纠偏。

7.3.2　屏风式打入法

该法是将 10～20 根钢板桩成排插入导架内、呈屏风状，然后再轮流施打各根钢板桩，直至同步插至设计标高或预控标高，再进行下一循环的施打作业，如图 7-8 所示。该法适用于纯钢板桩墙，可以减少倾斜误差积累，非常适合要求闭合的钢板桩墙（如围堰）和较密实地层，但该法施工速度慢且导架的自立高度较大，要特别注意插桩的稳定和施工作业安全。

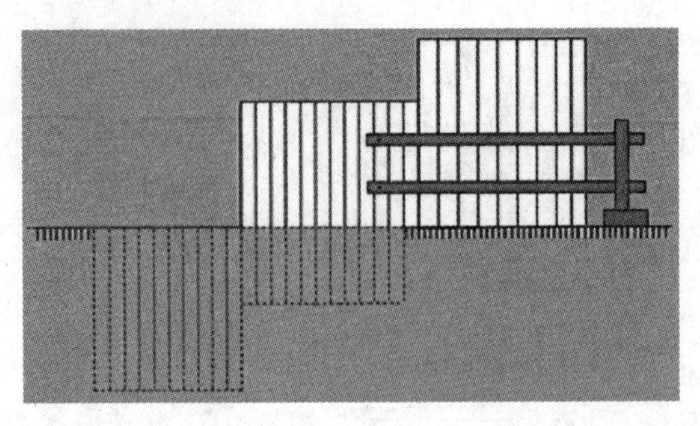

图 7-8 屏风式打入示意图

7.3.3 跳打式打入法

当组合钢板桩墙由主桩和副桩按设计的序列通过锁口组合而成，且因土层坚硬不能采用逐根顺打法时，可采用跳打式打入法。该法施工时需要主桩定位导架，一般先打设主桩，主桩可采用间隔跳打，当该段主桩打设至设计标高后再施打副桩。采用该法时，可以避免倾斜误差积累、不产生带桩现象，但需严控主桩的垂直度，否则容易造成副桩施工困难甚至无法紧密咬合成墙。此外，主桩定位导架自立高度较大时，也需注意施工作业安全。

综合以上，可以看出各种形式的组合钢板桩墙中，HU 工法组合桩墙的施工难度相对较低，其施工特点是：先采用逐根顺打法或屏风式打入法先打设钢板桩墙，然后再利用钢板桩上的定位锁口施打主桩，而且主桩的施工顺序不受限制。但施打主桩时，容易发生带桩现象（即主桩沉桩时，会带动副桩下沉），为避免这个现象，副桩施打时可预留 1～2m 的长度或采取其他可靠措施。

7.4 主要施工流程和注意事项

7.4.1 主要施工流程

与其他竖向围护结构形式相比，组合钢板桩墙采用的都是成品钢构件，因此施工环节中的隐蔽验收非常少、桩体质量的可靠度高。相应地，组合钢板桩墙的施工流程也简单了许多，主要包括施工准备、开挖沟槽、定位、施打桩墙、地下结构施工、肥槽回填、拔除桩墙等环节工序，如图 7-9 所示。

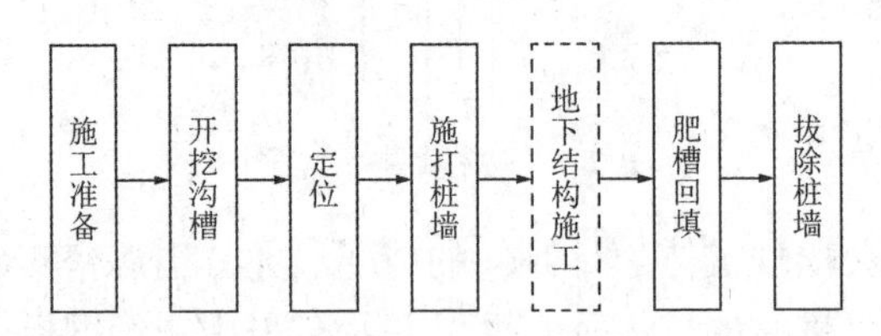

图 7-9 组合钢板桩墙施工流程示意图

1. 施工准备

（1）技术准备。主要包括：熟悉设计图纸、地勘报告和现场条件，摸清周边环境情况、查明保护对象、放设围护桩墙边线，选择合适的沉桩设备和沉桩方法、核实设备作业空间（包括后期拔除作业空间）和起重吊装验算，桩位编号、确定施打顺序，布置场地、拟定施工部署、编报专项施工方案，认真阅图、做好图纸会审，核算工程量、编制材料需求计划，组织对施工人员进行技术安全交底，做好开工前的相关技术资料准备工作等。

（2）生产准备。主要包括：平整场地，清除施工作业空间范围内的地面障碍物，布置并搭建现场临时生活设施和生产设施，修筑临时施工便道，现场临水、临电布置等；组织设备、人员进场，对施工队伍进行作业交底，办理施工有关手续；组织桩工设备的拼装、检查和验收，确保设备性能满足正常施工需要等。

（3）材料准备。按施工进度计划组织材料进场与验收，修复钢板桩缺陷、确保锁口顺直；准备需要现场加工的材料（如 H 型钢焊接接长）、落实加工场地并对成品制作质量进行检查验收等。

（4）机具准备。主要包括：成桩设备和配套的生产设施、设备，现场焊接工艺的选择与焊接设备，全站仪、经纬仪、水准仪、卷尺、游标卡尺等测量设备。

（5）工艺试打桩。相关准备完成后，报经同意后可进行工艺试打桩，以核实场地土层与地质报告的符合情况，验证沉桩设备和沉桩方法对地层的适应性，掌握压桩速率、垂直度、入土深度等各项施工控制参数，编制工艺试成桩报告，报由监理、设计、勘察、建设等相关参与单位审核确认，作为后期施工的依据之一。

2. 沟槽开挖

组合钢板桩墙施打前的沟槽开挖，主要目的是清除地表障碍物、减少障碍物对施打精度的影响，因此沟槽应挖至原状土为宜，并清除干净已知的障碍物。地表杂填层较厚时，可挖至原状土后再采用好土回填，以防沟槽过深而坍塌；若场地无地表杂填层，也可不开挖沟槽，直接按施工需要平整场地即可。

沟槽开挖时，应先根据建设单位提供的坐标（和高程）基准点放设出钢板桩墙的中心线，并根据中心线撒出开挖边线，沟槽宽度以 1～1.5m 为宜（并满足导向梁安拆的空间需求）、深度控制在 1.5m 左右，不可过深、以防坍塌，且沟槽的一次开挖长度宜控制在 50m 内，后续边施工边开挖。若钢板桩桩顶标高距地面超过 1.5m 时，沟槽底应控制在桩顶标高以下 0.2～0.3m，此时为避免沟槽过深而存在的安全隐患，需降低沟槽两侧的地面标高，确保沟槽深度控制在 1.5m 左右。

沟槽开挖的同时，应平整围护中心线内侧 12～15m 范围内的作业场地，存在坑洞的需挖出软弱土并回填压实，且作业场地不得低洼、积水，并在作业场地一侧设置必要的集水沟槽，以防作业场地受明水浸泡后软化。场地平整后，应沿桩机行走方向铺设钢板，以确保桩机施工的地基承载力要求。

3. 定位

沟槽开挖后、施打前，应复核组合桩墙中心线（或引出施工控制线），结合施打方法采用导向梁或定位导向架进行定位。对于纯钢板桩墙或 HU 组合桩墙（HU 组合桩墙一般需先施工钢板桩），为确保钢板插打精度，需在插打前按图 7-10（a）示意安装导向梁进行定位。对于 PC 或 HC 等主桩与副桩通过锁口连接的组合桩墙，如采用逐根顺打法时，也可以按图 7-11（b）示意安装导向架进行定位。

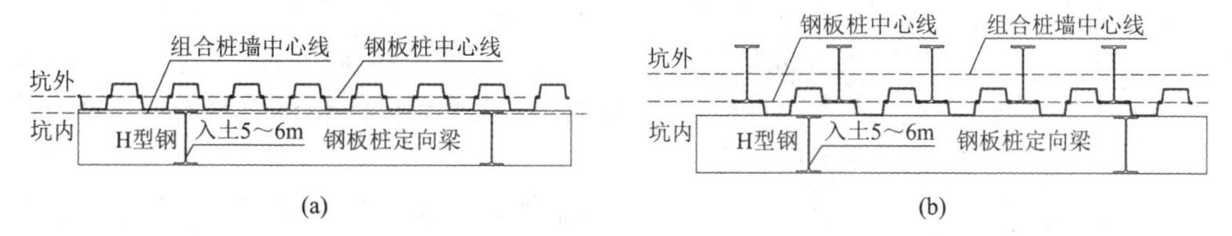

图 7-10　钢板桩导向梁示意图

对于 PC 或 HC 等主桩与副桩通过锁口连接的组合桩墙，如跳打法时需采用专用的定位导向架，对主桩进行精确定位（且施打时严格控制主桩垂直度），图 7-11 为 PC 组合钢板桩墙的主桩定位装置。

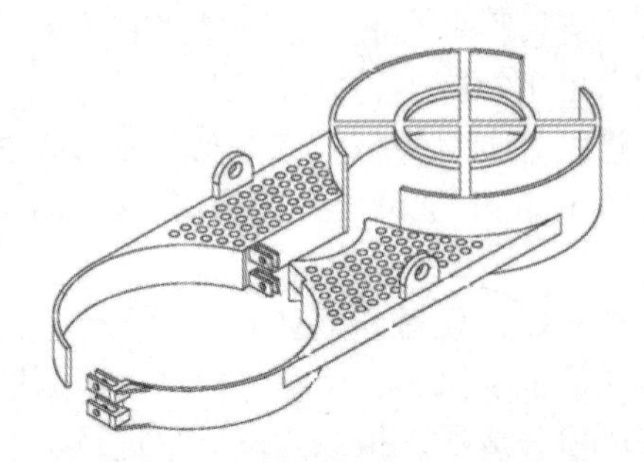

图 7-11 PC 组合钢板桩墙的主桩定位装置

当组合桩墙中心线发生变化（如弯折时），变化部位的桩墙除按施打顺序微调时，也应注意控制桩体的偏心控制，以确保变化部位相邻桩体之间锁口能够紧密锁牢。

4. 施打桩墙

（1）钢板桩整修矫正。施工所需的钢板桩到场后需进行检查、整理，凡钢板桩出现弯曲变形、锁口不合、断面缺损或有影响钢板桩施打的焊接件时，均应整修、矫正，按具体情况分别进行冷弯、热敲、焊补、割除或接长处理，确保钢板桩顺直、锁口之间能够紧密锁牢。变形严重或严重锈蚀并影响截面厚度的钢板桩不得使用。

（2）顺打组合桩墙。钢板桩墙的施打，应严格依据拟定的起点、闭合点和顺序进行施打，起始点和闭合点应尽量选在转角部位，而且需严控闭合点数量。当采用两台设备施打时，起始点可以选在非转角部位，但两台设备应从该起点相向施打且闭合点尽量留在转角部位。钢板桩闭合部位往往很难合拢，对于地下水较多的土层应采用高压喷射注浆桩对合拢部位进行止水加强处理，对于渗透性较小的黏性土层（含淤泥质黏土）可在合拢部位增打钢板桩进行加强处理。

纯钢板桩墙或 HU 组合桩墙的钢板桩，可利用定向梁顺打施工。插打钢板桩时，需严控桩身垂直度，尤其是第一根桩打入时，需从两个相互垂直的方向控制垂直度。后续钢板桩施打时，应先锁牢锁口且确保钢板桩桩身垂直后再竖直施打，且要控制速度、不可用力过猛、确保锁口之间不产生横向受力，以免造成锁口变形或增大桩体间摩擦力而带动邻桩下沉（尤其淤泥质土层时）。顺打沉桩时，需持续观察沉桩的垂直度，当倾斜误差积累较大时，需及时通过纠偏桩进行纠偏。

对于 HU 工法组合桩墙，钢板桩之间已通过锁口相互锁紧成墙，虽然主副桩之间的锁口仅起到定位作用，但主桩施打时依然会因相互之间的摩擦力而带动副桩下沉；此时可采取两种方法进行预防：一是先行插打的钢板桩应高出设计桩顶 1.5～2.0m（不可一次性插打到位，以免扰动下部土体）；二是采用钢绞线将拟施工主桩对应的副桩固定在已施工完毕的主桩上。除此之外，HU 工法组合桩墙的主桩需在副桩完成后再施打，但对施打顺序要求不高，需要注意的是采用履带式振动打拔机作业时，主桩上端口的腹板需要通过进行加强，以减少沉拔作业时的型钢端头腹板变形。

对于 PC 或 HC 等主桩与副桩通过锁口连接的组合桩墙，如采用逐根顺打法时，尤其要注意主桩施打时的施工垂直度和沉桩速度，必要时采取相关措施，以避免偏心受力或下沉速度过快而造成锁口变形或增大桩体间摩擦力而带动邻桩下沉。

（3）跳打组合桩墙。采用跳打法施工 PC 或 HC 等主桩与副桩通过锁口连接的组合桩墙时，需采用定位导向架，严控主桩的定位和施工垂直度，一旦主桩定位或垂直度存在偏差，将增大副桩的施工难度，甚至影响主副桩之间的锁口咬合效果或导致钢板桩变形。

组合桩墙沉桩期间，如遇密实或坚硬土层出现沉桩困难，除选择合适型号的沉桩设备外，还可辅以水刀法、预钻孔法来提高沉桩效果。比较而言，水刀法效果要优于预钻孔法，后者对桩端嵌固效果会产生不利影响。水刀法辅助沉桩的原理，是在钢板桩或工法型钢上敷设水管，利用高压水冲切并松动桩端部位的硬质土层、降低桩端阻力并减少桩身侧摩擦力，如图 7-12 所示。

图 7-12　水刀法辅助钢板桩沉桩

5. 地下结构的施工

按拟定方法和施工顺序完成全部组合桩墙的沉桩后，即可进行压顶梁和内支撑（如有）的施工，以及后续的土方开挖与地下结构施工，直至地下结构出正负零。

6. 肥槽回填

与水泥搅拌桩墙内插型钢工艺相比，钢板桩墙是直接插入原状土层中，原状土的力学性质（尤其淤泥质土）远远比不上加固改良后的土体（加固改良后的土体在型钢拔除后自身具有一定的强度和抗侧压力的能力），因此竖向围护结构采用钢板桩墙时对肥槽回填的质量要求比较高。

工程实践表明，钢板桩墙拔除时因自身体积所产生的基坑侧向位移，在不采取相关措施的情况下，一般在 10～20mm；但肥槽回填如果不压实或压实度不足，拔除阶段的基坑二次侧向变形甚至高达 100mm 以上，会对周边环境产生严重影响。

钢板桩墙的肥槽回填，回填土应符合支护图纸的要求，不得选用淤泥、淤泥质土、建筑垃圾或有机质含量高的土质，且回填前需清除肥槽内的垃圾、草皮、树根等杂物，排除坑穴中积水、淤泥等；回填时应做到分层回填、分层压实。除此之外，还应结合钢板桩墙的拔除顺序，及时进行二次压实，减少钢板桩墙自身体积所产生的基坑侧向变形。

钢板桩墙的肥槽回填，应优先采用砂性土料、水密法压实；当地层土质以淤泥质黏土、黏土等渗透性较小土层为主时，可采用砂性土料分段回填、分段水密法压实，此时尚未回填的肥槽底部需设集水沟，一边采用水压密实法、一边排除底部积水，逐段推进，以确保肥槽回填密实。

7. 桩墙的拔除、回收

（1）钢板桩墙的拔除条件。

为有效控制钢板桩墙拔除所产生的基坑二次侧向变形、减少对周边环境的影响，需严格执行拔除令制度，即对具备拔除条件的部位，由施工单位向监理单位提出申请，经监理单位审批同意后，向分包单位开具拔除指令。钢板桩墙的拔除应具备如下条件：

①拟拔除部位的基坑肥槽已分层回填压实至钢板桩顶标高；拔除时需要破除压顶梁的，肥槽部位已回填压实至压顶梁底标高，并破除压顶梁。

②拟拔除部位的四周无基坑堆载，且拟拔除部位的坑外具备不少于 6m 的拔除作业空间和型钢临时堆放场地（拔除后的型钢不应临时堆放在坑外，无场地时需严控堆高）。

③拔除设备的操作室与拔除作业点之间无障碍物、确保视线通畅。

④外脚手架的搭设不影响工法桩的拔除作业。

⑤确需上结构顶板拔除的，顶板下的模板支架应未拆除，且需提前提请结构设计单位结合拔除施工荷载进行结构复核，且结构顶部需已完成顶板防水并覆土不少于 500mm 厚。

（2）影响钢板桩墙拔除回收的因素

钢板桩墙后期均需拔除回收，如不能拔除回收，则会产生较大的型钢赔偿或买断费用。因此，基坑支护与地下结构施工期间，各建设方应共同努力、采取有效措施避免出现钢板桩墙不能拔除回收的情况，具体如下：

①内支撑构件与钢板桩墙的连接构件（如腰梁防坠落钢筋、型钢围檩的牛腿等）。为确保钢板桩墙的拔除回收，应在支撑拆除时割除干净钢板桩墙表面上的焊接件。

②地下结构施工时，楼板传力带的钢筋如果焊接在钢板桩墙上，将影响钢板桩墙的拔除回收。因此楼板传力带应优先考虑悬臂式结构，且浇筑混凝土时应采取隔离措施（宜采用彩条布，尽量不要用泡沫板，以减少工况转换的基坑变形）。

③上部主体结构的外脚手架可能影响钢板桩墙的拔除回收时间，因此需在上部结构脚手架搭设时考虑钢板桩墙拔除的需要，至少确保钢板桩墙上方 15m 范围内无遮挡物。

④严控肥槽回填质量，避免因基坑侧向二次变形过大而不能拔除。

确因现场实际场地空间或周边环境保护需要，而导致不能拔除回收的，应在知情后及时联系分包方，以便双方共同确认不能拔除的工程量并商榷买断事宜（按市场惯例，不能拔除回收钢板桩墙的使用费，一般计至买断价支付的次日），以减少双方损失。

（3）钢板桩墙的拔除准备

主要包括：拟拔除部位已取得拔除指令，核实拔除作业场地，确定拔除材料的临时堆放场地；需上结构顶板拔除的，核实顶板支模架未拆除并取得结构复核意见，落实顶板结构的保护措施；组织拔除设备、人员进场，并完成安全交底。

（4）钢板桩墙的拔除方法

结合所采用的钢板桩墙组合形式，遵循分段拔除、分段二次压实、减少对周边环境影响的原则，确定相应的拔除顺序和拔除方法。

一般而言，对于 PC 或 HC 等主桩与副桩通过锁口连接的组合桩墙，一般先分段拔除副桩，并在副桩拔除后及时夯实、消除副桩拔除后的空隙，然后再拔除主桩并在主桩拔除后及时夯实、消除主桩拔除后的空隙；对于 HU 组合桩墙，可先分段拔除主桩并及时夯实、消除主桩拔除后的空隙，然后再分段拔除副桩并及时夯实。

拔除期间，可利用履带式振动打拔机锤夹住专用装置，对拔除部位的空隙进行夯实，做到随拔随夯、及时消除桩体拔除后的空隙。拔除时，需控制拔除速度不可过快、边振边拔，拔至主桩接长焊接部位时，割除焊接接头后再继续拔除剩余的桩体。对于 HU 组合桩墙，当主桩长度较长或场地限制时，可在压顶梁破除前、利用压顶梁作为反力支撑而采用液压拔桩机进行拔除，待主桩分段拔除后再破除该段的压顶梁、夯实主桩拔除后空隙，最后再拔出钢板桩。

钢板桩墙拔除期间，需加强基坑监测频率和拔除作业期间的周边环境巡查频率，一旦发现拔除作业对周边环境产生较大影响，应立即停止作业，会同支护设计单位落实好相关措施后再继续。

7.4.2　注意事项

1. 钢板桩墙遇被动区加固

对于淤泥质土层的基坑，当竖向围护结构采用钢板桩墙时，往往还涉及被动区加固。当被动区先行施工时，会因结合部位软硬不均而造成钢板桩墙沉桩困难，甚至垂直度无法保证而影响桩间咬合质量；如钢板桩墙先行施工，则采用搅拌工艺进行被动区加固时，将导致被动区加固无法紧贴钢板桩墙，此时：

（1）被动区加固工程量不大时，应优先采用高压旋喷注浆工艺，且应先施工钢板桩墙。

（2）被动区加固工程量较大且工期较紧时，紧贴钢板桩墙的 2 排桩应采用高压旋喷注浆工艺且在钢板桩完成后再施工；预留空间以外的被动区加固可采用水泥搅拌桩工艺，并可先行施工。

2. 钢板桩墙的插打顺序和闭合部位补强处理

由于钢板桩墙的桩体尺寸固定且偏差少，因此对插打顺序要求较高，具体体现在插打起点和闭合点的选择上。一般而言，插打起始点和闭合点均应优先选在转角部位，当采用两台设备施打时，起始点可以选在非转角部位，但两台设备应从该起点相向施打且闭合点尽量留在转角部位。除有精密控制手段外，严禁同一边线多个起点的插打方式，否则将造成闭合部位出现无法闭合的现象。

受测量放样偏差、施打作业偏差等因素的影响，钢板桩墙的闭合部位往往很难合拢，因此需要对闭合部位进行补强处理。一般而言，对于地下水较多的土层应采用高压喷射注浆桩进行止水加强，对于渗透性较小的黏性土层（含淤泥质黏土）可在闭合部位增打钢板桩进行加强。

3. 超长主桩的插入

不少情况下，主桩的长度比较大而需要接长，常见的接长方式有两种，一是在现场制作主桩接长平台，接长后再整体起吊、施打；二是分段施打，原位竖向接长。但无论何种接长方式，都必须采取可靠措施确保接长精度，确保桩体和锁口均顺直，且接长部位的锁口无错位、突出部位，否则将增大沉桩难度。

对于 HU 和 HC 组合桩墙而言，若接长后再整体起吊施打，可采用悬挂式液压振动锤进行作业，也可以在主桩起吊对位后，采用履带式振动打拔机通过连接在主桩中间部位的接力板进行分段沉桩，但前提是履带式振动打拔机的激振力满足实际土层沉桩的要求。

PC 和 HC 等工法组合桩墙，对锁扣的精准度要求很高，不适合采用分段施打、原位竖向接长的方法施工主桩。HU 工法组合桩墙，H 型钢与拉森钢板桩不直接锁扣咬合，可以采用分段施打、原位竖向接长的方法施工主桩，但是要严格控制接长的平顺度和施工作业安全，同时要严控沉桩的施工垂直度，一旦先沉桩体存在垂直度偏差，会造成接长后桩体的弯折而增大后续沉桩困难。

4. 拔除时的周边环境保护措施

钢板桩墙的插打施工阶段，主要会对周边环境产生一定程度的振感和可控的挤土效应；随着免共振液压锤的不断发展，施工振感将会得到克服。相比较而言，钢板桩墙拔除阶段对周边环境的影响比较大，这主要是因为：第一，钢板桩墙直接插入原状土内，而非加固改良后的土体内；第二，肥槽回填压实往往存在缺陷，会在拔除阶段引发基坑二次位移变形；第三，随桩体的振拔上提，被扰动的原位土体会很快涌入并填充拔除后的桩体空隙内，造成钢板桩墙难以像搅拌桩墙内插型钢那样采取灌缝措施。因此，钢板桩墙拔除时，需要采取有效的周边环境保护措施，具体包括：

（1）基坑肥槽的回填压实质量必须严格控制，一要采取较好土质分层回填、分层压实（不得采用淤泥质土、建筑垃圾等不符合要求的土质，部分地区已推行流化土回填），严控压实质量。

（2）采取分次分段拔除、分段二次压实措施。如先拔除主桩（或副桩）时，在主桩（或副桩）桩体全部拔出后，利用履带式振动打拔机锤夹夹住专用的夯实装置进行夯实，消除桩体拔出后的空隙；稳定 2～3d 后再拔出剩余的桩体，并及时再次夯实桩体拔出后的空隙。

（3）钢板桩墙拔除期间，加大基坑监测频率和周边环境巡查力度，一旦发现拔除作业对周边环境产生较大影响，应立即停止作业，会同支护设计单位落实好相关措施后再继续。

5. 上结构顶板拔除的主体结构保护措施

当现场场地空间受限时，可采取上结构顶板进行拔除的方式。虽然地下室结构顶板均考虑了建成后的覆土荷载和消防车辆通行荷载，但钢板桩墙拔除时项目尚未建成，因此需要采取相关措施保护主体结构不受破坏，具体措施如下：

（1）相应部位顶板的模板与支架均未拆除。

（2）拔除作业前，提请结构设计单位结合拔除施工荷载进行结构复核，确保顶板结构在施工荷载的作用下而不受影响或影响可控。

（3）顶板防水施工完毕并覆土不少于 500mm 厚，拔除设备停机部位铺设不少于 20mm 厚的钢板，以扩大设备与顶板的接触面积，减少拔除作业振感对结构顶板的影响。

（4）拔出的桩体需要临时堆放在结构顶板时，堆放高度不得大于 1m、时间不超过 3d。

7.5 质量检验标准及主要质量通病的防治

7.5.1 质量检验标准

依据国家标准《建筑工程施工质量验收统一标准》GB 50300—2013 和《建筑地基基础工程施工质量验收标准》GB 50202—2018 等，钢板桩墙的施工质量参照钢板桩围护墙检验批可按（01040201）进行检查验收，相关的质量检验标准如表 7-4 所示。

钢板桩墙相关的质量检验标准　表 7-4

项目	序号	检查项目	允许值或允许偏差		检查方法
			单位	数值	
主控项目	1	桩长	不小于设计值		用钢尺量
	2	桩身弯曲度	mm	≤ 2‰L，L为桩长	用钢尺量
	3	桩顶标高	mm	±100	水准测量
一般项目	1	齿槽平直度及光滑度	无电焊渣或毛刺		用 1m 长的桩段做通过试验
	2	沉桩垂直度	—	≤ 1/100	经纬仪测量
	3	轴线位置	mm	±100	全站仪或用钢尺量
	4	齿槽咬合程度	紧密		目测法

7.5.2　主要质量通病与防治

组合钢板桩墙施工过程中常见的质量通病、产生原因及相应的防治措施归纳如表 7-5 所示。

常见的质量通病、产生原因及相应的防治措施　表 7-5

质量通病	产生原因	防治措施
钢板桩侧倾	①施工方法不合理或未及时纠偏；②首根桩的垂直度偏差较大	①选用适宜的施工方法；当采用逐根顺打法时，需结合侧向积累偏差的情况及时纠偏，必要时辅以水刀法等；②采用经纬仪从两个相互垂直方向控制施工垂直度
带动邻桩下沉	①锁口间摩擦力较大；②土层坚硬、激振力大	①插打时锁口对准，下压力竖直、减少横向作用力，控制下沉速度、不可过快；先插打板桩预留 1～2m 应对长度；或采用钢绞线将钢板桩固定于已完成的主桩上；②土层坚硬时，采用水刀法、预先钻孔法辅助沉桩
沉桩困难、不易贯入	①锁口不顺直或接头部位错位；②砂性地层沉桩时周边有降水；③土层密实或坚硬；④主桩先打时定位有偏差或主桩垂直度偏差大；⑤存在地下障碍物	①锁口应完好、顺直、无变形；接头部位的锁口需对齐、无错位，接头连接处无突出的部位；②砂性土层沉桩期间，施打区 50m 范围内不应降水；③选用合适的沉桩设备，沉桩能力宁大勿小；遇密实或坚硬土层而沉桩困难时，应辅以水刀法或预钻孔法；④先沉主桩时，需采用专用定位装置准确定位，并严控主桩的施工垂直度，以降低副桩的沉桩难度；⑤开挖沟槽、预清障碍物，减少障碍物对沉桩的影响
桩间锁口咬合处渗漏	①锁口咬合不牢或脱裂；②闭合部位不合拢且未补强；③锁口尺寸偏差大、咬合不严密；④地面存在明水水源；⑤桩体受侧压力发生变形；⑥砂性地层时坑外水位较高，锁口部位出现渗流	①钢板桩使用前需检查矫正，确保锁口完整、顺直；②合理安排、减少闭合部位数量；闭合部位不合拢时需采用相应的补强措施（强渗透土层应采用高喷工艺补强；弱渗透土层时可补打钢板桩）；③施工前确保锁口完好、顺直，禁用锁口有缺陷的材料；④基坑四周截水沟需采取防渗漏措施，防止明水下渗；⑤桩体嵌固长度和抗弯能力需符合施工工况要求，严控坑外堆载和动荷载；⑥砂性土层时，宜设坑外降水井降低坑外水位标高；当钢板桩长度受限时，应加密坑外降水井（通过缩短坑外井间距，减少降水漏斗面高差）
坑底踢脚、隆起	①钢板桩墙的嵌固深度不够；②坑侧堆载或动载过大	①桩体嵌固深度需经计算核验，当采用水刀法、预钻孔法辅助施工时，注意控制对桩端嵌固效果的影响；②严控基坑四周堆载和动载
拔除时基坑二次变形大	①肥槽回填土质差或未压实；②拔除方法不当	①严控肥槽回填土质和回填压实系数，确保回填质量；②采取分次分段拔除、分段二次压实的方法，及时消除桩体拔出后的空隙等

7.6 典型工程案例

7.6.1 案例一（钢板桩锁口处渗流）

杭州某基坑，一层地下室，开挖深度 5～6m，竖向围护结构范围内的土质主要为杂填土、淤泥质粉质黏土，基底位于淤泥质粉质黏土层，竖向围护结构采用 HU 组合钢板桩墙（其中Ⅳ型拉森钢板桩长 12m，H700 × 300@800 型钢长 19m、桩端进入⑦$_1$粉质黏土层），内支撑采用一道预应力型钢组合支撑，如图 7-13 所示。

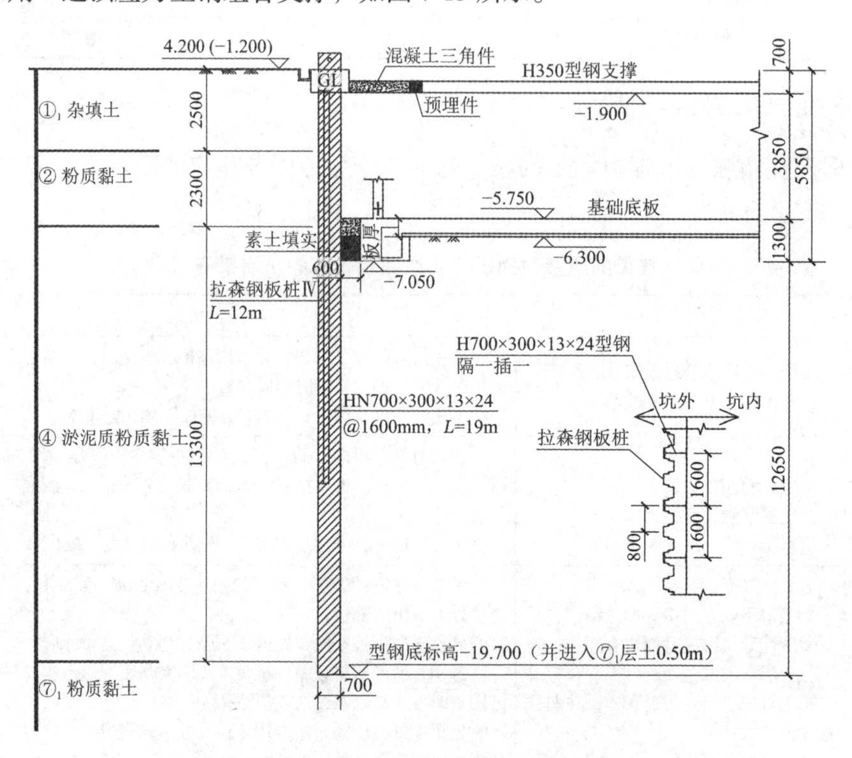

图 7-13 HU 工法剖面及地质情况示意图

该基坑在土方开挖时发现局部拉森钢板桩锁口部位出现渗漏，主要原因是 HU 组合钢板桩墙施工时，钢板桩锁口存在变形和损伤且未经修复，而水源主要来源于杂填层潜水和基坑周边截水沟渗流明水。结合实际渗流情况，采用了引流内堵法进行处理，如图 7-14 所示。

图 7-14 钢板桩锁口部位渗流与处理

需要强调的是，国内生产的拉森钢板桩（尤其冷弯钢板桩），锁口密闭性远不如国外钢板桩。当渗透性较大土层采用钢板桩或组合钢板桩墙时，除钢板桩长度需满足抗管涌验算外，还应考虑设置坑外降水井。坑外降水不仅能降低坑外侧压力，还能从源头预防大部分钢板桩锁口部位的渗漏问题。此外，钢板桩锁口处渗水不大时可施打发泡剂等进行封堵，较大时可采用引流内堵法。

7.6.2 案例二（带桩下沉问题）

苏州某项目，一层地下室、开挖深度 6.5～6.8m，设计基底位于④粉土夹粉质黏土和⑤淤泥质粉质黏土分界处，采用 HU 组合钢板桩墙 + 一道预应力型钢组合内支撑的支护形式，主桩为 H700 × 300 型钢、长度 16～20m 不等，副桩为Ⅳ型拉森钢板桩、长度 15m/18m。1-1 剖面（邻围护桩墙的结构底板集水坑部位）、3-3 剖面和 4-4 剖面的被动区均采用了双轴水泥搅拌桩进行加固，如图 7-15、图 7-16 所示。

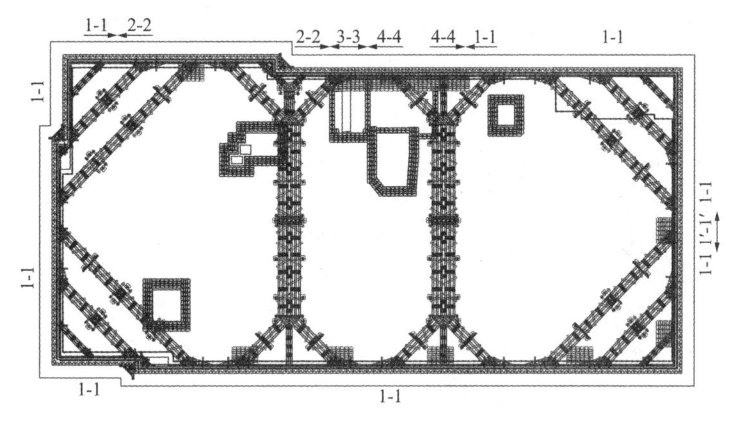

图 7-15　基坑平面布置图

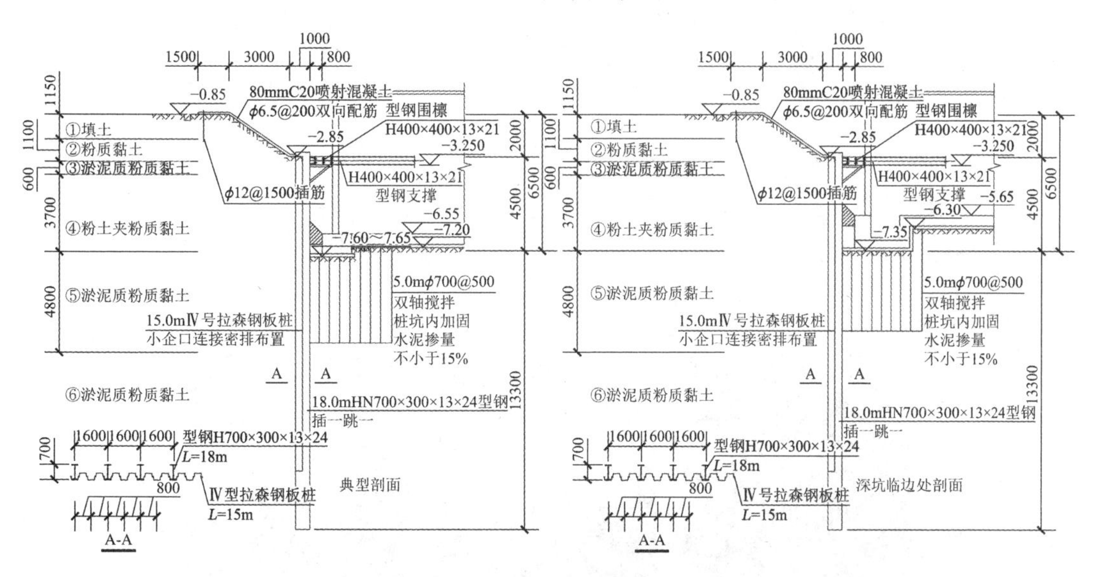

图 7-16　基坑剖面示意图

HU 组合钢板桩墙施工前、图纸交底时，施工单位提出，双轴搅拌桩动区加固与组合钢板桩墙施工两者，不论哪个工艺先施工都会对后施工的工艺产生不利影响。支护设计单位结合施工单位的进度和现场实际情况，将被动区加固的施工工艺调整为二重管法高压喷射注浆工艺，并在 HU 组合钢板桩墙插打完毕后施工高压喷射注浆桩。

由于该项目基底以下的淤泥层较厚，HU 组合钢板桩墙插打期间，存在明显的“带动邻桩下沉”的现象，后采用的措施主要包括：①钢板桩施打时先按设计桩顶以上 2m 进行控制，后施打主桩时在摩擦力作用下，主桩带动副桩下沉；②采用钢绞线将钢板桩桩顶固定于已施打的主桩上，钢绞线的固定长度按设计桩顶标高进行限制。采取上述措施后，带桩现象得到较好控制。

7.6.3 案例三（拔桩变形问题）

某一层地下室项目，挖深约 6m，主要影响土层为淤泥质黏土。基坑四周存在市政道路，周边环境较为复杂，采用 PC 工法桩 + 一道预应力型钢组合支撑的支护方式（图 7-17）。基坑围护结构施工及开挖期间进展较为顺利，未出现险情。但由于该场地土质较差，拔桩时钢管桩的土塞效应导致桩身带出大量土体，并产生了较大扰动，周边市政道路出现裂缝，人行道出现下沉，如图 7-18 所示。

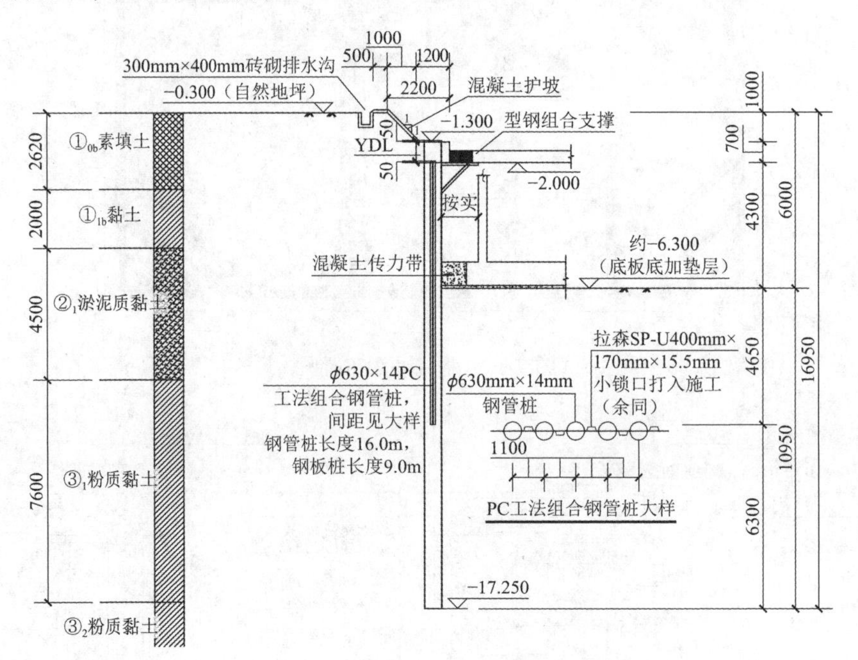

图 7-17 基坑剖面示意图

图 7-18 基坑周边道路下沉及裂缝

第 8 章　搅拌桩墙内插芯材

8.1　概述

8.1.1　搅拌桩墙内插芯材的发展

水泥搅拌桩（尤其三轴等多轴搅拌桩）或等厚度水泥土搅拌墙作为竖向围护结构的截水帷幕时，均可在水泥土混合浆液未结硬前插入 H 型钢作为墙体的受力补强材，待水泥土结硬后，便形成一道具有一定强度和刚度的连续地下墙体，即型钢水泥土搅拌桩墙。按桩墙搅拌工艺的不同，具体可分为 SMW 工法桩墙、TRD 工法桩墙和 CSM 工法桩墙等。

型钢水泥土搅拌桩墙，既可作为竖向挡土结构又具有相应的截水帷幕功能，内插的 H 型钢后期可以拔除回收。与截水帷幕 + 灌注排桩的竖向围护结构形式相比，它具有施工速度快、对周围环境影响小、置换浆容易自固化、无泥浆污染等特点，同时还节省材料、造价低、不遗留地下障碍物，凡是适合应用水泥土搅拌桩墙的场合大多可内插 H 型钢，因此在基坑支护中得到广泛的应用。

在型钢水泥土搅拌桩墙的工程应用中发现，型钢的拔除回收不适合周边环境复杂或周边环境保护要求高的部位，而型钢的不能拔除回收会导致工程造价的较大增加。针对这个问题，近年来，搅拌桩墙内插芯材由单一型钢发展为多种形式的预制混凝土桩墙，如三轴等多轴搅拌桩内插预制管桩（简称 PCMW 工法）、内插 H 型预制混凝土桩（简称 PMW 工法），等厚度水泥土搅拌墙内插预制混凝土板桩（简称 TAD 工法）或 H 型预制混凝土桩等形式。

此外，当水泥搅拌桩用于开挖较浅的挡墙或坑壁加固时，可采用内插槽钢或钢管的方式来减少加固工程量、缩短施工工期。水泥搅拌桩墙用作河道护岸工程的永久性防渗墙或环境治理工程中的永久性隔挡墙时，可内插塑料板桩或防渗膜（土工膜）来提高防渗效果和防渗耐久性。

8.1.2　搅拌桩墙内插芯材的主要类型

搅拌桩墙内插芯材主要有两个目的：一是提高墙体的刚度和承载能力，如内插型钢构件或预制混凝土构件；二是提高墙体的抗渗效果和抗渗耐久性，如内插塑料板桩或防渗膜（土工膜）等。

搅拌桩墙内插型钢构件，主要包括 H 型钢、槽钢或钢管等，后期均可拔除回收。其中，H 型钢在现阶段得到最为广泛的使用，如 H500 × 300、H700 × 300 甚至 H900 ×

400等规格型号的H型钢，适用于各类型工艺施工的搅拌桩墙。但周边环境复杂或周边保护要求高时，后期的型钢拔除回收，会对周边环境产生一定的不利影响，需谨慎对待。

搅拌桩墙内插预制构件，主要包括预制管桩、H型预制混凝土构件和预制混凝土板墙构件等，其中预制混凝土板墙构件多用于等厚度水泥土搅拌墙，并可在内插时实现板墙间的咬合连接。搅拌桩墙内插预制构件时，后期一般均不需拔除回收，因此特别适用于周边环境复杂或周边环境保护要求高的情况，并能够取得较好经济效益。

不同芯材的布置形式简图和主要特点如表8-1所示。

不同芯材的布置形式简图和主要特点　　表8-1

芯材类型		布置形式简图	特点
钢材	H型钢		多用于型钢后期可拔除回收的情况；通常有插一跳一、插二跳一或密插等形式
	槽钢/钢管		多用于侧压力不大的搅拌墙或坑壁加固的补强，适用于侧压力不大的情况
预制构件	预制管桩		后期不拔除，但圆形管桩的抗弯能力较差，且管桩直径和布置形式受限
	工字形预制构件		后期不拔除，构件截面刚度和承载力较管桩更大，布置形式基本等同于型钢
	预制板墙		后期不拔除，可在水泥土内形成连续的预制墙体，但整体重量较大，需要大型起吊设备，加工、运输和打入过程中容易损坏，横截面尺寸较大，沉桩难度大
其他材料	塑料板桩		搅拌桩墙内插塑料板桩提高抗渗效果和抗渗耐久性，可与H型钢组合使用
	防渗膜		搅拌桩墙内插防渗膜提高抗渗效果和抗渗耐久性

8.1.3 内插不同芯材的主要差异

1. 插入难度不同

内插芯材的施工，主要是在水泥土搅拌桩墙搅拌成墙后，利用起重设备将芯材插入流态状的水泥土拌合物内；但当芯材为混凝土预制构件时，由于截面积较大，往往存在插入困难的问题，需要采取振压或静压的方式，将芯材插至设计标高。而内插防渗膜的难度更大，幅间连接、垂直度和抗浮等质量控制难点多，尤其墙体深度较大时。

2. 连接方式不同

型钢作为内插芯材时，一般需在现场铺设加工平台，在平台上按设计长度进行配料加工，型钢对接接头采用坡口焊，焊缝部分的强度不小于母材强度；当内插预制混凝土构件芯材的长度超过 18m 时，需要逐节插入、原位竖向对接，为了缩短对接时间，一般采用在接头部位设置连接板、使用高强度螺栓连接。特别当预制混凝土板墙采用锁槽连接时，拼接部位的预制精度要求往往也特别高。

3. 插入时的排浆量不同、水泥的有效利用率不同

型钢的单位质量强度高于预制构件，在满足相同设计工况的情况下，预制构件的体积要远大于型钢，由此导致内插预制构件时会排出较多的水泥土混合浆液。

4. 可持续影响不同

型钢作为芯材时，会在后期拔除回收，不会形成地下障碍物；而预制混凝土构件作为芯材时，基本上不会在后期拔除，留置在水泥土内的预制构件就成为地下障碍物，影响未来的开发建设。

8.2 主要施工设备介绍

8.2.1 内插型钢的主要施工设备

三轴等多轴水泥搅拌桩成桩或等厚水泥土搅拌墙成墙后一定时间内，开始插入型钢。型钢的插入，一般采用 50～100t 履带起重机（需结合吊物重量、型钢长度、吊幅等进行选型，并进行相应的吊装验算），吊起型钢，对准桩孔、缓缓插入，必要时辅以振动锤。型钢拔除回收时，主要使用液压顶拔机（图 8-1）和汽车式起重机。一般情况下，内插型钢时的施工设备配置情况大致如表 8-2 所示。

内插型钢时的施工设备配置情况　　表 8-2

设备名称		规格型号	单位	数量	功率
插入阶段	履带起重机	50～100t（结合型钢自重和长度等进行选型）	台	1	柴油动力
	振沉设备	45 型电动振动锤：激振力约 36t，功率约 45kW 60 型电动振动锤：激振力约 45t，功率约 60kW	台	1	按实际型号
拔除阶段	液压顶拔机	公称油压 30～35MPa 不等，公称顶拔力 300～700t 不等；功率 37kW/45kW 不等	台	1	按实际型号
	汽车式起重机	一般为 25t 汽车式起重机；吊幅较大时可选 50t 及以上型号	台	1	柴油动力

图 8-1　常见的液压顶拔机

8.2.2 内插预制混凝土构件的主要施工设备

预制混凝土构件作为内插芯材时，一般由预制厂根据设计长度分节预制，运至现场起吊、插入并逐节拼接。其主要施工设备与内插型钢类似，主要为履带起重机、振沉设备等。由于预制构件的截面积往往比 H 型钢大很多，所需的沉桩压力也大很多，当一般振沉设备不能满足要求时，可采用相应“边桩型”静压桩机。一般情况下，内插预制混凝土构件时的施工设备配置情况大致如表 8-3 所示。

内插预制混凝土构件时的施工设备配置情况　　表 8-3

<table>
<tr><th colspan="2">设备名称</th><th>规格型号</th><th>单位</th><th>数量</th><th>功率</th></tr>
<tr><td rowspan="2">插入阶段</td><td>履带起重机</td><td>50～100t（结合预制混凝土构件自重和长度等进行选型）</td><td>台</td><td>1</td><td>柴油动力</td></tr>
<tr><td>沉桩设备</td><td>60 型及以上电动振动锤：激振力 ≥ 45t，功率约 ≥ 45kW；
液压振动锤或振动打拔机：激振力 ≥ 60t，柴油动力；
静压边桩机（自带起重）：压桩力 ≥ 200t，功率约 ≥ 100kW</td><td>台</td><td>1</td><td>按实际型号</td></tr>
</table>

8.2.3 内插塑料板桩和防渗膜的施工设备

1. 内插塑料板桩

塑料板桩是一种利用高强复合材料，经特殊工艺一次挤压成型的新型生态桩体，具有质量轻、止水性好、耐腐蚀等特点。一般情况下，在搅拌桩墙施工完成后，利用履带式振动打拔机即可完成内插作业，用于增强墙体抗渗效果、提高抗渗耐久性，主要施工设备如表 8-4 所示。

内插塑料板桩的施工设备　　表 8-4

设备名称	规格型号	单位	数量	功率
振沉设备	履带式振动打拔机（详见本手册第 7.2 节相关内容）	台	1	柴油动力

2. 内插防渗膜

防渗膜内插前需采用型钢或其他可替代材料制作固定框架（幅间可通过锁槽构造方式确保密接），将膜自然张平、稳固在框架上。内插时，采用起重设备起吊、对准邻幅锁槽、缓缓下插，必要时辅以振沉设备，主要施工设备如表 8-5 所示。

内插防渗膜的施工设备　　表 8-5

<table>
<tr><th colspan="2">设备名称</th><th>规格型号</th><th>单位</th><th>数量</th><th>功率</th></tr>
<tr><td rowspan="2">插入阶段</td><td>履带起重机</td><td>50～100t（结合单幅自重和长度等进行选型）</td><td>台</td><td>1</td><td>柴油动力</td></tr>
<tr><td>沉桩设备</td><td>60 型及以上电动振动锤：激振力 ≥ 45t，功率 ≥ 45kW</td><td>台</td><td>1</td><td>按实际型号</td></tr>
</table>

8.3 搅拌桩墙内插 H 型钢

8.3.1 内插型钢的主要施工流程

搅拌桩墙内插 H 型钢的主要施工流程包括：施工准备、配料与焊接、涂刷减摩剂、起吊插入、包裹隔离、使用、拔除回收等环节工作，如图 8-2 所示。

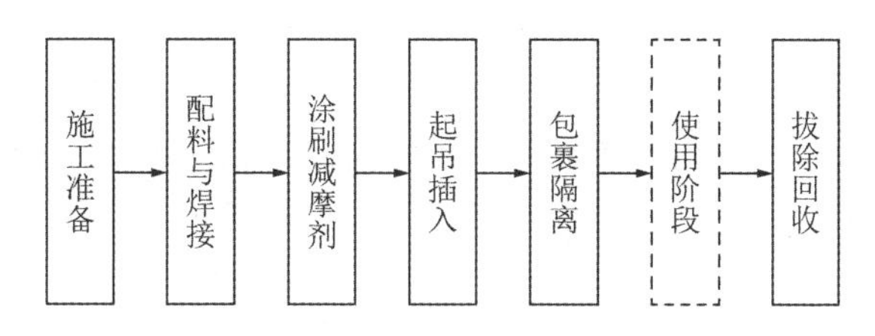

图 8-2　内插型钢工艺

1. 施工准备

（1）技术准备。主要包括：熟悉设计图纸，对工法型钢进行编号；场地布置，确定型钢加工场地；结合型钢自重、长度和现场实际情况等进行起重设备选型，结合起重方法进行吊装验算；确定影响型钢拔除回收的各种影响因素，并采取相应的预防措施；结合施工部署，编报专项施工方案；认真阅图、做好图纸会审，核算工程量、编制材料需求计划，组织对施工人员进行技术安全交底，做好施工前的相关技术资料准备工作等。

（2）生产准备。主要包括：划定材料临时堆场，修筑临时施工便道，现场临电布置及消防设施布置等；组织设备、人员进场，对施工队伍进行作业交底等。

（3）材料准备。按施工进度计划组织材料进场，核验工法型钢的型号、规格和材质，对型钢焊缝进行抽样检测，落实材料的堆放场地与临时保护措施，确保材料供应不影响现场施工的需要。

（4）机具准备。主要包括：现场焊接工艺的选择与焊接设备、场地排水设备、起重设备、振沉设备、经纬仪和水准仪等计量仪器，并验收、校核或鉴定。

2. 配料与焊接

内插型钢的材质一般为 Q235B，其中 H500 × 300 × 11 × 18 一般适用于直径 650mm 三轴搅拌桩或 700mm 等厚度水泥土搅拌墙，H700 × 300 × 13 × 24 一般适用于直径 850mm 搅拌桩或 850mm 等厚度水泥土搅拌墙。

搅拌桩墙内插的 H 型钢，可按设计长度配料、焊接接长，配料时要确保相邻编号的型钢接头相互错开，且不得使用受损或变形严重的型钢原材。型钢加工床要确保平整度，按设计长度选择合适的型钢材料进行对接预拼。型钢对接焊的焊缝均应采用坡口满焊，施焊前先修除老旧焊缝并打坡口，其中 H 型钢翼板多采用双面坡口焊（图 8-3）、腹板因较薄多采用单面剖口焊（图 8-4）；当型钢长度超过 30m 时，最上面 1～2 个型钢焊接接口，应采用蝴蝶焊法，以增加接头部位的抗拉能力。

图 8-3　H 型钢翼板双面剖口焊示意　图 8-4　H 型钢腹板单面剖口焊示意

H 型钢接长拼焊，应根据钢材型号选择合适焊丝（如 Q235B 钢材时采用 E43 焊丝），并使用二氧化碳保护焊工艺，坡口满焊，焊缝质量需达到二级焊缝要求，并对焊缝抽样进行探伤检测。此外，搅拌桩墙内插的 H 型钢多为周转材，H 型钢拼接前应检查其表面损伤和变形，有损伤或变形的H型钢应提前矫正、修复；H型钢接长拼焊时，除合理控制接头数量外，还应确保相邻型钢的接头不在同一截面上，并相互错开1m以上。

3. 涂刷减摩剂

搅拌桩墙内插的H型钢，待基坑肥槽回填压实后再拔除回收、周转使用。为便于后期的H型钢拔除回收，需在插入前涂刷减摩剂。涂刷减摩剂时，需要注意如下几点：

（1）减摩剂必须用电热棒加热至完全融化，用搅棒搅拌至厚薄均匀后才能涂敷于H型钢上，否则会导致涂层不均匀、易剥落。

（2）焊接拼长后的成品型钢，需在涂刷减摩剂前清除型钢表面的污垢及铁锈；如H型钢在表面铁锈清除后未立即涂刷减摩剂的，后续涂刷施工前需抹去表面灰尘。

（3）如遇雨雪天，型钢表面潮湿，应先用抹布擦干表面才能涂刷减摩剂，不可以在潮湿表面上直接涂刷，否则涂层容易剥落。

（4）H型钢表面需均匀涂刷减摩剂，一旦发现涂层开裂、剥落，必须将其铲除后重新涂刷。

（5）废弃减摩剂应定点回收，以降低对环境的影响。

4. 型钢的起吊、插入

搅拌桩墙施工完毕2～3h内，需及时插入型钢（现行规范规定H型钢应在搅拌桩施工完成后30min内插入，实际上由于型钢水泥土搅拌墙需采用套打工艺，而套打桩孔相邻孔内又不宜先插入型钢，因此很难做到30min内插入）。插入吊装前，H型钢顶端处的翼板中心开圆孔，孔径约8cm，以方便起吊；吊装设备主要为50t及以上履带起重机，具体结合实际工况选型并验算。工法型钢的铺床焊接如图8-5所示。

H型钢插入时（图8-6），应采用H型钢定位卡（或定位架）控制型钢插入的偏差，型钢定位卡（或定位架）必须牢固、水平，而后将H型钢底部中心对准桩位中心并沿定位卡徐徐垂直插入水泥土搅拌桩体内，并采用线锤或经纬仪控制插入的垂直度。H型钢插入时需主要如下几点：

图8-5 工法型钢的铺床焊接

图8-6 H型钢的插入

（1）当H型钢悬空（型钢底距搅拌桩墙底较大）时，则应采用钢丝绳索或在型钢顶端焊接吊筋的方式，固定于型钢定位卡（或定位架）上，以防型钢下沉；待水泥土凝固后再拆除绳索或吊筋。

（2）若H型钢插放达不到设计标高时，则用振动锤辅助振插H型钢至设计标高。

（3）在型钢插入过程中，若遇型钢插入困难，或顶标高过高，应立即将型钢拔出（履带起重机选型时，需按此工况进行吊装验算），重新进行搅拌，保证型钢完全靠自重下插，待型钢顶端距地面 5m 以内时，再利用振动锤振沉至设计顶标高。

5. 包裹隔离

为便于型钢的后期拔除回收，需对 H 型钢与混凝土构件接触的部位采取相应的隔离措施。压顶梁部位的 H 型钢，在型钢间水泥土清理至梁垫层标高后、绑扎钢筋前，利用泡沫板包裹型钢（图 8-7），并用封箱胶带或铁丝绑扎固定好（包裹高度超过压顶梁面 15cm，同时注意型钢阴角部位的包裹贴牢型钢面），然后再绑扎钢筋、浇筑压顶梁混凝土。

同样地，基坑开挖时，型钢表面的固结水泥土大多在土方开挖时清理掉、使型钢表面暴露出来。此时，底板传力带部位的混凝土浇筑前，要用彩条布隔离 H 型钢。

对于和 H 型钢接触的楼板传力带，考虑到后期 H 型钢的拔除回收，楼板传力带节点大多采用悬臂构造（如楼板传力带节点构造中，传力带钢筋焊接在 H 型钢表面时，应提出修改，或后期肥槽回填时破除楼板传力带），此时楼板传力带与 H 型钢的接触面也要采取类似的隔离措施。

图 8-7　压顶梁部位的型钢隔离措施

6. 拔除回收

（1）H 型钢拔除回收的条件。为有效控制型钢拔除阶段的基坑变形，H 型钢的拔除应严格执行拔除令制度，即具备拔除条件的部位，由施工单位向监理单位提出申请，经监理单位审批同意后，向分包单位开具拔除指令。申请拔除 H 型钢时，应满足如下条件：

①拟拔除部位的基坑肥槽已回土压实至压顶梁面标高。

②拟拔除部位的坑外具备不少于 6m 的吊车停放位置和型钢临时堆放场地。

③吊车操作室与型钢拔除作业点之间无障碍物、确保视线通畅。

④结构外脚手架的搭设不影响型钢的拔除作业。

⑤当现场场地受限而需要上结构顶板拔除时，需提请结构设计单位进行复核。

需要强调的是，回填土质差或回填不密实时，将增大型钢拔除后的基坑周边环境变形，因此应予以重视。H 型钢拔除前的基坑肥槽回填，回填土质需符合支护图纸的要求，不能选用淤泥、淤泥质土、膨胀土等不符设计要求的土料或建筑垃圾，并应在回填前先清除基底上的垃圾、草皮、树根等杂物，然后再分层回填、分层压实至压顶梁面标高部位。

（2）H 型钢的拔除回收。H 型钢的拔除回收，一般采用 H 型钢液压拔桩顶拔机，拔除施工程序为：平整场地→安装千斤顶→吊车就位→型钢拔除→孔隙填充（如需时），主要拔除方法如下：

①拔除作业条件与场地平整。型钢外侧不少于 6m 的作业空间，并有临时堆放场地和运输通道，拔除作业面范围内的物件清理干净。拔 H 型钢前，必须先清除干净压顶梁表面上的浮土，确保千斤顶能够垂直、平稳的放置。

②安装千斤顶。将液压顶拔机平稳地放在压顶梁上，吊车吊起 H 钢起拔架，将冲头部分“哈夫”圆孔对准插入 H 型钢上部的圆孔，并将销子插入，销子两边用开口销固定以防销子滑落，插入起拔架与 H 型钢翼板之间的锤型钢板，夹住 H 型钢翼板，如图 8-8 所示。

③型钢拔除。开启高压油泵，两个千斤顶同时向上顶住起拔架的横梁部分进行起拔，待千斤顶行程到位时，敲松锤型钢板，起拔架随千斤顶缓慢放下至原位。待第二次起拔时，吊车须用钢丝绳穿入 H 型钢上部的圆孔吊住 H 型钢。重复以上工序将 H 型钢拔出。对于淤泥质软土基坑，为控制型钢拔除阶段的基坑变形，一般可采取跳拔的方式，现场应具备跳拔的场地条件。

④拔除后的型钢就近放置于拔除部位附近，堆放整齐，堆高不超过 1.5m。待一定量时装车外运（因此应留出足够的通道和停车场地，例如 30t 半挂车车厢长度约 17.5m）。

⑤对于淤泥质软土基坑或地下水位丰富的基坑，支护设计图纸会要求型钢拔除后进行灌缝，一般采用 1∶3 水泥砂浆压浆灌缝。

图 8-8　H 型钢的拔除回收

8.3.2　内插型钢的主要注意事项

1. 内插型钢作业对搅拌桩施工要求

内插型钢的水泥搅拌桩，除按本手册第 3.4 节的相关内容施工外，还有如下特别要求：

（1）搅拌桩应采用套打一孔，并优先采用跳幅法。

（2）搅拌机头在正常情况下为上下各 1 次对土体进行喷浆搅拌（即两搅两喷），对含砂量大的土层，宜在搅拌桩底部 2～3m 范围内上下重复喷浆搅拌 1 次。

（3）环境保护要求高的基坑采用搅拌桩内插型钢工艺的，当施工邻近保护对象的区域时，搅拌下沉速度宜控制为 0.5～0.8m/min，提升速度宜小于 1.0m/min，喷浆压力不宜大于 0.8MPa。

2. 内插型钢作业对等厚度水泥土搅拌墙的施工要求

内插型钢的水泥土搅拌墙，除按本手册第 4.4 节的相关内容施工外，还有如下特别要求：

（1）型钢插入要退避一定空间，以确保不影响后续墙幅的搅拌施工。

（2）CSM 工法采用跳槽法时，需按桩号控制型钢定位、避免型钢间距不均匀。

（3）转角部位先施工插入的型钢不得影响后行墙幅的施工。

（4）采用 TRD 工法施工时，应优先采用坑外起刀箱的方法，确因场地空间限制而采用坑内起刀箱方式时，应在拔刀箱的同时注入水泥浆液。

3. 型钢插入困难的预防与处理措施

型钢插入是一项对作业安全要求特别高的施工环节，尤其型钢难插入时，会增大安全作业的难度（如高处落钩困难等），甚至会出现冒险作业的情况，因此容易存在较多的安全隐患。型钢的插入，除需符合一般吊装作业安全规定外，要采取有效措施预防型钢难插的问题，主要包括：第一，搅拌要均匀，搅拌不均匀时型钢往往比较难插；第二，选择合适的插入时机，间隔时间过长时型钢较难插入；第三，对于砂性土层，要添加适量的膨润土和外加剂，减缓水泥土混合物中的砂性颗粒沉淀速度。

因故导致型钢难插时，需拔出型钢、重新搅拌。提拔型钢时，要结合型钢自重和水泥土与型钢之间的摩擦力等进行吊装作业验算。一般情况下，当下插受到的摩阻力大于自重时，型钢就插不下去，因此提拔型钢、重新搅拌时，起重设备的提拔力往往大于 2 倍的型钢自重。

4. 影响 H 型钢拔除回收的因素

H 型钢若不能拔除回收，将会产生较大的型钢赔偿或买断费用，因此施工现场应采取有效措施避免 H 型钢不能拔除回收。除压顶梁部位和底板传力带需采取型钢隔离措施外，影响 H 型钢拔除回收的因素主要有如下几个方面：

（1）内支撑构件与 H 型钢的连接构件（如腰梁防坠落钢筋、型钢围檩的牛腿等）。为确保型钢的拔除回收，应在支撑拆除时割除干净 H 型钢表面的焊接件。

（2）地下结构施工时，楼板传力带的钢筋如果焊接在 H 型钢上，将影响工法型钢的拔除回收。因此楼板传力带应优先考虑悬臂式结构，且浇筑混凝土时应采取隔离措施（宜采用彩条布，尽量不要用泡沫板，以减少换撑工况的基坑变形）。

（3）上部主体结构的外脚手架可能影响型钢拔除回收的时间，因此上部结构脚手架搭设时至少确保 H 型钢上部 15m 内无遮挡物。

（4）砂性土层中应提请增加膨润土掺入量，以利于型钢的拔除回收。

因现场实际场地空间或周边环境保护需要，而导致型钢不能拔除回收的，应在知情后及时联系型钢的产权单位，以便双方共同确认不能拔除的工程量并商榷买断事宜，以减少双方损失。

5. 型钢拔除时的次生影响预防

搅拌桩墙内插 H 型钢在拔除时，一般会引起基坑的二次变形并由此对周边环境产生相应影响；不仅如此，型钢拔除时还会造成固结水泥土的破坏，导致坑外地下水经水泥土裂缝、型钢拔除后的空隙等渗入坑内而对地下结构产生不利的影响，尤其当型钢桩身长度范围内存在承压水层时，会导致大量的承压水涌入坑内。为了预防型钢拔除时可能产生的不良影响，可采取措施如下：一是采用符合要求的土质进行肥槽回填；二是分层夯实，提高肥槽回填的压实度；三是在型钢拔除过程中保持坑内降水。重点观察坑内保留井的降水情况。

6. 型钢拔除弯曲的控制

工法型钢拔除时易出现弯曲情况，一是腹板弯曲（俗称顺风弯），二是翼板弯曲（俗称侧弯）。结合工程实践情况，两种类型弯曲的主要原因如表 8-6 所示。

弯曲类型及原因分析　　表 8-6

弯曲类型	原因分析
腹板弯曲（顺风弯）	①型钢原材弯曲，或成品型钢起吊时吊点间距过大而出现不可恢复的弯曲； ②型钢对接焊时出现弯折，造成型钢插入垂直度偏差较大； ③搅拌不均匀或搅拌深度不足，强力振沉时出现弯曲； ④拔除时受力不均匀或受压顶梁影响而在拔除时出现不可恢复变形
翼板弯曲（侧弯）	①基坑变形过大，造成工法型钢出现不可恢复变形； ②拔除时受力不均匀或受压顶梁影响而出现不可恢复变形

为减少工法型钢拔除时出现的弯曲，需要在工法型钢插拔施工时注意落实如下措施：

（1）控制型钢原材弯曲矢高不超过单根型钢长度的 3‰，弯曲矢高超过该标准的，需先校正。

（2）型钢焊接加工时，通过控制型钢加工床的平整度、焊接前摆正等措施，确保成品型钢在自然状态下不出现弯折。

（3）H700 × 300 成品型钢吊装时，两吊点之间的距离不应大于 26m，以确保型钢吊装时在自重作用下的变形处于弹性可恢复状态。

（4）选择合适的搅拌施工参数，确保搅拌均匀；严控搅拌桩机的桩架垂直度（不大于 1/250）；遇砂性土层或硬质地层时，采取合适的措施，避免强力振插并严控插入垂直度。

（5）基坑较大变形是型钢侧弯的主要原因，因此基坑施工期间，要密切关注基坑监测数据、加大基坑日常巡查力度，如发现基坑存在较大变形趋势或存在导致基坑变形的危险因素时，应及时消除隐患，使基坑变形控制在允许范围内。

（6）工法型钢拔除前，肥槽回填不密实，也会因工法桩墙内外两侧压力不平衡而造成型钢拔除时出现侧弯，因此需重点控制肥槽回填质量（如部分地区已推行流化土进行肥槽回填）。

（7）工法型钢拔除时，如拔桩力与型钢不在同一条直线时，也容易在拔除时出现弯曲变形，因此需在型钢拔除时通过选用分体机、压顶梁面不平时采用铁板调节等措施进行控制。

8.3.3 质量检验标准和施工质量通病的防治

1. 内插型钢的质量检验标准

水泥搅拌桩内插型钢时，按内插型钢检验批（01040401）进行质量检查验收。其质量检验标准如表 8-7 所示。

内插型钢的质量检验标准　　表 8-7

项目	序号	检查项目		允许值或允许偏差		检查方法
				单位	数值	
主控项目	1	型钢截面高度		mm	±5	用钢尺量
	2	型钢截面宽度		mm	±3	用钢尺量
	3	型钢长度		mm	±10	用钢尺量
一般项目	1	型钢挠度		mm	⩽ L/500，L为型钢长度	用钢尺量
	2	型钢腹板厚度		mm	⩾ −1	用游标卡尺量
	3	型钢翼缘板厚度		mm	⩾ −1	用游标卡尺量
	4	型钢顶标高		mm	±50	水准测量
	5	型钢平面位置	平行于基坑边线	mm	⩽ 50	用钢尺量
	6		垂直于基坑边线	mm	⩽ 10	用钢尺量
	7	型钢形心转角		°	⩽ 3	用量角器量

2. 主要质量通病与防治

搅拌桩墙内插 H 型钢施工，经常会出现型钢长度不足、型钢插不下去、型钢偏位大、型钢下沉等质量通病或异常情况，并带来相应的基坑安全隐患。这些质量通病或异常情况的产生原因及相应的防治措施归纳如表 8-8 所示。

质量通病的产生原因及相应的防治措施　　表 8-8

质量通病	产生原因	防治措施
型钢未插至设计标高	①型钢长度不足； ②型钢插不下去	①按图纸进行型钢配料，确保型钢长度； ②严格按参数进行搅拌作业，确保搅拌均匀，搅拌完成后需及时插入型钢芯材
型钢偏位或间距不均匀	①插入定位不准； ②插入垂直度偏差大； ③含有地表障碍物或较大粒块； ④局部搅拌不均匀； ⑤振沉时偏心	①型钢插入时采用定位装置； ②插入时采用线锤或经纬仪控制垂直度； ③搅拌施工前预清地表障碍物，遇卵砾石土层时，应采取桩底复搅、及时内插型钢等控制措施； ④结合地层确定合理的搅拌参数，确保搅拌均匀； ⑤振动锤振沉型钢时，应确保不偏心振沉
型钢难插或插不到位	①搅拌不均匀； ②插入间隔时间较长； ③砂性颗粒沉淀快； ④搅拌桩墙未施工到位	①结合实际土层情况等采取有效措施确保搅拌均匀； ②搅拌成桩或成墙后，应及时插入型钢； ③砂性土层时掺加膨润土等，延缓砂性颗粒沉淀； ④搅拌桩墙的底标高应符合支护图纸的要求
型钢顶标高过低或下沉	①过插或过振； ②未采取固定措施导致下沉	①型钢插入接近桩顶标高时，放缓速度、控制顶标高； ②已插型钢及时采用相应固定措施防止型钢下沉
型钢拔不出或拔断	①型钢顶拔设备型号偏小； ②未涂刷减摩剂； ③未采取有效隔离措施 ④未掺加膨润土； ⑤接头焊接质量差	①选用合适的型钢顶拔设备并确保设备工况正常； ②型钢插入前需均匀涂刷减摩剂； ③与混凝土接触部位的型钢，需采取有效隔离措施； ④砂性土层时掺加适量的膨润土； ⑤严控型钢接头焊接质量并作焊缝探伤检测，超长型钢的上部接头应优先考虑蝴蝶焊法

8.4 内插预制混凝土构件

8.4.1 内插预制混凝土构件的主要施工流程

搅拌桩墙内插预制混凝土构件的主要施工流程与内插 H 型钢类似，但预制构件的截面积较大，因此沉桩阻力较大、插入时排浆量也较大。内插预制构件主要包括：施工准备、起吊插入、构件接头拼接、排浆处理等环节。

1. 施工准备

（1）技术准备。主要包括：熟悉设计图纸，对内插预制构件进行编号并分类统计；选择预制厂，确定构件预制长度、接头拼接方式和吊装方法（根据吊装方法留设吊点）；结合构件自重、长度和现场实际情况等选择起重设备并进行吊装验算，结合施工部署，编报专项施工方案；认真阅图、做好图纸会审，核算工程量、编制预制构件供货计划，组织对施工人员进行技术安全交底，做好施工前的相关技术资料准备工作等。

（2）生产准备。主要包括：划定材料临时堆场，修筑临时施工便道，现场临电布置及消防设施布置等；组织设备、人员进场，对施工队伍进行作业交底等。

（3）材料准备。按施工进度计划组织构件进场，确保材料供应不影响现场施工的需要；对构件外观质量进行检查、验收，存在明显质量缺陷的要及时清退出场、禁止使用等。

（4）机具准备。主要包括：场地排水设备，起重、振沉设备（或静压设备），经纬仪、水准仪等计量仪器，并验收、校核或鉴定。

2. 起吊插入

搅拌桩墙成桩或成墙后一定时间内，需及时插入预制构件。预制构件可以选用相应型号的起重设备起吊，依靠构件自重插入流塑状水泥土拌合物内，并辅以较大激振力的振沉设备沉至设计标高；也可以采用静压边桩机起吊并静压沉桩至设计标高。相比较而言，采用静压边桩机的沉桩保证程度较高，且预制构件插入的垂直度控制较好。

定位对中并调整垂直度后，缓缓插入至设计桩顶标高或方便预制构件拼接的位置。图 8-9 为静压边桩机施工 H 型预制构件的定位、锁紧装置，该装置不仅有利于内插定位的控制，也在构件对接时起到锁紧、防下沉的作用。

图 8-9 内插 H 型预制构件的定位锁紧装置

3. 构件拼接

当涉及多节预制构件，在前节预制构件压至方便拼接高度时，采取相应措施锁紧已压入预制构件（图 8-9），以防下沉，然后吊起另一节预制构件，缓缓下放并对准接头。现阶段，预制构件的接头拼接方式有焊接、螺栓连接（图 8-10）两种方式。焊接接头的现场作业量较大、速度较慢，且对焊接质量的要求高；螺栓连接方式相对便捷、速度快，但对构件的预制精度要求较高。

预制构件接头拼接时，要保证上下节构件顺直，避免出现接头扭折的情况，否则不仅会影响插入质量，也会影响邻近构件的内插作业。接头拼接完成并经验收合格后，方可继续沉插至设计桩顶标高。

图 8-10　H 型预制构件的接头拼接

4. 排浆处理

内插预制构件过程中，由于预制构件体积较大，因此会在插入时排出较多浆液；排出的浆液应顺着沟槽流淌并及时舀出至废浆池内，待固化后装车外运。

8.4.2　内插预制构件的主要注意事项

1. 内插预制构件对搅拌桩墙施工的要求

内插的预制构件，其截面积远大于 H 型钢，内插作业时的沉桩阻力也比 H 型钢大很多，因此对水泥土搅拌质量和内插时机的要求都更高，以避免因搅拌不均匀而造成的内插困难，甚至出现无法插至设计标高的问题。因此搅拌桩墙施工时，需要结合实际土层确定合适的搅拌施工参数、确保搅拌质量，砂性土层时要适量的膨润土和外加剂，减缓水泥土混合物中的砂性颗粒沉淀速度；采用 TRD 工法成墙时，应优先采用三步成墙法施工且控制单幅切割长度不可过长；搅拌成桩或成墙后，要及时进行内插作业，涉及构件拼接接头时，要采取有效措施提高接头拼接速度等。

2. 内插预制构件的吊装和接头拼接

搅拌桩墙内插预制构件时，需结合单节构件的截面尺寸、长度、自重和配筋情况等，确定构件吊装方法并留设吊点；构件运输、装卸、堆放及起吊插入时，应严格按照构件设计所考虑的工况进行作业，以减少这些作业环节对构件的影响。

接头拼接质量，是搅拌桩墙内插预制构件的关键，拼接质量不可靠将会存在严重的基坑安全隐患。因此，设计时需采用可靠的接头拼接形式，并便于施工，缩短接头拼接时间；构件预制时，需严格按照接头构造要求进行构件预制；施工时，需采取有效措施确保接头拼接质量符合设计要求，并加大接头拼接质量的检查验收力度。

3. 内插预制构件的振沉设备选择

如前所述，内插预制构件时的下沉阻力远大于内插型钢，很容易出现插入困难的现象而存在较大的安全隐患。因此，实际施工时，需结合地层土质、内插深度、搅拌工艺等选择较大能力的振沉设备，以提高意外情况的应对能力，避免出现插不到位的情况。

8.4.3 质量检验标准和施工质量通病的防治

1. 内插预制构件的质量检验标准

依据国家标准《建筑地基基础工程施工质量验收标准》GB 50202—2018 等，内插预制构件的成品质量可参照基础工程中的预制桩进行检查验收，即预制构件“表面平整，颜色均匀，掉角深度小于 10mm，蜂窝面积小于总面积的 0.5%”。与基础工程中预制桩不同的是，内插预制构件属于侧向受力构件，除上述质量检验标准外，还应重点检查接头部位的预制精度和预埋件的隐蔽记录（由预制厂提供）等。

内插预制构件的施工质量，除了可参照内插型钢检验批（01040401）质量检验标准中的“型钢长度”“型钢顶标高”“型钢平面位置”和“型钢形心转角”等项目的检验标准，对预制构件的长度、顶标高、平面位置、形心转角等进行检查验收外；还应结合基础工程中的预制桩质量检验标准中“接桩”项的要求（适用于接头焊接连接方式）或钢结构工程中的“高强度螺栓连接”检验标准（适用于预埋板螺栓连接方式）进行接桩质量的检查验收。

2. 内插预制构件的施工质量通病

除预制构件成品质量缺陷外，内插预制构件施工质量通病，与内插型钢的质量通病比较类似，可结合实际使用的施工设备并参照内插型钢质量通病，分析原因并落实相应的预防措施。

8.5 典型工程案例

8.5.1 案例一（三轴搅拌桩内插 H 型钢）

杭州某基坑，二层地下室，开挖范围内主要影响土层为砂质粉土、粉砂等，开挖深度 9～11m，采用 3ϕ850@600 水泥搅拌桩内插 H700 型钢（插一跳一）+ 一道预应力型钢组合支撑的支护形式。其中型钢顶标高距地面 1.5m、型钢底标高距离搅拌桩底 4m，如图 8-11 所示。该基坑的工法型钢，下部悬空、上部低于自然地面，存在一定的插入难度。经采取相应措施后，本基坑内插型钢的情况，如图 8-12 所示。

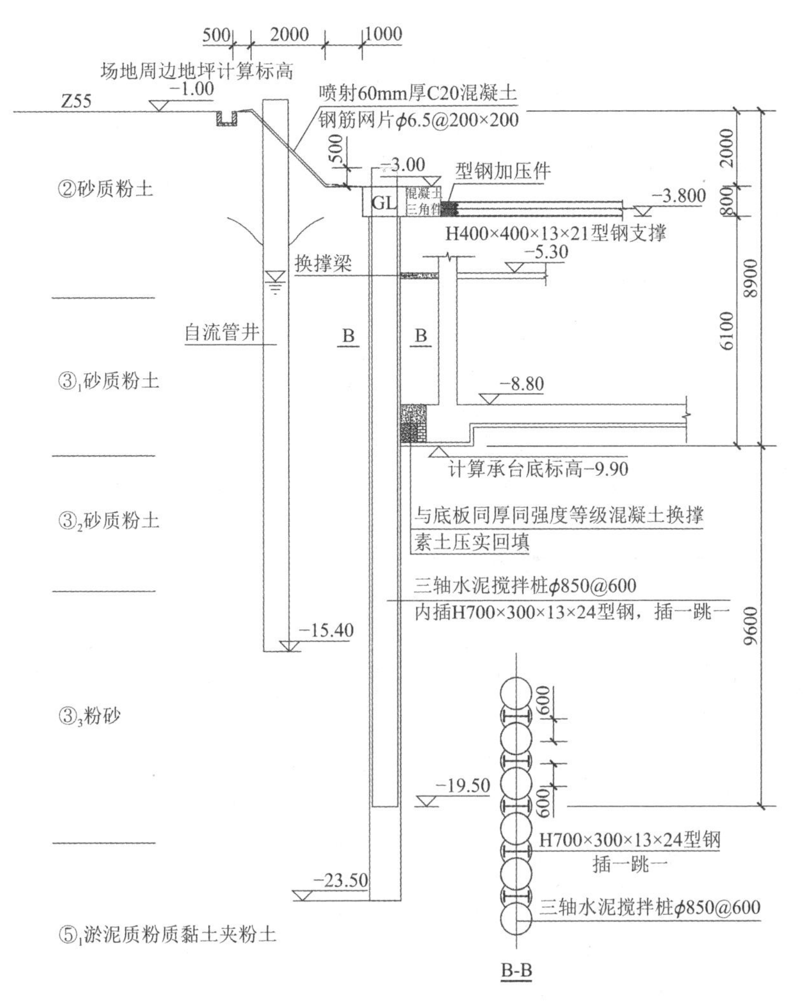

图 8-11　基坑剖面图

该项目的型钢内插施工时，主要采取了如下施工控制措施：

（1）采用型钢定位架，定位架放置时依据施工控制线，确保了型钢定位偏差。

（2）采用长杆振动锤，并标记出标高控制线，以控制型钢插入时的顶标高。

（3）依据地面标高和型钢顶标高的尺寸，用直径 18mm 的钢筋制作吊钩悬挂于定位架上，以防止悬空型钢后续出现下沉。

采取上述措施后，型钢插入质量整体可控、效果较好，如图 8-12 所示。

图 8-12　型钢插入情况

8.5.2 案例二（流化土桩内插预制管桩）

南京某基坑，二层地下室、局部一层地下室，开挖范围内主要影响土层为粉质黏土等，竖向围护结构需进入中风化砂岩层；一、二层地下室结合部位采用了ϕ800@1000 流化土桩，内插ϕ600PHC 管桩（间距 1000mm），如图 8-13 所示。

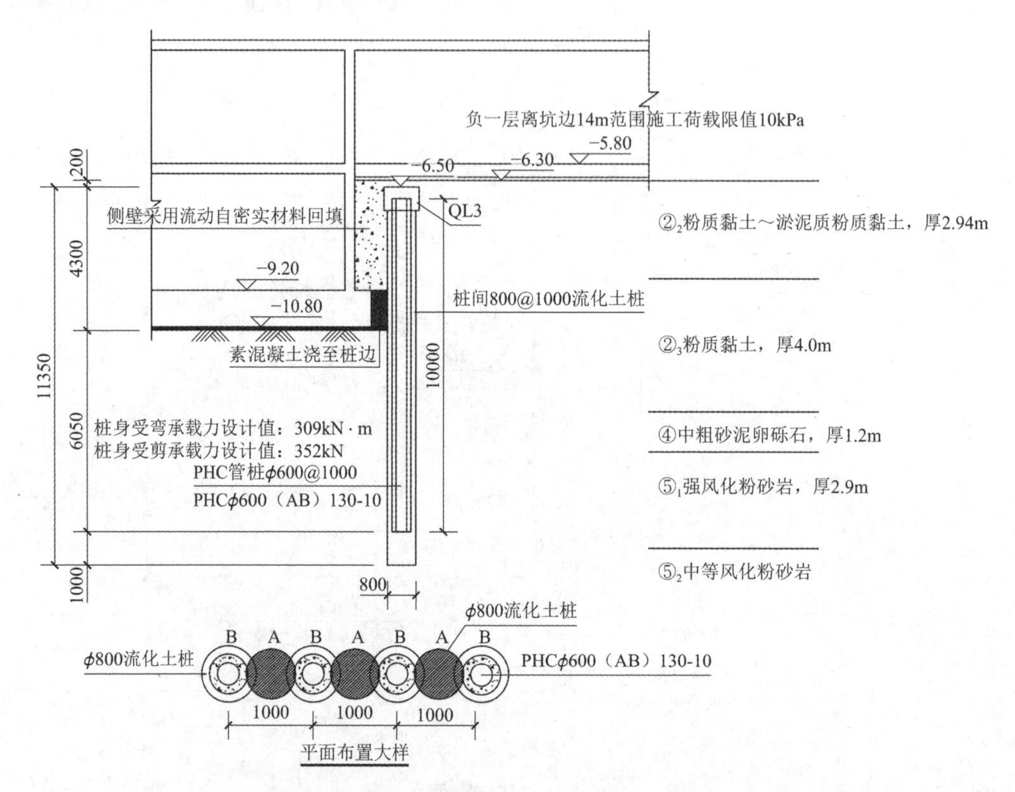

图 8-13 一、二层地下室部位的支护剖面

该基坑流化土桩采用旋挖干成孔方式，注入流化土后由指定分包单位采用静压法植入 PHCϕ600(AB)130-10 管桩。该工艺的施工特点是，先施工 B 型流化土桩，待 B 型流化土桩终凝后再施工 A 型流化土桩。该基坑下沉管桩的难度在于送桩深度较大且管桩底部悬空，容易造成桩偏位、桩顶标高不足。因此，沉入管桩时采用了送桩器、吊筋等措施，施工后的效果如图 8-14 所示。

图 8-14 流化土桩内插管桩施工情况

第 9 章 钢筋混凝土内支撑

9.1 概述

9.1.1 钢筋混凝土内支撑的特点

钢筋混凝土内支撑是一种以钢筋和混凝土为主要材料，通过现场浇筑方式而形成的基坑内支撑体系，它在基坑支护工程中使用最早、应用最广，主要具有如下特点：

（1）刚度大。传统钢筋混凝土内支撑属于被动受力支撑体系，不能主动预加支撑轴力、不能主动控制基坑的变形，只有当具备足够的刚度时，才能实现制约基坑变形的功能。而提升刚度的有效方式往往是增大构件的截面尺寸和布置密度。

（2）整体性好。钢筋混凝土内支撑是由若干既能承受轴向压力，也能够承受相应拉力的钢筋混凝土构件，以现浇方式形成的框架式超静定受力体系，因此具有优越的整体性能。

（3）支撑体系布置灵活、适应性强。钢筋混凝土内支撑可适用于各种形状的基坑，尤其适用于形状不规则的基坑；还可以通过增加支撑的道数来满足不同开挖深度的基坑需要。

（4）支撑体系的自重大。与钢支撑相比，钢筋混凝土内支撑构件的截面尺寸往往较大，由此导致自重较大，这也是钢筋混凝土支撑的竖向支承构件多采用钻孔灌注桩内插钢格构柱形式的原因。

（5）养护周期长。钢筋混凝土内支撑采用现浇方式形成，经过一定的养护期后，才能形成强度，具备承受外力的能力。

（6）不节材、不环保。钢筋混凝土内支撑在结束其支撑使命后均需要拆除，拆除后的支撑件无法直接利用，产生大量的建筑垃圾，因此耗材多、不环保。

9.1.2 钢筋混凝土内支撑体系的构成

钢筋混凝土内支撑体系一般包括水平或斜向支撑部分和竖向支承桩柱部分，如图 9-1、图 9-2 所示。其中水平或斜向支撑部分主要承受竖向围护结构传递而来的基坑侧压力，而竖向支承桩柱主要承受水平支撑的自重和施工附加荷载（如存在出土栈桥或支撑上架设作业平台时）。

钢筋混凝土内支撑体系中的水平受力体系，可按实际需要沿竖向设为若干层。竖向围护结构所承受的侧向土压力，则通过冠梁或腰梁，向水平支撑构件传递荷载，其中水平支撑构件两端所传递的荷载相互作用而形成支撑的轴向压力。

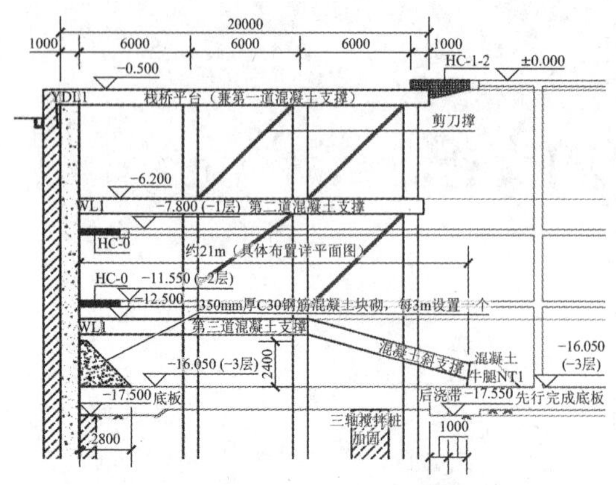

图 9-1　混凝土内支撑体系示意图

图 9-2　混凝土内支撑体系实物图

9.1.3　钢筋混凝土内支撑施工的特殊要求

支撑构件需按设计工况，自上而下分批施工浇筑，即土方开挖至相应支撑构件的垫层底标高后，浇筑垫层、铺设垫层隔离层，再绑扎钢筋、支模并浇筑，待支撑构件的混凝土强度达到设计要求后方可开挖支撑下的土方，如此循环，直至开挖至设计基底。

支撑构件的拆除也需要按设计工况，随地下结构主体的施工，自下而上依次拆除，即当被拆除支撑件对应的楼（底）板传力带的混凝土强度达到设计要求后，方可拆除相应的支撑件，直至所有支撑拆除完毕。

如不按设计工况进行支撑的施工与拆除，将出现设计工况以外的风险因素，导致基坑存在较大的安全风险。除此之外，为保证钢筋混凝土支撑节点部位的力学性能，所有支撑构件相交处（包括支撑梁与冠梁或腰梁相交处）均采取了加腋措施，以增加节点约束性能，如图 9-3 所示。

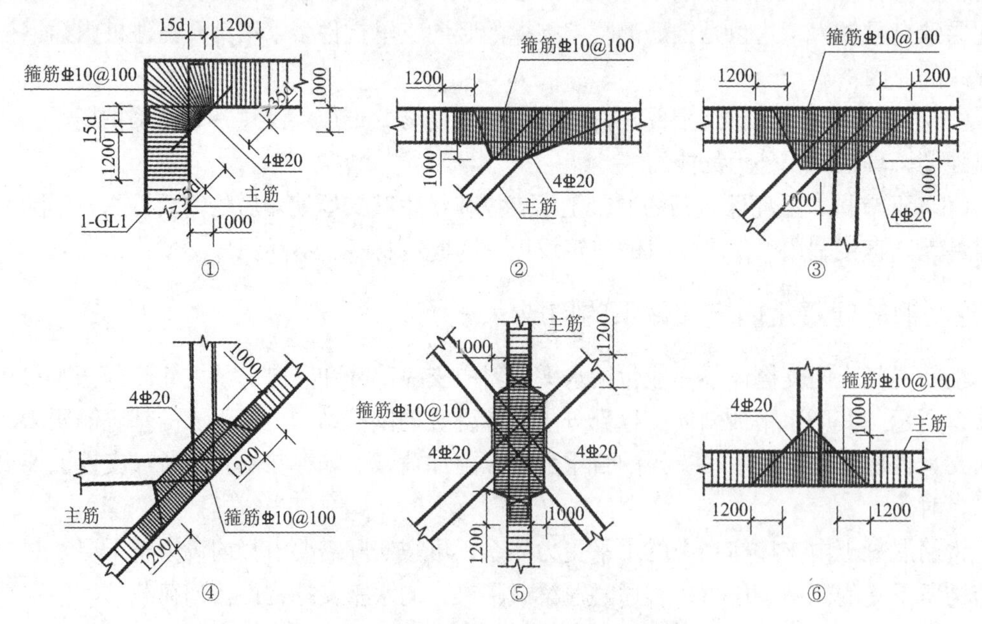

图 9-3　混凝土内支撑节点加腋示意图

9.2　竖向支承桩柱的施工

9.2.1　立柱桩的施工

钢筋混凝土支撑的竖向支承桩柱，通常由钻孔灌注桩（即立柱桩）和钢格构柱组成。钻孔灌注桩（立柱桩）的施工，可依据本书第5章相关内容实施，但由于立柱桩所承受的荷载往往较大，因此施工时需要严控桩长、桩端进入持力层的深度和桩底沉渣等。

立柱桩成孔后，按工序进行清孔、下钢筋笼，其中最后一节钢筋笼需与钢格构柱焊接。钢筋笼与格构柱的搭接长度不少于设计要求（一般≥2.50m），不少于4根主筋与钢格构柱的角钢搭接焊，焊缝长度不少于钢筋笼主筋的10*d*（*d*为钢筋直径）；当钢筋笼自重较大时，与钢格构柱焊接的主筋数量，应经计算确定进行确定，以保证整体吊装安全。

钢格构柱与桩钢筋笼连接焊接经验收后，需按设计要求的柱顶标高进行安放，否则容易造成钢格构柱锚入支撑梁内长度不足或基底以下钢格构柱锚固长度不足。此外，钢格构柱下放时，应辅以定位装置严控钢格构柱的形心转角偏差，以便于钢格构柱部位的支撑梁钢筋安装。

立柱桩的水下混凝土浇筑完成后，需在混凝土终凝后及时回填空桩桩孔，回填之前桩孔周围做好坑洞防护措施，回填材料一般采用粗砂（以方便后期清理），均匀回填，避免挤偏钢格构柱。

9.2.2　钢格构柱的制作

钢格构柱一般由四根角钢和按一定间距布置的缀板经焊接制作而成，顶端锚入首道钢筋混凝土支撑梁内，下端与桩钢筋笼搭接（长度不少于设计要求），钢格构柱的角钢与桩钢筋笼主筋搭接焊，穿结构底板部位设止水钢板，如图9-4所示。

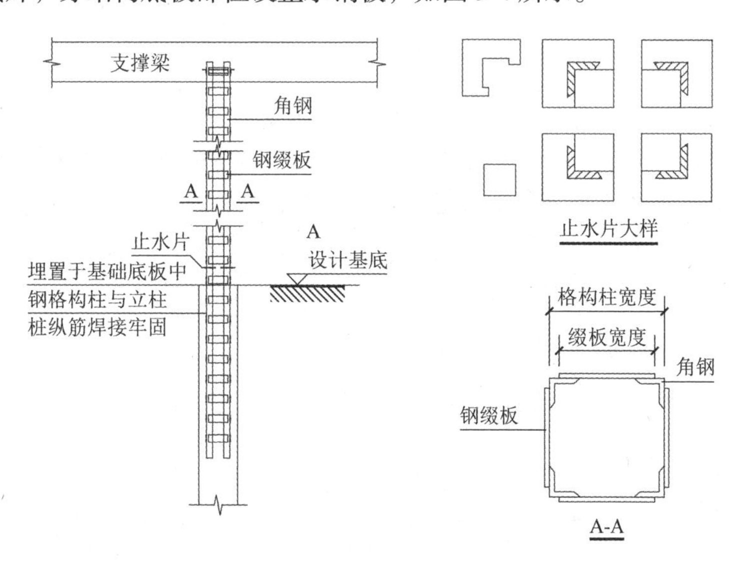

图9-4　钢格构柱示意图

制作钢格构柱用的角钢和缀板，其材质一般为Q235B或Q355B，并需在材料进场时按现行建设管理规定报验、取样送检，验收合格后方可投入使用。缀板一般由相应规格厚度的钢板经机械冲切制作而成（若采用氧割，则容易造成缀板边角翘曲、凹凸不平而影响缀板与角钢的焊接质量），且缀板应尺寸准确、边角顺直；钢格构柱焊接用焊条（焊丝）需符合设计图纸和施工规范的要求。

钢格构柱的制作场地，一般采用型钢或垫木铺设(采用垫木时需做好相应的消防措施)，间距的设置以角钢平放后不挠曲为原则，制作平台应坚固并方便现场操作，其表面平整度偏差控制在 2mm 以内。钢格构柱制作时，需确保截面尺寸准确、角钢与缀板定位准确，焊缝饱满、连续、焊缝厚度达到设计与施工的要求，且表面无夹渣、咬边、气孔等质量缺陷，如图 9-5 所示。制作好的钢格构柱在指定场地堆放整齐，并在格构柱上端头焊接 4 根带吊耳的吊筋（吊筋规格需满足钢筋笼与格构柱自重的整体吊装要求），备用。吊装、运输钢格构柱时要确保不发生变形或损伤。

当钢格构柱的成品长度大于角钢定尺长度时，要按照"确保同一截面的角钢接头不超过 50%，相邻角钢接头的错开位置不小于 50cm"的原则进行配料，同时在角钢接头部位的内侧采用相同规格的角钢短料（一般不小于 400mm）进行帮焊补强，如图 9-6 所示。

图 9-5 钢格构柱的现场制作

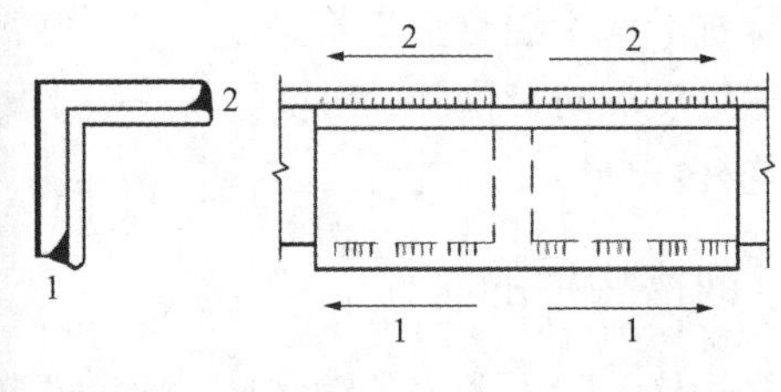

图 9-6 角钢接头的焊接顺序

9.2.3 钢格构柱的质量检验标准

依据国家标准《建筑工程施工质量验收统一标准》GB 50300—2013 和《建筑地基基础工程施工质量验收标准》GB 50202—2018 等，钢格构柱的施工质量可按钢立柱检验批（01040903）进行检查验收，相关的质量检验标准如表 9-1 所示。

质量检验标准 **表 9-1**

项目	序号	检查项目	允许值或允许偏差		检查方法
			单位	数值	
主控项目	1	立柱截面尺寸	mm	≤ 5	用钢尺量
	2	立柱长度	mm	±50	用钢尺量
	3	垂直度	≤ 1/200		经纬仪测量
一般项目	1	立柱挠度	mm	≤ L/500	用钢尺量
	2	截面尺寸(缀板或缀条)	mm	≥ −1	用钢尺量
	3	缀板间距	mm	±20	用钢尺量

续表

项目	序号	检查项目	允许值或允许偏差		检查方法
			单位	数值	
一般项目	4	钢板厚度	mm	⩾ −1	用钢尺量
	5	立柱顶标高	mm	±20	水准测量
	6	平面位置	mm	⩽ 20	用钢尺量
	7	平面转角	°	⩽ 5	用量角器量

注：L为钢立柱的设计桩长（mm）。

9.3　钢筋混凝土支撑梁的施工

9.3.1　主要施工流程

钢筋混凝土支撑梁（包括冠梁、腰梁）一般均采用现浇方法施工，主要包括：施工准备、土方开挖、浇筑垫层、绑扎钢筋、支模加固、浇捣混凝土、拆模与养护等环节工序，如图 9-7 所示。

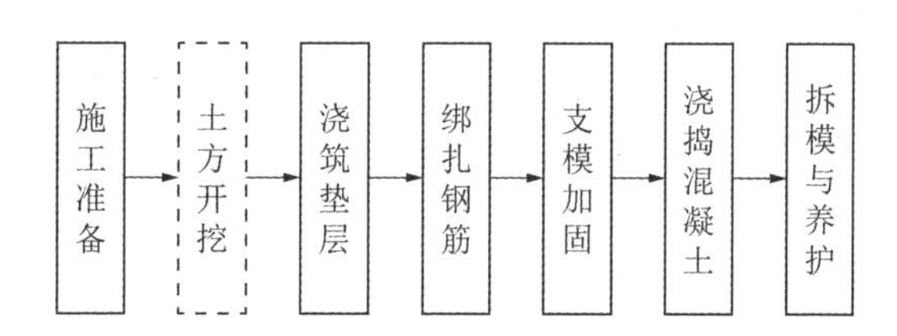

图 9-7　钢筋混凝土支撑的施工流程示意图

1. 施工准备

（1）技术准备。主要包括：熟悉设计图纸和现场作业条件，布置场地；遵循“竖向分层、纵向分段”和“先撑后挖、分层开挖、严禁超挖”的原则划分施工段，明确各段支撑的施工与开挖工况的组织顺序，拟定施工部署，编报专项施工方案；认真阅图、做好图纸会审，核算工程量、编制材料需求计划，组织对施工人员进行技术安全交底，做好施工前的相关技术资料准备工作等。

（2）生产准备。主要包括：钢筋加工场地和材料堆场的硬化处理，修筑临时施工便道，现场临水、临电布置等；组织设备、人员进场，对施工队伍进行作业交底，办理施工有关手续等。

（3）材料准备。落实材料供应单位，按施工进度计划组织材料进场、验收与取样送检，落实材料的堆放场地与临时保护措施，确保材料供应不影响现场施工的需要。

（4）机具准备。主要包括：钢筋加工设备，现场焊接工艺的选择与焊接设备，木工加工设备，混凝土浇筑振捣设备，场地排水设备，以及全站仪、经纬仪、水准仪、卷尺等测量设备。

2. 浇筑垫层

垫层的浇筑质量，尤其是垫层平整度，对支撑梁的观感质量有重要影响，其施工要点如下：

（1）垫层的基底整平。支撑梁部位的土方应按放设的标高进行开挖，开挖至支撑梁垫层底时，依据放设的支撑梁中心线，采用人工紧跟挖机进行整平、压实；雨期施工时，为减少雨水对垫层浇筑质量的影响，土方开挖与基层平整时，应在垫层浇筑区域范围外，设置排水沟槽和临时集水坑，以便及时排除积水，保护垫层底部原状土不被浸泡（积水将会严重扰动垫层底标高以下的土体而造成垫层浇筑困难，降低垫层浇筑质量）。

冠梁部位的桩间土开挖时，除考虑必要的冠梁施工作业面外，还需特别注意控制截水帷幕的顶标高控制。应确保截水帷幕的顶标高不低于垫层底标高，且浮土需清理干净，如遇截水帷幕的顶标高低于垫层底标高时，不得直接采用虚土回填压实，应清理干净浮渣，采用素混凝土浇筑，以确保冠梁底部不形成漏点。

（2）垫层模板。一般情况下，垫层的浇筑宽度不少于梁宽并每侧外延 100mm。垫层模板依据梁中心线和垫层宽度进行定位并带线安装，模板的上口标高按垫层面标高进行控制，确保模板上口平齐、顺直，垫层模板下口部位如出现空隙，应封堵严密。

（3）垫层浇筑。垫层浇筑区域内不应有积水，如有，应排除干净；如遇淤泥质土层时，应在垫层浇筑前平整，必要时铺设模板，以防止浇筑时泥土与混凝土混合在一起；垫层混凝土浇筑时，应依据标高控制点，确保垫层表面平整度，并在初凝前收平；浇筑时如遇雨天，应在浇筑完成后，采用薄膜覆盖，以防雨水影响新浇混凝土质量。

混凝土浇筑后 12h 内不应上人，12h 后如强度仍未达到 1.2MPa 以上，不得开展后续工作；强度未达到要求而确需上人时，应铺垫模板。

3. 绑扎钢筋

（1）垫层隔离层。支撑梁（含腰梁）绑扎前，根据支撑梁中心线放设出支撑梁边线和模板加固边线满铺隔离层，同时采取必要措施防止油毛毡隔离层破损（尤其要避免钢筋绑扎时，钢筋头破损隔离层），如有破损应及时修补，以确保垫层与支撑梁的隔离效果。

（2）钢筋绑扎。冠梁（压顶梁）钢筋绑扎前，需先调直桩头钢筋或对工法型钢采取相应的包裹隔离措施；分段浇筑的施工缝部位，应在后续浇筑分段的钢筋绑扎前，先对施工缝部位凿毛处理并清理干净，调直施工缝部位预留出的钢筋等。

支撑梁（含腰梁）绑扎时应按照“先主梁、后次梁、再构造”的顺序，自端部开始，确保端头部位的主筋锚固长度（锚固长度的计算一般自该构件钢筋进入另一构件的混凝土边缘开始起计）。支撑梁受力钢筋的连接，应按照设计图纸要求的方式。当焊接连接时，单面搭接长度不小于 $10d$或双面搭接长度不小于 $5d$；当采用套筒连接时，套筒拧紧力矩不应小于规范要求的数值。同时确保同一截面的接头率不得大于 50%、相邻接头的距离不小于 $35d$。

支撑梁的受力钢筋与格构柱冲突（如格构柱扭转等）时，应按设计确定的绕开方式增设钢筋，不应割除格构柱的角钢或缀板。腰梁钢筋绑扎前，应先施工防坠落的构造钢筋，防坠钢筋的间距、形状及规格必须与设计图纸相符，并应和竖向围护结构可靠连接。箍筋需与受力钢筋垂直设置，箍筋弯钩的叠合处，应左右错开、对称设置，且与主筋绑扎牢固；支撑梁节点部位的加腋钢筋，应严格按照图纸进行布置并定位准确、绑扎牢固。支撑梁钢筋的绑扎，如图 9-8 所示。

（3）钢筋验收。钢筋绑扎完成后，在班组自检合格的基础上，由项目部组织专业检，专业检合格后，上报监理单位进行隐蔽工程验收和钢筋分项检验批验收，验收合格后方可进入下道工序。

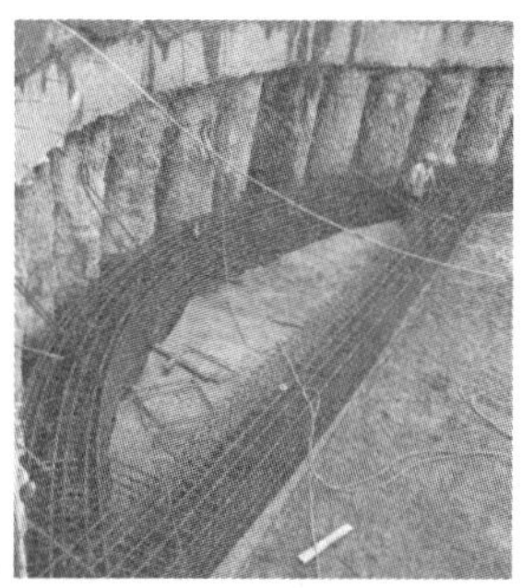

图 9-8　混凝土支撑的钢筋绑扎

4. 支模加固

支撑梁（含冠梁）钢筋验收合格后，即可支模加固，支撑梁的模板加固如图 9-9、图 9-10 所示（适用于梁高 1000mm 及以内的混凝土构件；梁高 1000mm 以上的构件，对拉螺杆间距按模板加固计算确定）。

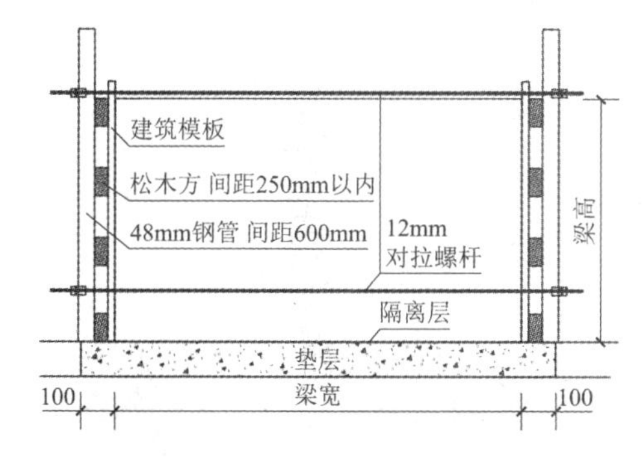

图 9-9　支撑梁的模板加固示意图

图 9-10　支撑梁的模板加固现场

模板支立前，需清理干净钢筋梁内杂物、模板表面附着物，均匀涂刷脱模剂；需要配模的，模板应在指定区域配制，不得在已经绑扎的支撑梁钢筋附近配制，以防木屑进入梁内。

为确保浇筑后的混凝土观感质量，垫层的浇筑平整度应满足模板支立的要求；并在浇筑前对模板与垫层之间的缝隙进行封堵；模板的拼缝不应大于 3mm，大于 3mm 的缝隙应在模板安装时采用老粉批嵌，以确保模板拼缝处的观感质量。

支撑梁侧模外侧的木龙骨，应沿梁长度方向均匀分布，木方间距不大于 250mm；木方外侧的加固钢管间距不大于 600mm（采用双拼钢管，以便于对拉螺杆加固）；模板加固采用对拉螺杆，对拉螺杆的直径一般不应小于 12mm，且最下一道对拉螺杆与垫层之间的距离不应超过梁高的 1/4（并不大于 200mm），对拉螺杆间距一般不大于 600mm。

支撑梁侧模的加固，需带线加固，以确保模板加固的平整度和垂直度；模板与垫层接触的部位，应采取有效的加固措施，以防止模板下口走模。

5. 浇筑混凝土

混凝土浇筑前，相应浇筑分段需通过各检验批验收并取得混凝土浇捣令，且施工缝（施工缝按浇筑区段划分图进行确定，一般留设在相应跨支撑的三分之一处）隔挡规范、严密不漏浆。

支撑梁的混凝土浇筑，一般采用商品混凝土、汽车泵输送方式。浇筑前做好人员、机具等安排，并落实好专人看筋、看模；施工机具、施工照明、施工电源等事先检查，并确保处于正常工作状态。浇筑前，第一车的商品混凝土，需随车携带混凝土配合比单，检查坍落度、可泵性等是否符合施工要求，还应由商品混凝土供应厂家配送减水剂、以备急需。

混凝土的浇筑，按照事先规划的浇筑顺序依次进行、逐步推进，不随意扩大浇筑面（以防浇筑来不及而造成的局部凝固）。浇筑时，先振捣出料口处的混凝土，使之形成自然流淌坡度，然后全面振捣；混凝土全部振捣时，严格遵循“振点均匀、快插慢拔”的原则，严格控制振捣时间、振点间距（按 50cm 控制）和插入深度，直至混凝土表面泛浆、无大量气泡产生为止；既要防止振捣不足，又要防止过振而发生跑模现象。振捣后的混凝土，要在初凝前进行找平，找平后覆盖薄膜（遇雨天时）；浇筑气温如低于 4℃时，需要采取覆盖草袋等保温措施。

支撑梁混凝土浇筑时，除按现行规定制作标养试块外，还应结合工程实际需要制作多组同条件养护试块，以便通过同条件试块的试压情况及时掌握混凝土强度的发展，为后续施工提供依据。

6. 拆模与养护

浇筑后满 12h 或强度达到 1.2MPa 以后方可拆模，模板拆除时，要确保混凝土构件棱角不受到损伤；模板拆除后的混凝土构件，应表面平整、顺直、棱角分明。模板拆除时，如遇混凝土麻面蜂窝等质量问题，应及时上报项目部，由项目部上报监理；严禁擅自处理混凝土质量缺陷的行为。拆模前后的混凝土支撑如图 9-11、图 9-12 所示。

图 9-11 拆模前的混凝土支撑

图 9-12 拆模后的混凝土支撑

混凝土浇筑后应结合气候状况等加强养护，一般而言，混凝土浇筑完毕的 3 日内，每天养护次数不少于 2 次；4～7 日内每天养护不小于 1 次；8～15 日期间每两天养护一次。养护时，应同时对同条件试块进行同条件养护，以确保同条件养护试块强度的代表性。当同条件养护试块的试压强度达到支护设计图纸的要求，方可开挖支撑下的土方。

9.3.2 施工注意事项

1. 支撑梁施工段的划分和施工顺序

钢筋混凝土内支撑往往需要分为多个施工段进行施工，需在施工前合理划分施工段。

支撑梁施工段的划分一般需综合如下因素：

（1）连续浇筑对周边环境的影响，尤其周边居民较多时。夜间施工的噪声对周边居民生活产生相应的影响，除需办理夜间施工许可证外，还应控制夜间施工时间，以减少对居民的影响。

（2）混凝土的供应能力。支撑混凝土的浇筑要确保连续、足量的供应，如供应量不足或供应间隔时间过长，容易造成混凝土初凝而影响支撑的受力性能。

（3）当周边环境较好或混凝土供应充足时，可提高单次浇筑量、减少施工分段数量。

（4）施工段一般需划分在受剪（节点部位的剪力往往较大）、受弯较小（跨中的弯矩往往较大）的部位，一般设在支撑净跨距的三分之一处。

（5）浇筑前施工缝部位需封堵密实、不漏浆；浇筑后达到一定强度后需及时对施工缝部位进行凿毛、清除浮浆，以确保后续浇筑时该部位结合密实。

2. 钢格构柱部位的钢筋安装

钢筋混凝土梁的主筋穿越格构柱不仅增大了施工难度而且还容易产生相应的质量隐患而影响钢筋混凝土构件的受力效果。钢格构柱为混凝土支撑的竖向受力构件，与支撑梁的钢筋相交是必然的；另外，施工前应通过套图、适当调整立柱桩位置，来避免格构柱与主体结构构件的冲突（一般情况下，钢格构柱需避开主体结构的梁、墙、柱，并确保相互之间的净距满足主体结构构件支模的需要）。对于支撑梁穿钢格构柱部位，可采取如下措施解决：

（1）钢格构柱安装定位时，采用定位架，确保格构柱的边与支撑轴线平行、不发生较大扭转。

（2）综合扩大节点尺寸，钢筋绕开钢格构柱的角钢并增加负弯矩钢筋等措施。

（3）必要时，先对钢格构柱的角钢进行截面补强，如在拟开孔部位补焊纵向钢筋或钢板等，再在角钢或缀板上开孔，使主筋穿越格构柱，但同时应适当增加该部位的负弯矩钢筋。

3. 支撑下土方开挖的条件

一般而言，钢筋混凝土支撑浇筑完毕后，只有当混凝土强度达到设计强度 80%（具体按设计图纸的要求）时方可开挖支撑下的土方；不仅如此，土方开挖时，还要注意未支撑区域的土方不因此受到扰动。尤其当基坑开挖范围的土方为淤泥质土等软土时，强度达到要求的支撑下土方若要开挖，还要保证开挖区域邻近的支撑也已浇筑完毕。

4. 支撑梁底黏附垫层的处理

钢筋混凝土支撑的垫层主要是为了方便支撑梁的施工、提高支撑梁施工精度，垫层与支撑梁之间铺设隔离层的目的，就是为了在土方开挖时方便垫层的剥离。但很多时候，隔离层铺设不到位或破损，会导致支撑梁底黏附部分垫层混凝土，这犹如高空炸弹，因此需在土方开挖过程中及时创造相应工作面并及时凿除。若未能凿除或凿除不干净的，可采用多层安全网包裹，将黏附的垫层混凝土块兜紧，以防坠落伤人。

9.3.3 质量检验标准与主要质量通病的防治

1. 质量检验标准

依据国家标准《建筑工程施工质量验收统一标准》GB 50300—2013 和《建筑地基基础

工程施工质量验收标准》GB 50202—2018 等，钢筋混凝土支撑的施工质量可按钢筋混凝土支撑检验批（01040901）进行检查验收。相关的质量检验标准如表 9-2 所示。

相关的质量检验标准 **表 9-2**

项目	序号	检查项目	允许值或允许偏差		检查方法
			单位	数值	
主控项目	1	混凝土强度	不小于设计值		28d 试块强度
	2	截面宽度	mm	0～20	用钢尺量
	3	截面高度	mm	0～20	用钢尺量
一般项目	1	标高	mm	±20	水准测量
	2	轴线平面位置	mm	≤ 20	用钢尺量
	3	支撑与垫层或模板的隔离措施	设计要求		目测法

注：钢筋混凝土支撑施工时的模板、钢筋、混凝土等分项工程施工质量，另按《混凝土结构工程施工质量验收规范》GB 50204—2015 中的模板安装（02010101）、钢筋原材料（02010201）、钢筋加工（02010202）、钢筋连接（02010203）、钢筋安装（02010204）和混凝土拌合料（02010302）等检验批进行检查验收。

2. 主要质量通病的防治

钢筋混凝土支撑施工过程中常见的质量通病、产生原因及相应的防治措施归纳如表 9-3 所示。

常见的质量通病、产生原因及相应的防治措施 **表 9-3**

质量通病	产生原因	防治措施
主筋安装的质量通病	①下料或加工尺寸不准确； ②锚固长度不足； ③主次梁主筋摆放位置错误； ④主筋定位不准或间距不均匀； ⑤同一截面接头比例超 50%； ⑥相邻接头的距离不足 35*d*； ⑦接头连接不规范	①依据图纸进行钢筋翻样、下料和加工制作； ②主筋端头的锚固长度不少于图纸和验收规范的要求； ③按照图纸标注的支撑主次梁和图集正确摆放钢筋位置； ④主筋间距应均匀，且保证最小主筋净距； ⑤按“同截面的接头比例 ≤ 50%”的原则翻样、下料和安装； ⑥按“相邻接头的距离 ≥ 35*d*”的原则翻样、下料和安装； ⑦采取有效措施确保钢筋接头连接质量
焊接连接质量通病	①搭接长度不足； ②焊接不连续、焊缝不饱满； ③焊接时包裹焊渣； ④焊渣未清除干净	①搭接长度 ≥ 10*d*，且主筋直径超过 25mm 时，应优先采用机械连接方式； ②施焊人员持证上岗，焊缝连续、饱满； ③立焊时要自下而上操作，以免焊缝内包裹焊渣； ④施焊完毕后清除焊渣，缺陷部位及时补焊
直螺纹连接质量通病	①钢筋接头面不平齐； ②套丝长度不够； ③采用非标的连接套筒； ④连接扭矩不够	①主筋端面切口平齐并打磨后再套丝； ②套丝长度应符合现行标准规范的要求； ③需采用国标套筒且使用前进行原材送检； ④应优先采用长短丝、顺丝紧固，扭力扳手检验
腰筋安装的质量通病	①搭接或锚固长度不足； ②间距不均或绑扎不牢固	①按确保搭接和锚固长度的原则翻样、下料和安装； ②腰筋应均匀分布、绑扎牢固
箍筋的质量通病	①加工尺寸存在偏差； ②加密区长度不够或间距不均； ③箍筋定位扭曲或倾斜； ④箍筋绑扎不牢； ⑤主次梁交接处箍筋数量不足	①依据梁截面选择正确的箍筋形式并准确翻样和加工； ②加密区长度不小于图纸、规范和图集的要求且间距均匀； ③箍筋需与主筋垂直相交并定位准确，倾斜箍筋及时调整； ④箍筋和主筋相交处的绑扎点需符合规范和图集的要求； ⑤主次梁交接处的箍筋构造需符合规范和图集的要求

续表

质量通病	产生原因	防治措施
其他钢筋的质量通病	①加腋附加筋尺寸不准； ②加腋附加筋间距不均匀； ③节点的钢筋构造不符要求	①加腋附加钢筋应按现场实际尺寸制作并确保锚固长度； ②加腋附加筋应沿加腋高度均匀分布并绑扎牢固； ③关键节点的构造钢筋必须按照图纸和现场实际制作安装
模板安装的质量通病	①梁截面尺寸不准； ②侧模扭曲或垂直度偏差大； ③模板拼缝缝隙过大； ④模板底口存在较大缝隙； ⑤模板加固不牢、出现跑模等	①模板支立时必须确保梁截面尺寸，加固时需增设内撑等； ②模板安装、加固时需带通线，确保模板顺直、不扭曲； ③规范配模和安装，确保模板拼缝处密实； ④模板底口与垫层之间存在较大缝隙时，应采用砂浆封堵； ⑤模板加固需牢靠，满足浇捣所产生的侧压力和施工荷载
混凝土观感质量缺陷	①蜂窝、麻面； ②漏筋； ③胀模造成局部截面尺寸大	①确保混凝土的和易性和可泵性，连续浇筑，振捣点均匀、振捣密实，同时要避免漏振和过振； ②梁钢筋绑扎、下方前，先放好底筋保护层垫块，垫块分布均匀、数量适宜；梁侧面加固前，放好梁侧保护层垫块，再进行模板加固；如发现钢筋贴牢模板，则及时调整； ③模板加固牢靠，使之满足浇捣所产生的侧压力和施工荷载；混凝土方量较大时，不可一次倾料过多，以减少侧压力；振动时，振捣棒不要贴住模板等
冠梁或支撑梁开裂	①开挖卸土太快导致冠梁开裂； ②坑外堆载增大基坑侧压力； ③基坑侧向位移过大； ④支撑梁上有临时堆载或重物； ⑤未按设计工况施工	①土方开挖时，要严格贯彻分层开挖、不超挖的原则，避免卸土太快而造成的基坑侧向位移过大或冠梁开裂； ②基坑工程施工期间，应严控基坑四周堆载和动载； ③密切关注基坑监测数据并采取有效控制措施，同时加快施工速度，减少时空效应的影响； ④支撑梁上不应堆放重物，或在设计允许范围内堆放（当支撑上设置施工场地时）； ⑤严格按照设计工况进行支撑施工、土方开挖和拆换撑

注：表中d为钢筋直径。

9.4　钢筋混凝土支撑的拆除

9.4.1　钢筋混凝土支撑的拆除方法

钢筋混凝土支撑的拆除方法，主要包括人工拆除、机械拆除、爆破拆除、静态膨胀剂拆除和静力切割，其中爆破拆除因手续办理困难、对周边环境产生较大影响等因素，已很少采用。

1. 人工拆除法

该法主要由人工利用风镐等工具对混凝土构件进行破碎，再人工割除钢筋并清理碎渣，具有机械化程度低、劳动强度大、施工速度慢、噪声大、粉尘多等特点，目前主要用于零星构件的拆除或作为其他破除方法的辅助手段，如图 9-13 所示。

2. 机械拆除法

该法主要采用挖掘机液压破碎锤（俗称镐头机）破碎混凝土支撑，如图 9-14 所示，再人工割除钢筋、辅助铲车清理混凝土渣。该法具有破除效率高、速度快等优点，但和人工破除法一样存在噪声大、粉尘多的问题，且破除期间对主体结构的影响较大，需加强成品保护。

3. 静态膨胀剂拆除法

该法是通过在混凝土支撑上按设计孔网尺寸钻孔眼、灌入膨胀剂，如图 9-15 所示，利用其膨胀力将混凝土胀裂，然后用风镐将胀裂的混凝土清除，再人工割除钢筋。其优点是方法简单、噪声小、粉尘少，但速度慢、膨胀剂对人体有伤害、后续处理的劳动强度和施工成本均较高。

图 9-13 人工拆除

图 9-14 机械拆除

图 9-15 静态膨胀剂法拆除

4. 静力切割拆除法

该法主要通过金刚石碟片锯或链条锯，对混凝土支撑进行切割分块，再利用叉车、吊机等机械，将混凝土切块吊运坑外指定地点后机械破碎、回收钢筋。该法具有机械化程度高、噪声小、粉尘少等特点，但会产生施工废水且施工成本较高，如图 9-16 所示。

图 9-16 静力切割拆除（①—碟片锯；②—链条锯）

9.4.2 主要施工设备介绍

1. 手持风镐

手持风镐是人工破除和静态膨胀剂拆除的主要施工机具，它由配气机构、冲击机构和镐钎等组成。冲击机构是一个厚壁气缸，内设可沿气缸内壁作往复运动的冲击锤。镐钎的尾部安装在气缸的前端，在压缩空气能的作用下，作有规律的往返运动而实现冲击破碎作业。其工作压力一般在 0.4～0.6MPa、耗气量 20～25L/s、冲击频率 15～25Hz。

2. 挖掘机液压破碎锤

即装载了液压破碎锤的挖掘机，它是混凝土构件机械拆除法的主要施工机械。液压破碎锤，我国国家标准的术语称之为液压冲击破碎器（hydraulic impact breaker），是以液体静压力为动力，驱动活塞往复运动，活塞冲程时高速撞击钎杆，由钎杆破碎矿石、混凝土等固体，其重要特征就是打击力和冲击能量。

液压破碎锤的型号分类方式比较多，有以适配挖机重量、适配挖机斗容进行划分的，也有以液压锤质量、液压锤钎杆直径或液压锤冲击能进行划分的，但每种分类形式都会注明不同型号液压锤适配的液压挖掘机型号，以方便选用。

混凝土支撑采用机械破除时，除采用挖掘机液压破碎锤外，一般还需辅以装载机归集、装载混凝土渣，以及相应型号的起重设备进行混凝土渣的垂直运输；同时还需辅以风镐进行局部人工破除。

3. 静力切割设备

主要包括金刚石液压链条锯（也称绳锯或线锯）切割机和液压碟锯切割机（又名液压墙锯切割机），具有切割能力强、静力无损、效率高、无施工粉尘、对周边环境干扰小等优点；但切割过程中会产生较多的废水，作业时需采取相应措施控制废水的排放。

链条锯（也称绳锯）切割机，主要利用了液压马达驱动绕于被切割物的金刚石绳索作高速（可达 25m/s）研磨，从而完成切割工作；绳锯可进行任何方向的切割，且不受被切割体大小、形状、切割深度的限制，因此广泛使用于混凝土支撑和各类大型钢筋混凝土构件的切割，如图 9-17 所示。

液压碟锯切割机，采用带有金刚石颗粒的切割碟片切割，安装不同规格的锯片可以完成 800mm 以内相应厚度的钢筋混凝土切割，具有切割效率高、切口平齐、无须事后二次处理等特点，主要适用于马路、楼板、剪力墙等构件的切割拆除，不适合大型构件的切割，如图 9-18 所示。

图 9-17　绳锯切割

图 9-18　碟锯切割

静力切割法拆除钢筋混凝土支撑，在现阶段得到越来越多的应用，除金刚石液压链条锯（绳锯）外，通常还需配备叉车和相应型号的起重设备，其中叉车和起重设备的型号选择时需综合混凝土切块自重、吊幅等现场实际情况，确保拆除作业安全。

9.4.3　静力切割拆除的主要施工流程

采用静力切割拆除钢筋混凝土支撑的主要施工流程包括：施工准备、搭设支架、钻吊装孔、静力切割、吊装外运、清理垃圾等环节工作，如图 9-19 所示

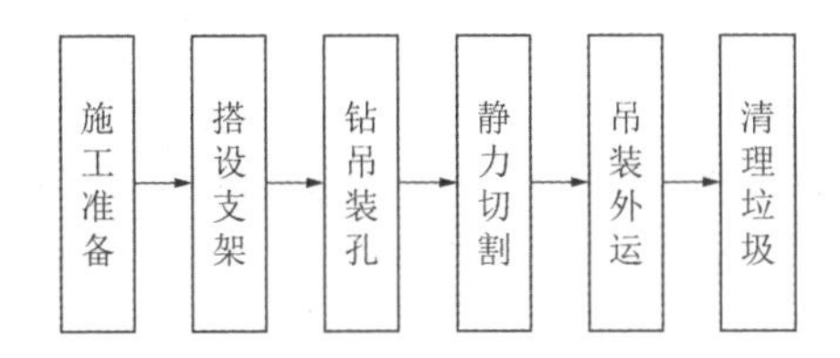

图 9-19　静力切割施工流程示意图

1. 施工准备

（1）技术准备。主要包括：划分拆除区段、明确各拆除区段的拆除条件，切块划分与编号，确定拆除顺序和设备行走路线，选择起重设备、站位并进行吊装验算，复核叉车作业时的施工荷载对结构楼板的影响等，并据此编报专项施工方案。明确安全施工技术措施，组织对施工人员进行技术安全交底等。

（2）生产准备。主要包括：清理拆除区段的杂物，布置场地，落实拆除作业所需的水源、电源和废水处理设施等，划分拆除作业区，落实作业区安全警示措施、夜间照明等拆除作业安全措施，确定坑内外的临时堆放场地，组织设备、人员进场，对施工队伍进行作业交底等。

（3）机具准备。主要包括：金刚石液压链条锯、金刚石开孔机、风镐等作业机具，叉车、起重机等吊装外运设备，水泵、排污泵等供排水设备，全站仪、卷尺等测量工具。

2. 搭设支架

钢筋混凝土支撑切割拆除前，需在拟切割梁体下搭设钢管排架或型钢支撑架。支架立于结构楼板上并垫木方或槽钢，以扩大接触面积，支架与拟切割支撑梁之间顶牢或用木塞塞牢，以避免混凝土切块在自重作用下的冲击，如图 9-20 所示。此外，钢筋混凝土支撑拆除前，还需严格按照施工方案确定的切块划分测放切割线，以确保切块重量控制在限值内，保证切块叉运和吊装安全。

图 9-20　被切割支撑梁下搭设的支架（排架）

混凝土支撑的切割拆除，若搭设钢管排架时，其排架搭设要求如下：

（1）支撑切割拆除所需的排架，一般搭设在拟拆支撑梁下方，并结合被拆梁宽和相应的安全作业工作面确定排架宽度，钢管排架的立杆纵距、横距一般需经计算确定（一般情况下，立杆横向间距为 300mm，立杆纵向间距为 500mm，步高为 1200mm），并设扫地杆。

（2）优先采用盘扣式钢管排架，钢管表明平直光滑，无裂缝、结疤、分层、错位、硬弯、毛刺、压痕和深的划痕等缺陷，壁厚不得小于 3mm，且严禁使用锈蚀严重的钢管。

（3）排架搭设前，需清理干净搭设区工作面，立杆底端铺设垫木或钢板，以保护结构楼（底）板；立杆顶端采用可调托座，双水平杆置于托座内，通过可调拖座，将顶端水平杆顶紧到支撑梁上。

（4）钢管排架需设置剪刀撑，且剪刀撑的角度控制在 45°～60°范围内，除两端用旋转扣件连接与之相交的横向水平杆的伸出端或立杆上，在其中间应增加 2～4 个扣结点，以增强排架整体性。

（5）若排架高度较高，搭设过程中应设置临时的斜撑杆、剪刀撑以及必要的缆绳，以避免钢管排架在搭设过程中发生偏斜或倾倒等意外情况。

3. 钻吊装孔

吊装孔的主要目的是方便切块的吊装，为确保施工安全，吊装孔需在支撑梁切割前打设（切割成块后，因失去整体性而存在施工作业安全问题）。一般情况下，每个切块上需钻两个ϕ100mm 的吊装孔（多用于腰梁、大型或异形构件），吊装孔的位置一般需选择在“能保证切块平衡起吊”的位置上。对于内支撑梁，经计算复核“支撑梁的角部主筋能满足安全吊装要求”时，可采用风镐剔出主筋用于吊装。钻吊装孔如图 9-21 所示。

图 9-21　钻吊装孔

4. 静力切割

混凝土支撑达到拆除条件、取得支撑拆除指令并完成相关准备工作后，即可采用金刚石液压链条锯，按照施工方案拟定的顺序和切割位置开始切割混凝土支撑。切割前需检查支架的稳定情况，确保牢固、可靠。每一跨的第一块，往往需要切割成倒八字，以方便吊装（对于腰梁而言，往往需要切割成外八字，以方便叉车将腰梁铲出）。切割过程中，需注意如下几点：

（1）安装绳锯机及导向轮。用膨胀锚栓固定绳锯主脚架及辅助脚架，导向轮安装一定要稳定，且轮的边缘一定要和穿绳孔的中心线对准。

（2）安装绳索。根据已确定的切割形式将金刚石绳索按一定的顺序缠绕在主动轮及辅助轮上，并注意绳子的方向应和主动轮驱动方向一致。

（3）根据现场情况，水、电、机械设备等相关管路的连接与走线摆放，均应正确、规范，严格执行安全操作规程，以防机多、人多，辅助设备和材料乱摆、乱放等而造成事故隐患。

（4）绳索切割过程中，绳子运动方向的前面用安全防护栏防护，并在一定区域内设安全标志，非专业作业人员不要进入施工作业区域。

（5）切割过程中通过操作控制盘（即通过控制盘调整主动轮的提升张力来保证金刚石绳适当绷紧）调整切割参数，使金刚石绳运转线速度在 20～25m/s。

（6）切割作业时，需同时启动循环冷却水系统，并密切观察机座的稳定性并及时调整导向轮的偏移，以确保切割绳在同一个平面内。

5. 吊装运输

完成切割的混凝土切块，需及时通过叉车或起重设备，叉运或吊运至指定堆放地点，有条件的应及时吊出坑外、装车外运，如图 9-22 所示。当临时堆放在坑内的结构楼板上时，需在切块下密布垫木，以分散切块自重对结构楼板的荷载，同时严控堆高，确保不对结构楼板产生不利影响。

图 9-22 混凝土切块的吊装运输

采用叉车叉运混凝土切块时，除结构楼板的支模架不能拆除外，还需对叉车行走路线范围内的结构楼板进行验算，确保施工附加荷载不对结构楼板产生不利影响。叉车行走路线涉及楼板后浇带或悬挑楼板时，需采用型钢对该部位的结构楼板进行加固且通过验算复核。

采用起重设备吊运时，起重设备的型号、吊重、吊幅等需符合吊装验算的工况，严禁超工况吊装；吊装用索具、吊具的选择需满足相应吊装工况的要求，达到报废要求的索具、吊具不得继续使用。切块装车时务必放稳，确保运输安全。

6. 清理场地

钢筋混凝土支撑切割拆除时，对于零星部位剩余的混凝土构件，一般辅以人工破除的方式处理。破除后的混凝土碎块垃圾等，及时装袋清运或铲运至吊运位置集中堆放，再采用挖机或密目钢丝网兜装车外运。切割施工过程中产生的废水，一般导流至结构预留集水井，用水泵抽至沉淀池，经沉淀净化处理后方可排放至市政排水管网。

9.4.4 支撑拆除的主要注意事项

1. 支撑拆除的条件

钢筋混凝土支撑的拆除属于工况转化过程，直接关系到基坑的安全，因此必须满足如下条件后方可拆除，且严格执行“拆除令”制度（即达到支撑拆除条件时，由施工单位向监理单位提出拆除申请，经监理单位审批同意后签发支撑拆除令），并加大支撑拆除时的基坑监测频率和基坑周边环境的巡查力度。

（1）被拆除支撑覆盖范围内的结构楼（底）板以及楼（底）板传力带施工完毕，且拆除前楼（底）板传力带的混凝土强度已达到设计要求。

（2）被拆除支撑覆盖范围内结构楼板的支模架未拆除，且经核算施工荷载（尤其设备行走范围内的施工荷载）对结构楼板不产生影响，或采取相应加固措施后不产生影响。

（3）楼（底）板后浇带内涉及型钢传力件的，被拆除支撑覆盖范围内楼（底）板的相邻区块的楼（底）板已经浇筑完毕，后浇带内的型钢传力带已按支护图纸的要求布设到位。

（4）涉及换撑的，应遵循“先换撑、后拆撑”的原则，在支撑拆除前完成换撑施工并验收合格。

（5）被拆除支撑覆盖范围内的结构楼（底）板上的模板等材料清理干净，或已整理堆放在不影响支撑拆除的区域内。

（6）分区块拆除时，要确保拟拆除部位的支撑拆除后，不会对未拆除区域的支撑受力产生不利影响，尤其形状复杂的异形基坑，需特别注意这个问题。

2. 混凝土支撑拆除时的相关复核验算

采用静力切割法进行支撑拆除时，一般需要复核叉车行走区域的结构楼板、后浇带或悬挑楼板等悬臂结构部位的加固，设计与验算拆除支撑架或钢管排架，验算切块吊装工况等；采用机械破除法拆除支撑时，需要复核挖掘机液压破碎锤在支撑梁进行破除的作业工况，复核铲车等施工设备行走区域的结构楼板、后浇带或悬挑楼板等悬臂结构部位的加固等；拆除分坑隔离桩墙时，往往还涉及上结构顶板进行作业的情况，因此需要复核作业区的结构顶板、分坑部位的悬臂结构加固保护，涉及吊装作业的，还应进行相应的吊装工况验算等。这些复核验算工作的目的主要是确保拆除作业安全、控制拆除作业对主体结构构件的不利影响。

3. 钢格构柱的拆除注意事项

支撑梁与钢格构柱的交合部位，一方面，在实际切割施工时，因切割设备操作空间的要求，钢格构柱部位往往存留部分混凝土；另一方面，该部位均存在混凝土加腋，而且加腋形状不规则，整体吊装拆除时，容易因把握不好重心而存在较大安全隐患。为确保带有混凝土块的钢格构柱能够安全拆除，一般需搭设作业平台，采用人工破除的方法进行处理，拆除一道支撑时，同时清理干净该道支撑于钢格构柱上的残留混凝土；当条件许可时，也可以采用中小型号的挖掘机液压破碎锤进行破除，但要做好混凝土碎块对结构楼板的冲击保护措施。

4. 分坑隔离桩墙的拆除

不少邻地铁设施等周边环境保护要求高的基坑，往往需在设计时划分为多个分坑。但在工程实践中，分坑隔离桩墙的拆除往往得不到应有的重视，甚至在分坑隔离桩墙拆除时造成较大的基坑位移。分坑隔离桩墙的拆除，主要涉及两个问题，一是关系到基坑变形的拆换撑工况；二是拆除作业空间受限，存在着施工设备上结构楼板或结构顶板上作业的问题，需关注对结构主体的保护。分坑隔离桩墙拆除时，除需验算拆除作业对主体结构的影响和薄弱结构部位的加固外，重点是把握拆换撑工况的变化，举例说明如表 9-4 所示。

工况图例、工况特点与说明　　　**表 9-4**

序号	工况图例	工况特点与说明
1	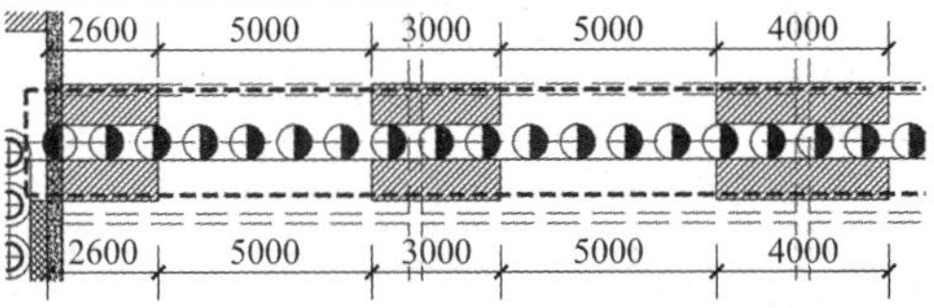 2600　5000　3000　5000　4000 2600　5000　3000　5000　4000	分割桩墙两侧的传力带需对称设置，并作用于同一范围内的桩墙
2	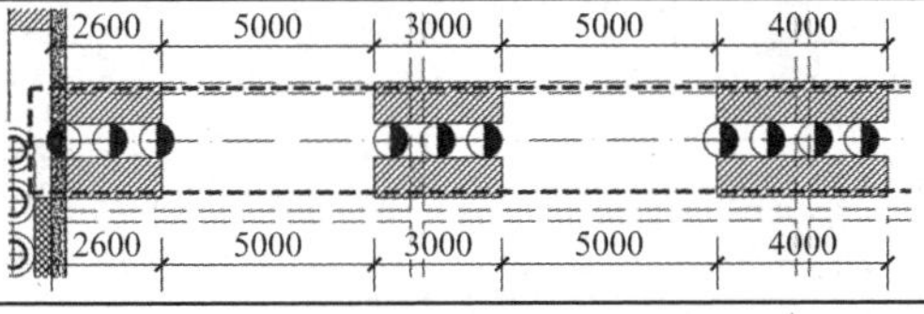 2600　5000　3000　5000　4000 2600　5000　3000　5000　4000	分割桩墙传力带作用范围以外的分隔桩墙先拆除

续表

序号	工况图例	工况特点与说明
3	2600 5000 3000 5000 4000 2600 5000 3000 5000 4000	分割桩墙传力带作用范围以外的分隔桩墙拆除后，连接该部位的结构底部、楼板和顶板；混凝土强度达到设计要求后，再拆除传力带和剩余的分割桩墙，最后再将地下结构封闭成一个整体

9.5 典型工程案例

9.5.1 案例一

杭州某净水厂基坑，开挖深度 16m 左右，开挖范围的土质主要为淤泥质粉质黏土，竖向围护结构采用 700mm 厚 TRD 搅拌墙截水帷幕 +ϕ1000@1200 灌注排桩，内支撑采用三道混凝土支撑，支承桩柱采用ϕ800 钻孔灌注桩内插钢格构柱的形式。基坑主要剖面情况如图 9-23 所示。

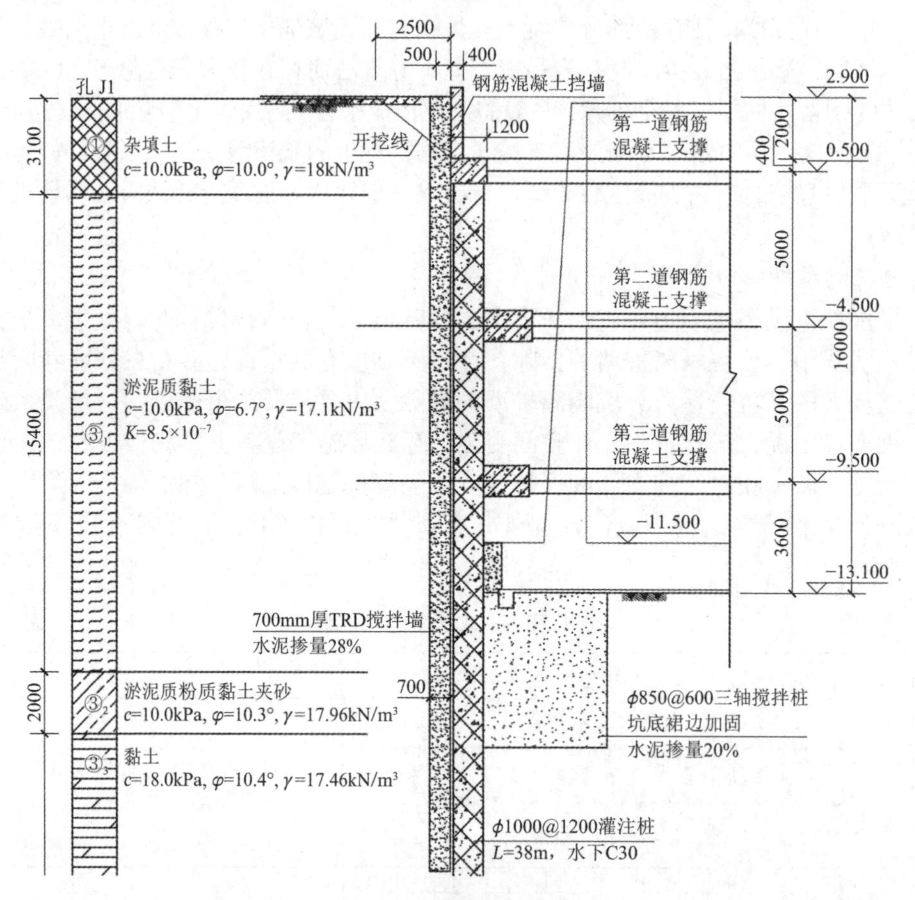

图 9-23 基坑剖面示意图

该项目的混凝土支撑施工时，主要采取了如下措施：①严控开挖面标高和垫层浇筑平整度；②模板表面附着物清理干净并满涂脱模剂，加腋部分的模板倒角后拼接，严控模板拼缝并严格按施工方案进行加固；③确保振动密实，初凝前收平抹光；④把握拆模时机和拆模方法，确保拆模时不碰损混凝土棱角。采取上述措施后，该基坑混凝土支撑观感较好，如图 9-24 所示。

图 9-24　混凝土支撑观感效果

9.5.2　案例二

苏州某基坑，两层地下室，开挖深度 10m 左右，基坑开挖范围内的土质主要为淤泥质粉质黏土；竖向围护结构采用 3ϕ850@1200 三轴搅拌桩截水帷幕 +ϕ900@1100 灌注排桩，采用二道内支撑（首道为混凝土支撑、第二道为型钢组合支撑 + 局部混凝土支撑），支承桩柱采用ϕ800 钻孔灌注桩内插钢格构柱的形式（第二道型钢支撑借用钢格构柱）。基坑主要剖面情况如图 9-25 所示。

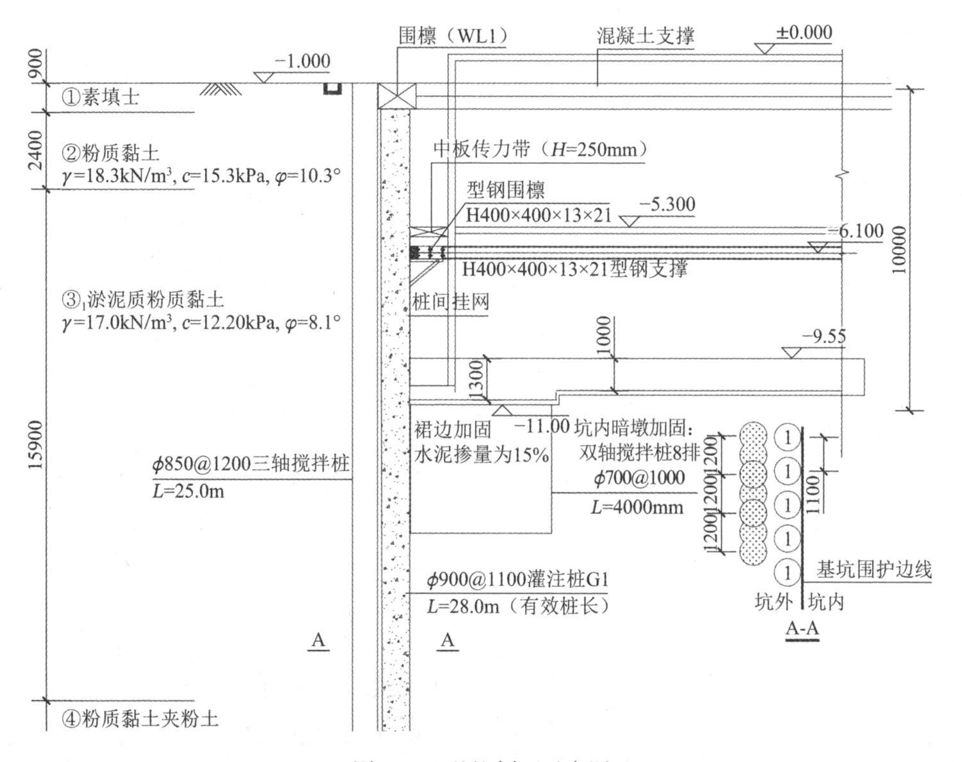

图 9-25　基坑剖面示意图

该基坑第一道混凝土支撑施工完毕，后续土方开挖时发现支撑的格构柱存在重大质量缺陷，如图 9-26 所示。

图 9-26 混凝土支撑及格构柱缺陷

经初步分析，本基坑的支承桩格构柱出现的质量缺陷，主要是因为钢格构柱加工制作时，角钢拼接均在同一截面上，且没有采用同规格角钢对拼接部位进行补强；土方开挖时，未严格遵循分层、均匀对称开挖的原则。

第 10 章 预应力型钢组合内支撑

10.1 概述

10.1.1 钢支撑的特点

基坑支护工程中的内支撑，除钢筋混凝土支撑外，还有以钢管、H 型钢、角钢等材料为主，经现场装配而成的内支撑形式，即钢支撑。与钢筋混凝土支撑相比，它具有如下特点：

（1）强度高、自重轻。钢支撑所用型钢材料的抗压强度，远大于混凝土，相同的支撑轴力情况下，钢支撑构件的自重轻。

（2）节材、经济、环保。钢支撑所用构件已日趋标准化，除少数构件外，绝大部支撑件都可回收并重复利用，与钢筋混凝土支撑相比，它具有“一次投入、多次使用”、节材、经济的特点，而且施工过程中产生的建筑垃圾也极少，是一种绿色、环保、性价比高的内支撑形式。

（3）无养护期、即装即用、速度快。与钢筋混凝土支撑相比，钢支撑的最大特点是不存在养护期的概念，达到了“即挖即装、即装即用”的效果，安装周期也短于钢筋混凝土支撑施工周期。

（4）可预加支撑轴力、实现基坑变形的主动控制。传统钢筋混凝土内支撑属于被动受力型支撑体系，不能主动预加支撑轴力、不能主动控制基坑的变形；钢支撑可通过预加支撑轴力预先抵抗侧压力，实现基坑变形的主动控制。理论上讲，只要支撑体系的稳定性和承载能力足够，甚至可实现基坑的负变形。

（5）支撑刚度和整体稳定性差异大。钢支撑是以支撑材料类别划分的一个分类，主要包括钢管支撑和各种组合形式的型钢支撑；虽然同属于钢支撑，但两者之间的刚度和整体稳定性有较大差异，钢管支撑的刚度和整体稳定性普遍低于型钢组合支撑；不同组合形式的型钢支撑，节点构造的超静定程度差异和支撑件轴力的均衡度差异也较大，也存在较大的刚度和整体稳定性差别。

（6）对节点构造和安装精度的要求高。钢支撑的节点不仅关系到支撑内力的传递，而且也关系到支撑体系的整体稳定性。一方面，超静定的节点构造和均衡的传力节点构造，抵御未知因素的能力往往较强，因此具有更好的整体稳定性；另一方面，支撑件之间的安装精度，直接关系到构件受力的均衡程度，否则将造成同榀支撑内不同支撑杆件轴力的差异。正是由于钢支撑对节点构造和安装精度的高要求，施工前均需进行深化设计。

（7）支撑布置过密则容易增大土方开挖难度。对于基坑开挖深度较大、土质较差、变形控制要求高的情况，非组合形式的钢管支撑，支撑水平和竖向布置间距往往过于密集，大大增加了土方开挖的难度。

10.1.2 钢支撑的主要分类

国内现阶段的钢支撑，主要包括钢管支撑和型钢组合支撑（因组合形式的不同，不同类型的型钢支撑体系名称有一定差异，这里统称为“型钢组合支撑”），具体如下：

1. 钢管支撑

钢管支撑是国内较早出现的钢支撑形式之一，如图 10-1 所示。它非常适用于地铁、管廊等明挖线性基坑项目。一方面，从受力角度而言钢管支撑多为单跨压杆式或多跨压杆式，其特点是每根钢管都自成一个独立的受力体系、各根钢管之间的横向联系弱，一旦某榀钢管支撑失稳，会引起连锁反应而引发较大的基坑险情，因此单榀支撑的受力稳定性是钢管支撑发挥其支护功能的前提；另一方面，钢管支撑往往由于布置较密而增大土方开挖的难度。

图 10-1 钢管支撑

2. 型钢组合支撑

钢管支撑存在着稳定性较差以及支撑布置密等问题，为了克服这些问题，出现了新的钢支撑形式——型钢组合支撑，即采用型钢支撑件、通过拼装组合成具有相应强度、刚度和稳定性的水平桁架式支撑体系，如图 10-2 所示。

图 10-2 不同形式的型钢组合支撑

目前国内的型钢组合支撑，有较多的组合形式，支撑体系的整体稳定性差异较大。有的型钢组合支撑形式，其整体稳定性已不弱于钢筋混凝土支撑；有的型钢组合支撑形式，采用的是非超静定的节点构造、节点传力不够均衡，其整体稳定性并没有得到实质性提高。

10.1.3　钢支撑体系的组成

不论钢管支撑还是各种形式的型钢组合支撑，与钢筋混凝土支撑类似，均由水平支撑部分和竖向支承桩柱部分组成，如图 10-3、图 10-4 所示。其中，水平支撑部分主要承受围护结构传递而来的基坑侧压力，竖向支承桩柱主要承受支撑的自重和水平支撑内力的偏心荷载。水平支撑与竖向围护结构之间，一般通过设置冠梁（多为钢筋混凝土形式）或腰梁（多采用型钢围檩的形式）来实现内支撑与竖向围护结构之间的荷载传递。

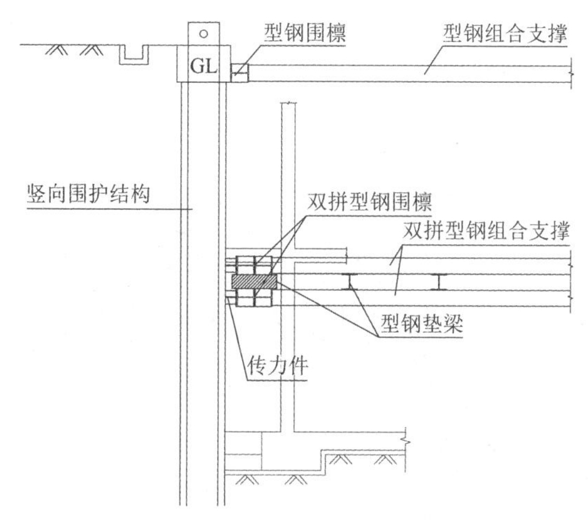

图 10-3　型钢组合支撑体系组成示意图

图 10-4　型钢组合支撑实景图

1. 钢管支撑

钢管支撑一般由中间部分的标准节和端头的活络端、固定端组成，标准节按一定的尺寸模数制作，通过法兰连接可满足不同的支撑长度需要；活络端、固定端位于冠梁或腰梁部位，活络端可用于预加支撑轴力，如图 10-5 所示。钢管支撑的常用规格为ϕ609mm × 12mm、ϕ609mm × 16mm、ϕ800mm × 16mm、ϕ800mm × 20mm 等。钢管支撑（也有用 H 型钢代替钢管的做法）的最大特点是单杆受压、无其他有效约束，因此容易发生受压失稳破坏，通常避免钢管支撑受压失稳的做法，是通过加密布置来控制支撑轴力。

图 10-5　钢管支撑的组成

2. 型钢组合支撑

型钢组合支撑（图 10-6）一般由标准件、极少量的非标件和用于增强支撑稳定性的盖板与槽钢等组成，其中标准件按使用部位的不同，又可分为各种规格的支撑标准件（用于传递支撑轴力，规格系列较多，可满足不同长度支撑的组合）、围檩标准件（用于型钢围檩）、加压标准件（用于支撑加压部位，起到均衡施加轴力的作用）、三角转换标准件（用于均衡改变支撑轴力的方向，常见于支撑端部和八字撑）、角度调节标准件（用于不规则基坑的轴力方向微调，调节角度 5°～15°不等）、螺栓孔位调节标准件（用于螺栓孔位微调）、钢拱标准件（用于减缓支撑与围檩或冠梁交接部位应力集中问题）等。

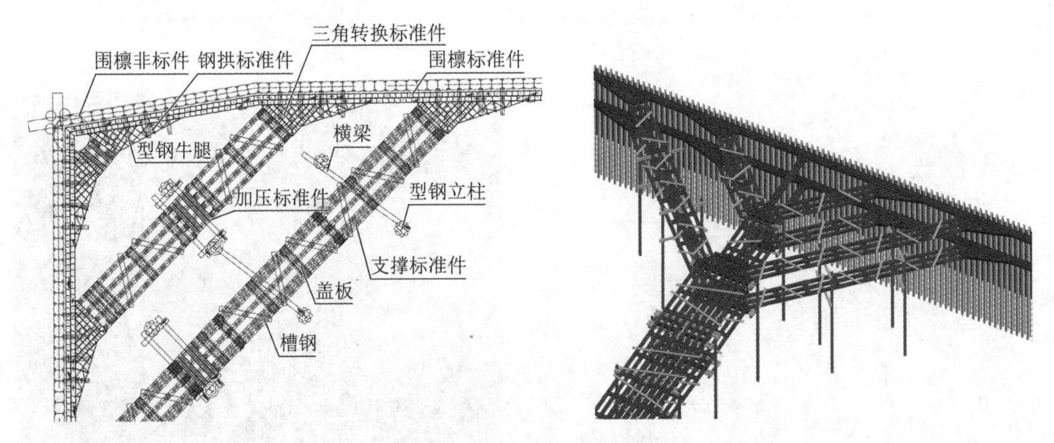

图 10-6　型钢组合支撑的组成

3. 张弦梁体系

型钢支撑中的张弦梁体系是一种特殊的受力体系，传统的支撑梁件多为受压状态，而张弦梁组合体系则为抗弯、抗剪构件，竖向围护结构传递而来的侧压力，由具有较大抗弯能力的张弦梁体系，转化至支撑端部，从而实现增大内支撑的间距、提供较为开阔的挖土作业空间的目的，如图 10-7 所示。它具有如下受力特点：

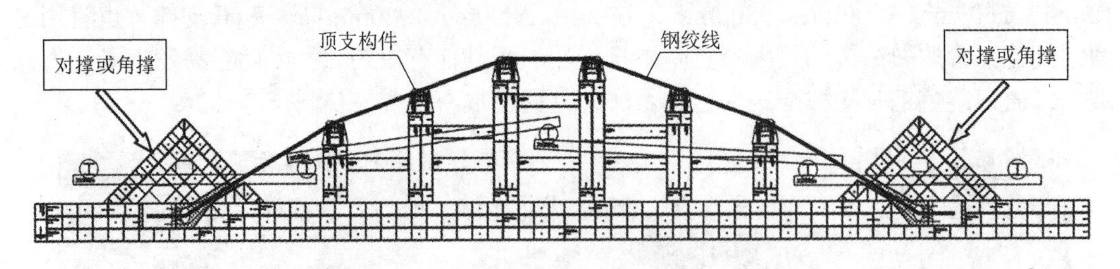

图 10-7　张弦梁体系的组成

（1）基坑支护中的张弦梁体系主要发挥其整体抗弯能力。

（2）张弦梁体系本身并不能平衡基坑侧压力，只是起到转移基坑侧压力的作用。

（3）张弦梁体系所转移的基坑侧压力，最终还是由两侧的对撑或角撑来承受。

张拉钢绞线前，必须确保其两端的支撑均已加压，否则不得张拉；释放钢绞线张拉力时，除满足常规支撑卸压拆除的条件外，还必须确保两端的支撑未拆除。张弦梁与两端支撑，共同构成了一个受力整体，不能分区拆除，并因此对地下结构的分区施工造成一定的不利影响。

10.1.4　型钢组合支撑深化设计

钢管支撑属于单杆式支撑，支撑的深化设计比较简单，主要是支撑件配长和端点（固定端和活络端）构造的约束情况；型钢组合支撑涉及构件较多、组合形式也有较大差异，因此需增加深化设计及审核，审核重点如下：

1. 支撑的布置

型钢组合支撑的布置，原则上应符合原基坑支护图纸；若原基坑支护图纸本身存在不合理或施工难度大的情况，可通过图纸会审环节变更或调整原基坑支护图纸后再进行支撑的深化设计。通常情况下，型钢组合支撑尽量避免采用大范围的框架组合形式，如图 10-8 所示，类似于图 10-9 环形支撑，应优先采用能够独立分榀的组合形式，以发挥出型钢组合支撑分榀安装、拆除的优势，缩短施工工期。

图 10-8　框架式型钢组合支撑

图 10-9　环形布置的钢筋混凝土支撑

2. 出土口部位的构造

出土口是基坑支护工程的重点部位，不仅施工荷载较大，而且当存在多层支撑时，出土坡道会影响下层支撑的安装，甚至出现先挖后撑的情况，如图 10-10 所示。

若未设置出土栈桥，需断开出土坡道，待下层支撑施工完毕后再恢复出土坡道，如图 10-11 所示。这种做法会造成出土临时中断，还需对下层支撑进行必要的加固，以抵抗出土坡道恢复时作用于支撑上的竖向附加荷载。更为合理的方法是设置出土栈桥，如图 10-12 所示。

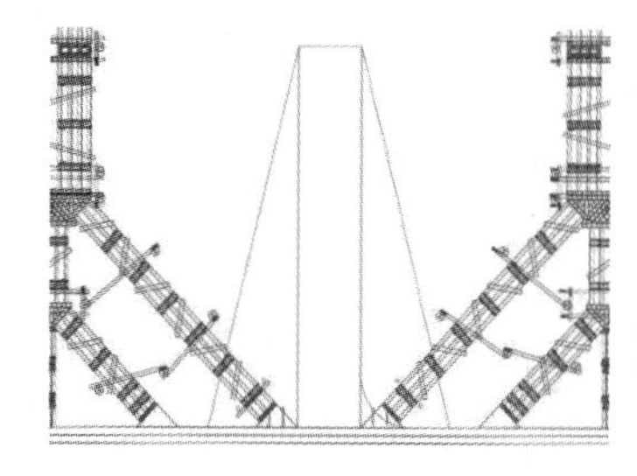

图 10-10　出土口坡道

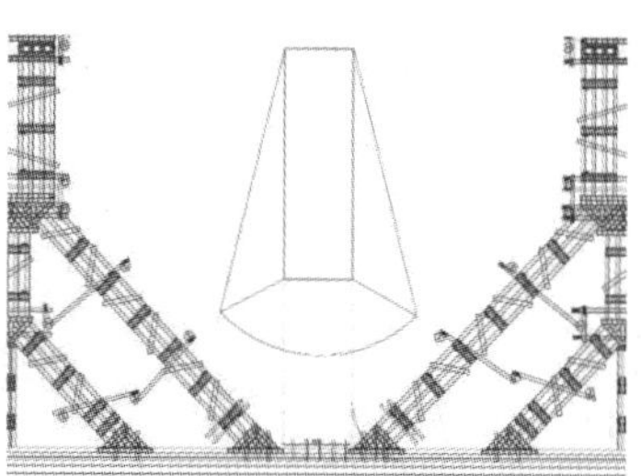

图 10-11　断开坡道施工下层支撑

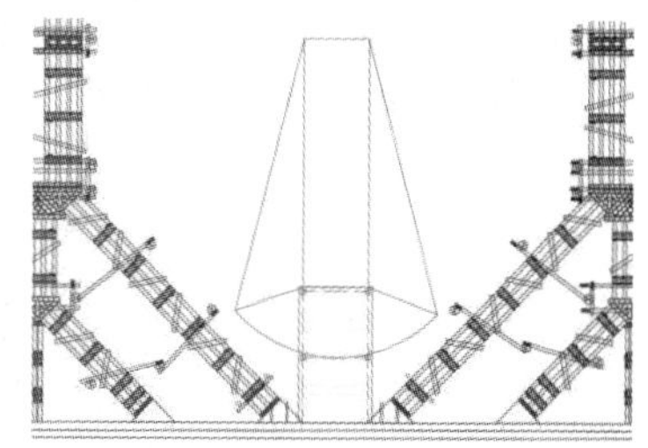

图 10-12　设置出土口栈桥

3. 支撑件均衡受力情况

单榀型钢组合支撑往往包含多根支撑杆件，如图 10-13 所示，若组合形式不合理，可能会造成各支撑杆件承受轴力差异大，降低支撑体系的整体稳定性，甚至发生局部压弯失稳而引起整榀支撑的失效。

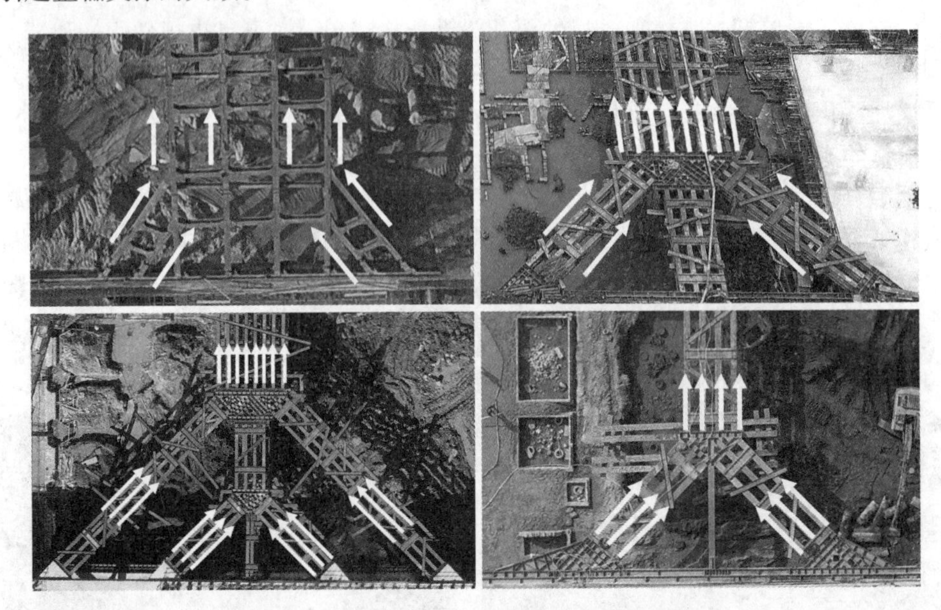

图 10-13　不同组合形式下的支撑轴力传递示意

4. 主要传力节点的构造

型钢组合支撑的传力节点构造直接影响了支撑的受力性能和整体稳定性。一般而言，超静定结构的节点构造要好于铰接节点，带有三角转换件的节点更利于均衡同榀支撑中各根支撑杆件的轴力，如图 10-14 所示。

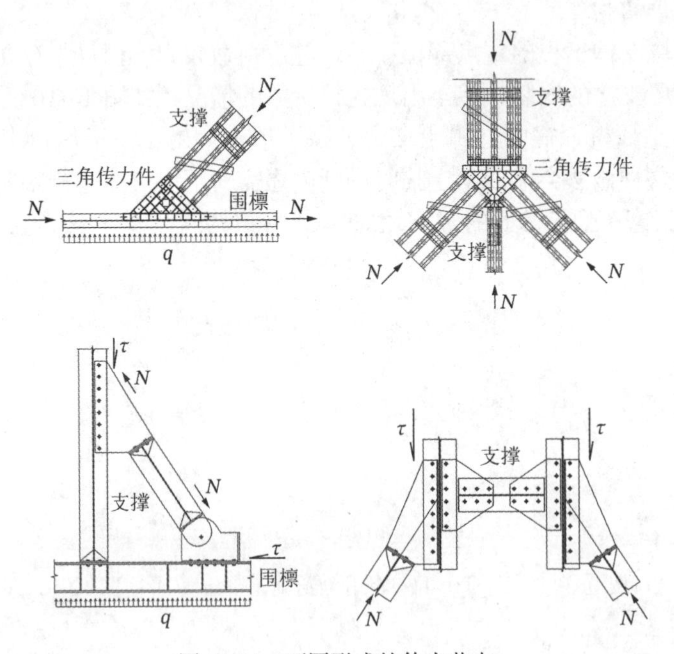

图 10-14　不同形式的传力节点

此外，采用型钢围檩时，型钢围檩与竖向围护结构之间的节点构造也需重点审核，型钢围檩与竖向围护结构之间的节点构造要确保具有足够的抗剪能力，通常的做法是设置抗剪型传力件。

5. 支撑立柱的构造

型钢组合支撑的立柱可采用型钢立柱和钻孔灌注桩内插钢格构柱，无论采用哪种立柱形式，均应保证其竖向承载力，以确保立柱不发生下沉（支撑立柱一旦下沉，在自重和轴力的共同作用下，压弯变形将呈现扩大趋势，直至整榀支撑失效而发生重大险情）。

10.2　型钢立柱的施工

型钢组合支撑的立柱可采用钻孔灌注桩内插钢格构柱（多见于首层为混凝土支撑、下层为钢支撑的情况）或型钢立柱；当采用钻孔灌注桩内插钢格构柱时，可参照本手册第 9.2 节相关内容进行施工。当采用型钢立柱时，其主要施工方法如下：

10.2.1　型钢立柱插入前的准备工作

1. 立柱定位复核

型钢立柱插入前，应结合支护图纸、地下结构图纸进行套图，以避免型钢立柱对后续地下结构施工的影响；当发现型钢立柱的设计定位与地下结构中的梁、墙、柱等结构构件存在冲突时，应提前联系设计进行立柱定位的调整。一般而言，型钢立柱与地下结构的梁、墙、柱之间应保持不小于 500mm 的净距离，以满足地下结构梁、墙、柱的支模与加固要求。

2. 立柱桩端土层复核

型钢立柱插入前，应结合支护图纸、地勘报告，核实型钢立柱底进入的土层，若型钢立柱底标高仍处于淤泥质黏土等软弱土层时，应复核立柱的承载力，以避免后期出现因承载力不足而发生立柱下沉问题。

3. 进场材料的验收

进场的型钢立柱材料，其材质和规格需符合图纸要求；当采用周转性型钢时，除材质和规格符合要求外，还不应存在严重锈蚀、明显缺陷等情况，且弯曲矢高不大于 2‰。

4. 型钢立柱的接长焊接

当型钢立柱的设计长度大于型钢的定尺长度时，需在立柱插入时进行焊接接长，常规做法如图 10-15 所示。

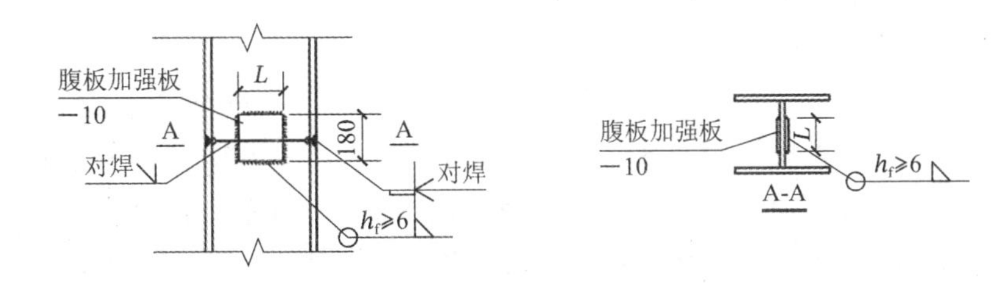

注：1.L为腹板宽度1/2；
2.接头对接要整齐。

图 10-15　型钢立柱接长焊接节点做法示意

当型钢立柱的长度在履带式振动打拔机作业能力范围内时，也可采用现场铺床加工或仓库成品出库的方式，接长后一次插打至设计标高；当型钢立柱的长度超出履带式振动打拔机作业能力时，一般可采用逐节打入、原位竖向焊接接长的方式，但要切实做好相关安全保障措施。

10.2.2 型钢立柱的插打

型钢立柱的插打一般采用履带式振动打拔机（具体详本手册第 7.2 节相关内容），如图 10-16 所示，该设备具有施工便捷、速度快等优点，设备型号的选择需结合土层、桩长等实际情况。

图 10-16 型钢立柱的插打

1. 桩位放样及复核

型钢立柱桩的桩位放样偏差一般应控制在 20mm 以内，桩位放设后采用钢筋头打入地面进行标记，经复核无误后方可进行下一步的插打施工。

2. 型钢立柱垂直度和标高的控制

插打时，根据放设的桩位进行设备就位、对中，并采用两台经纬仪相互交叉成 90°以控制桩身垂直度（垂直度偏差一般需控制在 1%以内），然后振插入土。插打型钢立柱时，另需使用水准仪控制桩顶标高（桩顶标高偏差一般控制在 0～50mm）。型钢立柱插打时，严禁超打后再上拔的行为，确保桩端土体不受扰动。

3. 型钢立柱形心转角的控制

型钢立柱插打过程中，除了严格控制插入深度、垂直度以外，还要控制形心转角。一般情况下，型钢立柱的腹板应与支撑轴线平行（井字架部位的型钢立柱腹板方向应与支撑轴线垂直），以方便后期托座和横梁的安装。为有效控制型钢的形心转角偏差，型钢立柱定位时，应沿桩位中心采用灰线将腹板方向标识出来，插打时型钢腹板和灰线重合。

4. 偏位和遇障碍物的处理

型钢立柱桩插入时，如未能对准桩位，应拔起、重插；若因遇地下障碍物而发生偏离时，应立即将立柱桩拔起、清除地下障碍物，将孔回填后再重新放样、插打。

10.2.3　有关型钢立柱的注意事项

1. 型钢立柱的保护

插打完毕的型钢立柱（包括型钢支撑安装及使用期间），必须严禁现场施工机械碰触；支撑下土方开挖时，型钢立柱附近的土体，应分层均匀剥出、严禁单侧开挖，以避免土体挤动而造成立柱倾斜或弯曲；安装完成的支撑上不得堆放杂物、不得行走车辆，以防附加荷载造成立柱下沉等异常情况。

2. 型钢立柱的加固

土方开挖期间，因故造成型钢立柱倾斜较大时，需及时采用增设拉杆、剪刀撑等措施进行加固，必要时及时提请支护设计单位出具相应的加固方案。

3. 楼板结构预留洞口

结构底板面标高以上部位的型钢立柱，需在后期予以拆除、回收；为方便这部分型钢立柱的拆除，地下结构楼板施工时，需在型钢立柱穿楼板部位，按“立柱截面尺寸且每边预留不小于 50mm”的标准预留洞口，并按结构预留洞的要求进行洞口配筋加强。

10.2.4　型钢立柱的质量检验标准

依据国家标准《建筑工程施工质量验收统一标准》GB 50300—2013 和《建筑地基基础工程施工质量验收标准》GB 50202—2018 等，型钢立柱的施工质量可参照钢立柱检验批（01040903）进行检查验收，相关的质量检验标准详见本手册第 9.2 节的相关内容。

10.3　型钢组合支撑的安装与加压

10.3.1　主要施工流程

型钢组合支撑（包括型钢围檩）是由各规格型号的支撑件经现场装配而成，其施工主要包括：施工准备、预埋件安装、托座与横梁安装、支撑件安装、加压准备、支撑加压、加压后支撑维护等环节工序，如图 10-17 所示。

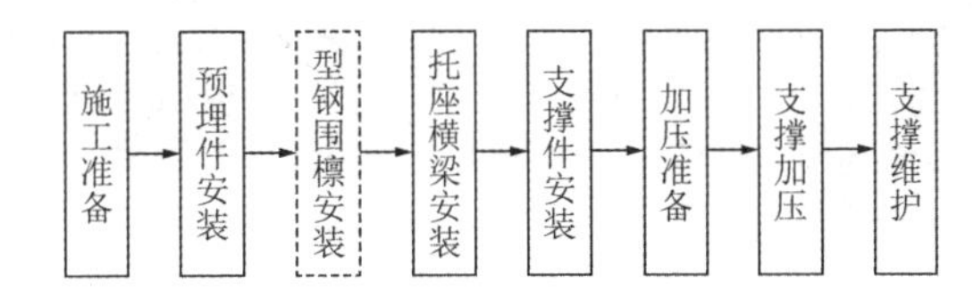

图 10-17　型钢组合支撑的主要施工流程

1. 施工准备

（1）技术准备。主要包括：熟悉设计图纸，对支撑进行分榀并编号；遵循“竖向分层、横向分段”和“先撑后挖、分层开挖、严禁超挖”的原则划分施工段，结合设计工况、土方开挖顺序等现场实际情况确定支撑安装的顺序、起重设备的选型与吊装验算等，并编报专项施工方案；认真阅图、做好图纸会审，核算工程量、编制材料需求计划，组织对施工人员进行技术安全交底，做好施工前的相关技术资料准备工作等。

（2）生产准备。主要包括：结合支撑安装顺序，就近划定材料临时堆场，修筑临时施工便道，现场临水、临电布置等；组织设备、人员进场，对施工队伍进行作业交底，办理施工有关手续等。

（3）材料准备。按施工进度计划组织材料进场，核验成品支撑件的型号、规格及出厂合格证或质保书，落实材料的堆放场地与临时保护措施，确保材料供应不影响现场施工的需要。

（4）机具准备。主要包括：现场焊接工艺的选择与焊接设备，场地排水设备，加压千斤顶、扭力扳手、全站仪、经纬仪、水准仪等仪器的校核或鉴定等。

2. 预埋件安装

当型钢组合支撑与冠梁或腰梁之间采用混凝土三角墩连接，或冠梁设置型钢围檩时，则需在混凝土构件浇筑施工前安装预埋件，如图 10-18、图 10-19 所示。

预埋件的设置是控制安装精度的关键工序，支撑预埋件的预埋定位需准确，并在预埋件就位后进行定位复核，否则将因预埋偏位而造成后续支撑安装困难。

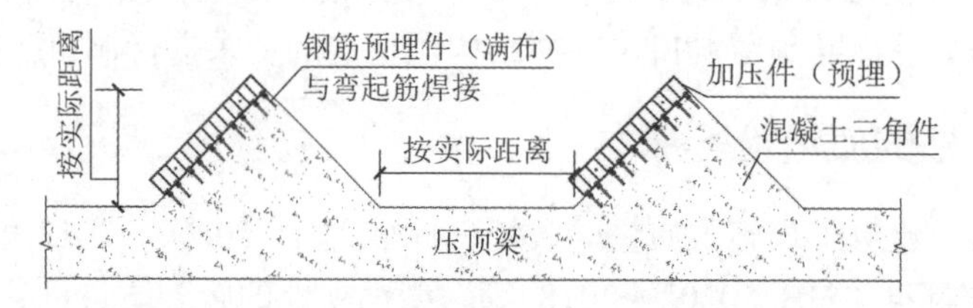

图 10-18　混凝土三角墩示意图

图 10-19　预埋于冠梁侧的型钢围檩

3. 型钢围檩的安装

当腰梁采用型钢围檩形式时，一般需先沿竖向围护边线开挖出围檩安装工作面，宽度一般不少于 5m。型钢围檩的安装主要包括牛腿支架安装、型钢围檩构件安装和传力件安装（当冠梁侧设置型钢围檩时，一般在冠梁施工时采用钢筋预埋件进行围檩预埋安装），具体如下：

（1）牛腿支架的安装。牛腿支架是承受型钢围檩自重的构件，一般设在竖向围护结构构件上，其位置与标高应根据设计图纸确定，牛腿支架的面标高应拉通线控制，以确保其上的型钢围檩在同一个水平面内，如图 10-20 所示。

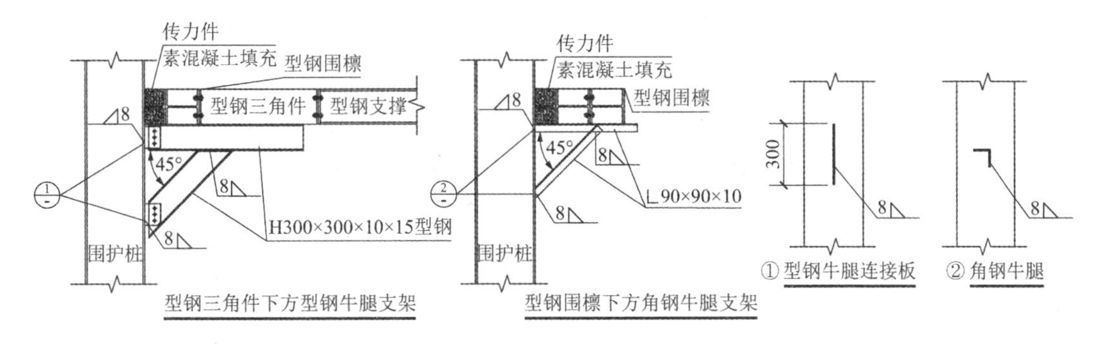

图 10-20　型钢围檩与竖向围护结构的节点构造

牛腿支架焊接在竖向围护结构的工法型钢或竖向主筋上，支腿不歪扭、焊缝饱满，安装时需严格按照型钢围檩底标高进行标高控制，并确保支架上口水平；当焊在竖向围护结构的主筋上时，主筋表面的混凝土需要剥筋，但要控制剥筋长度不可过长（否则将导致主筋无有效约束而发生变形），以确保焊接部位的传力效果。

（2）型钢围檩构件的安装。型钢围檩构件安装前，需拉通线检查已安装好的牛腿支架，如存在偏差应及时校正，以确保牛腿支架的面标高在同一水平面上。围檩安装应遵循“保证型钢三角转换构件定位，先长后短、接头错开”的原则，并优先使用较长围檩构件，以减少接头数。

型钢围檩构件安装时，自拟定起点开始按顺序安装，构件拼接部位要拼缝紧密，同榀支撑对应的型钢围檩安装完毕后，放样复核、确保定位准确，同时拉通线进行检验，以确保型钢围檩顺直。型钢围檩定位准确无误后，支撑件连接部位采用高强度螺栓紧固到位（高强度螺栓紧固分两次进行，第一次初拧，初拧扭矩值为终拧的 50%～70%，第二次终拧达到 105N · m，偏差不大于±10%），必要时采取相应的临时固定措施，再进行型钢围檩与竖向结构之间的传力件安装，如图 10-21 所示。

图 10-21　型钢围檩与传力件的安装

（3）传力件的安装与素混凝土填充。型钢围檩与竖向围护结构之间设置的 H 形传力件或 T 形传力件，以及该部位所填充的素混凝土，主要起到传递荷载的作用，一般情况下需要承受压力和剪切力（当支撑轴力与竖向围护结构边线不正交时），是保证型钢围檩正常发挥作用的关键部位，应作为关键工序进行质量控制，并严格控制传力件与竖向围护结构之间的焊接质量。

H 形传力件或 T 形传力件的长度，依据竖向围护结构构件与型钢围檩之间的实际尺寸下料制作，与型钢围檩连接的一段设置端头板并采用高强度螺栓连接，另一段焊接于竖向围护结构构件（工法型钢或主筋或预埋钢板）上，如图 10-22 所示。

型钢围檩与竖向围护结构之间的传力件安装完毕后，应逐段支模并填充素混凝土，其目的是提高围檩整体性能（约束传力件变形），且相应榀型钢支撑加压时素混凝土需达到设计强度的 80%（素混凝土存在养护期，这也是型钢围檩需要先行施工的主要原因）。

图 10-22　传力件与竖向围护结构的连接节点

4. 托座与横梁的安装

（1）托座的安装。型钢组合支撑的自重传递给横梁，托座件则将来自于横梁的荷载传递给竖向的立柱，相关节点的构造如图 10-23 所示。

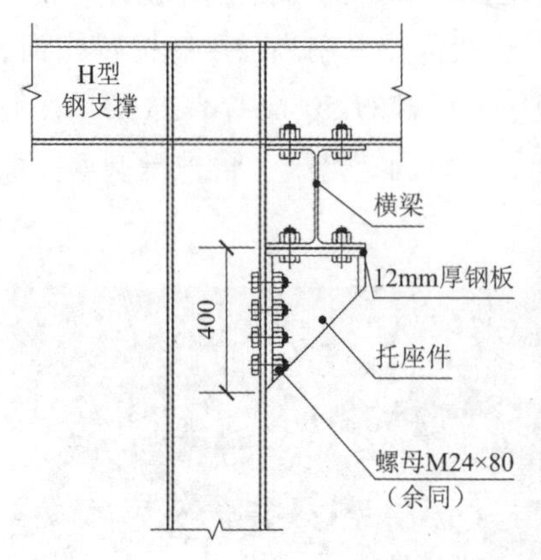

图 10-23　托座件节点构造示意

托座件的面标高按“支撑底标高-横梁高度”进行控制，安装时可使用水准仪在已插入土的型钢立柱上放设标高控制线，据此确定托座件的面标高并在型钢立柱上开孔（开孔孔径与托座件上的孔径大小一致），然后采用 8 颗高强度螺栓将托座件终拧紧固在型钢立柱上。同榀支撑的各个托座件面标高应控制在同一水平面内，如有偏差（包括型钢立柱垂直度偏差过大等），应及时调整。

型钢组合支撑的加压部位，一般需要设置井字架横梁，此种情况下，该部位型钢立柱上的托座件面标高，需按型钢组合支撑“支撑底标高-横梁高度-托梁高度”进行控制，同时还需采用角钢对托梁进行加固，如图 10-24 所示。

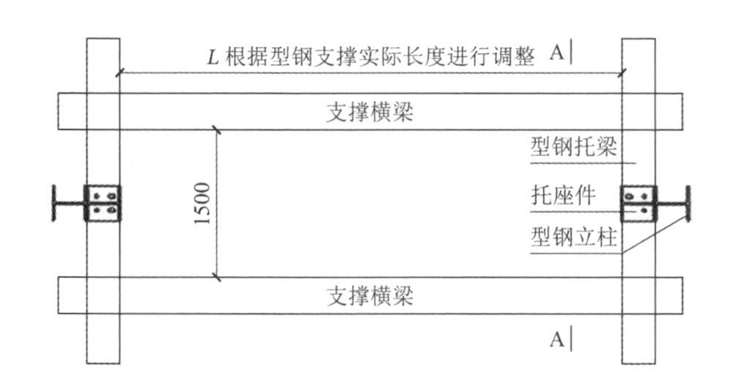

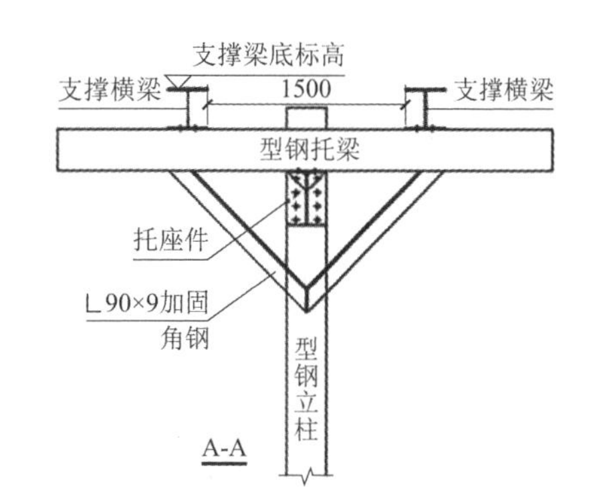

图 10-24　支撑加压部位的井字架节点构造

（2）横梁的安装。同榀支撑对应的托座件安装完毕并复核面标高后，即可进行横梁的安装；横梁规格应符合设计图纸的要求，且不得出现弯曲、不应存在对接接头（材料进场时，应逐一检查验收），横梁与托座的连接部位采用 4 颗高强度螺栓并一次终拧到位。

当为避开地下结构的墙、梁、柱等结构构件而需调整型钢立柱定位时，应遵循“不增大横梁跨度”的原则，否则应提请支护设计单位重新核算相应横梁的受力；安装过程中，如发现各横梁之间的面标高不一致时，应及时查明原因，并采取调节托座件安装标高等方式进行纠偏。

5. 型钢组合支撑梁（件）的安装

横梁标高与支撑端头预埋件（或型钢围檩）标高无误后，即可安装型钢组合支撑梁。型钢组合支撑梁安装前，应依据测量定位成果拉通线或在横梁上标识出安装控制线，用于指导安装。型钢组合支撑梁安装时，一般从支撑梁端部开始（较长支撑梁，也可从两端同时安装），依据细化图中的构件规格、沿控制线顺序进行现场预拼装，务必确保型钢组合支撑梁在平面内顺直，如图 10-25 所示。

图 10-25　支撑梁安装

支撑梁（件）预拼装时，拼装接头处需拼接紧密，并用高强度螺栓拧紧。若各根支撑件盖板部位的螺栓孔对不上时，可在支撑件接头拼接处采用相应规格的楔铁塞紧进行调整；当涉及八字撑部位的三角转换件时，应确保三角转换件的定位准确，以确保支撑轴力的均衡转化和传递。

单榀支撑安装过程中，应边安装、边调节组合支撑梁内各根支撑件的顺直度和相互之间的距离，符合要求后再及时安装盖板，以提高型钢组合支撑梁（件）在安装过程中的整体稳定性，支撑盖板与根支撑件之间的螺栓孔均应对齐、满布高强度螺栓并完成初拧。

6. 支撑加压准备

单榀支撑全部预拼装完成后、加压前，需做好如下工作：

（1）检查支撑梁加压部位的构件安装质量和操作空间等，是否满足支撑加（卸）压作业的需要。

（2）检查整榀支撑的顺直度，如存在弯折或扭曲等情况时，应及时予以调整，直至整榀支撑梁内各根支撑件均顺直、拼接紧密。

（3）检查各根支撑件拼接部位、端头连接处等是否存在缝隙，如存在缝隙（这些缝隙将在支撑加压时造成各根支撑的轴力不均衡，而发生偏心受压现象）时，需及时采用合适规格的楔铁塞紧、并检查该部位高强度螺栓已全部紧固到位。

（4）检查支撑盖板与支撑件之间的螺栓紧固是否到位（一般不小于 105N · m）。

（5）当涉及槽钢加固、提高支撑整体稳定性时，还需在上述工作完成后安装槽钢，一般情况下槽钢应与支撑轴线保持 45°的夹角，槽钢与每根支撑件的交接部位采用 2 颗高强度螺栓一次终拧紧固到位。

（6）检查支撑梁内各根支撑件与横梁结合部位的连接情况。一般而言，支撑梁加压前，各根支撑件与横梁结合部位需设抱箍临时固定，并确保支撑加压时不带动横梁移动，待加压完成后再采用 2 颗高强度螺栓将支撑件与横梁一次终拧紧固到位。

（7）支撑加压所用的千斤顶、油表等仪器均在校验或鉴定有效期内。

（8）支撑加压前，与型钢组合支撑直接连接的混凝土构件（包括型钢围檩传力件间所填充的素混凝土），其强度应达到设计强度的 80%（具体按支护设计图纸的要求）。

7. 支撑的加压

每榀型钢组合支撑完成相关加压准备工作后，应在 24h 内按照支护设计图纸要求的支撑轴力预加值进行加压。支撑的加压一般需执行加压令制度，即由施工单位向监理单位提出加压申请，经监理单位审核同意后下达加压指令，专业分包单位凭指令进行加压并做好加压记录。

（1）加压用千斤顶选型。型钢组合支撑的预应力施加设备主要包括伺服千斤顶（适用于采用轴力伺服的项目）、普通千斤顶（适用于非轴力伺服的项目）；伺服千斤顶型号多为 DT-500-150，公称最大顶出力为 4800kN（500t）、公称油压 50MPa、最大出顶行程 150mm；普通千斤顶种类较多，常用型号有 YCW320B-200，公称最大顶出力为 3200kN、公称油压 65MPa、最大出顶行程 200mm。

一般情况下，单榀支撑加压所用的千斤顶应为相同规格型号，千斤顶的数量和单顶公称最大顶出力之积不小于支撑轴力预加值的 1.5 倍。

（2）采用千斤顶施加支撑轴力的主要过程如下：

①按照设计图纸要求，准备好若干同规格的千斤顶，调至最小行程后放置于预先留设的加压部位正中间（并采取相应措施托住千斤顶，以防下移），调节千斤顶行程，使千斤顶两侧端头与加压件中心顶牢。

②调试加压计量系统（满足同一榀支撑若干千斤顶同步加压计量的要求）；双拼支撑时，上下层支撑也必须同步加压。

③根据相加压支撑的轴力预加值（正常情况下，需考虑后续支撑加压对前道支撑加压的衰减效应；涉及淤泥质土的基坑，支撑轴力预加值的确定，应考虑坑外软弱土蠕动导致

预应力衰减的情形），按照 50%、80%、100%的比例分级施加预应力。

④加压时，做好记录（根据分级加压值查表确定对应的油压值），如图 10-26 所示。

⑤采用普通千斤顶达到支撑预加轴力值的 110%时，采用楔贴塞进加压件与保力盒之间的空隙，然后再缓慢收顶至初始状态，完成加压，取出千斤顶。

图 10-26　施加支撑轴力

（3）加压后的螺栓紧固。单榀支撑加压完成后的 12h 内，需重新检查该榀支撑梁拼接部位的螺栓松动情况（施加支撑轴力后，因支撑受压变形，该部位的螺栓很容易松动）并及时按终拧标准进行二次紧固，同时采用高强度螺栓将各根支撑件与横梁相交部位终拧紧固。

（4）型钢组合支撑施加轴力的主要注意事项：

①加压前检查并塞实各根支撑件拼接处的缝隙，这是保证各根支撑件均匀受压的关键。

②加压千斤顶应放在加压部位的中心，以避免出现偏心加压的情况。

③要控制千斤顶油缸伸出的长度在 10cm 以内（以避免千斤顶达到最大行程时，仍达不到设计预加值），如在加压时采取在千斤顶后面设置钢板等措施来调整油缸长度。

④每级加压后，应巡查支撑是否发生异常变形和关键节点的变化，如发现异常，应及时停止加压，并立即对异常变化部位进行调整或采取必要的加固措施，异常排除后方可重新加压。

⑤需严格按设计要求的支撑轴力预加值和加压步骤进行操作，不允许加载不到位或超加载。

⑥加压后需及时检查螺栓松动情况并复拧，同时采用高强度螺栓将支撑件与横梁紧固。

8. 加压后的成品保护和日常维护

（1）型钢组合支撑的成品保护措施。型钢组合支撑的安装、使用（尤其土方开挖与地下结构施工阶段）、拆除期间，均需加强对支撑结构体系的保护，主要包括：

①除已按设计要求采取相应加固的部位外，严禁施工设备和车辆从支撑上通行（一般情况下，型钢组合支撑设计时，均已考虑了支撑下通行车辆或施工设备的正常空间高度）。

②严禁施工机械碰触型钢组合支撑（包括立柱），尤其受限空间土方开挖时，应安排专人值守并指挥开挖作业；夜间进行土方开挖时，需配置充足的夜间照明、确保照明充分，并在挖机作业区以及车辆通行区域的型钢立柱、支撑件上设置反光膜。

③土方开挖阶段，要特别注意型钢立柱四周的土体分层、均匀、对称开挖，严控单侧一次开挖深度超过 1.0m 的情况，尤其淤泥质土层时。

④在后续土方开挖与地下室施工阶段，加压后的型钢组合支撑上，不得堆放材料、杂物，避免堆物引起型钢立柱的下沉。

⑤遇雨天时，要定期检查支撑件泄水孔是否正常，以避免积水过多而增加支撑自重。

（2）型钢组合支撑的日常维护。型钢组合支撑加压后、拆除前，需加强对型钢组合支撑的日常检查和维护，并定期巡视影响基坑安全的外围因素，主要包括：

①型钢组合支撑加压后应及时设置或张拉安全绳，以方便支撑的日常检查和维护；除专业维护人员外，其他人员不应在支撑上通行。确需通行的，应搭设符合安全防护要求的人行通道。

②型钢组合支撑的使用期间，需经常性地检查螺栓松动情况（尤其基坑工况转换时）、型钢支撑件的泄水孔塞堵情况，确保螺栓紧固、支撑件内无积水。

③检查型钢立柱的沉降情况，对于垂直度偏差大于 1/100 的型钢立柱，还应经常性地观测其倾斜稳定性，必要时及时采取有效加固措施，确保型钢立柱的稳定。

④涉及混凝土三角墩或型钢组合支撑与混凝土构件结合部位的项目，要关注节点部位的混凝土构件裂缝情况；如出现裂缝应立即采取回土减压等措施，并上报支护设计单位，以便对裂缝部位及时出具相应的加固方案。

⑤要关注基坑竖向围护结构与截水帷幕的效果（包括桩间土流失情况等）；当截水帷幕发生渗漏时，应立即先回土压实，再采取适用的方法进行渗漏处理，以确保基坑安全。

⑥关注基坑周边堆载情况（尤其淤泥质土层，坑外不应有堆载，更不允许车辆在坑侧通行），严控基坑周边堆载和动载。

⑦关注土方超挖情况（应严禁超挖，以确保基坑安全），严禁土方开挖期间挖机等施工机械碰撞型钢立柱的行为，严禁施工设备从支撑上通行。

⑧关注坑外降水情况(当坑外的地下水位偏高时，坑外土压力就会增大，进而增大支撑轴力)，确保按设计工况降水，并避免降水不均匀造成支撑走位(即整体向低水位一侧偏移)。

⑨定期查看基坑监测报告，对照监测报告和现场巡查情况，密切关注基坑变化的异常情况。

10.3.2 主要施工注意事项

1. 型钢组合支撑安装与土方开挖的协调

型钢组合支撑安装时，一般需要先挖至支撑底标高以下 0.8～1.0m。针对这个问题，支撑（尤其长度较长的角撑和对撑）安装时，可采取“先安装支撑两端、中间预留出土通道、开挖两侧预留土方，待支撑下空间满足车辆通行时再封闭支撑”的措施，如图 10-27 所示。

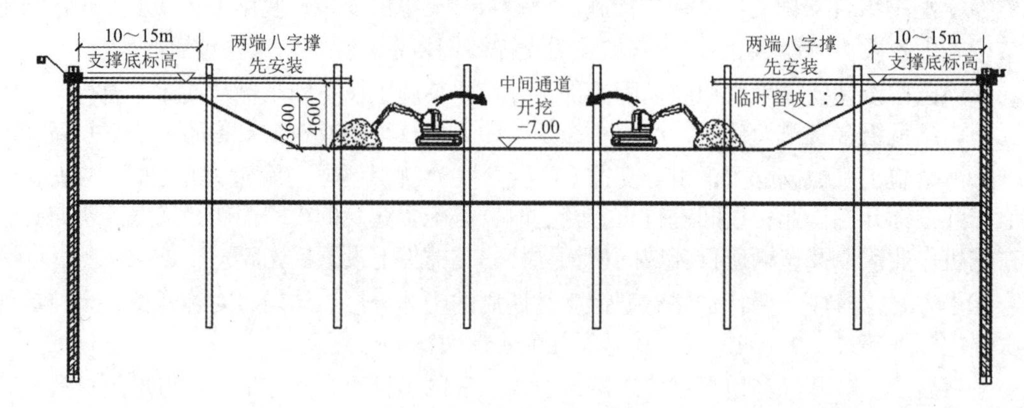

图 10-27 盆式开挖示意图

2. 出土口部位的支撑安装

一般情况下，为了保证后期基坑土方开挖的连续性，出土口部位的压顶梁（出土栈桥板等）和两侧的支撑端部需要先行施工，然后再修筑出土口部位的坡道；反之，则因出土坡道的存在，造成邻近支撑无法封闭、支撑远端土方不能开挖问题。如出现这种情况，就需要先断开出土坡道，待支撑安装后再恢复坡道，继续开挖剩余土方。

当存在多道支撑时，为避免类似情况出现，需在支护设计时考虑设置出土栈桥板，如图10-11 所示，这样就可以确保土方连续开挖的情况下，顺利组织出土口部位下层支撑的安装。

3. 支撑下土方开挖的条件

一般而言，型钢组合支撑加压完成后，即可开挖支撑下的土方，但土方开挖时，需要注意未支撑区域的土方不应由此受到扰动。当基坑开挖范围的土方为淤泥质软土时，为避免淤泥质土流动带来的不利影响，应确保拟开挖区域的邻近支撑也已完成了加压。

4. 支撑的补加压

型钢组合支撑预先施加轴力的目的，除了消除支撑拼接部位潜在的缝隙外，主要是通过预加轴力实现基坑变形的主动控制，这也是型钢组合支撑的一大特色。然而，对于开挖深度范围内存在淤泥质土层的基坑，在预加支撑轴力的作用下，坑外的淤泥质土体将会发生蠕变，随着时间的推移，就会在一定程度上造成支撑轴力的衰减。这种情况下，就需要根据支撑轴力的监测情况，在支撑轴力小于设计给定下限值的时候，及时补加支撑轴力（或采用支撑轴力伺服系统，实时监测支撑轴力并可按需及时调整支撑轴力），以达到控制变形的目的。

竖向围护结构的最大累计变形量往往在基底及以下部位，当基坑周边环境较为复杂或环境保护要求较高时，就需要控制深层土体位移。理论上讲，当基坑完成其使命时的最大累计变形量未达到或刚达到报警值时，基坑变形对周边环境的影响均在可控范围内，要达到这个控制标准，土方开挖到设计基底这个最不利工况时的深层土体累计变形量，工程实践中就需要按其报警值的70%左右进行控制。因此，基坑工程施工期间，土方开挖至基底或尚未开挖至基底时，若出现深层土体累计变形量达到报警值的70%或单日变化报警值时，就需要提高支撑轴力进行控制。对于周边环境复杂或环境保护要求较高的基坑，设计时就应按坑外土体被动受压的工况确定其预加轴力值，并在基坑施工期间结合监测数据，及时补加支撑轴力或采用支撑轴力伺服系统。

5. 支撑两端的基坑变形存在差异

不论混凝土支撑还是型钢组合支撑，其支撑轴力的形成主要取决于基坑两侧的土压力。如果支撑两端的土压力存在差异，就会通过竖向围护结构的变形来消除这种差异并逐步达到最终的平衡状态，达到平衡状态后，会出现“支撑一端的基坑变形与另一端的变形存在差异”的情况。

造成“支撑两端基坑变形差异”的根本原因在于初始状态时支撑两端土压力的不均衡，主要有以下几种情况：①坑外水位不均匀，如一侧不降水、另一侧降水，或一侧降水、另一侧存在明水水源而导致水位过高等；②坑外堆载不均匀，如一侧存在堆土、另一侧未堆土，或一侧堆载多、另一侧无堆载等；③两端土层有差异，如一侧淤泥质土、另一侧黏土等。

无论哪种情况，均需在监测数据的基础上，及时消除不利因素，使坑外土压力回归至设计工况状态；确因单侧周边环境保护需要时，应按最不利的坑外工况确定支撑预加轴力，使有保护要求的一侧基坑深层土体位移得到控制。

10.3.3 质量检验标准与主要质量通病的防治

1. 质量检验标准

依据国家标准《建筑工程施工质量验收统一标准》GB 50300—2013和《建筑地基基础工程施工质量验收标准》GB 50202—2018等，型钢组合支撑的施工质量可按钢支撑检验批（01040902）进行检查验收。相关的质量检验标准如表10-1所示。

相关的质量检验标准　　表10-1

项目	序号	检查项目	允许值或允许偏差		检查方法
			单位	数值	
主控项目	1	外轮廓尺寸	mm	±5	用钢尺量
	2	预加顶力	kN	±10%	应力监测
一般项目	1	轴线平面位置	mm	≤30	用钢尺量
	2	连接质量	设计要求		超声波或射线探伤

2. 主要质量通病的防治

型钢组合支撑施工过程中常见的质量通病、产生原因及相应的防治措施归纳如表10-2所示。

常见的质量通病、产生原因及相应的防治措施　　表10-2

质量通病	产生原因	防治措施
立柱下沉	①立柱底端未进入较好土层； ②基底以下的立柱长度不足； ③支撑上堆有重物； ④立柱过插再上拔而扰动端部土体； ⑤井字架部位荷载较大	①立柱底端宜进入较好土层（尤其淤泥质土层时）； ②严控标高，确保基底以下的立柱长度不小于设计值； ③严禁支撑上堆放重物，避免附加荷载对立柱的影响； ④立柱快插入至底端时，应放缓插打进尺、避免过插； ⑤井字架部位支撑自重大，设计时应加强承载力核算； ⑥对立柱沉降进行监测
立柱倾斜	①插打立柱时遇障碍物； ②插打立柱时垂直度偏差大； ③立柱四周土体未均匀对称开挖； ④施工机械碰触立柱； ⑤加压前支撑与横梁栓接	①插打立柱如遇障碍物，应清除或避开障碍物； ②插打立柱时应从两个相互垂直的方向控制垂直度； ③土方开挖时，立柱四周的土体需均匀对称开挖； ④基坑工程施工期间，严禁施工机械碰触立柱； ⑤支撑加压前，支撑件与横梁需采取抱箍连接，加压后方可采用高强度螺栓进行连接
支撑不在同一平面上	①预埋件标高定位不准； ②型钢围檩的牛腿托架面标高不准； ③立柱上的托座件标高定位不准； ④横梁挠度过大	①严控预埋件的定位和标高，确保预埋安装精度； ②严控牛腿托架的标高，拉通线校核； ③严控托座件的标高，并在横梁安装时拉通线校核； ④采取有效措施控制横梁挠度在允许范围内
横梁挠度过大	①横梁规格偏小； ②横梁跨度大； ③支撑上堆有重物； ④加压前支撑与横梁栓接	①应结合横梁跨度、荷载等选择合适规格的横梁； ②立柱位置调整时应遵循“不增大横梁跨度”的原则； ③支撑上不得堆有重物、严禁车辆通行等； ④支撑加压前，支撑件与横梁需采取抱箍连接，加压后方可采用高强度螺栓进行连接

续表

质量通病	产生原因	防治措施
支撑拼装时合拢困难或不顺直	①预埋件或围檩三角件定位不准； ②八字撑部位三角件定位不准； ③支撑不在同一平面内； ④支撑件制作精度不够； ⑤支撑件拼接时不严密； ⑥支撑梁安装时未拉通线	①应严控混凝土三角预埋件和围檩三角件的定位； ②八字撑部位的三角件应准确定位； ③依据支撑底标高和构件规格等严控托座件、牛腿支架的面标高，并在横梁安装时复核并及时调整偏差； ④各规格支撑件应按制作图准确加工并加强验收； ⑤支撑件拼接时，拼缝应严密；确需调整螺栓孔位时，应采用相应规格的楔铁填充拼接部位的缝隙； ⑥支撑梁安装时应拉通线或在横梁上放设安装控制线
节点传力不均匀	①节点构造不合理； ②拼接部位存在缝隙	①选用能够均匀传力的节点构造； ②支撑件拼装时拼缝需严密，确需调节螺栓孔时选用合适规格的楔铁塞紧后再采用高强度螺栓紧固
螺栓松动	①加压前螺栓紧固不到位； ②加压后，未对支撑拼接处的螺栓进行检查、复拧； ③使用期间的日常维护不到位	①加压前，除支撑件与横梁采用抱箍临时固定外，其他部位连接的高强度螺栓均应终拧到位； ②加压后需对支撑拼接处的螺栓进行检查、复拧； ③支撑使用期间，需定期对支撑节点进行检查维护
支撑轴力报警	①基坑四周存在堆载或动载； ②坑外水位高、侧压力大； ③土方超挖或未分层开挖； ④出现设计工况以外的情况	①基坑施工期间需严控基坑四周堆载、避免动荷载； ②应按设计要求进行控制性降水并预防明水下渗； ③严禁超挖、严格分层开挖，以防卸土过快； ④出现设计工况以外情况时，及时向设计反馈
型钢围檩变形扭曲	①围檩三角件定位不准或存在缝隙； ②围檩安装时未拉通线进行控制； ③型钢传力件的抗剪能力弱； ④土方开挖与支撑安装未协调好	①严控围檩三角件定位、确保支撑件之间拼接紧密； ②围檩安装前校核牛腿顶面标高，安装时拉通线控制； ③型钢传力件的布置符合需求，严控连接质量； ④遵循“先撑后挖、分层开挖、不超挖”的原则，协调好土方开挖与支撑安装，避免不均匀卸土等
钢-混凝土结合部位或压顶梁开裂	①钢-混凝土结合处的节点构造不合理，出现局部应力； ②坑外侧压力大导致基坑变形较大	①钢支撑与混凝土支撑的结合部位，应确保节点传力效果，尤其避免混凝土构件受扭；钢支撑与冠梁或腰梁的结合处应采取合理的构造措施避免应力集中； ②结合土质情况，控制坑外水位、堆载（动载），避免坑外侧压力过大而引起的构件变形开裂

10.4　型钢组合支撑的拆除

10.4.1　型钢组合支撑的拆除条件

型钢组合支撑的拆除，和混凝土支撑一样，都属于受力工况转换过程，会引起支护体系受力的变化。由于直接关系到基坑的安全，因此必须满足相应条件后方可拆除，且需严格执行“拆除令”制度（即达到支撑拆除条件时，由施工单位向监理单位提出拆除申请，经监理单位审批同意后签发支撑拆除令）。同时还需在支撑拆除期间，加大基坑监测频率和基坑周边环境的巡查力度。总的来说，型钢组合支撑的拆除，应满足如下条件：

（1）被拆除支撑覆盖范围内的结构楼（底）板以及楼（底）板传力带施工完毕，且拆除前楼（底）板传力带混凝土已达到设计要求的强度。被拆除支撑与未拆支撑的结合部位存在后浇带时，需核实传力带的设置能否满足工况转换的需要（以避免支撑拆除后出现基坑局部变形过大的情况）。

（2）被拆除支撑覆盖范围内的结构楼板支模架未拆除，且经核算施工荷载（尤其叉车行走范围内的施工荷载）对结构楼板不产生影响，或采取相应加固措施后不产生影响。

（3）楼（底）板后浇带内涉及型钢传力件的，被拆除支撑覆盖范围内楼（底）板的相邻区块已经浇筑完毕，且后浇带内的型钢传力件已按支护图纸的要求布设到位。

（4）涉及换撑的，应遵循“先换撑、后拆撑”的原则，在支撑拆除前完成换撑施工并验收合格。

（5）被拆除支撑覆盖范围内的结构楼（底）板上的模板等材料清理干净，或已整理堆放在不影响支撑拆除的区域内。

（6）分区块拆除时，拟拆除部位的支撑拆除后，不会对未拆除区域支撑的受力产生不利影响，尤其形状复杂的异形基坑，需特别注意这个问题，否则容易引发相应的基坑险情。

10.4.2 型钢组合支撑的拆除施工

型钢组合支撑的拆除，需严格按照安装的逆顺序依次进行拆除，即“后装的先拆除、先装的后拆除”，严禁直接拆除受力节点的行为。支撑的拆除施工主要包括：拆除准备、支撑卸压、拆除盖板（槽钢）、拆除支撑梁件、拆除横梁与立柱、拆除围檩与牛腿、清理场地等环节工作，如图 10-28 所示。

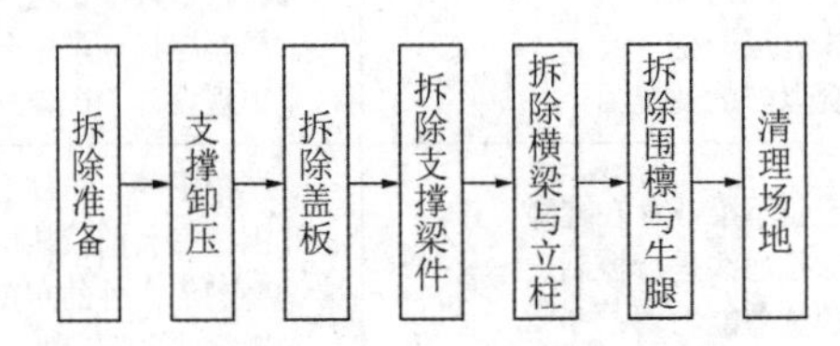

图 10-28　型钢组合支撑拆除流程示意图

1. 拆除准备

（1）技术准备。主要包括：型钢立柱穿结构楼板部位预留洞口（以方便型钢立柱的拆除回收），明确并核实每榀支撑的拆除条件，选择吊车站位并进行吊装验算，规划场内交通线路，核算拆除作业对结构楼（底）板的影响并落实相关保护措施，提高支撑拆除期间的基坑监测频率，组织对施工人员进行技术安全交底，做好施工前的相关技术资料准备和支撑拆除审批等工作。

（2）生产准备。主要包括：划定拆除材料的临时堆场，提供各榀支撑拆除所需的安全作业空间，对拆除作业区域进行警戒，避免非拆除作业工种在拆除区域内进行交叉作业，组织设备、人员进场，对施工队伍进行作业交底等。

（3）机具准备。主要包括：叉车、吊车、卸压千斤顶、气动扳手、空压机、气割设备等。

2. 支撑卸压

（1）型钢组合支撑卸压前，应完成如下准备工作：

①复核确认支撑拆除条件，并取得拆除指令。

②取得拆除部位的基坑监测数据（作为拆除前的原始数据）。

③涉及换撑的，换撑已施工完毕并发挥作用。

④涉及坑外降水的项目，坑外井应提前降至设计要求的水位标高。

⑤已对作业班组进行支撑拆除的安全交底并形成书面的交底记录。

（2）型钢组合支撑的卸压，与支撑加压类似，采用千斤顶顶开、取出楔铁，并注意如下几点：

①支撑卸压要缓慢、分次进行（先卸压 50%、稳定 1h 后再卸压至零），严禁快速卸压，以避免卸压过快造成竖向围护结构变形过大。

②卸压时如发现楼板传力带或压顶梁开裂，应暂停卸压；如监测数据异常，应临时恢复加压，并及时上报监理单位并联络设计单位，待采取换撑等相关措施后再进行卸压。

③多道支撑同时拆除的，应按照“拆一道、卸一道”的原则进行卸压；周边环境复杂的项目，也可按照“先同步卸压 50%”的方式，再结合基坑监测数据在同一拆除区内逐榀分次卸压。

3. 拆除盖板

型钢组合支撑卸压后，即可拆除支撑上的盖板和槽钢。拆除后的盖板、槽钢，应逐件吊至临时堆放区；如临时堆放在结构楼板上时，支撑件下应垫木方（木方间距不大于 1m）。拆除后的高强度螺栓，应按套及时装入收纳袋内，不得散落在支撑件上。

4. 拆除支撑梁件

支撑梁件的拆除，一般从支撑加压部位开始，并遵循“先装的后拆、后装的先拆”和“单横梁支撑的构件先拆”的原则，逐根顺序拆除，直至支撑端部，如图 10-29 所示。

图 10-29　型钢组合支撑的拆除

每根支撑构件拆除时，应先拆除对接部位的下部螺栓，上部螺栓不得拆除，待叉车托牢被拆支撑件后（或采取其他吊牢被拆支撑件的可靠措施），再拆除支撑梁件对接部位的上部螺栓，且拆除人员不得站在被叉牢（吊牢）的支撑件上，以免被拆支撑件失稳而伤人。

支撑梁件拆除期间，拆除部位下方不得站人、拆除人员不得站在被拆支撑件上进行操作。采用叉车辅助拆除时，要确保被拆支撑件重心与叉齿中心吻合；采用塔吊辅助拆除时，要确保各吊点中心与被拆支撑件重心吻合（且被拆支撑件重量在塔吊安全作业工况范围内）。

拆除后的支撑梁件，应及时叉运至临时堆放区；如临时堆放在结构楼板上时，支撑件下应垫木方（木方间距不大于 1m），并应及时装车外运。

5. 横梁与立柱的拆除

当架设在横梁上的支撑梁件拆除完成后，即可同时拆除横梁和对应的立柱。拆除横梁时，采用叉车托牢横梁或利用塔吊以两吊点法吊住横梁后，再拆除横梁与托座连接部位的高强度螺栓，待高强度螺栓全部拆除后，再将横梁叉运后吊转至临时堆放区。

采用同样的方法拆除托座件后，即可拆除结构底板面标高以上的型钢立柱。拆除型钢立柱时，采用木塞在结构预留洞口上进行固定（以防下部切割时发生晃动），然后沿底板面标高处，采用气割方式割除型钢立柱；同时确保遗留的型钢立柱高出结构底板面标高不超过 2cm（即不影响后续的地下室地面面层的施工）；割除后的型钢立柱，采用吊扣扣牢螺栓孔进行吊运。

6. 围檩的拆除

涉及型钢围檩的项目，待支撑梁件拆除至端部时，即可拆除相应的型钢围檩，但应确保邻近支撑不因此受到影响（一般需保留邻近支撑 20m 范围内的型钢围檩，以避免降低其抗剪能力）。

围檩件拆除时，需先破除围檩件与竖向围护结构之间填充的素混凝土并拆除传力件与围檩件之间的螺栓。因围檩件下方均设有支撑其重量的牛腿托架，故可先顺序拆除围檩件拼接部位的螺栓，然后采用叉车叉牢被拆围檩件，确保叉齿中心与围檩件重心吻合后再叉运至临时堆放区。

围檩件拆除完成后，最后采用气割工艺将焊接在竖向围护结构上的型钢传力件进行割除，尤其当竖向围护结构采用工法型钢时，焊接在工法型钢上的传力件必须割除干净，否则将影响后续工法型钢的拔除、回收。

7. 清理场地

相应区域的型钢组合支撑拆除完成后，应及时清理干净拆除下来的支撑件、螺栓等物资，并及时装车外运，为后续的地下结构施工提供相应工作面。型钢组合支撑与竖向围护结构之间采用钢筋混凝土围檩形式时，需在型钢组合支撑拆除完成后，另采用人工破除等方式进行拆除，具体方法可参照本手册第 9.4 节的相关内容。

10.4.3 拆除型钢组合支撑的注意事项

1. 拆除作业安全

型钢组合支撑的拆除，特别需要注意拆除作业安全，作业前需摸清拆除作业环境，划定拆除作业区并拉警戒线，对拆除作业人员进行安全交底；严格按照规定的顺序进行拆除，严禁直接拆除支撑传力节点的行为，严禁作业人员在已拆除螺栓的支撑件上行走，严禁交叉作业等；涉及高空作业的（作业面悬空高度在 2m 及以上时），拆除人员需规范佩戴安全带；涉及动火作业的，要在动火作业前核实动火作业条件并开具动火证；对于构件吊装，需在作业前检查吊具吊索的完好性，并严格遵守“十不吊”规定等。

2. 型钢组合支撑拆除时的相关复核验算

型钢组合支撑拆除时，一般需复核叉车行走区域的结构楼板、后浇带或悬挑楼板等悬臂结构部位的加固，涉及吊装作业的，还应进行相应的吊装工况验算等。这些复核验算工作的目的主要是确保拆除作业安全、控制拆除作业对主体结构构件的影响。

10.5 典型工程案例

10.5.1 案例一

杭州某基坑，二层地下室，开挖深度 10m 左右，开挖范围内的土质主要为淤泥质土黏土、粉质黏土等，竖向围护结构采用 $3\phi850@1200$ 三轴搅拌桩内插 H700 型钢，内支撑采用两道 H400 型钢组合支撑，内支撑通过压顶梁、腰梁与竖向围护结构相连，如图 10-30 所示。

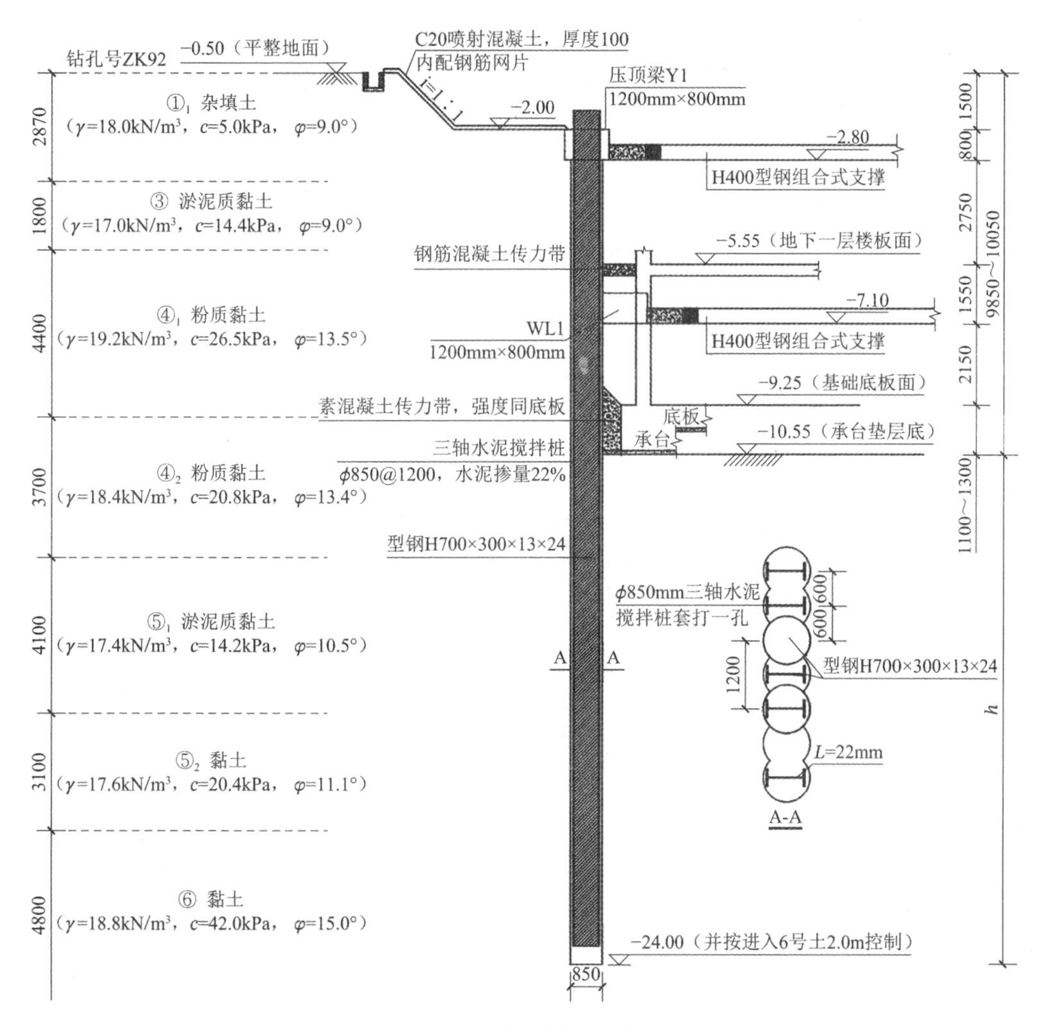

图 10-30　主要剖面示意图

该项目角撑跨度 10～100m 不等，对撑跨度达 150m，是型钢组合支撑较早用于大跨度基坑的典型代表，并在工程造价、安装工期、基坑变形控制等方面取得较好的效果，得到建设各方的一致好评。该基坑的型钢组合支撑安装完成后的整体效果如图 10-31 所示。

图 10-31　支撑安装效果

10.5.2 案例二

江苏宿迁某基坑项目，二层地下室，开挖深度 10m 左右，开挖范围的土质主要为粉土、黏土，竖向围护结构采用 3ϕ850@1200 水泥搅拌桩截水帷幕 + ϕ900@1200 灌注排桩，灌注排桩进入③$_1$含砂姜黏土层深度 5m 左右；内支撑采用一道组合支撑（其中对撑和东南角角撑采用混凝土支撑，其他部位采用型钢组合支撑 + 张弦梁型钢组合系统）。内支撑平面和剖面如图 10-32 所示。

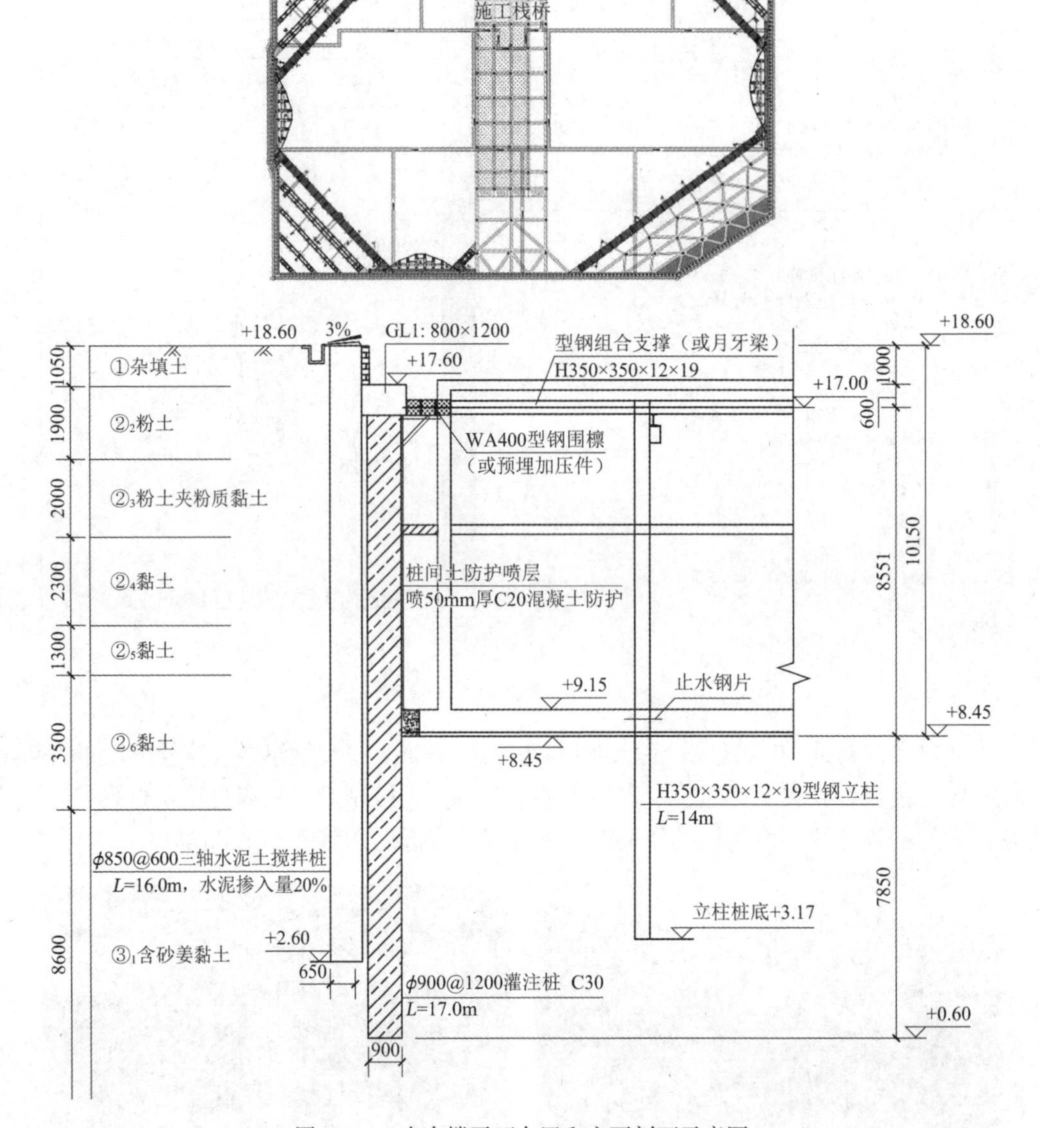

图 10-32 内支撑平面布置和主要剖面示意图

该基坑的内支撑为组合形式，其中设置了 4 组张弦梁型钢组合体系，内支撑完成后的实际效果如图 10-33 所示。

图 10-33　内支撑完成后的实际效果

本基坑的支撑在后续使用中发现，局部按后浇带分区施工至负一层结构楼板且楼板传力带混凝土达到设计强度的 80%后，支撑仍不能拆除，从而影响了整个地下室分区施工的流水节拍。其根本原因在于，张弦梁体系必须在两侧角撑安装并加压后才可以施加张拉力、而其两侧角撑也必须在张弦梁拉力释放后方可拆除，由此使得本基坑的内支撑必须待相应区域全部达到拆除条件后方可拆除，对地下结构的施工流水节拍造成一定的不利影响。

第 11 章 超前斜桩撑技术

11.1 概述

11.1.1 超前斜桩撑的发展历程

1. 斜抛撑

对于开挖面积较大、但开挖深度不深的基坑，可采用如下方式来降低基坑支护工程的造价：先以盆式开挖的方式、施工中间部分的结构底板，然后利用已施工的结构底板沿基坑四周设置斜向支撑（俗称斜抛撑）；待斜向支撑发挥相应作用时，再开挖基坑四周剩余的土方并施工剩余部分的结构底板，如图 11-1 所示。

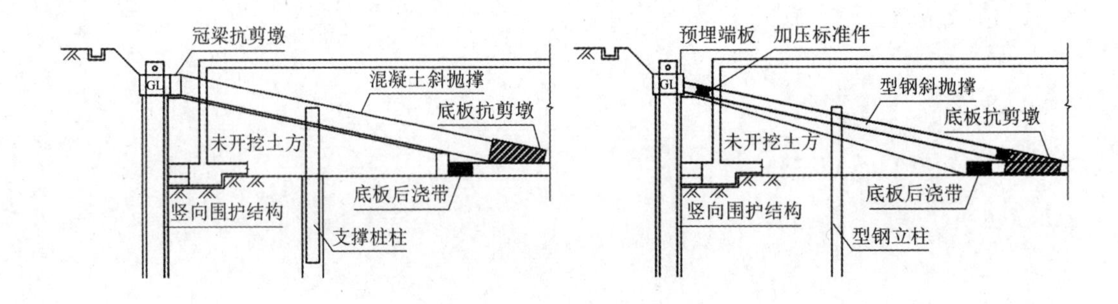

图 11-1 斜抛撑示意图

斜抛撑可以采用钢筋混凝土或型钢支撑的形式，其应用的特点主要有两个：一是邻近竖向围护结构的土层后开挖；二是中间部位的结构底板浇筑时，需同时施工底板抗剪墩用作斜抛撑的支点（抗剪墩后期需要拆除）。工程实践当中，由于斜向的钢筋混凝土支撑构件较难施工，故多采用型钢支撑的形式。斜抛撑的施工，与水平支撑的施工类似，但施工效率较低，且采用钢筋混凝土形式时，混凝土的浇筑存在一定困难，需优先采用坍落度较小的商品混凝土、并控制浇筑速度。

2. 超前斜桩撑

采用斜抛撑时，除中间部分已施工的底板需设置抗剪墩外，竖向围护结构附近保留土，在后期开挖时也存在着难度大、速度慢等问题。超前斜桩撑，如图 11-2 所示，较合理地解决了后期土方开挖困难的问题，该技术不需在土方开挖时保留竖向围护结构附近的土体，可实现基坑土方的同步开挖，更便于基坑工程施工的组织与协调。

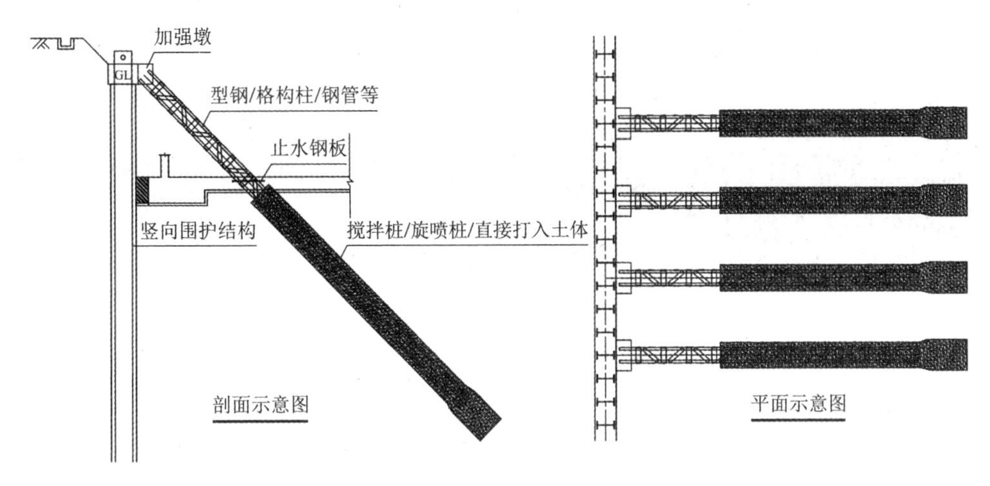

图 11-2　超前斜桩撑示意图

超前斜桩撑一般需在竖向围护结构施工时、土方开挖前完成施工，当斜桩撑桩身强度达到设计要求时，即可进行土方开挖；相对于斜抛撑的土方分阶段开挖，称为“超前”。超前斜桩撑对基坑竖向围护结构的支撑力，主要来自于设计基底以下部位的水泥土与原状土之间的摩阻力（主要取决于桩径、桩长和土的力学性能）、钢构件与水泥土之间的摩阻力（主要取决于钢构件截面尺寸、长度和水泥土的力学性能），其承载力取决于这两个摩阻力的较小值。

11.1.2　超前斜桩撑的特点与适用范围

超前斜桩撑，可代替水平支撑（或斜抛撑），从受力角度而言，它属于单跨或多跨（中间设立柱时）压弯构件，且斜桩撑之间相互独立，一根失稳则容易引起连锁反应。从工程实践角度来看，超前斜桩撑具有如下特点：

（1）土方开挖前，完成超前斜桩撑的施工（且可与竖向围护结构穿插施工、节约工期）。

（2）不需像斜抛撑那样预留竖向围护结构附近的土方，空间开阔、方便土方一次性顺序开挖。

（3）与水平支撑相比，能大幅节省支撑材料的用量，并降低了内支撑工程造价。

（4）后期拆除简单（割除结构底部面以上部分的支撑即可），无须爆破拆除清理，既环保、安全，拆除速度又很快。

超前斜桩撑特别适用于开挖面积大、开挖深度不深但因周边环境保护需要而设置内支撑的基坑支护工程，通过超前斜桩撑来控制基坑变形、保护周边环境，也可减少内支撑工程的材料消耗、简化工序（尤其内支撑与土方开挖、地下结构的工序协调）、缩短工期等。但受制于斜桩撑与竖向围护结构的空间关系，目前尚无法实现在竖向布置多道超前斜桩撑，进而限制了它在较深基坑中的应用。

11.1.3　超前斜桩撑的主要形式

超前斜桩撑主要由斜向打设的水泥搅拌桩和内插于水泥搅拌内的结构件组成，内插于水泥搅拌桩内的结构件有 H 型钢、钢管、钢格构柱和预制混凝土桩等形式，如图 11-3 所示。

图 11-3　超前斜桩撑的主要形式

超前斜桩撑的拆除，一般有两种工况，一是当结构底板及底板传力带达到相应强度后拆除，拆除后再进行地下结构的施工（此种工况，与斜抛撑类似）；二是待地下结构出正负零、肥槽回填后再拆除，此时斜撑穿地下室外墙部位也需设置止水钢板。

11.1.4　超前斜桩撑的主要施工方法

超前斜桩撑主要包括水泥桩和内插其中的钢构件组成，一般情况下，多采用“先施工斜向水泥桩、再插入钢构件”的施工方法；也有采用“先斜向打入钢构件（如 H 型钢或钢管）、再沿钢构件四周采用喷射注浆工艺进行注浆”的施工方法，但该施工方案的可靠度相对较低。

11.2　超前斜桩撑的主要施工设备

超前斜桩撑主要涉及斜向水泥桩、斜向插打钢构件两部分，其施工设备也与此对应。

11.2.1　斜向水泥桩的施工设备

当采用喷射注浆工艺施打斜向水泥桩时，除采用可斜向施工的 MJS 工法设备（详见本手册第 2.2 节相关内容）外，也可采用具有斜向施打功能的喷射注浆桩机（如 HDL-160DX 型旋喷钻机），成套施工设备性能参数，汇总如表 11-1 所示。

成套施工设备性能参数　　　　**表 11-1**

设备名称	主要性能参数或规格型号	适用工法	
		双重管	三重管
高压泥浆泵	压力 20～40MPa；功率 75～90kW	✓	
高压水泵	压力 20～40MPa；功率 37kW		✓
空气压缩机	压力 0.5～0.8MPa；流量 ≥ 3m³/min；功率 37kW	✓	✓
泥浆泵-注浆	压力 0.5～5MPa；功率 7.5kW		✓
浆管	DN19 橡胶钢丝软管或 DN21 钢管，≥ 45MPa	✓	
斜向旋喷钻机	如：HDL-160DX（履带式，钻孔角度 0°～90°，功率约(55 + 22)kW）	✓	✓
搅拌后台	配 30t/50t 水泥桶、搅拌装置、蓄水箱和储浆桶等	✓	✓
钻杆规格	ϕ76、ϕ89 比较常用，单节长度 1.5m/2.0m 不等	✓	✓

注：因实际选用的机型及其浆泵、空压机等配套设备型号等存在一定差异，本表参数仅供参考。

当采用搅拌工艺施打斜向水泥桩时，多采用 IMS 单轴搅拌工法钻机或其他具有斜向搅拌功能的轴搅拌钻机（施工角度在 30°～90°之间可调）。通常情况下，搅拌工艺的成桩质量和可靠性要优于喷射注浆工艺。IMS 单轴搅拌工法钻机的主要设备参数如表 11-2 所示。

IMS 单轴搅拌工法钻机的主要设备参数　　表 11-2

设备型号	GI-130C	GI-220C
最大成桩直径	1600mm	2000mm
最大施工深度	20m 左右	25m 左右
钻孔倾斜角度	0°～90°	0°～90°
主轴最大扭矩	71kN · m	98kN · m
主轴转速	低速 6～31r/min、高速 12～69r/min	0～60r/min
最大下压力（提升力）	132.5kN	198.7kN
主机动力	柴油动力 102kW	柴油动力 160kW

11.2.2　钢构件斜向插打的施工设备

超前斜桩撑的钢构件（如 H 型钢、圆管桩、钢格构柱等），一般多采用履带式振动打拔机（设备介绍详见本手册第 7.2 节相关内容）进行插打或旋喷桩机自身顶进装置进行顶压，插入或顶压角度的控制多采用定位架。为了确保斜向插打/顶压的连续性，钢构件一般按设计长度加工制作为成品，然后一次插打到位，但要求坑外（竖向围护结构外）具备相应的安全作业空间。

11.3　主要施工流程与注意事项

11.3.1　主要施工流程

超前斜桩撑的施工主要包括：施工准备、开挖沟槽、定位对中、搅拌下沉（喷射注浆工艺时为下钻）、提升搅拌、成桩移位、安装定位架、斜插钢构件等环节工作，其施工流程如图 11-4 所示。

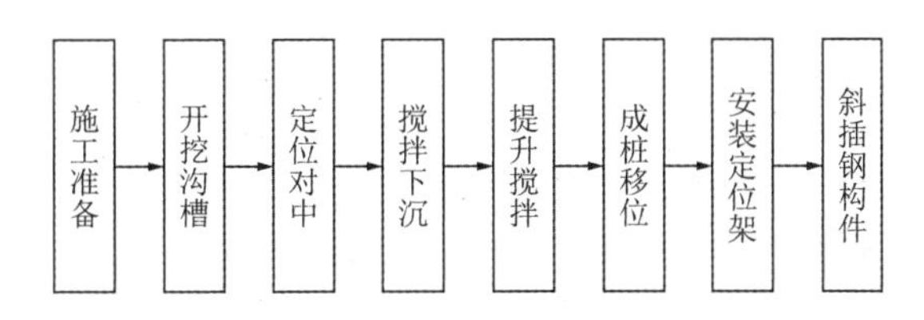

图 11-4　超前斜桩撑的主要施工流程

1. 施工准备

（1）技术准备。主要包括：熟悉设计图纸、地勘报告和现场条件，放设围护桩墙边线、摸清周边环境情况、查明保护对象，核实现场施工作业空间、满足正常作业的要求；选择合适的沉桩设备和沉桩方法，涉及吊装作业的，选择吊装设备并进行吊装验算；桩位编号、确定施打顺序，布置场地、拟定施工部署，编报专项施工方案；认真阅图、做好图纸会审，核算工程量、编制材料需求计划，组织对施工人员进行技术安全交底，做好开工前的相关技术资料准备工作等。

（2）生产准备。主要包括：平整场地，清除施工作业空间范围内的地面障碍物，布置并搭建现场临时生活设施和生产设施（包括水泥罐基础与封闭防尘等），修筑临时施工便道，现场临水、临电布置等；组织设备、人员进场，对施工队伍进行作业交底，办理施工有关手续；组织桩工设备的拼装、检查和验收，确保设备性能满足正常施工需要等。

（3）材料准备。按施工进度计划组织材料进场与验收，落实钢构件的加工制作场地，对成品制作质量进行检查验收等。

（4）机具准备。主要包括：斜向桩成桩设备和配套的生产设施、设备，现场焊接工艺的选择与焊接设备，全站仪、经纬仪、水准仪、卷尺、游标卡尺等测量设备。

（5）工艺试打桩。相关准备完成后，报经同意后可进行工艺试打桩，以核实场地土层与地质报告的符合情况，验证沉桩设备和沉桩方法对地层的适应性，掌握斜向桩主要施工参数和倾斜角度的控制措施等，编制工艺试成桩报告，报由监理、设计、勘察、建设等相关参加单位审核确认，作为后期施工的依据之一。

2. 开挖沟槽

虽然超前斜桩撑大多呈点状布置，但因水泥桩施工期间会产生置换浆液，施工时也需要开挖沟槽，以控制浆液不乱流，确保现场文明施工。并通过将沟槽开挖至原状土，来清除地表障碍物，减少障碍物对施打精度的影响。地表杂填层较厚时，可挖至原状土后再采用好土回填，以防沟槽过深而坍塌；若场地无地表杂填层，也可不开挖沟槽，直接按施工需要平整场地即可。

沟槽开挖宽度 1.5～2.0m 不等，挖深一般控制在 1.5m 以内（具体视斜桩撑中心线与压顶梁中心线所在垂面的交叉点距离场地地面标高的距离而定，如距离超过 1.5m，应扩大开挖范围、降低施工场地标高，以确保施工安全），沟槽的长度视需要而定，或施工期间及时舀浆，以避免浆液过多，影响后期的构件斜向插入精度。

斜向桩的施工定位精度，除与定位、角度有关外，还与场地标高密切相关，为此沟槽开挖时，需要结合现场作业空间、设备尺寸等确定场地标高，并按确定的场地标高进行平整、压实；若确需降低场地标高时，应做好积水排除工作，以减少场地积水对施工和作业安全的影响。当场地地基承载力不足时，应铺设钢板或采取其他确保地基承载力的有效措施。

3. 定位对中

超前斜桩撑的定位，以斜桩撑中心线与压顶梁中心线所在垂直面的交叉点为控制基准，定位时既需要确定该点的坐标，也要确定出该点的相对标高（或绝对标高），具体方法如下：先放设出斜桩撑中心线与压顶梁中心线所在垂直面的交叉点坐标，采用直径 14～18mm 的钢筋插入定位点，再通过水准仪确定标高，打入钢筋、使钢筋头顶标高与测设标高一致。

点位放设完毕后，需采取必要的保护措施，以防施工设备移动时被破坏；设备就位后如发现点位被破坏，应重新放设；依据放设的点位，调平设备底架和钻杆倾斜角度并对中。钻杆的水平投影线需与压顶梁中心线所在垂面相互垂直，当钻头中心贴牢放设的钢筋头顶端且钻杆倾斜角度与斜桩撑设计倾斜角度一致，并报请监理人员定位对中验收合格后，方可开钻施工。

4. 搅拌下沉

预搅下沉作业前，应提前通知后台按照确定的水灰比制备水泥浆。为严格水灰比和注浆量的控制，搅拌后台需配置配比计量系统和自动压力流量记录仪。制备好的水泥浆液送入贮浆桶内备用，水泥浆液进入注浆泵前，应经 1～2 道过滤，以防异物和较大水泥颗粒堵塞泵管和浆管，制备好的水泥浆液宜在 1h 内使用完毕。

桩机就位对中后，启动电机，按拟定的施工参数旋转钻杆，送浆（供气）进行下沉搅拌作业；整个下沉搅拌作业过程中，机操人员需做好施工记录，通过桩机控制系统及时掌握土层变化情况，并与后台工作人员保持密切联络。正常土层时，要保持下沉搅拌速度匀速稳定、送浆（供气）连续稳定；遇土层变化时，及时调节下沉速度并通知后台调整送浆（供气）参数，以避免故障引发的施工中断等异常情况。

预搅下沉过程中，因故停止施工的，应及时排除故障，恢复施工时需将钻头提升至原停浆面 0.5m 处，待恢复供浆再喷浆搅拌下沉（或提升），以确保不发生断桩现象；若停机时间预估超过 3h，需先清洗输浆管路、送浆泵中的灰浆，以避免输浆管、送浆泵堵塞。

5. 提升搅拌

下沉至设计桩底时，宜在桩底部位原位搅拌注浆 30s 后再提升搅拌，以确保桩底部位的搅拌质量。与预搅下沉过程相比，提升搅拌过程遇到的异常情况要少很多，因此该过程的重点就是稳定提升速度、稳定送浆（供气），直至设计桩顶标高以上 300～500mm，以保证桩头搅拌质量。

搅拌桩施工期间，需按规定制作水泥土试块，具体做法如下：水泥土试块一般采用边长为 70.7mm 的立方体，每台班抽查 2 根桩，每根桩制作水泥土试块三组，取样点应低于有效桩顶下 3m，试块应在水下养护并测定龄期 28d 的无侧限抗压强度。

6. 成桩移位

提升搅拌（或复搅复喷）至设计桩顶标高以上 300～500mm 后，停止注浆，搅拌桩机按规定速度的继续提升搅拌至地面，然后移机施工下一根桩；如不施工下一根桩时，则应清洗后台搅拌装置、储浆桶，并用清水冲洗送浆泵、输浆管和钻头，确保整个送浆系统无浆液残渣。

7. 安装定位架

搅拌成桩后 2h 内需完成钢构件的插入工作，钢构件（H 型钢、钢管桩、格构柱）插入前，需安装定位架，定位架的目的是控制斜撑插入的角度并避免插偏。

定位架安装时，应先按斜桩撑中心线与压顶梁中心线所在垂直面的交叉点重新放设点位，包括坐标和标高，然后安装调试定位架，使定位架的倾斜角与斜桩撑设计角度一致，并使放设的点位（以钢筋头顶点为准）与放置于定位架上的钢构件中心线在同一条直线上且钢构件中心线的水平投影线与压顶梁中心线所在垂面相互垂直。

8. 斜插钢构件

斜桩撑所需的钢构件（H 型钢、钢管或钢格构柱），可依据设计图纸在现场加工制作；制作成品的钢构件应逐根检查验收，验收合格后在指定位置堆放并做好成品保护措施；钢构件的加工制作方法可参照本手册第 8.3 节或第 9.2 节相关内容。成品钢构件在运输、吊装过程中，要采取妥善措施预防构件产生不可恢复的变形。

当放设的点位与钢构件的中心线在同一条直线上且钢构件中心线的水平投影线与压顶

梁中心线所在垂面相互垂直时，报请监理人员验收合格后，即可斜插钢构件。斜插时，钢构件应贴着定位架、缓缓下插，直至插至设计桩顶标高。

11.3.2 施工注意事项

1. 施工前核实作业空间

超前斜桩撑受倾斜角度的影响，其施工设备往往需要架设在坑外（即竖向围护结构边线外）进行作业。因此施工前，需要结合设计图纸和所选择的施工设备型号等，核实水泥桩的施工作业空间和斜插钢构件的空间；当操作空间不足时，应提前落实相关措施，必要时会同支护设计单位进行局部工艺变更。

2. 斜桩撑的布置需避开工程桩

超前斜桩撑施工前，需核实斜桩撑与工程桩的定位关系，确保斜桩撑的水泥土桩体与工程桩之间的净距不少于 500mm；如两者之间存在定位冲突，应及时上报支护设计单位，由其结合实际情况调整斜桩撑的平面布置。

3. 斜桩撑与其他支护工艺的施工顺序

一般而言，斜桩撑中内插的钢构件，其上端需锚入压顶梁（冠梁）内；为避免内插的钢构件对其他支护工艺施工的影响，一般情况下，竖向围护结构需要提前施工，待竖向围护结构施工完成后，再随后施工斜桩撑；当存在被动区加固时，斜桩撑内插的钢构件也会影响被动区加固的施工，因此也应在斜桩撑施工前完成相应区域的被动区加固。

4. 斜桩撑的放样定位

斜桩撑的放样定位要求远高于普通桩，普通桩只要放设出桩中心点坐标即可，斜桩撑作为带有相应倾斜角的内支撑构件，放样时需要做到：第一，要以斜桩撑的中心线与压顶梁中心线所在垂直面的交叉点作为放样基准，既要放设出点位坐标，又要放设出该点位的标高；第二，作为内支撑构件，内支撑件的中心线所在垂直面与竖向围护结构所在平面垂直时，内支撑件的受力工况最为合理，因此施打斜向桩和斜插钢构件时，务必要确保钻杆或钢构件中心线的水平投影与竖向围护结构（或压顶梁）所在平面相互垂直，否则很容易造成插偏。

5. 预防钢构件插偏的措施

不论采用搅拌工艺还是高喷工艺，斜向桩的钻杆均处于悬臂作业状态，随着钻杆的不断接长，在钻杆和钻头自重的作用下，斜向桩的桩孔呈现弧状，而且桩长越大越明显、钻杆越柔越明显。同样的原理，内插的钢构件，也存在类似的情况，但由于钢构件的抗弯性能要高于钻杆，因此斜插钢构件时的弧状又与斜向桩的弧状有差异，这就很容易造成内插构件会在下端某处插出水泥桩体外。为了解决问题，一般采取如下措施：

①提高水泥桩的桩径，如内插 H400 × 400 型钢时，水泥桩桩径需 1200mm 甚至更大。

②应尽量采用较粗的钻杆，以减少桩孔弧度，尤其斜向桩设计桩长较大时。

③需严格依照斜桩撑中心线与压顶梁中心线所在垂直面的交叉点进行放样，包括坐标和标高；严格根据放设的点位组织斜向桩的施工和斜插钢构件。

④施工时，均需确保钻杆或钢构件中心线的水平投影，与竖向围护结构所在平面相互垂直。

11.4　质量检验标准和主要质量通病的防治

11.4.1　施工质量检验标准

目前尚无明确的斜桩撑施工质量检验标准，但由于斜桩撑一般由斜向水泥桩、内插钢构件两部分组成，故工程实践当中多参照《建筑地基基础工程施工质量验收标准》GB 50202—2018 中的相关质量检验标准进行检查验收。

当采用搅拌工艺施工水泥土斜向桩时，可参照水泥搅拌桩土体加固检验批（01040801）的质量检验标准进行检查验收，但无施工间歇的要求；当采用高压喷射注浆工艺施工水泥土斜向桩时，可参照高压喷射注浆桩土体加固检验批（01040802）的质量检验标准进行检查验收（也无施工间歇的要求）；内插钢构件的施工质量，可参照钢立柱检验批（01040903）质量检验标准进行检查验收。此外，实际施工与验收时，均需严格按照斜向桩设计角度进行施工质量的控制。

11.4.2　主要质量通病的防治

采用高压喷射注浆工艺或轴搅拌工艺施工斜向水泥桩时的相应质量通病及防治，可参照本手册第 2 章、第 3 章相关内容。此外，超前斜桩撑施工过程中，还会遇到如表 11-3 所示的质量问题或异常情况。

质量通病的产生原因及防治措施　　　　表 11-3

质量通病	产生原因	防治措施
斜桩撑承载力不足	①水泥桩长不足； ②钢构件内插长度不足； ③水泥桩桩径不足； ④水泥掺量不足； ⑤斜桩撑的间距大于设计值或遇工程桩时打不下去； ⑥钢构件规格与截面尺寸小于设计值	①按图施工，斜向桩定位准确，确保桩长和倾斜角；遇底板局部加深部位时，要保证设计基底以下的有效长度符合设计要求，确保基底以下的有效桩长； ②钢构件制作长度不小于设计长度，插入后的钢构件顶端中心点的标高符合要求； ③水泥桩桩径不小于设计桩径，且搅拌均匀； ④水灰比、水泥掺量、施工速度等需符合图纸的要求； ⑤斜桩撑的间距不应大于设计值，且应避开工程桩； ⑥钢构件的规格与截面尺寸不应小于设计值，原材料进场时需报验，成品钢构件插入前逐根检查验收
定位与斜向桩倾角偏差	①定位存在偏差； ②斜向桩定向偏差； ③钻杆水平投影线与竖向围护结构所在平面不垂直	①应按斜向桩中心线与压顶梁中心线所在垂直面的交叉点放设出其坐标和标高； ②钻杆倾斜角需符合设计图纸的要求，然后再对中； ③钻杆的水平投影线需与竖向围护结构平面垂直
钢构件插偏	①斜向桩定位与倾斜角不准； ②斜插钢构件时的定位与定位架的倾斜角存在偏差； ③斜插时，钢构件中心线的水平投影与竖向围护结构不垂直； ④水泥桩桩径偏小，插在桩体外	①严控斜向搅拌桩的定位和钻杆倾斜角度； ②按坐标和标高控制定位对照，并调整定位架倾斜角； ③斜插钢构件时，确保钢构件的水平投影与竖向围护中心线垂直（斜向搅拌桩的钻杆也需如此）； ④斜向搅拌桩的桩径宜大不宜小，斜向搅拌桩施工时需严格按施工参数进行控制，以较大桩径避免插在桩体外
钢构件与压顶梁结合部位开裂	①钢构件锚入压顶梁长度不足； ②结合部位的构造配筋不合理	①斜插钢构件时，要确保其锚入压顶梁部分的长度不小于设计值； ②结合部位应增设构造钢筋，减少应力集中造成的破坏

11.5 典型工程案例

11.5.1 案例一（先插法）

嘉兴市某基坑，局部两层地下室，其中基坑西侧和北侧邻竖向围护结构部分为一层地下室，开挖范围内的土质以杂填土、淤泥质黏土、黏土为主，竖向围护结构采用 5ϕ850@600 水泥搅拌桩内插 H700 型钢（插二跳一）；因基坑北侧红线外污水管（混凝土管，管井ϕ1350、距竖向围护结构 3m 左右，埋深 3.2m 左右）保护的需要，采用超前斜桩撑，如图 11-5 所示。

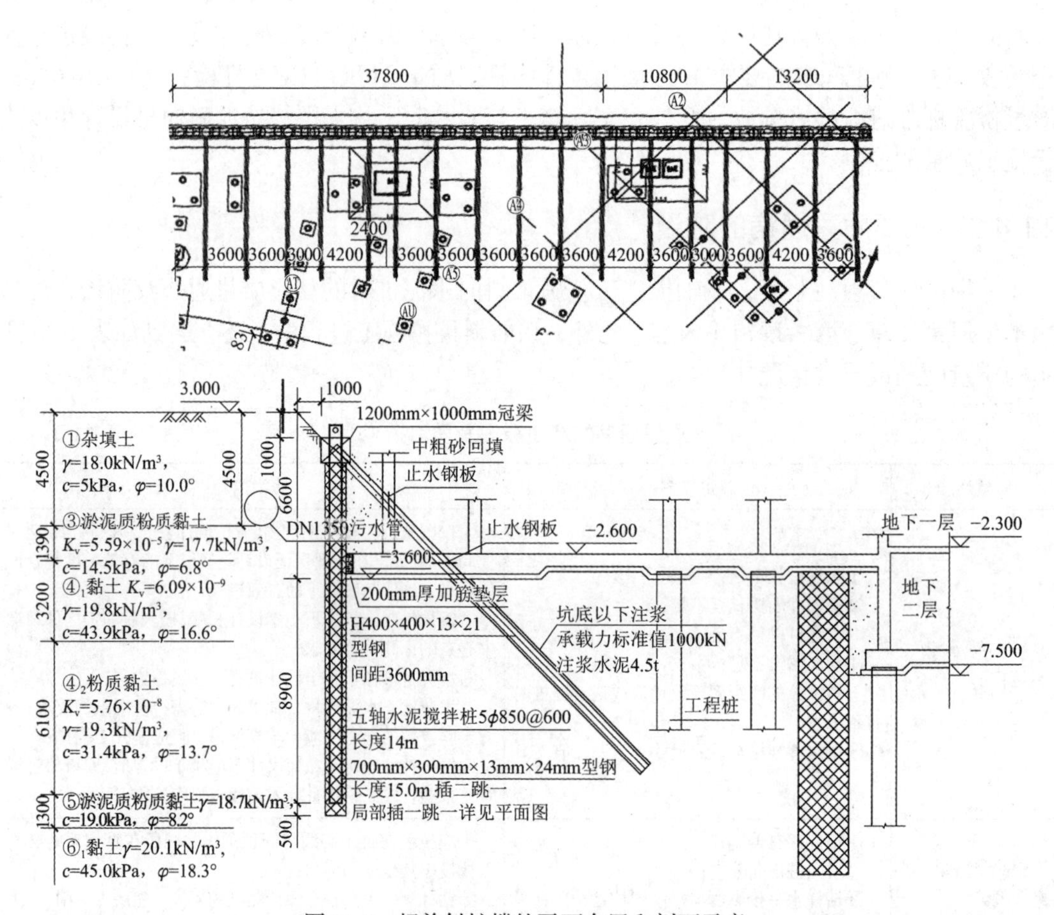

图 11-5 超前斜桩撑的平面布置和剖面示意

后为避免型钢拔除对基坑北侧污水管产生不利影响，该侧竖向围护结构改为 5ϕ850@600 水泥搅拌桩 + ϕ800@1100 灌注排桩的形式。根据设计要求，本基坑超前斜桩撑采用“先斜插入 H400 型钢后再沿型钢通过高压喷射工艺注浆”的施工方式；注浆最终完成的标准以单根桩水泥用量或最终注浆压力控制，即单根桩水泥用量不少于设计吨数或最终注浆压力不小于 1.5～2MPa。

本基坑斜桩撑施工时，H400 型钢先按设计长度（18m）采用坡口焊工艺进行加工制作，并逐根检查验收；然后在竖向围护结构施工时，紧跟其后采用履带式振动打拔机，将 H400

型钢以设计倾斜角沉至设计标高；最后再沿 H 型钢两侧，采用三重管工艺进行喷射注浆。超前斜桩撑全部完成后，先施工压顶梁，并将端部的 H 型钢锚入压顶梁内（节点部位同时增设了构造钢筋），待压顶梁强度达到设计要求后继续向下开挖至基底，实际施工情况如图 11-6 所示。

图 11-6　超前斜桩撑的施工情况及效果

11.5.2　案例二（后插法）

在杭州以砂质粉土（$\gamma = 18.9\text{kN/m}^3$、$c = 6.0\text{kPa}$、$\phi = 21.5°$）为主要影响土层的某场地中进行斜桩静载试验，包括斜桩的轴向静载试验和水平静载试验，如表 11-4 所示。

斜桩静载试验情况　　**表 11-4**

试验类型	工况编号	斜桩倾角（°）	插入深度（m）
轴向静载试验	1 号	45	10.0
	2 号	45	10.0
	3 号	45	10.0
水平静载试验	4 号	45	10.0
	5 号	45	10.0
	6 号	45	10.0

两种不同的布置方式（轴向静载试验和水平静载试验），如图 11-7、图 11-8 所示。压顶梁与型钢的荷载-位移曲线如图 11-9 所示。

试验采用 HW400 × 400 × 13 × 21 型钢斜撑，ϕ1200 水泥搅拌桩，水泥掺量 30% + 5% 膨润土。

(a) 现场布置图

百分表
千斤顶
牛腿
基准梁
l_1
l_1+l_2
基准桩
应变片

(b) 百分表布置图

图 11-7　轴向静载试验布置图

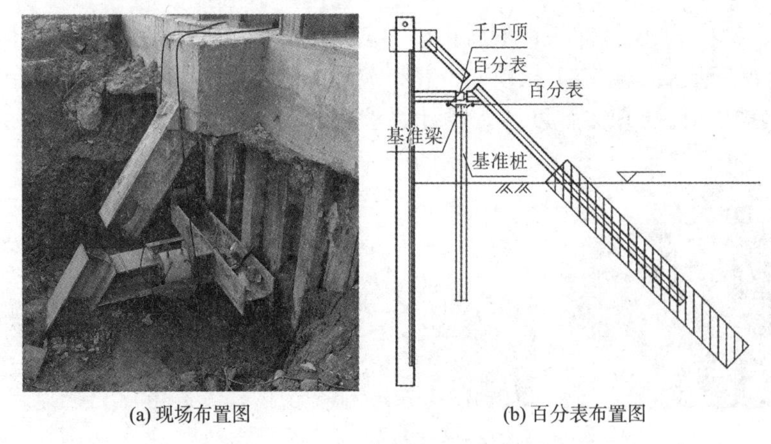

(a) 现场布置图 (b) 百分表布置图

图 11-8 水平静载试验布置图

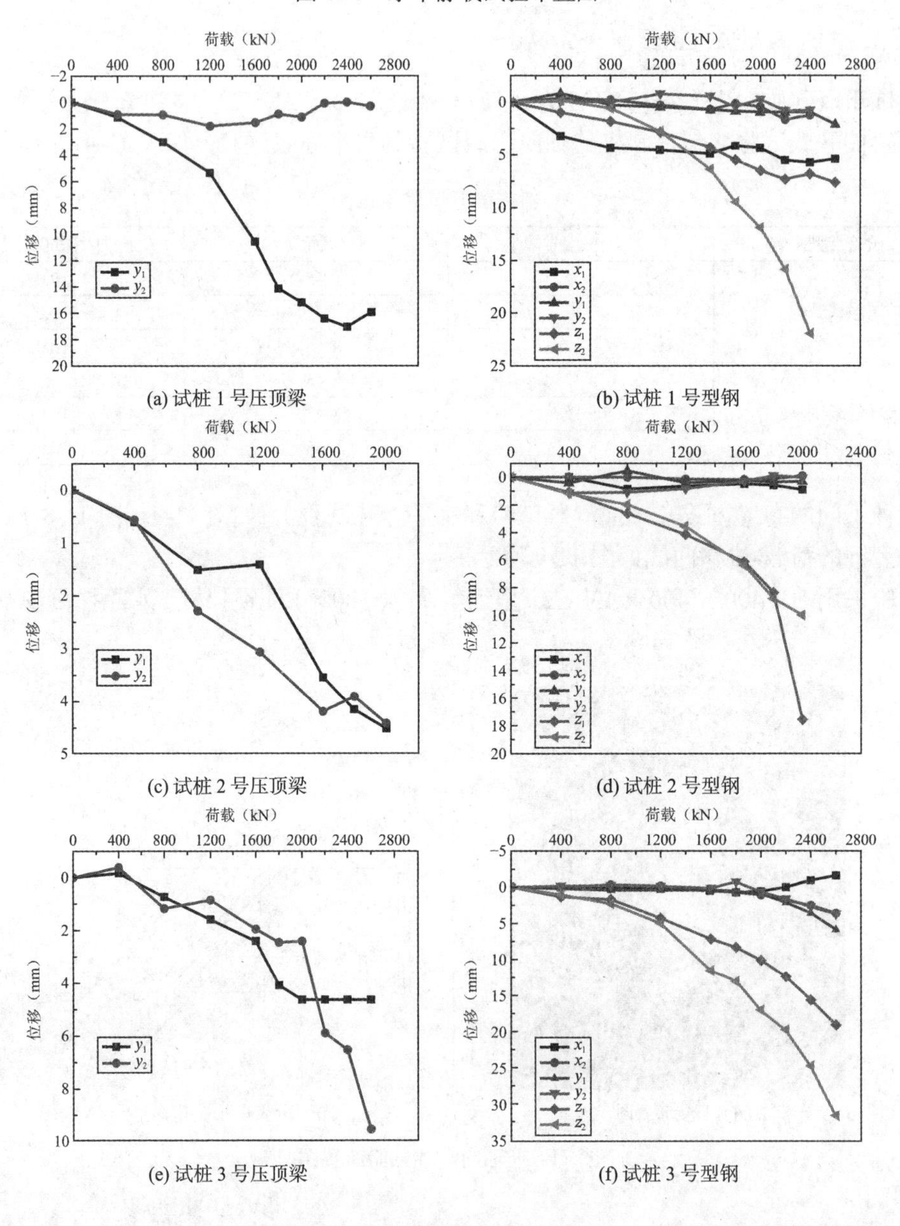

(a) 试桩 1 号压顶梁 (b) 试桩 1 号型钢

(c) 试桩 2 号压顶梁 (d) 试桩 2 号型钢

(e) 试桩 3 号压顶梁 (f) 试桩 3 号型钢

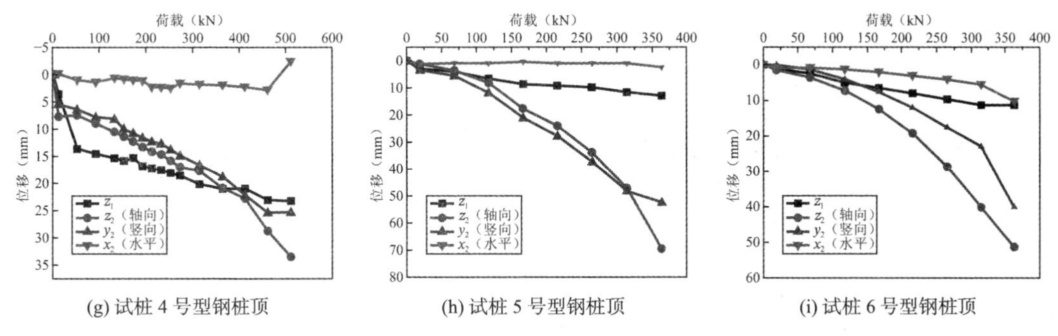

(g) 试桩 4 号型钢桩顶　　(h) 试桩 5 号型钢桩顶　　(i) 试桩 6 号型钢桩顶

图 11-9　试桩 1～6 号试验结果荷载-位移曲线

试桩 1 号的破坏荷载为 2600kN，试桩 2 号的破坏荷载为 2000kN，试桩 3 号的破坏荷载为 2600kN。试桩 2 号相比试桩 1 号的破坏荷载变小，是由于压顶梁出现细长裂缝，导致试验不得已中断，实际情况破坏荷载应比 2000kN 偏大。试桩 3 号与试桩 1 号的破坏荷载都为 2600kN，但试桩 3 号由于压顶梁出现细长裂缝，导致试验不得已中断，实际情况破坏荷载应比 2600kN 偏大。

试桩 4 号的破坏荷载为 511.206kN，试桩 5 号和试桩 6 号的破坏荷载为 363.579kN。试桩 5 号和试桩 6 号相比试桩 4 号的破坏荷载变小，是由于反力装置的槽钢发生断裂，导致试验不得已中断，实际情况破坏荷载应比 363.579kN 偏大。

由《建筑基桩检测技术规范》JGJ 106—2014 中的规定，单桩轴向受压极限承载力的确定：对于陡降段荷载位移曲线，应取其发生明显陡降的起始点对应的荷载值。单桩竖向受压承载力特征值应按单桩竖向受压极限承载力的 50%取值。

单桩水平极限承载力按照慢速维持荷载法时的荷载-位移曲线发生明显陡降的起始点对应的水平荷载值。单桩水平承载力特征值取设计要求的水平允许位移对应的荷载作为单桩水平承载力特征值。

试桩 1 号的轴向极限承载力为 2600kN，试桩 2 号的轴向极限承载力为 2000kN，试桩 3 号的轴向极限承载力为 2600kN，取三者算数平均值为(2600 + 2000 + 2600)/3 = 2400kN。试桩 4 号的水平极限承载力为 511.206kN，试桩 5 号的水平极限承载力为 363.579kN，试桩 6 号的水平极限承载力为 363.579kN，取三者算数平均值为(511.206 + 363.579 + 363.579)/3 = 412.788kN。

综上所述，轴向极限承载力为 2400kN，轴向承载力特征值为 1200kN，水平极限承载力为 412.788kN，水平承载力特征值为 206.394kN。

第12章 支撑轴力伺服技术

12.1 概述

12.1.1 支撑轴力伺服系统的工作原理

在基坑工程施工过程中，内支撑的轴力会随着施工工况、周边环境（如基坑四周堆载、车辆动载、坑外降水工况等）或昼夜温差的变化而产生变化；尤其淤泥质等软土土质中的基坑，坑外软弱土体会在支撑轴力（尤其预加支撑轴力）的作用下发生蠕变，从而造成支撑轴力的衰减。虽然现阶段可对支撑轴力实施监测，但监测的结果往往只能反映出支撑轴力的变化，而不能实现支撑轴力的及时补偿或调整，因此非常不利于基坑的深层土体位移控制和周边环境的保护。

支撑轴力伺服就是一项能够实时监测支撑轴力，并能自动调整支撑轴力的技术，如图12-1所示。它是现代控制技术在基坑支护领域应用的体现，其工作原理是：伺服油压千斤顶内置压力传感器，系统通过采集内置千斤顶中的压力传感器数据，实时监测支撑轴力的变化情况，当支撑轴力低于设定的轴力下限值时，就自动补偿至支撑轴力设定值；当支撑轴力高于设定的轴力上限值时，就会自动报警，提醒排查基坑周边环境是否存在异常，或自动卸压至支撑轴力设定值来消除温度应力对支撑体系的不利影响。

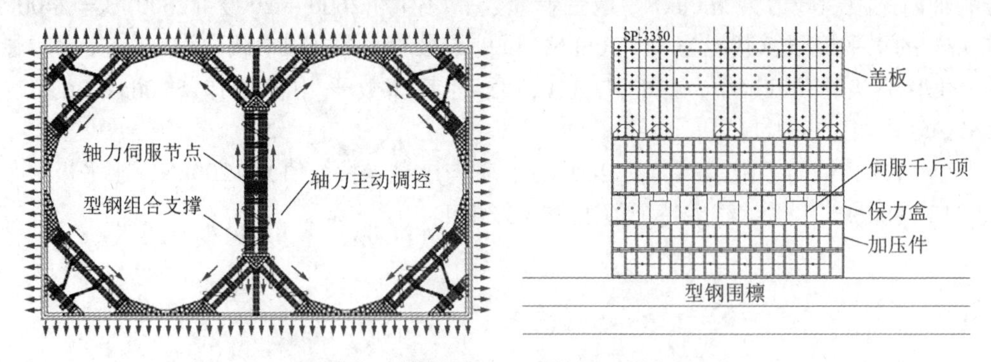

图12-1 支撑轴力伺服系统调压示意图

12.1.2 支撑轴力伺服系统的组成

支撑轴力伺服系统由监控站、伺服油源系统（即数控泵站，以下简称为伺服泵站）、伺服千斤顶、油路系统、配电系统、通信系统、无线分布式数控液压站接线盒装置与软件系统（操作平台）等共同组成，如图12-2所示。一个项目的轴力伺服系统按伺服千斤顶的数量，可分设若干个无线分布式的伺服泵站，每个伺服泵站之间独立控制、互不影响。

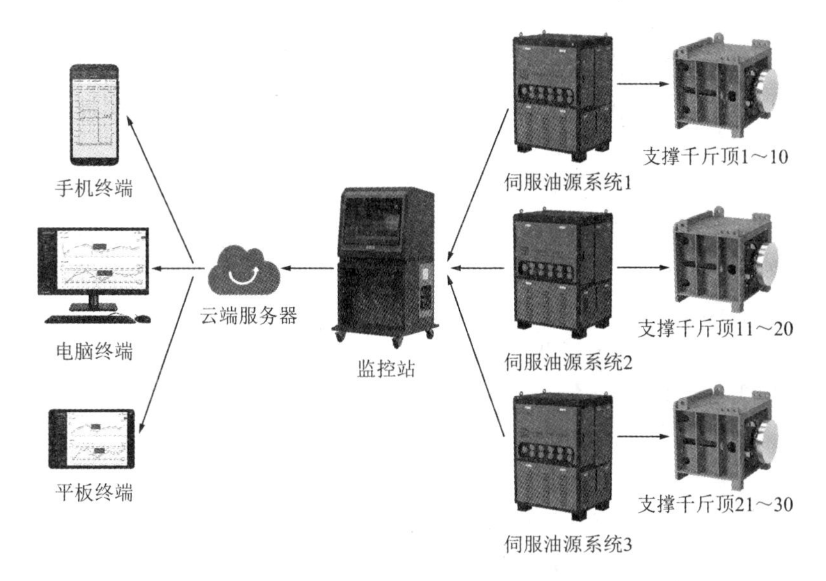

图 12-2　支撑轴力伺服系统示意图

单个伺服泵站一般设有 4 个独立油路通道，可同时实现对 4 榀支撑的独立控制，单个油路通道通过分流阀可同时控制 2～20 个伺服油压千斤顶。每个伺服油压千斤顶均内置油压传感器和位移传感器（位移传感器主要用于测量千斤顶行程，属于保护性技术措施），可对伺服油压千斤顶实现油压与行程的双控。

单个伺服油压千斤顶可以提供最大 500t 的压（顶）力，压力精度达到 0.5%FS、位移精度达到 0.5%FS、位移分辨率达到 0.1mm，可传输距离能够达到 1.0km 以上（空旷场地）。

12.1.3　支撑轴力伺服系统的主要功能和特点

1. 支撑轴力伺服系统的主要功能

支撑轴力伺服系统在基坑支护工程中主要发挥如下功能：

（1）实时监测支撑的轴力。实时采集内置于伺服油压千斤顶的压力传感器信号（数据），经系统自动分析，得出实时的支撑轴力值，非常直观、便捷，有利于掌握深基坑施工期间每一工况或环境变化造成的支撑轴力波动情况。

（2）高压（轴力）自动报警。基坑工程施工期间，施工工况和坑外水位、周边堆载等基坑环境都处于不断变化的状态，这些变化最终体现在支撑轴力上；当伺服系统监测到支撑轴力达到设定的报警值时，就需要通过报警来提醒关注这些变化，以便于及时采取相关应对措施，消除这些影响支撑轴力的不利因素，使之与设计工况相吻合，从而为基坑安全保驾护航。

（3）低压（轴力）自动补偿。支撑的设计轴力，一般是结合土层力学性质和开挖工况，经分析计算得出的，它是能够平衡坑外侧压力的理论值；基坑工程施工期间，当支撑轴力小于设定下限值，将会引起基坑深层土体的较大位移；因此，支撑轴力伺服系统，经实时监测发现支撑轴力小于设定的轴力下限时，就需要自动补压、将轴力恢复至预加轴力值，以实现基坑变形的有效控制。

（4）消除温差变化对支撑体系的不利影响。型钢支撑所用钢材，材质密实，与坑外土体相比，热胀冷缩更加明显，因此可通过支撑轴力伺服系统来消除温度变化对支撑轴力的影响；当夜间温度降低而造成支撑轴力衰减时，可自动补压至支撑轴力设定值；当午间温度较高（尤其高温季节）而造成支撑轴力增加时，可通过支撑轴力伺服系统自动卸压至预加的支撑轴力设定值。

（5）可按需调整支撑轴力设计值、实现基坑变形的主动控制。如前所述，支撑的设计轴力是在拟定设计工况下的计算结果。工程实践中，由于土层力学性质的复杂性、基坑实际工况和环境变化的不确定性，实际所需轴力值与设计轴力值之间可能存在一定程度的偏离，基坑的深层土体位移变化也很可能超过预期。这些情况下，就需要通过支撑轴力伺服系统来调整设定的支撑轴力值，使之与实际情况吻合，并进而实现基坑变形的主动控制，更好地保护基坑周边环境。

2. 支撑轴力伺服系统的主要特点

支撑轴力伺服系统有如下特点：

（1）系统稳定、可靠性高。支撑轴力伺服系统在基坑工程中的应用虽然时间不长，但它立足于当前成熟的控制技术，系统稳定性高；系统采用分布式布置方式，数控泵站之间、不同油路通道之间均相互独立、互不干涉，避免了单个油路泄漏或爆管影响其他油路的情况，也避免了泵站动力源故障导致全系统瘫痪的窘境。

（2）具有多级安全保护措施。支撑轴力伺服系统设置了溢流阀、液压锁、千斤顶行程保护等多级安全保护装置，能够确保意外情况下（如油管破损、漏油）的保压措施；此外，系统还配备应急供电功能（30min 内），能避免临时断电造成的基坑隐患。

（3）友好的人机界面，可识别性高，操作简易。根据支撑轴力预加值设定上下限控制值后，即可由系统自动采集数据、自动分析处理并实时显示；同时还可通过便捷的人机界面，对历史数据进行存储、查询 、上传、打印、查看各类报警信息等，也可通过手机终端实现 24h 监控。

（4）系统自控能力强，低压自动补偿、高压自动报警。根据实时监测数据，当支撑轴力达到设定的下限值时，中央监控系统会自动操控液压动力控制系统进行实时补压至预设的支撑轴力值；当支撑轴力达到设定的轴力上限值时就会自动报警，并通过云端服务器向终端发送报警信息。

（5）分类报警、方便管理。除因基坑工况与环境变化引起的高压报警（支撑轴力超上限值）发出报警信号外，高温时段引起的支撑轴力超上限值时，可自动卸压至支撑轴力设定值，以消减温度应力对基坑周边环境的影响；除此之外，系统还能够进行故障报警，并将报警信号通过云端服务器发至系统维护人员的终端上，以便能够及时维护。

12.1.4 支撑轴力伺服系统的适用范围

一般情况下，预先施加轴力的型钢支撑，均可采用支撑轴力伺服系统；工程实践中，由于支撑轴力伺服系统会增加工程造价，因此一般多适用于以下情况：

（1）软弱土层中的基坑工程。淤泥质等软土土层中的基坑，普遍存在着基坑易变形、变形发展快、对周边堆载特别敏感等特点，在预先施加的支撑轴力作用下，坑外土体也容易发生蠕变而削减轴力；此类基坑，如采用支撑轴力伺服系统，可确保支撑轴力不发生衰减，并可结合基坑变形控制的需要，通过调大支撑轴力设定值，主动控制深层土体的位移变化。

（2）周边环境复杂、基坑变形控制要求高的基坑工程。支撑轴力伺服系统十分适用于周边环境复杂或基坑变形控制要求高的基坑工程，既可有效解决温度及环境变化所造成支撑轴力的衰减问题，也可根据基坑监测数据情况及时调整支撑轴力，实现深层土体位移的主动控制，更好地保护基坑周边环境，尤其当基坑周边存在地铁设施、浅基础住宅或市政管网等重要保护设施时。

12.2　支撑轴力伺服系统的配置

12.2.1　支撑轴力伺服系统的构架

支撑轴力伺服系统一般采用 DT-500-150 型伺服油压千斤顶，其公称最大顶出力为 4800kN（500t）、公称油压 50MPa、最大出顶行程 150mm；每榀支撑根据其设计情况采用若干个伺服油压千斤顶，这些伺服油压千斤顶通过分油阀连至伺服泵站的一个油路通道。为了便于支撑轴力伺服系统的安装施工，在施工前需结合各榀支撑所用伺服千斤顶的具体情况，先进行支撑轴力伺服系统的构架估算，其具体步骤如下：

（1）结合采用伺服千斤顶的支撑榀数，按照每个油路通道对应 1 榀支撑、每个泵站 4 个油路通道的标准，确定泵站数量。

（2）确定每个泵站覆盖的支撑榀数，然后按照“方便操作与维护、油路集成、不影响土方开挖和人员通行”的原则确定泵站位置。

（3）根据泵站和各榀支撑伺服千斤顶的位置、油路走向（油管排布一般需遵循横平竖直的原则，并预留 3～5m 的自由长度），预估油管长度。

按以上步骤，支撑轴力伺服系统的构架预估可汇总如表 12-1 所示。

支撑轴力伺服系统的构架预估　　　　**表 12-1**

<table>
<tr><th>监控站</th><th>伺服油源系统（泵站）编号</th><th>油路编号</th><th>对应支撑榀号</th><th>伺服千斤顶数量</th><th>轴力设计预加值（kN）</th><th>预估油管长度（m）</th></tr>
<tr><td rowspan="14">监控主机（1 台）</td><td rowspan="4">1 号泵站</td><td>1 号-1 通道</td><td>如：1A-1</td><td>2
（依据设计图纸或根据量程计算）</td><td>4800
（依据设计图纸）</td><td>按实际情况确定</td></tr>
<tr><td>1 号-2 通道</td><td>如：1A-2</td><td>2</td><td>6000</td><td>同上</td></tr>
<tr><td>1 号-3 通道</td><td>如：1A-3</td><td>3</td><td>7200</td><td>同上</td></tr>
<tr><td>1 号-4 通道</td><td>如：1A-4</td><td>3</td><td>9000</td><td>同上</td></tr>
<tr><td rowspan="4">2 号泵站</td><td>2 号-1 通道</td><td>如：2A-1</td><td>3</td><td>7200</td><td>同上</td></tr>
<tr><td>2 号-2 通道</td><td>如：2A-2</td><td>3</td><td>9000</td><td>同上</td></tr>
<tr><td>2 号-3 通道</td><td>如：2A-3</td><td>4</td><td>10500</td><td>同上</td></tr>
<tr><td>2 号-4 通道</td><td>如：2A-4</td><td>4</td><td>12000</td><td>同上</td></tr>
<tr><td rowspan="4">3 号泵站</td><td>3 号-1 通道</td><td>如：3A-1</td><td>3</td><td>9000</td><td>同上</td></tr>
<tr><td>3 号-2 通道</td><td>如：3A-2</td><td>3</td><td>10500</td><td>同上</td></tr>
<tr><td>3 号-3 通道</td><td>如：3A-3</td><td>4</td><td>12000</td><td>同上</td></tr>
<tr><td>3 号-4 通道</td><td>如：3A-4</td><td>4</td><td>13500</td><td>同上</td></tr>
<tr><td>…</td><td></td><td></td><td></td><td></td><td></td></tr>
<tr><td>合计</td><td></td><td>12 榀</td><td>38 个</td><td>110700</td><td></td></tr>
</table>

注：本表数据均为示意，具体按实际设计图纸的规定进行支撑轴力伺服系统构架的估算。

12.2.2 支撑轴力伺服系统的配置清单

根据上表所列的轴力伺服系统构架估算情况，系统所需设备与材料清单如表 12-2 所示。

系统所需设备与材料清单 表 12-2

主要设备及材料清单			
序号	名称	规格	需求数量
1	伺服泵站	LJZL-006	3 台
2	液压千斤顶	DT-500-150	38 个
3	抗磨液压油	46 号	8 桶
4	高压油管	15m（1 套 2 根）	38 套
5	高压油管	3m	264 根
6	千斤顶定位架		38 个
7	分配阀		38 个
8	二通、三通、四通接头		按需
9	快速接头		按需
10	铜垫片		按需
11	二级、三级电箱	双电源二级电箱	按需
12	抽油泵		按需
监控室设备清单（系统主机配置）			
1	监控电脑主机		1
2	显示器		1
3	键盘鼠标		1
4	无线网桥		1

注：本表数据均为示意，具体按支撑轴力伺服系统构架的估算结果确定。

伺服系统材料进场前，列明型号、规格与数量清单（可根据现场施工进度情况分批进场，上报监理单位审批）；泵站、油管、千斤顶等材料/物资进场后，报经验收合格后方可进行系统的安装与调试。除此之外，伺服加压部位的型钢支撑构件，应按相应节点构造做法进行安装，以符合轴力伺服工作的需要并确保支撑体系的稳定可靠。

12.3 支撑轴力伺服系统的安拆与使用

支撑轴力伺服系统的安装、使用与拆除流程如图 12-3 所示。

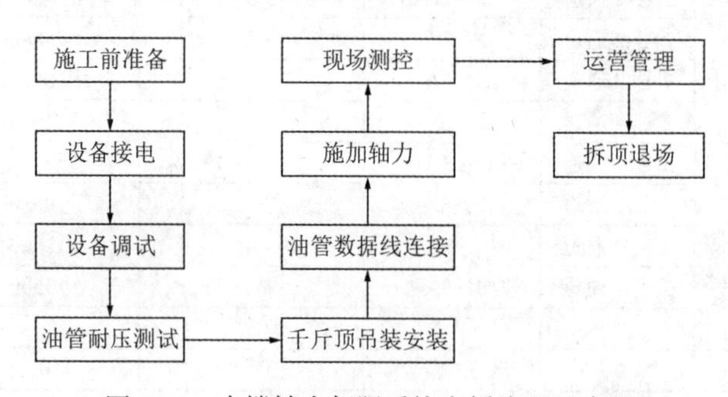

图 12-3 支撑轴力伺服系统安拆流程示意图

12.3.1　支撑轴力伺服系统的安装

图 12-4 为支撑轴力伺服系统安装示意图。

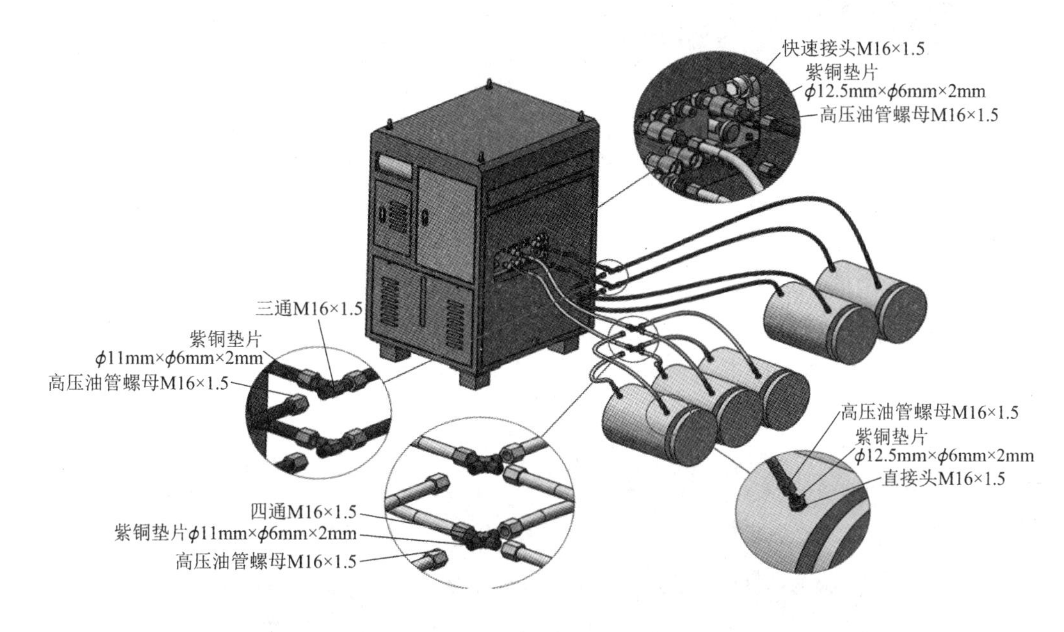

图 12-4　支撑轴力伺服系统安装示意图

1. 安装准备

主要包括：

（1）根据支护图纸中，确定伺服油压千斤顶、无线分布式数控泵站的数量，完成进场材料（物资）的报验工作。

（2）施工之前，结合现场条件确定油管走线、数控泵站的放置位置（应放在基坑附近且不影响人员与车辆通行的位置）、系统电源等，落实好监控室。

（3）支撑安装之前，对支撑安装班组进行有关伺服系统施工的技术交底，确定伺服节点部位施工做法、明确安装材料和尺寸等具体要求。

2. 设备接电

主要要求如下：

（1）轴力伺服系统的电源需由独立专用的开关箱提供。

（2）开关箱就近接入二级配电箱，并在接入前提请施工单位电工批准并接入二级配电箱，并对伺服开关箱进行接地保护。

（3）确保双路电源供电，且双路电源能够自动切换。

（4）伺服系统所用电缆必须为国标的橡胶绝缘耐候的三相五芯电缆。

3. 伺服泵站设备的调试

（1）伺服泵站需添加标号 46 号抗磨液压油，每台泵站油箱容量约为 200L。

（2）系统上电后，分别测试系统上压、保压、电磁阀切换、手动加载、自动加载、通信距离等，确保泵站设备正常，如图 12-5 所示。

图 12-5 伺服泵站设备的调试

4. 油管耐压测试

将油管接上快速接头，接到泵站的任意通道，加力至最大油压 60MPa（不同型号压力值不同），保持至少 5min 以上，观察油管是否有漏油的情况，如图 12-6 所示。如有漏油，则更换油管继续测试。

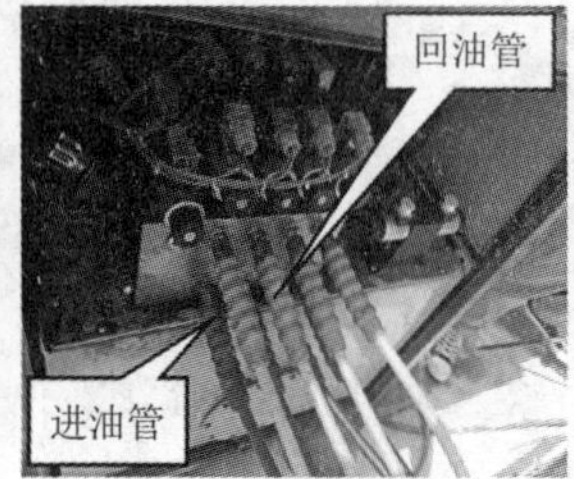

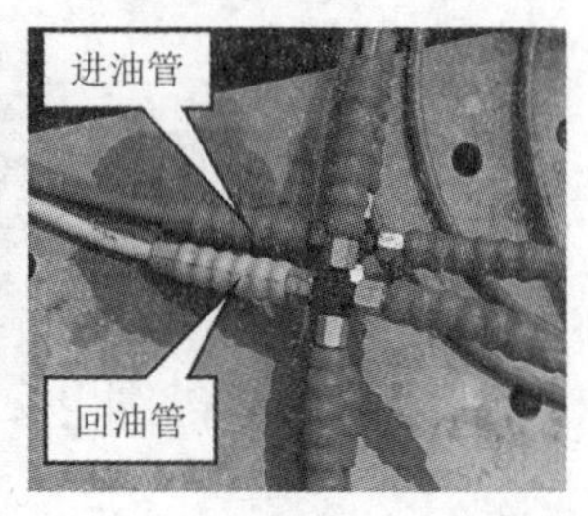

图 12-6 油管连接与耐压测试

5. 千斤顶安放

采用支撑轴力伺服系统时，支撑的伺服节点部位需符合如下的节点构造要求，经检查无误后，方可安装千斤顶托架（图 12-7），千斤顶托架安装时需确保千斤顶中心与加压件中心一致，以避免出现偏心加压的情况，如图 12-8 所示。

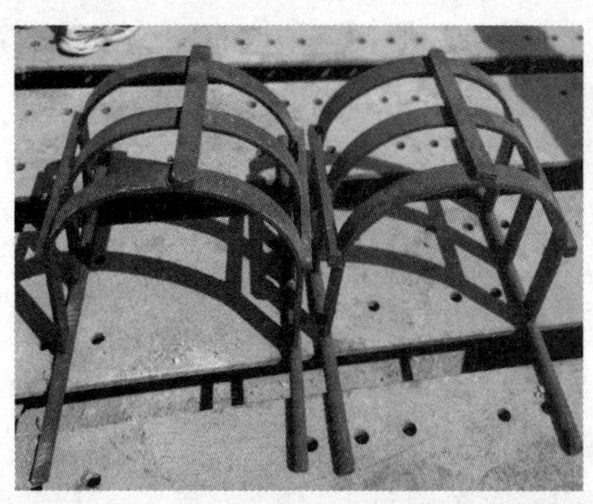

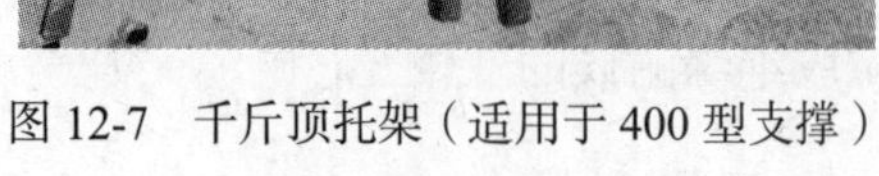

图 12-7 千斤顶托架（适用于 400 型支撑） 图 12-8 伺服千斤顶

（1）伺服节点部位的支撑件下方一般需设井字架横梁，确保节点部位两端的支撑均有支承点。

（2）伺服节点部位的加压件与保力盒自然接触或缝隙不大于 5mm（保力盒宽度

400mm、伺服油压千斤顶的尺寸为ϕ455mm × 359mm），且保力盒与加压件之间采用长度不少于 200mm 的螺栓进行连接（各螺栓均不得紧固，且应保持相同、较大的伸缩空间）。

（3）除伺服节点以外的其他支撑拼接处，拼缝紧密（存在缝隙的，应在加压前塞入楔铁），以避免加压时因缝隙造成的支撑件受力不均衡。

（4）水平支撑件与横梁部位采用抱箍连接（以避免加压时，造成横梁的侧向偏移），除此以外的其他支撑件之间（包括槽钢、盖板）栓接紧固到位。

6. 油管和数据线连接

主要要求如下：

（1）油管与数据线从泵站上对应的油路及数据接口接出来，沿着竖向围护结构侧边和支撑侧边到达千斤顶部位。

（2）安装超声波传感器，其端面与安装端面平齐，然后连接位移线，观察超声波传感器的指示灯是否正常。

（3）再连接油管，进油管连接千斤顶的下腔，回油管连接千斤顶的上腔，并添加垫片。然后用扎带将位移线和油管捆扎在支撑头上，避免其接头处受到管线自重等外力影响。

12.3.2　支撑轴力伺服加压、使用及拆除

1. 伺服加压前的相关准备工作

主要包括：

（1）伺服加压部位已按节点构造要求完成安装，除支撑轴力方向外，均已有效约束。

（2）检查各部位螺栓的连接是否紧固，但加压件与保力盒连接处的长螺栓无需紧固。

（3）检查支撑与围护体系的连接部位是否达到了加压状态（如混凝土强度需达到设计要求）。

（4）检查型钢支撑件与三角件或型钢围檩之间的楔铁是否加塞到位。

（5）加压部位的型钢支撑件与横梁之间的抱箍临时固定情况。

（6）伺服千斤顶已准备就位，并调至最小行程后放置于加压部位的正中间（采用钢筋架子固定千斤顶，防止下移）。

2. 伺服加压前的系统调试

各榀支撑具备伺服加压条件后、正式加压前，需按预加轴力值的 30%手动加压、卸压进行调试，使进油管、回油管的油路闭合畅通，确保油路中无空气、后续伺服工作正常；如调试中存在问题，应及时查明原因并排除，严禁伺服系统带病作业。

3. 伺服加压

伺服千斤顶安放就位、油管和数据线连接后，即可进行伺服加压。施加轴力时，应使“0”行程状态的千斤顶两侧贴牢加压件（缝隙不大于 10mm，缝隙过大时，容易造成最大行程时仍加压不足的情况），调整油压使千斤顶活塞顶住加压件至产生轴力，此时当活塞行程较大时，应通过楔铁进行调整（以避免出现活塞最大行程状态下轴力不足的情况）。

施加轴力时，应分级缓慢加压；加压过程中，当出现组合支撑弯曲、焊点开裂等异常情况时应及时卸压至支撑稳定状态，查明原因并排除隐患后方可继续施加压力至设计预加轴力值。轴力施加完成后需对除保力盒以外的所有螺栓进行复紧（保力盒部位需采用长螺栓，并确保不约束支撑轴向位移），如图 12-9 所示。

图 12-9 伺服加压示意图

伺服加压时需要注意如下事项：

（1）千斤顶中心需与支撑件中心线重合，并均匀、对称放置，以确保支撑件轴心受压；

（2）依次为预加轴力值的 20%-50%-30%进行分级加压（设计另有要求的，按设计要求执行），每级加压后宜保持压力稳定 5min 后再施加下一级压力；达到预加轴力值后，保力盒部位的空隙处采用合适规格楔铁填充，使缝隙控制在 10mm 左右。

（3）加压至预加轴力值后，保力盒部位采用长度 200mm 高强度螺栓与两侧加压件进行有效连接，但螺栓不锁定，应预留 30～50mm 的空间，以保证保力盒部位可以自由伸缩。

（4）加压完成后，在保力盒上方及侧面安装长条形钢盖板，并用高强度螺栓有效连接，同时检查确保盖板上 U 形槽内的螺栓不得紧固（以确保不约束轴向位移）。

（5）加压完成后，对所有支撑件拼接部位的螺栓进行二次紧固（但保力盒处螺栓和盖板 U 形槽处螺栓无须紧固），支撑件与横梁连接部位采用高强度螺栓终拧紧固。

4. 设定支撑轴力控制值

支撑加压至设计预加轴力值后，根据设计要求在中央监控系统中设置支撑轴力控制值（包括设计轴力值、上下限报警值等）。当设计有要求时，按设计要求设置上下限值；当设计无要求时，按支撑预加轴力值的 1.1～1.2 倍设为上限报警值（淤泥质土层时，按 1.2 倍设置上限），支撑预加轴力值的 0.90～0.95 倍设为下限报警值（淤泥质土层时，按预加值的 1.0 倍设置下限值），系统设置界面如图 12-10 所示。

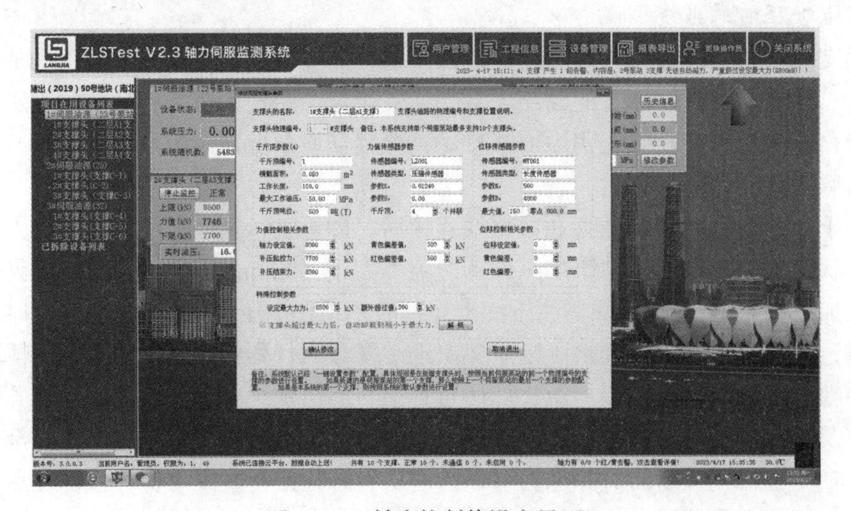

图 12-10 轴力控制值设定界面

5. 线缆的整理与保护

支撑轴力施加完成后，对油管线缆进行梳理，泵站至分配阀处的加压油管合理分布并按支撑榀号整理规整，然后用扎丝每隔 5m 左右固定在支撑上，并做好标记，以便维护检查；分配阀至千斤顶处的加压油管整理整齐，不得随意乱堆乱放杂乱无章。同一根支撑的油管走向应保持在同一水平面上，多余的线缆应卷盘绑扎。不同的线缆之间应留有一定的空隙，线缆严禁打结、缠绕。线缆固定完成后再对土方单位进行交底，做好开挖期间的保护。

6. 支撑轴力伺服监测

支撑轴力伺服系统测控采用闭环连续测控，在系统测控的同时，辅以人工进行监控室监控及人工巡查，监控室 24h 有人值守（或远程在线值守），以便对数据异常或系统故障做出第一时间的响应。结合基坑监测数据，确需调整支撑轴力的，需按设计变更联系单载明的数据重新设定轴力控制值，并调整伺服使支撑轴力至设定值。

支撑伺服监测期间，为避免意外情况造成的基坑安全，伺服加压部位的保力盒空隙需采用相应规格的楔铁塞紧，使之既不影响伺服系统的正常工作，又能确保伺服系统出现意外时必要的支撑轴力，提高基坑的抗风险能力。

支撑轴力伺服监测期间，相关注意事项主要包括：

（1）高压油管等各类管线需结合现场实际情况合理布置，并明显标识、妥善保护、避免受损。

（2）密切关注系统报警信息，每天巡视检查伺服泵站的运行情况和支撑轴力变化情况，检查泵站液压油是否缺油、千斤顶和油管是否漏油、千斤顶行程是否足够、轴向位移是否受到限制、支撑是否受压起拱或弯曲或下沉、伺服泵站供电是否正常等。

（3）根据设计提供的各部位组合支撑轴力极限值，在液压动力控制系统中设定溢流阀安全值，并按支撑轴力极限值的 90%设定极限报警值。

（4）关注基坑监测数据，并注意监测数据和伺服数据的比较与分析，尤其当支撑轴力报警时，要结合基坑监测数据，分析造成数据报警的原因，并及时采取措施消除外部不利因素。

（5）当采取措施将外部因素控制在设计工况允许范围内时，仍出现基坑监测数据异常的，应及时与施工单位、设计单位沟通，经申请同意后方采取调整支撑轴力的措施。

（6）基坑围护结构产生负位移或混凝土支撑受拉时，施工单位应牵头与设计单位沟通并分析原因，必要时申请调整伺服组合支撑轴力。

7. 卸压、拆除

当支撑达到相应拆除条件后，即可卸压、拆除相应通道对应的伺服系统。

（1）取得支撑拆除指令后开始卸压，为避免瞬间预加应力释放过大而导致结构局部变形开裂采用逐级卸载的方式，卸载一般分为二级，卸压至零时收回千斤顶活塞。

（2）拆除油管、传感器接线和传感器（传感器须提前拆除，严禁在有传感器的情况下对千斤顶进行安拆作业）；同时用电工胶带缠紧位移线航插，用堵头旋紧油管接头和千斤顶接头，以防液压油泄漏。

（3）卸载中随时观察油泵油箱的油尺，若液压油充满应及时将液压油抽取到油桶中。随后吊出千斤顶，拆卸的零部件应分类有序存放至相应区域，以备后续使用。

（4）拆卸下的故障件应单独存放，现场的仓库管理台账应及时记录故障件的数量及故障情况。

12.3.3 支撑轴力伺服系统的安装质量控制

支撑轴力伺服系统属于近年来新发展的一项新技术，目前尚无相应的安装质量检验标准，但由于伺服系统的可靠情况直接关系到基坑安全，因此该系统的安装质量依然需要充分重视。结合支撑轴力伺服系统在工程实践中的应用情况，其安装质量控制要点大体如下：

（1）计量校验/鉴定。进场使用的伺服千斤顶和伺服泵站设备的加压计量系统，均需在校验或鉴定有效期内，且同榀支撑用的伺服千斤顶需为相同品牌、相同型号，各千斤顶校验或鉴定文件提供的线性回归方程式准确并相同（偏差5%以内）。

（2）分布式接入。同榀支撑的伺服千斤顶，应通过分配阀连接到相应伺服泵站的一个油路通道上，严禁接入不同油路通道或不同伺服泵站上。

（3）油路耐压性试验。系统所用材料应在安装前逐一检查，不得采用已受损或不合格的材料、配件，接头和油管不堵塞、油路顺畅，所有油管接头（包括分配阀处和千斤顶处）必须采用铜垫片并紧固到位；系统油路必须通过耐压性试验，以确保使用期间油路不发生漏油现象。

（4）系统调试。伺服千斤顶接通进油管、回油管后，正式加压前，按预加轴力值的30%手动进行加压、卸压调试，以排除油路中的空气，并确保油路闭合畅通。

（5）轴向位移无约束。轴向位移无约束是支撑轴力伺服系统正常工作的前提，这就要求：伺服加压节点部位的保力盒与加压件之间需采用200mm的螺栓进行连接，并保持较大的自由伸缩空间，保力盒上方增设的长型盖板（用于提高伺服节点的刚度）应采用U形栓孔等。

（6）保力盒部位塞入合适规格的楔铁。伺服加压至预加轴力值后，需采用合适规格的楔铁塞入保力盒与加压件之间的缝隙，目的是确保系统故障后能够保持必要的支撑轴力，防止基坑出现重大安全事故。

12.4 伺服报警信息的分类与处理

支撑轴力伺服系统的特点是低压自动补偿、高压自动报警，即：不论何种原因造成，当支撑轴力减少到设定下限值时，系统会自动加压调整至预加轴力值，这是因为较低的支撑轴力不利于基坑的安全；当支撑轴力增至设定上限值时，系统就会发出报警信息，此类报警信息称之为伺服数据类报警，主要用于提示基坑安全风险，需要查明引起报警的原因并落实相应措施，此类报警信息可通过云端服务器发送至相关关联人的手机终端。

除此之外，支撑轴力伺服系统还会因系统维护的需要，发出相关报警信息，此类报警信息称之为系统维护类报警，此类报警信息一般通过云端服务器发送至系统维护人员的手机终端。结合系统使用手册和工程实践，各类报警信息产生原因和处理措施分类整理如

表 12-3 所示。

各类报警信息产生原因和处理措施　　**表 12-3**

<table>
<tr><th colspan="2">报警信息</th><th>产生原因</th><th>处理措施</th></tr>
<tr><td colspan="2">伺服数据类报警</td><td>①工况变化；
②温差变化</td><td>①检查是否存在超挖、坑边超载或坑外水位较高等异常情况，如有应及时采取相关措施，确保实际工况与设计工况相吻合；
②当基坑实际工况与设计工况吻合，且昼夜温差较大而引起支撑轴力增加时，需在高温时段进行减压</td></tr>
<tr><td rowspan="7">系统维护类报警</td><td>×××支撑，补压时间过长</td><td>①油路漏油；
②千斤顶密封圈破损</td><td>①检查该支撑路油管是否存在漏油，并及时维护；
②检查千斤顶是否损坏或密封圈是否存在油迹</td></tr>
<tr><td>×××支撑，补压次数较多</td><td>①油路存在少量渗漏；
②千斤顶密封圈破损；
③夜间温降且下限值与预加轴力值比较接近</td><td>①观察该路油管是否有油迹，并及时维护；
②检查千斤顶是否损坏或密封圈是否存在油迹；
③合理设定轴力控制下限值，减少连续降温造成的补压次数</td></tr>
<tr><td>×××支撑，下发自动减力指令错误，或已断开通信</td><td>①网桥不工作或信号弱；
②伺服泵站断电</td><td rowspan="2">①确保网桥发射端和接收端在最佳朝向和高度，网桥供电正常，及时更换已损坏的网桥；
②检查泵站是否断电或停电后是否恢复正常（伺服泵站断电时间不应超过 30min，并优先采用双路电源）</td></tr>
<tr><td>×××支撑，已断开通信</td><td>①网桥不工作或信号弱；
②伺服泵站断电</td></tr>
<tr><td>×××支撑，进入手动状态</td><td>系统检查到有工人使用手控盒对泵站进行操作</td><td>此信息只是一个提示和记录作用；对于伺服正常工作的支撑，应及时对泵站柜门上锁，尽量避免手工操作</td></tr>
<tr><td>×××泵站，压力传感器故障或者卡阀</td><td>①加压或减压时，通道压力传感器数值处于呆滞且呆滞时间达到 10s 及以上；
②加压或减压时，通道压力传感器与主压力传感器的值偏差过大且持续时间达到 10s 及以上；
③通道在加压或减压时，超过 10min 未成功</td><td>①检查油表和触摸屏上面的压强数值是否一致；如果不一致，需要检查泵站内部油压传感器是否损坏或者导线松动，检查完成以后，需要按下“急停”按钮再复位，或者在“急停”按钮弹起复位的状态下将控制柜断电重启来解除保护；
②与方法①相同处理；
③检查是否卡阀，检查完成以后，需要按下“急停”按钮再复位，或者在“急停”按钮弹起复位的状态下将控制柜断电重启来解除保护</td></tr>
<tr><td>×××支撑，无法自动减力，严重超过设定最大值</td><td>①卡阀；
②泵站油箱液位过低；
③电器件及线路故障；
④PLC 故障（小概率）；
⑤没有开启监控系统软件中的最大力卸载功能</td><td>①检查泵站液压系统中电磁换向阀阀芯是否卡住；
②检查液压油是否足够；
③检查接线是否出现松动、接触不良等问题；
④检查 PLC 是否正常工作（观察 PLC 跳动的红黄绿色的状态指示灯）；
⑤开启软件的最大力卸载功能</td></tr>
</table>

12.5　应急措施和支撑轴力的调整

12.5.1　支撑轴力伺服系统的应急措施

支撑轴力伺服系统在使用期间，除会出现上述报警信息外，还会出现如下突发异常情况，相关异常情况和应急措施汇总如表 12-4 所示。

突发或异常情况和应急措施 表 12-4

序号	突发或异常情况	应急措施
1	系统断电	使用备用电源或使用双电源电箱
2	电磁阀或单向阀故障	锁紧机械锁，更换电磁阀或单向阀
3	伺服千斤顶故障	锁紧机械锁，更换或维修千斤顶
4	油管爆裂	锁紧机械锁，更换油管
5	油压传感器故障	停机，锁紧机械锁，更换油压传感器
6	伺服泵站泵头损坏	停机，锁紧液压锁，更换泵头
7	数控泵站液压油缺失	补充液压油
8	数控泵站溢流阀损坏	停机，锁紧液压锁，更换溢流阀
9	通信模块损坏导致通信中断	更换通信模块
10	支撑轴力未报警但基坑位移增大	停止开挖，协商提高预加轴力值
11	支撑轴力报警但基坑位移不大或可控	发出报警，严密监测
12	支撑轴力报警且基坑位移增大	停止开挖，协商提高预加轴力值或增加内支撑

12.5.2 支撑轴力的调整

型钢组合支撑具有强度高、节点构造超静等特点，在支撑体系的极限轴力范围内，可根据基坑监测数据（尤其深层土体位移变化）、伺服轴力变化情况等，经支护设计复核同意后，按实际需要调整支撑轴力。通过支撑轴力伺服系统调整支撑轴力时，首先要确保当前实际施工工况与设计工况相吻合，当实际施工工况与设计工况不吻合（如超挖、基坑周边堆载、坑外地下水位较高等）时，首先应消除这些与设计工况不吻合的外部影响因素。

根据支护设计重新复核核定的支撑轴力预加值，按如下步骤进行伺服轴力的调整：

（1）系统模式由“自动伺服模式”先修改为“手段模式”。

（2）采用分级加载模式，每级加载量不超过 1000kN 或不超过设定轴力的 20%（设计有要求时，按其要求执行），分级加载至修正后的支撑预加轴力值，严禁一次加载到位。

（3）每级加载完成后应稳定 4～6h，条件许可时，应加大相应部位的基坑监测频率，掌握支撑轴力调整对基坑变形的控制情况。

（4）分级加载至修正后的支撑预加轴力值时，再重新设定支撑轴力的设定值和上下限控制值，然后再恢复为“自动伺服模式”。

（5）后续一周内密切关注基坑监测数据的变化情况和支撑轴力伺服情况。

12.6 典型工程案例

杭州某基坑项目，邻近地铁线路区间盾构，二层地下室，开挖深度 10m 左右，基坑开挖范围内的土质主要为淤泥质黏土；地铁 50m 范围外的基坑已先行施工，邻地铁侧的四个分坑后施工；结合 50m 范围外基坑施工时的盾构变形监测数据等，为有效控制邻地铁侧四个分坑施工对地铁设施的影响，采用了二道型钢组合支撑并使用了轴力伺服系统。四个分坑的内支撑平面布置和剖面示意，如图 12-11 所示。

根据支护设计图纸，第一道型钢组合支撑中，角撑的伺服预加轴力为 6000kN、对撑的伺服预加轴力值为 10000kN；第二道型钢组合支撑中，角撑的伺服预加轴力为 10000kN、对撑的伺服预加轴力值为 20000kN。本基坑共 36 榀支撑，使用了 10 个伺服泵站、91 套伺服千斤顶。

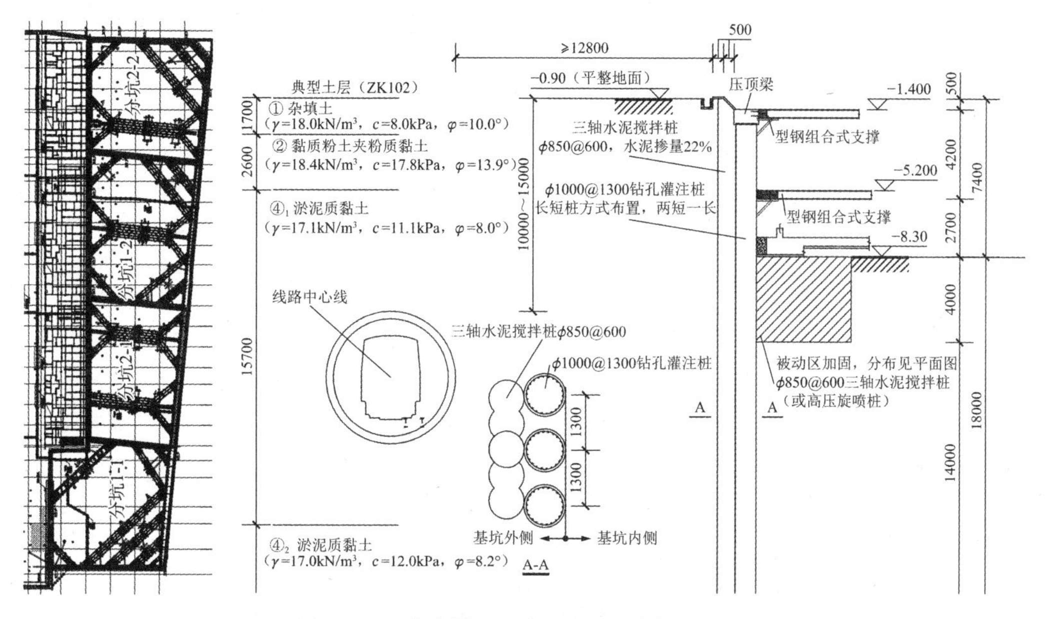

图 12-11　内支撑平面布置与基坑剖面示意图

本项目邻地铁侧 4 个分坑，按支护设计图纸要求的开挖顺序，先开挖分坑 1-1 和分坑 1-2，待分坑 1-1 和分坑 1-2 的地下结构施工至正负零时，再开挖分坑 2-1 和分坑 2-2。在支撑伺服期间发现，当第二道支撑伺服加压后，第一道支撑的伺服压力有所衰减，经向支护设计单位核算后，确定在第二道支撑伺服加压完成后，第一道支撑的伺服压力均调减 50%，以减少被动土压力对坑外地表的影响。该项目于 2023 年 11 月 11 日完成全部支撑的拆除，支撑拆除时的地铁侧深层土体位移控制良好，如图 12-12 所示。

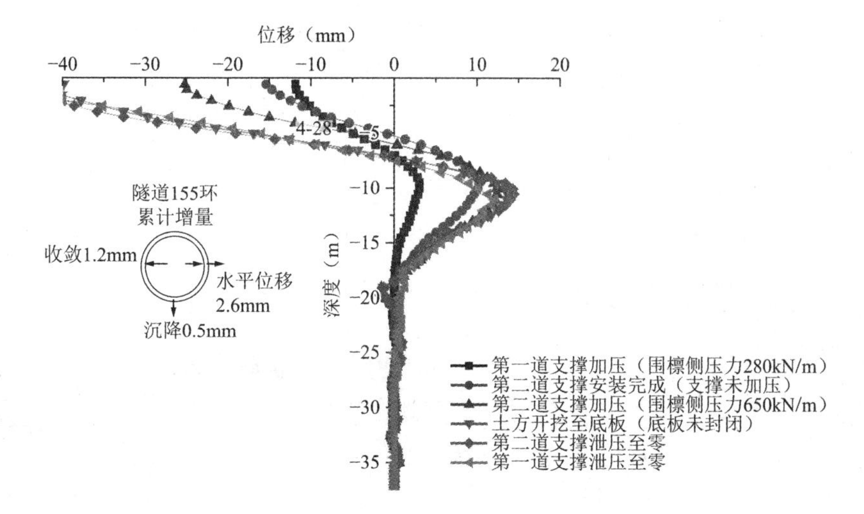

图 12-12　深层土体位移曲线

周边环境保护要求高的基坑项目，采用轴力伺服系统控制深层土体的变形，主要依靠较大的支撑预加轴力值，使坑外土被动受压，来约束深层土体的变形；工程实践中会由此产生如下问题需要注意：

（1）当首层为混凝土支撑时，随着下层支撑的伺服加压，混凝土支撑会被拉裂。

（2）竖向围护结构的刚度，对深层土体位移的控制起到重要作用；当其刚度较小时会出现，深层位移控制不理想而坑外侧被动受压的土体已出现隆起等问题。

第 13 章 基坑降排水与截水帷幕渗漏处理

13.1 概述

13.1.1 基坑降排水的重要性及地下水的危害形式

基坑降排水的重要性主要表现在：当基坑土方开挖时，场地内的积水或土层中富含的地下水，不仅影响土方的正常开挖和地下工程的正常施工，还会因土体长期浸泡在水中而导致土体强度降低并增大坑侧土压力，或造成土体颗粒的液化流失，存在着极大的基坑安全风险。总的来说，基坑支护工程中的降排水具有如下重要意义：

（1）基坑开挖中降低地下水位、防止地表明水流入坑内，不仅便于土方的开挖，而且有利于预防边坡土或桩间土的流失、防止开挖面土体的失稳或土层颗粒的液化流失。

（2）降低土体含水量，可有效提高土体固结程度、改善土体的力学性能，减少坑外（主动区）侧压力、利于深层土体位移的控制；对于砂性土层，有效的降水措施可以减少内支撑的工程量。

（3）降低地下水位可有效促进土体固结，但当坑外降水不当时，极易引起由于坑外土体固结沉降导致的对周边环境的不利影响，如马路开裂、建（构）筑物或地下管线出现沉降等。

地下水在基坑施工过程中的主要危害形式包括：坑底隆起、坑底突涌、坑壁渗漏、底侧突涌、周边土体过量沉降、剖面滑移、坍塌等。这些与地下水相关的基坑危害，易发生于如下情形：①渗透性较高的土层且土层颗粒细（尤其是粉质黏土、粉砂等土层）；②土层颗粒虽大但潜水含量大的地层；③粉质黏土和薄层粉砂夹层或互层现象严重的地层。

13.1.2 基坑降排水的方式及适用范围

基坑降排水主要包括集水明排和井点降水两类方式，其中井点降水主要适用于降排地下水，具体包括轻型井点降水、喷射井点降水、电渗井点降水和管井（深井）井点降水等几种形式。不同基坑降排水形式的特点与适用范围如表 13-1 所示。

不同基坑降排水形式的特点与适用范围　　表 13-1

降排水形式		主要做法与特点	适用范围
明水	坑周截水	在基坑四周设置截水沟和集水井，截流地表水、防止地表水流入坑内；但设置在坑周的截水沟、集水井易受基坑变形而开裂失效，因此需采取有效的抗裂防渗措施或定期修补	适用于各类基坑的地表水截流和地下水排放

续表

降排水形式		主要做法与特点	适用范围
明水	坑内明排水	基坑土方开挖时，随挖土工况修筑坑内集水井、明沟或盲沟，减少土层滞水（雨季期间雨水）对土方开挖的影响；坑内积水明排具有因地制宜、简便、经济等特点	适用于弱渗透土层或降水深度小的渗透土层
地下水	轻型井点降水	由井点管、连接管、集水总管和抽水设备等组成；井点管直径 38～55mm，按间距 0.8～1.6m 成排（或环状）布置插入含水土层中，井点管上端通过软管连接至集水总管，然后通过真空泵、射流泵或隔膜泵进行抽排，具体又分为一级轻型井点（降水深度 ≤ 6m）、多级轻型井点（降水深度 6～10m）。具有设备简单、易于操作的特点，但对井点管的真空度有较高要求	降水深度 ≤ 6m（多级可达 10m），适用于渗透系数 10^{-7}～10^{-4}cm/s 的土层或坑中坑等局部深坑的降水
	喷射井点降水	由带有喷射器的井点管、管路和抽水设备等组成，按喷射介质不同，分为喷水井点和喷气井点；内设喷射器的井点管直径 75～100mm、按间距 2.0～4.0m 成排（或环状）布置插入含水土层中，井点管上端通过软管连接至集水总管，然后通过高压离心泵或空气压缩机进行抽排。具有设备简单、降水深度大等特点，但和轻型井点一样对井点管的真空度有较高要求	降水深度 8～20m，适用于渗透系数 10^{-7}～10^{-4}cm/s 的土层
	电渗井点降水	一般利用轻型井点或喷射井点管作为阴极，以金属棒（钢筋、钢管等）作为阳极。通入直流电后，带有负电荷的土粒向阳极移动（即电泳作用），而带有正电荷的水则向阴极方向移动集中，产生电渗现象。在电渗与井点管内的真空双重作用下，强制黏土中的水由井点管快速排出。能提高土层的渗透能力，具有缩短降水时间、提高降水效果等特点	适用于渗透系数小于 10^{-7}cm/s 的弱渗透的饱和黏土层，特别适合淤泥和淤泥质土层
	管井（深井）井点降水	由滤水井管、潜水泵或深井泵等组成，管井之间相互独立，管井管径一般 300mm、成井孔径一般 600mm 以上，坑底以下的管井长度一般不小于 5m，井间距可达 25m；具有工艺简单、降水深度大、排水量大、降水效果好、使用周期长等特点	适用于渗透系数大于 10^{-6}cm/s 的土层

13.1.3 基坑工程中降水井的功能分类

基坑支护工程中的降水井，按其设置部位和功能作用的不同，可分为坑内疏干井、坑外降压井、承压减压井和坑外回灌井，其中：

（1）坑内疏干井。主要设置在坑内，其目的是降低坑内地下水水位、方便土方开挖；根据土层渗透能力的差异，可选用坑内明排、轻型井点、喷射井点、电渗井点或管井降水等形式进行降水疏干；当土层渗透能力较强时，为避免地下水对结构的上浮影响，应优先采用管井降水形式。

（2）坑外降压井。一般设置在坑外，主要目的是降低坑外水位至设计工况范围内、减少坑外水土压力；为了避免坑外井降水对周边环境的影响，坑外降压井一般需要进行控制性降水，既要满足减少坑外水土压力的需要，又要避免对周边环境产生不利的影响。

（3）承压减压井。承压减压井多设置在坑内，且多为管井形式，主要用于观察承压水对基坑的影响并起到应急降低承压水水头的作用。正常情况下，承压减压井不需要降水，当且仅当承压水突涌对基坑或地下结构产生不利影响时，作为一项降低承压水水头的应急措施；但在截水帷幕未落底封闭承压水层时，工程实践表明，承压减压井的应急效果不大，且后期的封井难度极大。

（4）坑外回灌井。主要设置在坑外（甚至与坑外降压管井组合使用），多为管井形式，其目的是保护周边环境、避免坑外水位变化对周边环境造成影响，当坑外水位低于设计工况或对周边环境产生不利影响时，需要回灌至设计工况，但需注意不可回灌过多，以免增大坑外侧压力。

13.2 井点降水

13.2.1 轻型井点降水

1. 轻型井点降水系统的布置

如前所述，轻型井点由井点管、连接管、集水总管和抽水设备等组成，每根井点管长度 3～9m 不等（具体按设计），井点管布置间距 0.8～1.6m、成排（排距一般不大于 20m）或环状布置，如图 13-1 所示。其中抽水设备可为真空泵、射流泵或隔膜泵；单台抽水设备携带的总管最大长度为：真空泵不宜大于 100m（一般不超过 100 个井点管）、射流泵不宜大于 80m（一般不超过 50 个井点管）、隔膜泵不宜大于 60m（一般不超过 50 个井点管）。

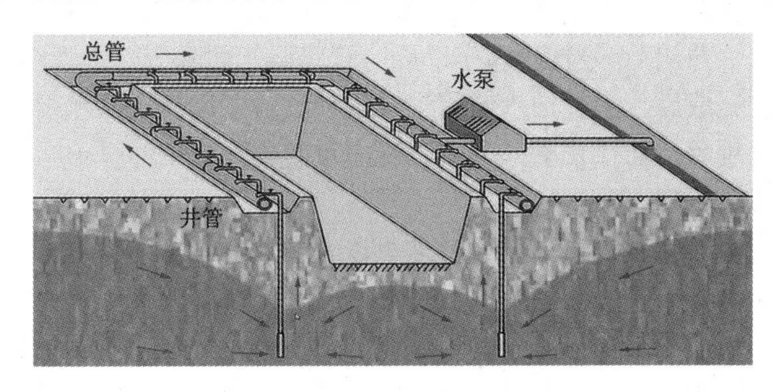

图 13-1 轻型井点布置示意图

2. 轻型井点的施工机具和材料

轻型井点的施工机具多为自制移动式井架配牵引力为 6t 的绞车，通过高压离心泵带动水枪冲孔下管，施工所需主要材料大体如表 13-2 所示。

施工所需的主要材料 表 13-2

序号	材料名称	主要规格和要求
1	井点管	ϕ38～55，壁厚为 3.0mm 的无缝钢管或镀锌管（或强度刚度满足真空度要求的塑料管）
2	连接管	透明管或胶皮管，与井点管和总管连接，采用 8 号铅丝扎紧以防漏气
3	总管	ϕ75～102 钢管，壁厚为 4.0mm，用法兰盘加橡胶垫圈连接，防止漏气、漏水
4	抽水设备	离心泵、真空泵或射流泵（具体按设计选配）
5	滤料	多采用瓜子片或粗砂，不得采用中砂或细砂，以免堵塞滤管网眼

3. 轻型井点的施工与运行

（1）井点管的制作。轻型井点管多采用ϕ38～55、壁厚为 3.0mm 的无缝钢管或镀锌管制作，井点管制作长度按设计（一般不小于 2m），井点管下端一般采用 4mm 厚钢板焊死，并在此端 1.5m 范围内的管壁上钻ϕ15 的小圆孔，孔距为 25mm，外包两层滤网，滤网采用编织布，外部再包一层网眼较大的尼龙丝网，每隔 50～60mm 用 10 号铅丝绑扎一道，滤管另一端与井点管进行连接。

（2）井点管埋设。轻型井点的点位放设后，一般采用水冲成孔法进行施工，成孔孔径一般为 300～350mm，以保证管壁与井点管之间有一定间隙；冲孔深度一般比井点管底端深度低 500mm 及以上，以确保井点管底部存有足够的滤料。

井点孔冲击成型后，拔出冲击管，插入井点管。下插井点管时，井点管上端应用木塞塞住，以防砂石或其他杂物进入，并在井点管与孔壁之间填灌砂石滤料。滤料的填充高度一般需至滤管管顶以上 1.5～1.8m（且不低于设计工况的地下水位线）；井点填砂后，井口以下 1.0～1.5m（即地面至滤料顶面的距离）用黏土封口压实，以防漏气而降低降水效果。

（3）冲洗井管。井点管埋设完毕后，一般采用直径为 15～30mm 的胶管插至井点管底部进行注水清洗，直至井点管口流出清水为止；轻型井点管需逐根清洗，以免出现死井。

（4）管路安装与试抽。一般沿井点管外侧铺设集水总管、安装水泵，其中水泵的进水管处安装真空表、水泵的出水管处安装压力表；然后拔掉井点管上端的木塞，用软胶管将井点管与总管连接，并用 10 号铁丝绑牢，以防管路漏气而降低整个管路的真空度。

整个管路安装完成后、正式抽水前需进行试抽试验，以检查抽水设备运转是否正常、管路是否存在漏气现象，如存在漏气现象，则应重新连接或用油腻子堵塞等，直至试抽真空度不小于 65kPa。

（5）抽水运行。轻型井点试抽合格后即可进行正式的抽水运行，一般情况下开机运行 7d 后可形成地下降水漏斗并趋于稳定，土方工程可在降水 10d 后开挖。

4. 轻型井点降水的注意事项

轻型井点的管路较多，故布置时一般需避开出土通道；同时要确保连续抽水，以避免时抽时停而造成井点管堵塞，或停抽期间因水位上升而引起土方边坡失稳事故等。相关注意如下：

（1）井点位置应距坑边 1m 以上，以防影响土坡的稳定性；基坑四周应设置截水沟，并距基坑越远越好，以防地表水下渗而影响降水效果和边坡的稳定性。

（2）埋设井点管时，如遇较厚黏土层而造成成孔困难时，应适当增大水泵压力，但不应超过 1.5MPa；冬期施工时，应做好集水总管的保温措施，以避免受冻。

（3）抽水期间，特别开始抽水时，应通过管内水流声、管子表面是否潮湿等方法检查有无井点管堵塞的死井，当死井数量超过 10%时，将严重影响降水效果，应及时对死井进行反复冲洗处理。

（4）轻型井点降水期间，其出水规律一般为“先大后小、先混后清”，抽水期间需经常性检查真空度是否不足，并视出水情况及时检查和调节离心泵出水阀门，使抽吸与排水保持均衡；如有异常，应及时排查原因、及时维护。

13.2.2 喷射井点降水

1. 喷射井点降水的工作原理与布置

喷射井点降水系统主要是由喷射井点管、高压水泵（或空气压缩机）和管路系统（包括供水或供气管路、排水管路）组成。喷射井点工作时，用高压水泵或空气压缩机将高压水（喷水井点）或压缩空气（喷气井点）经井点管内外管之间的环行空间送至喷射扬水器形成高速射流，从而在喷口附近形成真空负压；然后在真空吸力的作用下，将地下水经过滤管吸入混合室、流入扩散室中。由于扩散室的截面顺着水流方向逐渐扩大，水流速度就相应减少，而水流压力相对增大，从而把地下水连同工作水一起扬升出地面，如此循环作业，达到降低地下水的目的。

它与轻型井点管的主要差异在于井点管的构造，即：喷射井点管由内管和外管两部分组成，其中内管下端装有喷射扬水器并与滤管相接；喷射扬水器由喷嘴、混合室、扩散室等组成，是喷射井点的主要工作部件，如图 13-2 所示。

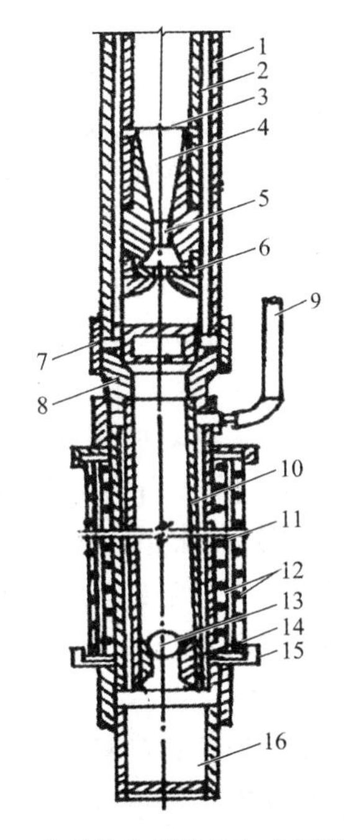

图 13-2　喷射井点管构造与主要性能指标

1—外管；2—内管；3—喷射器；4—扩散管；5—混合管；6—喷嘴；7—缩节管；8—连接座；9—真空测定管；10—滤管芯管；11—滤管有孔套管；12—滤管外缠滤网及保护网；13—止回球阀；14—止回阀座；15—护套；16—沉泥管

喷射井点管的直径多为 75～100mm，井点管水平间距一般为 2.0～4.0m 不等（具体按土质和预降水时间确定）；当基坑面积较大时，宜采用环形布置；当基坑宽度小于 10m 时，可采用单排布置；当大于 10m 时，则应采用双排布置，且排距一般不大于 40m（井点深度与排距有关，并应比基坑开挖深度大 3～5m）。ϕ100（ϕ75）喷射井点主要技术性能如表 13-3 所示。

ϕ100（ϕ75）喷射井点主要技术性能　　表 13-3

项目	规格、性能	项目	规格、性能
外管直径	100mm （75）	喷嘴至喉管始端距离	25mm
滤管直径	100mm （75）	喉管长与喷嘴直径比	2
内管直径	38mm	扩散管锥角	8°、6°（8°）
芯管直径	38mm	工作水量	$6m^3/h$

续表

项目	规格、性能	项目	规格、性能
喷嘴直径	7mm	吸入水量	45m³/h
喉管直径	14mm	工作水压力	0.8MPa
喉管长	45mm	降水深度	24m

注：1. 适于土层：粉细砂层、粉砂土（$K = 1$～10m/d）；粉质黏土（$K = 0.1$～1m/d）；
2. 过滤管长 1.5m，外包一层 70 目铜纱网和一层塑料纱网，供水回水总管 150mm。

2. 喷射井点的施工与运行

喷射井点的布置、井点管的埋设方法和要求等，和轻型井点基本相同。喷射井点系统的施工工艺流程一般包括：设置泵房、安装进/排水总管→水冲法或钻孔法成孔→安装喷射井点管、填滤料→管井冲洗→接通进/排水总管、并与高压水泵或空气压缩机接通→试抽水→抽水运行。

（1）喷射井点管埋设。喷射井点管埋设时的冲孔直径一般不小于 400mm，且深度应大于滤管底 1m 以上；多采用套管冲枪（或钻机）成孔，加水及压缩空气进行排泥，当套管内含泥量经测定小于 5%时，再下喷射井点管、填充滤料，最后再将套管拔出。

井点管与孔壁之间填灌的砂石滤料，与轻型井点类似，多采用瓜子片、粗砂等，不得采用中细砂；滤料的填充高度一般需至地面以下 1.0～1.5m 处，地面以下 1.0～1.5m（即地面至滤料顶面的距离）用黏土封口压实，以防漏气而降低降水效果。

（2）单井试抽。每个喷射井点埋设完毕后，先与供水（供气）总管接通、运转设备，对单个井点进行冲洗、排泥，直至井点出水变清为止，同时测定真空度（真空度一般不小于 93.0kPa）。

（3）系统试抽。单套喷射井点系统所覆盖的喷射井点均埋设并试抽完毕后，接通排水总管进行整个系统的试抽；试抽的开泵压力要小一些（一般不大于 0.3MPa），再视试抽情况逐步增大压力至正常；试抽期间，如发现井点管周围泛砂或冒水，应立即关闭相应井点的阀门并查明原因、及时解决。喷射井点的工作用水应保持清洁，试抽 2d 后应更换清水，以减轻工作水对喷嘴及水泵叶轮的磨损；一般情况下，抽水 7d 左右即可形成稳定的降水漏斗，可开始挖土。

3. 喷射井点降水的注意事项

喷射井点降水深度可达 8～20m，甚至 20m 以上。但因其抽水系统和喷射井点管较为复杂，运行故障率较高，且存在能量转换次数多、效率较低、工程造价也较高等不足，因此实际应用较少。如设计采用喷射井点降水系统时，除以上施工要点外，还需注意如下事项：

（1）每套喷射井点的井点数不宜大于 30 根，总管直径不宜小于 150mm，总长不宜大于 60m，多套井点呈环圈布置时各套进水总管之间宜用阀门隔开，每套井点应自成独立系统。

（2）喷射井点管组装时，需保持喷嘴与混合室中心线一致，组装后的井点管应在地面作泵水试验和真空度测定；地面测定真空度一般不应小于 93.0kPa。

（3）每根井点管与进水管、排水总管的连接管均需安装阀门，以便调节使用，并防止个别井点不抽水时发生回水倒灌现象。

（4）为防止因停电、机械故障或操作不当等突然停止工作时的倒流现象，在滤管的芯管下端设逆止球阀。当井点出现故障而造成真空消失时，逆止球下沉堵住阀座孔，避免工作水进入土层而造成的反灌现象。

（5）每根喷射井点沉设完毕后，应及时进行单井试抽，排出的浑浊水不得回入循环管路系统，试抽时间持续到水由浊变清为止；喷射井点系统安装完毕后的系统试抽，不应有漏气或翻砂冒水现象，工作水应保持洁净，且在降水过程中应视水质浑浊程度及时更换。

13.2.3　电渗井点降水

电渗井点降水，实质上是在轻型井点或喷射井点降水系统的基础上，利用井点管作为阴极、钢管（直径一般为 50～75mm）或钢筋（直径 25mm 以上）等金属材料作为阳极，阴阳极分别用电线连接成通路，并对阳极施加强直流电电流，通过电泳（带负电的土粒向阳极移动）、电渗作用（正电荷的孔隙水则向阴极方向集中），强制把弱渗透土层中的水向井点管聚集，达到加速弱渗透土层排水、提高降水效果、缩短降水周期的目的，如图 13-3 所示；同时电极间的土层则形成电帷幕，在电场的作用下，阻止地下水从四面流入坑内。

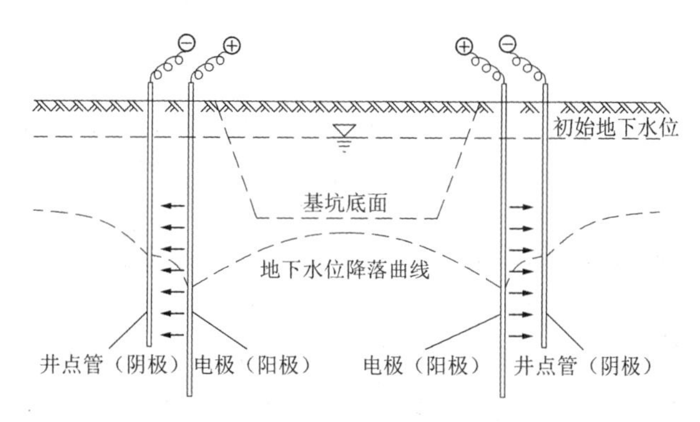

图 13-3　电渗井点降水示意图

当采用轻型井点管作阴极时，轻型井点降水系统的施工参照本章第 13.2.1 节相关内容；当采用喷射井点管作阴极时，喷射井点降水系统的施工参照本章第 13.2.2 节相关内容。阳极一般选用直径 50～75mm 钢管（或直径 20～25mm 的钢筋），其数量应与井点管数量一致，设在井点管内侧，与井点管平行交错布置。当采用轻型井点管作为阴极时，阴阳极之间的距离一般为 0.8～1.0m；当采用喷射井点管作为阴极时，阴阳极之间的距离一般为 1.2～1.5m。阳极用钢管（钢筋）一般采用 75mm 旋叶式电动钻机埋设，入土深度比井点管深 0.5m，阳极外露 0.2～0.4m。

电渗井点降水的运行，同轻型井点或喷射井点降水，且工作电压一般不大于 60V，土中通电时的电流密度一般为 0.5～1.0A/m^2，并采用间歇通电法，如通电 24h、停电 2～3h，然后再通电。

13.2.4　管井（深井）井点降水

管井（深井）井点降水由滤水井管、吸水管和水泵等组成，井壁材料一般为波纹管、钢管或无砂混凝土管等材质，管壁外填充砂砾滤料，如图 13-4 所示。管井（深井）井点降水具有设备较简单、排水量大、降水较深、降水效果好、易于维护、使用周期长特点。管井（深井）井点用于坑内疏干用途时，管井间距 20～25m（具体按设计）；用作坑外减压或观察（或回灌）用途时，管井间距 10～15m（具体按设计）；用作承压观察井时，间距一般由设计经计算确定，且井壁多采用钢管；管井井点降水的施工大体如图 13-4 所示。

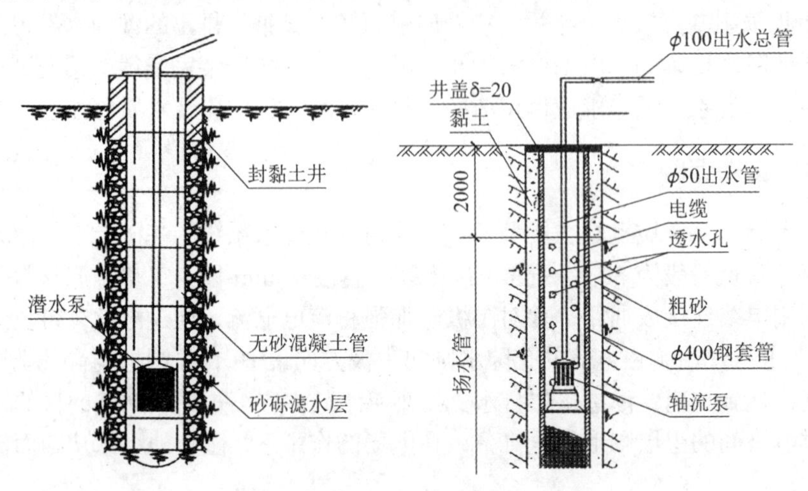

图 13-4　管井（深井）井点构造示意图

（1）管井成孔。管井成孔直径一般不小于 600mm，多采用泥浆护壁工艺，成孔直径和成孔深度不得小于设计值，成孔垂直度偏差不大于 1/100，终孔后需进行清孔。管井成孔施工需注意以下几点：

①管井施工前，需结合降水井井位布置图、地下结构图纸（包括桩位）进行套图，当降水井井位与地下结构（尤其梁、墙、柱构件）或地表障碍物存在冲突时，应在原设计井位的 2m 范围内进行微调，并在施工前报经支护设计单位人员复核确认；对井点进行编号，以方便施工和运行管理。

②采用泥浆护壁工艺进行管井成孔时，其成孔作业要求可按泥浆护壁钻孔灌注桩的施工工艺进行控制，包括泥浆性能、定位对中、孔径、孔深、成孔垂直度等。沉井施工所用泥浆池借用灌注桩施工的泥浆池，泥浆统一按规定进行处理。

③钻孔钻进至设计标高后，在提钻前将钻杆提至离孔底 0.50m，进行冲孔清除孔内杂物，同时将孔内的泥浆密度逐步调至 1.10，至孔底沉淤小于 30cm、返出的泥浆内不含泥块为止。

（2）安装井管。管井成孔并清孔完成后，应及时安装井管，此环节主要要求如下：

①管井材料需符合设计和施工规范的要求，管井材料进场报验合格后，应按设计要求制作滤水管（井壁开孔并外包双层 60 目的滤布，用铁丝固定牢固，以防下管过程脱落），严禁采用存在残缺、断裂、弯曲等缺陷的管井材料制作滤水管。

②下管前需测量井孔深度；底层的管堵需与第一节井管公母接口接上并固定牢靠（采用无砂混凝土滤水管时，接管部位需采用塑料布封堵），下管时在井管上下两端各设一套直径小于孔径 5cm 的扶正器，以保证井管居中放置。

③井管需逐节下放，不得损坏外包过滤层，各节拼接处要确保上下节井管在同一直线上，且接口部位连接牢靠；下到设计深度后，井口居中固定，并且井管顶部需高出地面 30～

50cm。

（3）填充滤料。井管安装完成后，应及时在管壁外侧与井孔之间填充滤料，主要包括：

①滤料一般采用 5～15mm 粒径砂石、中粗砂，按设计级配要求拌制，杂质含量不大于 3%。

②滤料填充前，需采用适当的材料封闭井管上部管口，同时检查井管是否居中；滤料填充时，应沿井壁四周均匀、缓慢填入，不可一次填入过多，以防冲歪井管。

③填料要一次连续完成，填至距地面 1.5～2.0m 时停止，然后用黏土封实，以防地表明水流入。

（4）洗井。一般采用压缩空气洗井法，其原理是当压缩空气通到井管下部时，井管中为汽水混合物，密度小于 $1g/cm^3$，而井管外为泥水混合物，密度大于 $1g/cm^3$，在管壁内外的压力差作用下，井管外的泥水混合物流进管内并被带出井外，直至井水基本不含泥沙为止。

①滤料填充完成后 8h 内应进行洗井，以免时间过长，护壁泥皮逐渐老化、难以破坏（以及滤料层中的泥土沉淀）而影响渗透效果。

②将空压机空气管及喷嘴放进井内，先洗上部井壁，然后逐渐将送气管下入井底。工作压力不小于 0.7MPa，排风量大于 $6m^3/min$。

③当井管内泥砂多时，可采用“憋气沸腾”的方法，即在洗井开始 30min 左右及以后每 60min 左右，关闭一次管上的阀门，憋气 2～3min，使井中水沸腾来破坏泥皮和泥砂与滤料的粘结力，直至井管内排出水由浑变清，达到正常出水量为止。

（5）试抽。洗净完成后，即可安装水泵进行试抽水，满足要求后始转入正常工作。

①潜水泵在安装前，应对水泵本身和控制系统作一次全面细致的检查。检验电动机的旋转方向是否正确，各部位螺栓是否拧紧，润滑油是否加足，电缆接头的封口有无松动，电缆线有无破坏折断等，然后在地面上转 3～5min，如无问题，方可放入井中使用。

②潜水电动机、电缆及接头应有可靠的绝缘措施，潜水泵用粗绳吊放至井底距离不小于 0.50m；每台泵应就近配置一个控制开关箱，做到单井单控电源；主电源线路沿深井排水管路设置，管线排布整齐有序，并防止挖机等其他施工机械碰损。

③每口井的试运行抽水时间控制在 3d（即每口井成井后连续抽水 3d），以检查出水质量和出水量；管井抽水排至四周的排水沟内，通过排水沟排入指定地点进行沉淀处理。

（6）抽水运行。管井降水运行阶段的主要要求如下：

①降水运行前，合理布设排水管道，并接入基坑周边排水沟；同时做好降水供电系统，配备独立的电源线、配置应急发电设备，以确保降水的连续性。

②所有管井应在供电电箱插座、抽水泵电缆插头及排水管上做好对应标识，并在每次发生变动时进行标识变更，以方便降水运行管理；正式降水前，各降水井均应测量其井口标高、静止水位并做好原始数据记录。

③严格依照支护设计图纸的要求进行分工况降水（坑内降水一般降至每一开挖工况的开挖面以下 0.5～1.0m），使降水工况与土方开挖工况相吻合，以确保基坑安全并减少降水对周边环境的影响（尤其坑外降水，必须按设计工况进行控制性降水，严禁超降）。

④降水运行期间，应设专人看守，视土方开挖情况及时移动管线、割管和清淤，定时每天观察、记录降水井流量和水位变化情况，并做好数据记录。

⑤现场配备专业的维修人员和备品备件、易损耗材等，每天至少2次对井管进行巡视检查，如发现问题，及时维修、更换，确保故障对降水的影响降到最小。

（7）保留井及封井。坑内采用管井井点（用于渗透性较大的土层）进行降水疏干时，在结构底板施工时，需要保留一部分管井（具体保留比例按设计图纸的要求执行）用于防范地下水位上升对地下结构产生的不利影响。对于基础底板浇筑前已停止降水的管井（即非保留井），在浇筑底板前可提出水泵，将井管切割至垫层底标高并采用黏性土或混凝土充填密实。

保留井则需按设计要求的做法进行封井，常见的封井做法如下：

①在结构底板浇筑前，先将穿越基础底板部位的滤管更换为同规格的钢管（或外套钢套管），钢管外壁应焊接多道环形止水钢板，其外圈直径一般不小于钢管直径200mm。

②保留井具备停降封堵条件时，提出水泵并可采取水下浇灌混凝土或注浆的方法对管井进行内封闭；内封闭完成后，将基础底板面以上的井管割除。

③在残留井管内部，管口下方约200mm处及管口处应分别采用钢板焊接、封闭，该两道内止水钢板之间浇灌混凝土或注浆。

④预留井管管口宜低于基础底板顶面 40～50mm，井管管口焊封后，用水泥砂浆填入基础板面预留孔洞并抹平。

13.3 质量检验标准和主要质量通病的防治

依据国家标准《建筑工程施工质量验收统一标准》GB 50300—2013 和《建筑地基基础工程施工质量验收标准》GB 50202—2018 等，降排水工程的施工质量，可按降水施工材料检验批（01050101）、轻型井点施工检验批（01050102）、喷射井点施工检验批（01050103）、管井施工检验批（01050104）、降水运行（轻型井点、喷射井点、真空管井）（01050105）检验批、减压降水管井运行检验批（01050106）、管井封井检验批（01050107）等进行检查验收。回灌管井则涉及施工材料（01050201，内容同 01050101）、管井施工质量（01050202，内容同 01050104）以及回管井运行质量（01050203）三个检验批。相关质量检验标准如表13-4～表13-11所示。

降水施工材料质量检验标准 **表13-4**

项目	序号	检查项目	允许值或允许偏差		检查方法
			单位	数值	
主控项目	1	井、滤管材质	设计要求		查产品合格证书或按设计要求参数现场检测
	2	滤管孔隙率	设计值		测算单位长度滤管孔隙面积或与等长标准滤管渗透对比法
	3	滤料粒径	$(6\sim12)d_{50}$		筛析法
	4	滤料不均匀系数	≤3		筛析法
一般项目	1	沉淀管长度	mm	+50，0	用钢尺量
	2	封孔回填土质量	设计要求		现场搓条法检验土性
	3	挡砂网	设计要求		查产品合格证书或现场量测目数

注：本检验标准也适用于回灌管井（回灌管井施工材料检验批号为01050201）。

轻型井点施工质量检验标准　　表 13-5

项目	序号	检查项目	允许值或允许偏差		检查方法
			单位	数值	
主控项目	1	出水量	不小于设计值		查看流量表
一般项目	1	成孔孔径	mm	±20	用钢尺量
	2	成孔深度	mm	+1000，−200	测绳测量
	3	滤料回填量	不小于设计计算提交的 95%		测算滤料用量且测绳测量回填高度
	4	黏土封孔高度	mm	≥ 1000	用钢尺量
	5	井点管间距	m	0.8～1.6	用钢尺量

喷射井点施工质量检验标准　　表 13-6

项目	序号	检查项目	允许值或允许偏差		检查方法
			单位	数值	
主控项目	1	出水量	不小于设计值		查看流量表
一般项目	1	成孔孔径	mm	+50，0	用钢尺量
	2	成孔深度	mm	+1000，−200	测绳测量
	3	滤料回填量	不小于设计计算提交的 95%		测算滤料用量且测绳测量回填高度
	4	黏土封孔高度	mm	≥ 1000	用钢尺量
	5	井点管间距	m	2～3	用钢尺量

管井施工质量检验标准　　表 13-7

项目	序号	检查项目		允许值或允许偏差		检查方法
				单位	数值	
主控项目	1	泥浆相对密度		1.05～1.10		相对密度计
	2	滤料回填高度		+10%，0		现场搓条法检验土性、测算封填黏土体积、孔口浸水检验密封性
	3	封孔		设计要求		现场检验
	4	出水量		不小于设计值		查看流量表
一般项目	1	成孔孔径		mm	±50	用钢尺量
	2	成孔深度		mm	±20	用测绳测量
	3	扶中器		设计要求		量测扶中器高度或厚度、间距，检查数量
	4	活塞洗井	次数	次	≥ 20	检查施工记录
			时间	h	≥ 2	检查施工记录
	5	沉淀物高度		≤ 5‰井深		测锤测量
	6	含沙量（体积比）		≤ 1/20000		现场目测或用含砂量计测量

注：本检验标准也适用于回灌管井（回灌管井施工检验批号为 01050202）。

轻型井点、喷射井点、真空管井降水运行质量检验标准 表 13-8

项目	序号	检查项目	允许值或允许偏差		检查方法
			单位	数值	
主控项目	1	降水效果	设计要求		量测水位、观察土体固结或沉降情况
一般项目	1	真空负压	MPa	≥ 0.065	查看真空表
	2	有效井点数	≥ 90%		现场目测出水情况

减压降水管井运行质量检验标准 表 13-9

项目	序号	检查项目	允许值或允许偏差		检查方法
			单位	数值	
主控项目	1	观测井水位	+10%，0		量测水位
一般项目	1	安全操作平台	设计及安全要求		现场检查平台连接稳定性、牢固性、安全防护措施的到位率

注：本检验标准适用于设置于坑内的承压观察井。

管井封井质量检验标准 表 13-10

项目	序号	检查项目	允许值或允许偏差		检查方法
			单位	数值	
主控项目	1	注浆量	+10%，0		测算注浆量
	2	混凝土强度	不小于设计值		28d 试块强度
	3	内止水钢板焊接质量	满焊、无缝隙		焊缝外观检测、掺水检验
一般项目	1	外止水钢板宽度、厚度、位置	设计要求		现场量测
	2	细石子粒径	mm	5～10	筛析法或目测
	3	细石子回填量	+10%，0		测算滤料用量且测绳测量回填高度
	4	混凝土灌注量	+10%，0		测算混凝土用量
	5	24h 残存水高度	mm	≤ 500	量测水位
	6	砂浆封孔	设计要求		外观检验

回灌管井运行质量检验标准 表 13-11

项目	序号	检查项目	允许值或允许偏差		检查方法
			单位	数值	
主控项目	1	观测井水位	设计值		量测水位
	2	回灌水质	不低于回灌目的层水质		试验室化学分析
一般项目	1	回灌量	+10%，0		查看流量表
	2	回灌压力	+5%，0		检查压力表读数
	3	回扬	设计要求		检查施工记录

13.4　截水帷幕的渗漏处理

基坑工程中的地下水，除采取降排水措施外，往往还需在基坑四周设置截水帷幕。基坑四周设置截水帷幕的目的，主要是防止深基坑大范围降水所造成的水土流失、土体固结而对周边环境产生严重的不利影响。截水帷幕多采用水泥搅拌桩墙或连续钢板桩墙等形式，具体施工方法详见本手册其他相关章节，本节主要针对截水帷幕渗漏的应急处理。

13.4.1　截水帷幕渗漏的原因分析

截水帷幕渗漏的原因是多方面的，结合工程实践，主要有如下几种情况：

（1）截水帷幕的桩间搭接不牢或开叉。当截水帷幕采用轴搅拌工艺或高压喷射注浆工艺或 CSM 工法时，如果施工垂直度偏差较大，将会造成桩间或幅间搭接不牢，这种情况多见于高压喷射注浆、单轴或双搅拌等可靠度较低的施工工艺；采用 TRD 工法时，转角部位如外延不足，也会造成墙体下端搭接不牢或开叉。此类型的渗漏，应在施工前图纸会审时从源头进行控制，如：

①当截水帷幕采用轴搅拌工艺时，应优先采用三轴等多轴套打工艺，尽量不采用单轴搅拌工艺、少采用双轴搭接工艺。

②当受现场条件限制而采用高压喷射注浆工艺时，截水帷幕应优先考虑双排交错的布置形式。

③当采用 CSM 工法时，幅间搭接尺寸应和墙深相吻合，墙越深时，幅间搭接应适当加大。

④当采用 TRD 工法时，转角部位应外延 1.5m 以上，且墙深越大时，外延尺寸应适当增加。

（2）截水帷幕施工时漏幅、漏打。当采用跳幅或跳孔法施工截水帷幕时，存在一定的漏幅或漏打风险，会造成截水帷幕不连续而出现较大的渗漏现象。此类型的渗漏，主要从桩幅编号、谨慎作业、及时进行施工记录等施工管理环节上落实措施进行预防。

（3）施工冷缝部位处理不当或未处理。截水帷幕施工期间，如因地下障碍物、设备故障或现场组织不当而产生冷缝时，若冷缝部位处理不当或未处理，就会在基坑开挖期间出现渗漏。此类型的渗漏，首先需要提高作业人员和现场管理人员对冷缝的重视度，从及时记录冷缝位置并准确定位、提请设计出具冷缝补强方案并规范实施等环节进行预防。

（4）不同工艺截水帷幕交接部位未补强或补强不到位。不同工艺截水帷幕的交接部位，往往和施工冷缝一样是止水的薄弱部位；当该部位未补强或补强不到位时，就容易出现渗漏。此类型的渗漏，首先需在设计上对不同工艺截水帷幕交接部位采取相应的补强措施；其次需要合理组织该部位的施工先后顺序，尽量确保搭接；最后还需按相应的补强方案进行止水补强。

（5）桩间土流失造成截水帷幕开裂。当竖向围护结构采用截水帷幕 + 灌注排桩的形式时，如不采用桩间挂网喷浆或桩间土加固措施时，很容易出现桩间土流失的现象，而桩间土的流失则容易造成截水帷幕与排桩之间不能均衡传递坑外土压力，从而造成截水帷幕开裂渗漏。桩间土流失的根源在于压顶梁（冠梁）施工时造成截水帷幕破坏或局部超挖，导致坑外截水沟内的明水不断渗入、冲刷桩间土体。相应的预防措施如下：

①从设计上采取桩间挂网喷浆或桩间土加固等措施，保护桩间土，防止桩间土流失。

②压顶梁（冠梁）施工时，要加强施工管理，减少对截水帷幕的破坏，同时严禁截水帷幕部位超挖后采用虚土回填，并在垫层浇筑时清理干净截水帷幕部位的浮渣，不形成渗水通道。

③压顶梁（冠梁）施工时的对拉螺栓孔，需在模板拆除后及时采用发泡剂进行封堵。

④基坑开挖过程中，除遵循"分层开挖、严禁超挖"的原则外，应及时采取有效措施对已流失的桩间土进行封堵、填充；同时经常性地检查排水沟开裂渗漏情况并及时修补，控制明水下渗。

（6）搅拌不均匀且外部存在水源。当搅拌不均匀时，水泥土搅拌桩墙会产生止水薄弱点；一般情况下，当无外部水源时，搅拌不均匀造成的渗漏可采用引流、坑内补强的措施进行处理；但当外部存在明水源（如水管破裂、车辆冲洗水渗入等）并未第一时间妥善处理时，很容易发生较大的渗漏，甚至带来基坑安全风险。此类渗漏的预防措施如下：

①截水帷幕施工前，查明基坑四周的水管，并采取可靠保护措施，避免基坑变形造成爆管。

②首先需严格按照施工参数规范施工，稳定搅拌速度、保证连续注浆、确保搅拌均匀。

③当邻近截水帷幕设置车辆冲洗设施时，要经常检查是否存在裂缝，如有应及时修补，以防止冲洗明水下渗；同时要加强冲洗部位的坑外降水运行管理。

④土方开挖期间，如出现渗漏点，应立即回土压住水头，以免渗流路径扩大，再进行后续处理。

（7）侧压力增大导致截水帷幕开裂、渗漏。当坑外水位高于设计工况，或基坑四周存在堆载，或超工况开挖时，坑外侧压力增大，就会导致截水帷幕的开裂、渗漏。此类型的渗漏，可从坑外控制性降水、严控基坑四周堆载、禁止超挖等方面采取措施，使实际施工工况与设计工况吻合。

13.4.2 截水帷幕渗漏的处理

基坑工程施工期间，虽然从技术、组织和现场管理等环节采取有效措施预防截水帷幕渗漏，但受诸多因素的影响，截水帷幕渗漏依然在所难免；因此基坑施工期间，尤其土方开挖阶段，需要每天经常性巡查截水帷幕渗漏情况，如有发现，需及时进行处理。

1. 发现渗漏时的应急处理措施

土方开挖期间，如发现截水帷幕出现渗漏（尤其水流较大并带泥沙时），应第一时间回土压牢水头，避免渗流通路进一步扩大；不可放任不管，一旦渗流通路扩大，不仅增大了后期堵漏处理的难度，还容易引发更大的基坑安全隐患。

2. 渗漏处理方法

截水帷幕渗漏处理的方法，视渗漏水量大小、产生原因，可采取不同的处理方法，结合工程实践，相关渗漏处理方法大体归纳如下：

（1）支模封堵法。该法多用于截水帷幕渗漏并造成桩间土流失较多的情况。采用该法时，一般需要先采用旧棉絮或破布塞住漏点，或坑外（坑内）临时性降水先控制住渗流，以阻止水土流失；然后支模板、浇筑混凝土进行封堵，混凝土达到一定强度后拆除模板，如图 13-5 所示。

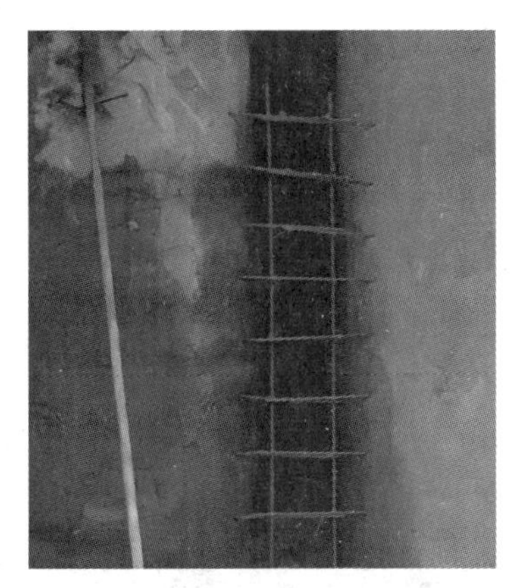

图 13-5　支模封堵法

工程实践当中，除支模浇灌混凝土进行封堵外，还可因地制宜采，用码砌袋装水泥（适用于桩间土流失、截水帷幕开叉等情况）等其他坑内封堵方法。

（2）引流内堵法（图 13-6）。该法适用于渗漏量不大，或夹带少量泥砂的情况，其主要步骤如下：

①清理干净渗漏点周围的泥土和杂质，将渗漏处凿成反楔形孔洞。

②将端部带有滤网或滤布的引流管插至渗漏点较深处，并确认漏点处水流已从管内流走。如渗漏点处出现泥砂流失时，将旧棉絮或破布塞至引孔管四周并捣实，以阻止泥砂流失。

③采用“双快速凝水泥”并按水泥与水 1∶0.2 的比例反复揉捏成团，然后分次将拌好的水泥团迅速封住导流管四周，并确认除导流管外其他部位不再渗水；当水流压力较大时，可按需分层涂布钢丝网片进行加固，然后再用水泥土抹平固结、形成整体。

④养护。双快水泥的养护不小于 4h，如天气炎热，则应适当喷水养护。

⑤扎管止水。待水泥硬化满足强度（一般 20MPa 以上）要求后可扎管止水；为防止扎管后水从其他部位渗漏出来，也可以将引流管内的水，接管引至附近管井或坑内指定集水沟内，但要确保引流管内的水流清澈、不含泥砂。

图 13-6　引流内堵法

（3）坑内注浆封堵法（图 13-7）。该法适用于渗漏量较大、但泥砂量不大的情况，多采用双液注浆工艺从坑内进行封堵，主要步骤如下：

①准备好注浆机具、材料（水泥、水玻璃和超前注浆管）等，超前注浆管多采用钢管制作，管端尖长、管身开孔；注浆机具安装调试，达到正常作业需要，注浆管布设至渗漏点处。

②自上而下逐层剥开漏点部位的反压堆土至漏点处，沿漏点部位快速插入注浆管至端部外露 20cm 左右，然后快速接入注浆管。

③启动双液注浆机，先注入水泥浆至管口漏浆，再同时注入水玻璃；注浆期间，视情况采取必要的回土反压、稳住水头的措施，以提高双液注浆封堵的效果。

④持续注浆至反压土堆明显冒浆后再继续注浆 5min 左右，即可终止注浆；养护 4h 后再剥开反压土堆至漏点部位。过程中，如发现周边出现新的漏点，则按相同方法进行封堵。

图 13-7　坑内注浆封堵法

（4）坑外注浆封堵法（图 13-8）。该法适用于渗漏量大、泥砂量大的情况，这种情况多因漏点部位的坑外存在明水水源（如水管爆裂或车辆冲洗水渗入）或截水帷幕漏幅等。坑外注浆时，可以视现场实际条件选用高压喷射注浆法、双液注浆法或压密注浆法，但需注意如下事项：

①要找准漏点对应的坑外部位。

②结合实际渗漏原因和所选择的注浆工艺，进行注浆点位布置。一般情况下，坑外注浆点位布置要适当加密（如采用高压喷射工艺时，可考虑ϕ800@500）并应双排布置，以确保桩间搭接。

③采用高压喷射工艺进行封堵时，坑内外的土体高差不应过大；当坑内外土体高差较大时，应选用较小的施工压力、同时缩小点位间距，以避免射流压力较大所造成的不利影响。

④要注意对坑外降水井的影响，以免堵塞坑外管井。

图 13-8　坑外注浆封堵法

13.4.3　坑中坑渗漏及承压水上涌的处理

1. 坑中坑渗漏

当工程桩先行施工、后施工坑中坑加固时，很容易因为工程桩与搅拌桩的桩位冲突，而造成水泥搅拌桩桩间搭接不牢，进而发生渗漏，这种情况多见于砂性土层的坑中坑加固。当坑中坑开挖发生渗漏时，应停止开挖，同时采取在坑壁四周增加管井或轻型井点降水的措施进行处理，通过局部深降水的方法来阻断渗漏水流，并使坑壁土体固结、提高坑壁稳定性。

2. 承压水上涌

当承压水层的水头高度较大时，未封闭的勘探孔、废桩孔、遗漏的桩底注浆管或坑中坑抗承压水验算稳定性不足时，很容易在基坑开挖过程中发生承压水突涌现象，而且后果往往十分严重。土方开挖期间，一旦发生承压水突涌，应立即回土压住水头，再采用注浆封堵措施；当涌水量较大时，可围绕涌水口堆土，形成一个水池，池水位高于承压水头后即停止涌水，然后修筑注浆作业平台；但对于坑中坑，由于挖至坑中坑时，坑内土方量有限，处理难度会非常大，因此往往在土方开挖前采取封底加固或截水帷幕落底隔断承压水层等预防措施。

13.5　典型工程案例

杭州某基坑，二层地下室，基坑开挖深度约 8m，采用局部放坡 + SMW 工法桩 + 一道型钢组合支撑的支护形式，采用管井降水形式，降水范围内的土质主要为杂填土、黏质粉土和砂质粉土夹粉质黏土。本基坑共设 45 口坑内井、井间距 20～25m，37 口坑外井（其中 15 口应急井）、井间距 15m，管井深度均为 14.2m。管井钻孔直径ϕ800、采用ϕ300 波纹管，回填料采用级配砂石。基坑的剖面情况及管井做法等，如图 13-9 所示。

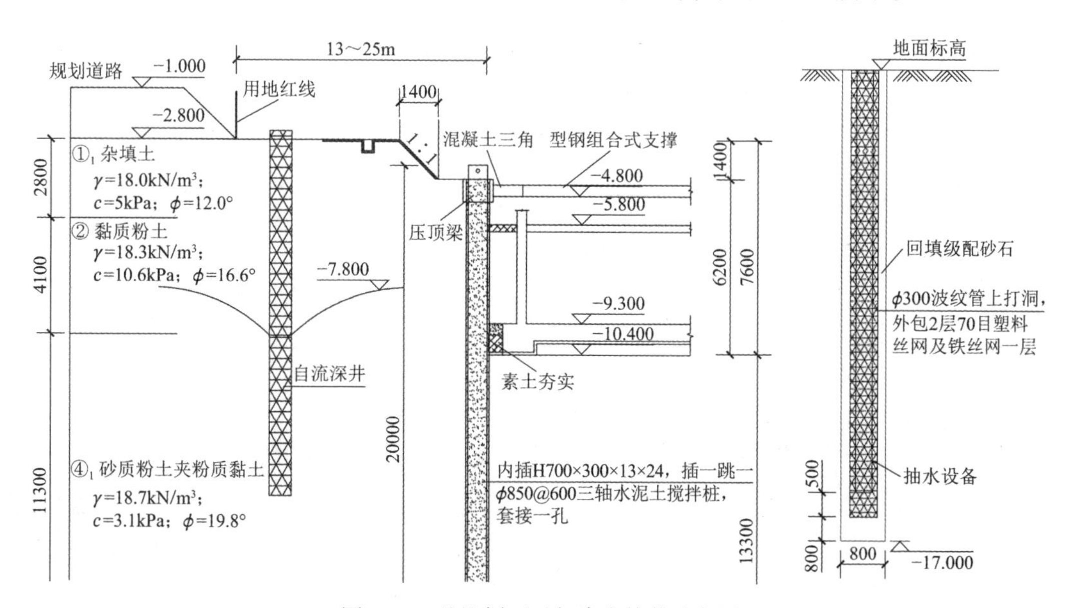

图 13-9　基坑剖面示与降水管井示意图

本基坑降水管井成井后试运行期间，普遍发现管井出水量少，开挖出的土方静止时无水、振摇后出现明显水渍；经查实主要是因为土层渗透性较小，导致土层中的潜水较难渗入管井滤层内；后经协商采用增补管井、局部深坑辅以轻型井点的措施予以解决，降水效果得到较好的改善。

第 14 章 基坑安全风险控制与抢险

14.1 概述

14.1.1 基坑安全风险的特点

基坑支护工程不属于实体工程，一方面，它本身服务于地下空间设施的建设活动，是保证地下空间设施安全建设的临时措施，与永久性结构相比，支护结构的安全储备更小。另一方面，土的力学性质极为复杂，且受地下水的影响后，其力学性能更具有不确定性，再加上各异的周边环境，可以说基坑支护工程是土木工程领域中最具有挑战、安全风险最高的分支工程之一。基坑工程安全还是一个动态的过程，它不仅需要满足不同工况的转换，还要兼顾周边环境变化的潜在影响。

总的来说，基坑支护工程具有工期较长、施工难度较大、施工程序烦琐、地质条件复杂多变、周边环境各异、施工工况不断变化等特点，这也使得基坑的安全风险表现出如下特点：

（1）后果严重。基坑工程属于典型的危大工程，直接关系到人身与财产的安全，不仅决定了企业的效益，还会因安全事故造成较大的不良社会影响。

（2）风险因素多。影响基坑安全的因素，不仅包括水文地质、周边环境等客观因素，还包括设计、施工等环节的因素，复杂的基坑往往涉及多种支护工艺，施工期间还面临多个工况的变化。任何环节出现纰漏，都会埋下相应的基坑安全隐患，甚至直接导致基坑工程事故。

（3）动态多变性。基坑工程虽然属于临时性工程，但其施工工期少则半年、多则两年，整个基坑的施工过程，是一个动态的工况转变过程，在这个过程中各类风险因素也在不断变化，甚至叠加出现。例如所处环境变化（包括坑侧堆载、动载和坑外水位波动等）、时空效应等。

（4）施工经验的不可复制性。每个基坑都有其特定的水文地质条件和周边环境，其设计与施工都需要因地制宜。基坑工程施工期间所遇到的各类问题，往往只能在实际情况的基础上，运用专业技术知识进行分析、拟定针对性的措施。其他类似项目的成功经验只可借鉴，不可直接照搬，简单的照搬可能会留下安全隐患。

14.1.2 基坑安全风险识别的重要意义

基坑安全不容忽视，除设计环节上选用可行、可靠的支护技术（工艺）外，基坑施工环节的风险控制同样十分重要。基坑施工环节的风险控制，本质上就是采取相关技术和管理措施，使实际施工工况与设计工况相吻合。这些措施的针对性，取决于能否识别出具体基坑项目的风险点，可以说，基坑安全风险的识别，是采取针对性保证措施的根本，具有十分重要的意义。

（1）基坑安全风险识别，有利于提前发现图纸存在的问题或不足，并通过合理方式（如图纸会审、设计交底等）及时解决，从源头确保选用的支护技术（工艺）可行、可靠；如设计所选用的支护技术不适用、不可行或不可靠，无论施工环节如何努力，都会埋下相应的基坑安全隐患。

（2）基坑安全风险识别，有利于找出并事先把握基坑安全的关键控制点或关键控制部位，可以在施工前针对这些关键控制点或控制部位，落实针对性的措施，确保施工质量、防患于未然。

（3）基坑安全风险识别，有利于成本的控制。对于基坑薄弱部位，提前落实相关措施、确保施工质量，预防基坑安全事故的发生就是省钱；对于基坑安全有富余的部位，按图纸和规范正常施工不会留下安全隐患时，就不必增加过多的成本投入。

（4）基坑安全风险识别，就是为了发现潜在的基坑安全风险因素，有助于各参建方取得共识，使现场沟通协调更加顺畅。如果没有通过风险识别发现相关的基坑安全风险源，可能会做出错误的决策或部署，出现“冒进蛮干、抢进度”的不恰当行为。

14.1.3 基坑安全风险识别的方法

基坑安全风险的识别多采用定性方法，定性识别出影响基坑安全的风险因素及可能造成的后果（由于风险事件发生的概率和后果难以量化，故定量分析的结果往往缺乏实际指导意义），并需要立足于具体基坑项目的水文地质条件、周边环境和所选用的支护技术。主要方法有：

（1）列表法或清单法。针对具体基坑项目的水文地质、周边环境、所选用的支护技术（工艺）及其施工质量控制等，逐项列出潜在的风险因素以及可能出现的相应事故后果。该法要求风险识别人员具有丰富的工程经验和较高的理论水平，并需充分咨询并综合专家信息。

（2）检查表法。基于各类型基坑事故、各基坑支护技术常见的质量通病及引发的不良后果等，形成系统化的检查表清单，然后结合项目实际情况（水文地质、周边环境和所选用的施工工艺）进行逐项对照、检查，找出具体基坑项目的风险因素。该法要求先编制系统、全面的检查表清单，再结合具体基坑项目所涉及的支护技术（工艺），从图纸和施工两个方面形成矩阵式检查表。

（3）流程图法或鱼刺图法。该法比较适用于工艺质量和工艺作业安全的定性分析，可从人、机、料、法、环等方面，系统分析工艺质量（和工艺作业安全）的影响因素，通过严把施工质量关来降低由此造成的基坑安全风险；也可用于识别工况变化时的相关风险因素。

总体而言，系统、全面地识别基坑安全风险因素，首先需要风险识别参与者具有一定的工程经验及理论水平；初步识别出来的风险源清单，再经专家评审、研讨，形成最终的识别成果。因基坑工程施工周期较长，实践当中也可按围护结构、开挖、拆换撑等分阶段识别。

14.2　基坑安全风险的识别

虽然说基坑支护本质上解决的是水与土的问题、支撑体系受力传递的问题和变形控制的问题，但不同基坑的地质和周边环境千差万别，因此一个项目上的成功经验并不能照搬到其他项目上，这就提高了基坑安全防控的难度，也客观上要求我们必须先结合具体项目的实际情况来识别基坑安全的风险点。本节将结合工程实践情况，从水文地质、图纸所涉及支护技术（工艺）及其施工等环节，归纳总结常见的基坑安全风险因素，以期达到抛砖引玉的作用。

14.2.1　通过图纸、地勘和周边环境等识别基坑风险

1. 结合剖面和地勘报告了解土质情况

存在风险的基坑，其影响范围内的土质大多为淤泥质土（流塑、易变形）或砂性土层（易渗漏或降水不当造成沉降），或存在承压水突涌风险等，可能的基坑安全风险因素（及相关注意事项）大体归纳如表 14-1 所示。

土质类别的特点及基坑安全风险因素　表 14-1

土质类别	特点	基坑安全风险因素（及相关注意事项）
淤泥质土	①土的力学性能差、弱渗透； ②土体容易蠕动，造成支撑轴力的衰减，因此基坑变形往往会较大； ③对四周堆载和动载敏感； ④往往涉及被动区加固和坑中坑加固； ⑤底板后浇带内往往需要设置传力件	①开挖深度越大，基坑风险越高； ②同等开挖深度情况下，淤泥层越厚，基坑风险越大； ③开挖深度越大或淤泥层越厚，支护结构（包括压顶梁）的刚度和强度要求就越高；尤其竖向围护结构的桩端往往需嵌入淤泥层下的好土层，并保证一定的嵌入深度； ④基坑四周堆载和动载控制严格；基坑开挖前，务必确保基坑四周的场地不高于设计标高（堆土等同于坑外堆载）； ⑤需严格遵循“分层开挖”的原则、并控制分层开挖厚度，以防卸土过快而造成的基坑变形发展过快； ⑥被动区加固很关键，尤其出土口和周边环境复杂的剖面或竖向围护结构偏弱的项目，必须要慎之又慎； ⑦基坑时空效应明显，而底板施工速度受限，基底暴露时间往往较长；为减少基底暴露时间，结构底板往往需通过施工缝划分成小块进行实施
砂性土	①其力学性能相对较好、土层渗透性较大； ②截水、降水是关键，降水后的土体自立性较好； ③对分层开挖的要求不高	①截水帷幕很重要，且往往要落底至弱渗透土层；存在已知地下障碍物的地方，截水帷幕的施工质量往往受到较大影响，需提前告知各方，会商确定清障或截水帷幕补强方案； ②截水帷幕应尽量采用套打或连续成墙工艺，当确需采用单孔搭接（如单轴或高压喷射桩）时，应考虑双排布置； ③施工时需严控制截水帷幕的施工质量，且确保桩端进入弱渗透土层的长度，尤其坑外不允许降水的部位； ④截水帷幕采用不同工艺时，不同工艺的交叉部位应采取相应的截水帷幕补强措施； ⑤当基坑局部不允许降水时，要严控对向的坑外降水情况，否则，基坑两侧的不均匀降水将会造成基坑变形不对称； ⑥存在坑外降水且周边环境复杂时，务必要控制性降水，否则将对周边环境产生不利的影响； ⑦坑中坑的开挖，往往需要采取坑内局部降水措施予以解决

续表

土质类别	特点	基坑安全风险因素（及相关注意事项）
承压水	①水量大、水流稳定，不像潜水那样形成降水曲线； ②突涌无征兆，一旦水路通道形成，水流越来越大； ③后果严重、处理费用高	①基底（尤其坑中坑基底）需进行抗承压水稳定性验算，必要时采取封底加固或截水帷幕隔断承压水层的措施； ②前期勘探孔、桩基础施工期间的废桩孔、遗漏注浆的桩底注浆管，需采取有效的封堵措施； ③涉及承压观察井时，要确保井壁外侧的封闭效果，以防承压水沿井壁外侧突涌；同时要有可靠的承压井封井措施

2. 竖向围护结构选用的形式或支护工艺

常见的竖向围护结构支护技术（工艺），可能存在的基坑安全风险因素（及相关注意事项）初步整理如表 14-2 所示。

围护结构工艺类型的特点及基坑安全风险因素 表 14-2

围护结构工艺类型	特点	基坑安全风险因素（及相关注意事项）
TRD 工法	①等厚成墙； ②搅拌均匀、效果可靠； ③施工速度快； ④内插型钢的刚度弱于大直径灌注排桩（尤其淤泥质土的基坑）	①转角部位为截水帷幕的薄弱部位，往往需高喷补强； ②型钢间距较大时，需关注坑外降水和周边环境； ③淤泥质土层时，需关注淤泥层厚、桩底嵌固深度等； ④截水帷幕落底封闭时，墙底需进入弱渗透土层不少于 0.5m，尤其是强风化岩层，要注意岩面起伏
SMW 工法	①套打、工艺成熟； ②造价经济； ③施工速度快（难钻进地层时，需用大功率设备）； ④内插型钢的刚度弱于大直径灌注排桩（尤其淤泥质土的基坑）	①一般套打一孔（搭接时，截水效果较差）； ②型钢间距较大时，需关注坑外降水和周边环境； ③淤泥质土层时，需关注淤泥层厚、桩底嵌固深度等； ④截水帷幕落底封闭时，墙底需进入弱渗透土层不少于 0.5m，尤其是强风化岩层，要注意岩面起伏
截水帷幕 + 排桩工艺	①传统支护形式； ②适合复杂地层； ③造价高	①截水帷幕一般采用三轴或 TRD；高喷或其他单孔工艺搭接时，一般容易开叉而形成漏点，不可靠； ②淤泥质土层时，需关注淤泥层厚、桩底嵌固深度等，且桩径不宜过小（具体视开挖深度），否则不利于变形控制； ③截水帷幕与排桩的施工顺序，注意先施工工艺对后施工工艺的不利影响； ④需要特别关注桩间土防流失措施（地表水通过压顶梁下口渗入而造成桩间土流失，坑内降水不到位时也会导致）； ⑤分坑隔离桩的拆除，务必需要注意工况转化
HU/HC/PC 工法	①施工速度快； ②适合周边环境较好时，多用于 1～2 层地下室	①砂性土层时，坑外应设降水井，同时关注降水对周边环境的影响； ②淤泥质土层时，需关注并确保桩底嵌固长度； ③需要关注拔除空间，避免拔除困难； ④需要重点关注肥槽回填质量，否则将导致拔除阶段的基坑二次变形大，PC 拔除时容易带土，易引起更多变形； ⑤坚硬土层时，往往需引孔，需注意引孔对桩底嵌固效果的影响
地下连续墙	①传统工艺； ②适合复杂环境	①一般需槽壁加固（尤其砂性土层或软弱土层）； ②幅间搭接处易渗漏（砂性土层时，幅间搭接处应补强）； ③关注土质对成槽难易度的影响，复杂土层施工效率低； ④关注槽段接头做法及其质量效果

此外，当涉及被动区加固或坑中坑加固时，要注意搅拌桩与工程桩的布置是否存在定位冲突，如有冲突应适当调整，使之相互避开，或更换加固工艺；被动区加固时，要注意紧贴竖向围护结构、不留缝隙，否则容易降低被动区加固的效果。

3. 支撑的布置和关键传力节点的构造

常见的内支撑有混凝土内支撑、型钢组合支撑、斜撑桩几种形式，可能存在的基坑安全风险因素（及相关注意事项）如表 14-3 所示。

支撑类型的特点及基坑安全风险因素　　**表 14-3**

支撑类型	特点	基坑安全风险因素（及相关注意事项）
混凝土内支撑	①刚度大、整体性好； ②存在养护期； ③后期拆除工作量大、拆除时的结构保护要求高	①支撑桩柱的承载力，且其定位应避开结构墙、梁、柱（并保持合理净距），栈桥格构柱的加固措施等； ②出土口部位支撑布置的合理性，以及支撑施工与出土坡道的协调（未设置栈桥时，出土口部位的第二道支撑施工将会导致出土坡道的重新修筑）； ③当涉及淤泥质土层时，需复核冠梁（压顶梁）和腰梁的配筋，如配筋不足，很容易造成梁体开裂； ④腰梁防坠落构造的可靠情况，支撑节点构造是否合理； ⑤内支撑构件垫层的隔离措施（以方便开挖时垫层剥离）； ⑥要控制冠梁（压顶梁）施工对截水帷幕的破坏； ⑦要关注支撑梁施工与拆除的工况变化（含换撑）等
型钢组合支撑	①安拆方便、速度快； ②不存在养护期； ③后期拆除工作量较少、拆除时的结构保护要求不高	①型钢立柱的插入深度（尤其存在淤泥质等软土土层时）及承载力验算，且其定位应避开结构墙、梁、柱（并保持合理净距）； ②支撑的布置和土方开挖的协调（支撑上严禁施工机械或运输车辆通行，多采用盆式开挖，并需复核支撑下作业空间）； ③出土口部位的出土坡道与支撑安拆的协调(尤其涉及多层支撑时)； ④支撑体系的整体稳定性以及支撑节点传力的合理性（超静定节点优于铰接节点）； ⑤重点关注型钢支撑与混凝土支撑的结合部位，否则将因轴力不能有效传递而造成混凝土构件偏心受剪而开裂； ⑥当涉及淤泥质土层时，需复核冠梁（压顶梁）和腰梁的配筋，如配筋不足，很容易造成梁体开裂； ⑦涉及张弦梁时，要特别注意张拉和拆除的条件和相应的安拆顺序等； ⑧要关注支撑梁施工与拆除的工况变化（含换撑）等
斜撑桩	①新工艺，适合大面积基坑； ②后期拆除量较小	①要注意斜撑桩的布置与工程桩是否存在冲突； ②合理安排斜撑桩与竖向围护结构的先后施工顺序，以及斜撑桩与压顶梁结合部位的构造是否合理等； ③当基坑开挖深度较深或土质较差时，需肥槽回填后方可拆除斜撑桩

4. 看基坑的周边环境情况

当基坑周边存在如下情况之一时（表 14-4），需要注意基坑安全引起的周边环境变化，提前落实相应的保全监测和保护措施。

周边环境和基坑安全风险因素　　**表 14-4**

周边环境	基坑安全风险因素（及相关注意事项）
燃气管道	①燃气管道外缘距基坑边线 5m 以内时需要保护； ②距基坑边线（低压 1.0m/中压 1.5m/高压 5m）不足时，应在基坑开挖前迁移，或基坑支护设计时注意避让出安全保护距离
给水排水、电力等城市管网	①管道外边缘距基坑边线的距离在管道保护范围内时，需在基坑开挖前会同产权单位落实保护措施；管道设施影响围护结构施工时，应事先迁移； ②架空电力线缆，需确保满足最小安全作业距离的要求，当不能满足时需采取相应保护措施（无法满足保护的，应提前申请迁移）

续表

周边环境	基坑安全风险因素（及相关注意事项）
浅基础建（构）筑物	基坑周边存在浅基础建筑物时，需要特别慎重，提前进行保全监测、严格按图施工、落实保护措施，以减少产生的纠纷或便于纠纷的处理
河道	注意河水对基坑（及降水）的不利影响，截水帷幕需选用可靠工艺或可靠的布置形式，预防河水倒灌进入基坑
地铁设施	需严格遵循当地地保办的规定执行（包括设计方案论证、地铁设施保护专项施工方案论证和地铁设施的监测）并严格按照经论证后的地铁设施保护专项方案施工

14.2.2 基坑工程施工环节的风险识别

前一节主要基于图纸、地勘和基坑周边环境等识别基坑工程可能存在的风险因素，除此之外，还需结合基坑所选用的支护工艺，从施工环节识别出施工不当或施工质量缺陷所导致的基坑风险。这一环节识别出来的基坑风险因素以及对应的预防措施，主要用来确保工艺施工质量，以可靠的施工质量为基坑安全保驾护航。相关的基坑安全风险因素（及相关注意事项）初步整理如表 14-5 所示。

不同支护工艺相关的基坑安全风险因素 **表 14-5**

<table>
<tr><th>类别</th><th>支护工艺</th><th>基坑安全风险因素（及相关注意事项）</th></tr>
<tr><td rowspan="4">截水帷幕</td><td>高压喷射注浆桩截水帷幕</td><td>①注意控制成桩直径、桩长和施工垂直度，避免搭接不牢形成漏点；
②需严格按照试打桩取得的施工参数进行施工，确保注浆量和提升速度协调；
③提升注浆不连续（如注浆中断）时需确保搭接，否则将形成漏点；
④跳孔施工时，要避免漏桩，漏桩将会造成较为严重的渗漏；
⑤灌注排桩的养护期不足时，则易损伤灌注排桩桩身而造成结构缺陷</td></tr>
<tr><td>搅拌桩截水帷幕或槽壁加固</td><td>①注意控制成桩直径（钻头尺寸）、桩长和施工垂直度等；
②注浆不连续（如注浆中断）时需确保搭接，否则将形成漏点；
③跳幅施工时不可漏幅，漏幅将会造成较为严重的渗漏；
④需准确记录冷缝部位并按补强方案进行补强，否则将会形成漏点；
⑤砂性土层中应带浆下沉搅拌并控制下沉速度，否则易埋钻</td></tr>
<tr><td>CSM 搅拌墙截水帷幕</td><td>①合理分幅、确保幅间搭接，并结合地层等实际情况选择成槽方法和注浆方式，其中顺槽法施工时禁用双浆液注浆方式，否则将影响搅拌墙质量；
②跳槽法施工时，需严控定位和垂直度，否则将影响幅间搭接而出现漏点；
③注浆不连续（如注浆中断）时需确保搭接，否则将形成漏点；
④幅间搭接不足时应采取相应的补强措施，以防出现漏点；
⑤砂性土层中采用双浆液注浆方式时，要加膨润土液护壁，否则易埋钻</td></tr>
<tr><td>TRD 搅拌墙截水帷幕</td><td>①转角部位应外延，转角端头和三步法回撤搭接部位时，需重视拖刀问题；
②成墙深度较大时，要适当复核气压，确保气压能够达到墙体底部，否则将影响成墙搅拌效果；
③需准确记录冷缝部位并按补强方案进行补强，否则将会形成漏点；
④截水帷幕封底时，需注意土层起伏，确保底端进入弱渗透土层不少于 0.5m</td></tr>
<tr><td rowspan="3">土体加固</td><td>被动区加固</td><td rowspan="3">①采用轴搅拌工艺时，需注意先施工的工程桩对搅拌桩施工的影响，必要时调整搅拌桩桩位布置，确保既避开先行施工的工程桩，又能保证正常搭接；
②被动区加固应紧贴竖向围护结构，否则将降低被动区加固的效果；
③采用高压喷射注浆工艺时，要确保工程桩达到一定的强度，否则高压射流会损伤桩体，造成结构隐患；
④槽壁加固采用轴搅拌工艺时，需优先采用套打工艺并严控垂直度；
⑤工程桩后施工时，要注意工程桩桩位和加固桩桩位冲突的情况，避免钻孔桩局部位于加固桩处，否则容易造成钻孔桩偏孔</td></tr>
<tr><td>坑中坑</td></tr>
<tr><td>槽壁加固</td></tr>
</table>

续表

类别	支护工艺	基坑安全风险因素（及相关注意事项）
竖向围护结构	内插型钢	①需严格控制型钢桩长度，确保桩底标高符合设计要求（尤其淤泥质土层时）； ②型钢焊接应采用坡口焊并达到二级焊缝标准，且相邻型钢的接头相互错开； ③型钢插入时应采取定位措施控制型钢间距，严控垂直度、防止型钢插偏； ④当型钢悬空（型钢底标高距搅拌桩墙底标高的距离超过 1m 及以上时）需采取型钢防坠落措施； ⑤需重视影响型钢后期拔除回收的因素并采取相关措施，以避免成本增加
	灌注排桩	①截水帷幕施工时应适当外放（尤其砂性土层时），否则将会造成排桩施工困难； ②需严控桩距、桩径、桩孔深度和钢筋笼焊接质量，这些因素直接影响承载力； ③易塌孔土层中采用跳孔法施工排桩时，容易造成夹桩成桩困难，必要时应协商采用顺孔法，但需确保邻桩的混凝土已初凝； ④采用高压喷射注浆桩作为排桩截水帷幕时，应先施工灌注桩排桩，且待桩身强度达到设计值后方可施工高压喷射注浆桩； ⑤排桩之间的桩间土需采取必要的保护措施（如桩间施打高压喷射注浆桩或桩间挂网喷浆），以防地表水冲刷而造成桩间土流失
	地下连续墙	①结合地层和槽段接头形式等，合理分幅、合理安排槽幅施工顺序； ②结合地层等实际情况选择合适的成槽设备； ③严控泥浆指标，预防槽壁塌孔或缩孔，减少成槽质量缺陷； ④采取可靠的防绕流措施（包括空槽端回填等），避免闭合幅成槽困难； ⑤缩短成槽至浇灌的时间间隔，并严控水下混凝土浇筑质量
	组合钢板桩墙	①合理安排插打顺序，起始点和闭合点应尽量选在转角部位； ②遇坚硬土层时应优先考虑大功率设备（水刀法和引孔法易影响底部嵌固效果）； ③当存在被动区加固时，被动区加固应后施工，以确保被动区紧贴钢板桩墙、并避免被动区加固对钢板桩墙插入的不利影响； ④需严控肥槽回填质量，否则会在钢板桩墙拔除时产生较大的二次基坑变形； ⑤需重视影响型钢后期拔除回收的因素并采取相关措施，以避免成本增加
内支撑	混凝土支撑	①严控竖向支承桩柱的桩长和桩底沉渣厚度，确保其承载力，采取有效措施控制格构柱的方向，格构柱部位的钢筋不得随意断开，格构柱不得随意开孔； ②压顶梁（冠梁）部位土方开挖时，要控制截水帷幕顶标高不低于垫层底标高，严禁截水帷幕超挖后再采用虚土回填的行为，以避免梁底部位出现渗漏；压顶梁（冠梁）模板拆除后需及时封闭对拉螺栓孔； ③开挖范围内的支撑梁垫层需采取可靠的隔离措施，土方开挖时需及时清除干净梁底残留的垫层，以防掉落伤人； ④合理划分支撑梁浇筑分段，施工缝应设在受力较小部位并避开节点加腋处； ⑤腰梁防坠落构造筋，需正确配料并与竖向围护结构可靠焊接； ⑥除设计另有明确外，支撑梁上不得堆放重物、不得上施工机械；当设有支撑板带时，支撑板带应预留泄水孔，以避免积水而增加竖向荷载； ⑦严控支撑的拆除条件，并在拆除前进行相关的复核验算，做好拆除时的地下结构构件保护工作
	型钢支撑	①型钢立柱插打时，需严控插入深度和垂直度等；当可以轻松插打至设计桩底标高时，应及时联系设计复核立柱长度，以确保型钢立柱具有足够承载力； ②需严控托座（横梁）、牛腿支架（围檩）的标高以及预埋件和三角转换件的定位，以确保支撑安装精度； ③需重视钢筋预埋件、型钢围檩与竖向结构的传力件等抗剪构件的施工质量； ④出土口部位的支撑安装与出土坡道要考虑充分，以免出现未撑先挖的情况； ⑤除设计另有明确外，支撑梁上不得堆放重物、不得上施工机械；土方开挖时要避免碰触型钢立柱和支撑构件，淤泥质土层时需严控分层开挖厚度，并确保型钢立柱周边均匀卸土； ⑥严控支撑加压和卸压拆除的条件，并在拆除前进行相关的复核验算，做好拆除时的地下结构构件保护工作

续表

类别	支护工艺	基坑安全风险因素（及相关注意事项）
内支撑	超前斜撑桩	①斜向搅拌桩大多在坑外架设施工设备，需在作业前核实场地作业空间，空间受限时不仅影响作业安全，也不利于倾斜角的控制； ②斜向桩的定位要求较高，需要按点位的坐标和标高进行控制；同时要确保桩体的水平投影与竖向围护结构所在平面相互垂直； ③斜向钢构件插入时，也需要按相同的定位方法和倾斜角进行控制； ④压顶梁施工时，相应的节点构造应符合图纸要求，避免局部应力集中； ⑤需注意斜撑桩的拆除条件，当斜撑穿地下室外墙并设止水钢板时，需待地下结构出正负零、肥槽回填后再拆除
降水井	坑内井 坑外井 承压观察井	①要控制井孔成孔直径和滤料填充质量等，这些直接影响到降水效果； ②采用轻型井点或喷射井点时，需严控井孔上端封闭密实度，以确保真空度； ③成井后应及时洗井，避免出现“死井”情况； ④坑内井需按开挖工况进行降水（降至单次开挖面以下 0.5～1.0m），坑外井需控制性降水（需每天检查坑外井水位，使之符合设计工况，包括回灌井）； ⑤降水运行期间，需每天定时观察降水情况并形成降水运行记录； ⑥保留井的数量要满足地下结构抗浮要求（尤其砂性土层）； ⑦要重视保留井的封堵方法（尤其承压观察井），防止后期渗漏

以上是从基坑工程所选用支护工艺角度，识别影响支护工程施工质量的风险因素，通过严把支护工程施工质量来保证基坑安全。除此之外，基坑施工期间（尤其土方开挖和拆换撑阶段），还需结合土质、周边环境和日常的基坑巡视等方面识别潜在的基坑安全风险，如表 14-6 所示。

不同土质的基坑风险因素及产生的后果　　表 14-6

土质类别	基坑风险因素及产生的后果
淤泥质土	①未按工况分层开挖（超挖）或拆换撑：将因卸土（卸压）过快导致位移快速发展； ②基坑周边堆载过多将导致局部坑外侧压力增大、支撑两侧土压力不均衡； ③基坑附近存在动载将增大坑外侧压力和深层土体位移等； ④地表水流入基坑或坑内积水较多：将增大土方开挖和运输的难度； ⑤基底暴露时间过长导致基坑变形增大； ⑥出土口部位余土开挖不符设计工况，不遵循先撑后挖而存在较大风险； ⑦若压顶梁开裂、支撑桩柱下沉，应停止相应部位的开挖，需查明原因、及时加固； ⑧肥槽回填质量差、压实度不够，导致型钢拔除回收时的基坑二次位移增大
砂性土	①未按工况开挖（超挖）或拆换撑：将出现设计工况以外的危险因素； ②基坑周边堆载过多，导致局部坑外侧压力增大、支撑两侧土压力不均衡； ③截水帷幕渗漏，影响基坑开挖、导致坑外周边环境变化等； ④坑内井未按工况降水，未降至开挖面以下时，易造成桩间土流失； ⑤坑内水位降不下去导致挖土难度增大； ⑥坑外井超工况降水，导致坑外周边环境变化等； ⑦坑外井未降水或降水不均匀，增大坑外侧压力或支撑两侧土压力不均衡； ⑧桩间土流失，导致截水帷幕受力不均匀而发生破坏，需查明原因、及时处理

此外，对于设有分坑的基坑工程，除需遵循设计明确的分坑施工顺序外，还需特别注意如下三点：一是分坑隔离桩部位的传力带，尤其是底板传力带，需在底板以下部位顶牢分坑隔离桩；二是分坑隔离桩两侧的楼板传力带，需要对称设置、不可相互错开，否则不利于后期的分工况拆除；三是分坑隔离桩的拆除，需特别注意工况的转换，即：先拆除一批并连接结构楼板（且混凝土达到相应强度），然后拆除剩余的分坑隔离桩和楼板传力带，

最后贯通整个地下结构。

14.3　基坑安全风险的控制

上节从图纸（地勘等）、施工两方面对基坑安全风险因素进行了识别，对识别出来的基坑安全风险因素，应采取相应措施进行控制；此外，基坑施工期间，还需采取基坑监测等措施。

14.3.1　图纸识别风险的控制

结合图纸、地勘和周边环境等识别出来的基坑安全风险点，应当及时和支护设计单位进行沟通协商，由支护设计单位以设计变更的形式予以完善，也可通过图纸会审或设计交底环节，以图纸会审记录或设计交底记录的形式予以确定，从源头把好支护工程的图纸关。

14.3.2　施工环节的基坑安全风险控制

针对基坑工程所涉及支护工艺，在施工环节所存在的基坑安全风险点，可参照表 14-7 格式形成相应的支护工艺施工质量控制清单，并需在施工前据此对作业队伍进行技术交底。基坑施工期间，应把相应支护工艺对应的基坑安全风险点作为关键质量控制点。

支护工艺施工质量控制清单表　　　　**表 14-7**

支护工艺	基坑安全风险点	风险类型	主要预防措施

14.3.3　基坑监测与日常的基坑巡查

1. 基坑监测

基坑监测的主要内容包括：深层土体水平位移、地下水位观测、地表沉降、立柱沉降、支撑轴力、围护桩墙顶水平/竖向位移、周边道路与管线监测、毗邻建（构）筑物监测等。

基坑监测是基坑安全风险控制的重要手段，它是通过对支护结构变形、周边环境（包括地下水位）变化进行监测，判断基坑安全与周边环境状况的变化情况，用于指导后续的基坑施工，并便于及时采取措施防范基坑安全风险，可以说，基坑监测就是基坑工程施工的一双眼睛。

基坑监测一般由建设单位委托的有资质的第三方单位负责布设监测点（现场需做好基坑监测点位的保护工作，避免监测点受到破坏）并定期监测，一般情况下需每天定时监测。当出现基坑险情或拆换撑等工况变化节点时，可按需增加监测频率。除第三方机构实施的基坑监测外，施工单位可利用现场已布设的监测点位开展施工监测工作。

2. 基坑巡查

基坑工程施工期间，需安排专人每天定时观察基坑四周裂缝、坑边堆载（动载）、截水帷幕渗漏、关键支护结构节点部位开裂、土方开挖与降水运行等情况，并与基坑监测报告进行相互印证、分析，及时发现并排除影响基坑安全的危险因素。

14.3.4 基坑风险的应急预案

基坑安全风险的识别与后期预防措施的落实，主要是为了尽可能地避免基坑安全风险事件的发生，这属于主动控制；工程实践中，由于基坑安全的影响因素较多，即便事前采取了相关预防措施，仍可能会出现相应的基坑险情。为了提高基坑险情的应对响应速度，需提前编制可行的应急预案、落实必要的应急物资。当相应险情出现时，再结合险情实际情况进行分析并完善、落实相关应急措施，争取在较短时间内控制住险情，确保基坑安全。险情类型及主要应急措施如表 14-8 所示。

险情类型及主要应急措施　　表 14-8

险情类型	主要应急措施
截水帷幕渗漏	①立即回土反压，控制住水头、避免形成较大水流通道； ②摸清实际情况（包括漏点周边环境变化情况）、查明渗漏原因； ③确定合适的堵漏方法（详本手册第 13.4 节相关内容）并组织好抢险所需资源； ④按确定的方法进行堵漏作业直至漏点修复
桩间土流失严重 （会引发帷幕开裂）	①暂停相应部位的土方开挖； ②排查原因（明水冲刷或坑内降水不到位），先采取相关措施控制住水源； ③采用合适的方法进行封堵，填实截水帷幕与排桩之间的空隙； ④继续开挖时，如遇截水帷幕与排桩之间存在空间，随挖随封堵，直至基底
压顶梁开裂	①暂停开裂部位的土方开挖、清理基坑四周堆载，超挖时应先回土反压； ②结合监测报告和现场实际工况等查明原因（侧压力过大或局部应力集中）； ③对裂缝进行标记并定期观察裂缝发展情况；当裂缝持续发展时，应采取坑外降水、卸土等应急措施控制裂缝的发展； ④按支护设计出具的方案对压顶梁进行加固
立柱倾斜或碰损	①暂停立柱部位的土方开挖，当立柱四周土体存在高差时，应消除高差； ②采用斜撑或斜拉的方式进行加固，使倾斜或碰损立柱与支撑形成整体； ③加强对倾斜或碰损立柱的沉降观测； ④当立柱倾斜或碰损严重时，需就近补插立柱进行加强或替换
深层水平位移大 （报警或有失稳征兆）	①暂停开挖，涉及超挖的，应回土反压； ②清理基坑四周堆载、查看周边环境变化（包括坑外井的水位）、加大监测频率； ③当基坑处于危险状态时，应先撤离作业人员、设置危险警戒区；同时尽快会同支护设计单位结合现状商定相应的加固方案，如提高支撑轴力、增设支撑或斜撑、补强被动区或竖向围护结构等； ④当基坑风险可控时，可在采取相应措施的同时组织专题会进行消警； ⑤险情排除后，方可按设计工况组织后续施工
周边环境沉降大	①暂停开挖，涉及渗漏的，应先回土压住水头；涉及坑外超降的，应先回灌； ②结合监测报告和现场工况查明原因，包括渗漏、坑外降水、堆载、动载等； ③涉及毗邻建（构）筑物或管道沉降的，应会同设计、产权单位确定修复保护方案（必要时报请专家论证）； ④待沉降稳定或可控时，方可按设计工况组织后续施工
围护结构失稳 内支撑失稳 边坡失稳	①疏散人员、设置警戒区、加强监测频率，险情可控时采取相应措施减少损失； ②组织设计、行业专家会商抢险与恢复方案（必要时报请专家论证）； ③按拟定方案进行抢险与恢复工程的施工； ④抢险并恢复后，应对基坑安全工况作出评估，落实可靠措施后方可继续施工

14.4 基坑工程事故与抢险修复

14.4.1 常见的基坑工程事故

基坑工程事故类型很多。在水土压力作用下，支护结构可能发生破坏，支护结构形式不同，破坏形式也有差异；渗流可能引起流土、流砂、突涌，造成破坏；围护结构变形过大及地下水流失，引起周围建筑物及地下管线破坏也属基坑工程事故。基坑工程事故主要有以下破坏形式：

1. 周边环境破坏

因基坑支护结构变形过大或地下水位降低过多，而造成基坑四周道路、建（构）筑物或地下管线等破坏的事故，如图 14-1 所示。

（1）支护结构变形引起的沉降。基坑工程施工过程中，周围土体会产生不同程度的扰动，主要表现为深层土体位移（特别是淤泥质等软土地层时），从而引起周围地表的不均匀沉降，并影响基坑四周道路、建（构）筑物或地下管线的正常使用，甚至对周边环境造成严重的破坏。

（2）基坑降水引起的沉降。基坑工程施工过程中，当坑外降水过多或降水不均衡（如一侧不降水、另一侧降水过多）或出现水土流失现象时，往往会引起基坑周围的地面沉降；若不均匀沉降过大，就会造成马路严重下沉、建（构）筑物倾斜或地下管线开裂等严重的环境破坏事故。

图 14-1 基坑工程事故（周边环境破坏）

2. 支护体系破坏

因支护体系破坏而发生的基坑工程事故，主要包括围护体系折断、整体失稳、基坑踢脚隆起破坏、锚撑失稳等，如图 14-2 所示。

（1）围护体系折断。由于施工抢进度，超工况开挖、支撑架设跟不上，违反“先撑后挖”原则；或由于施工单位不按图施工，抱侥幸心理，少加支撑或支撑质量存在缺陷，致使围护体系应力过大而折断或支撑轴力过大而破坏或产生大变形。

（2）支护结构整体失稳。基坑开挖后，土体沿围护墙体下形成的圆弧滑动面或软弱夹层发生整体滑动失稳的破坏。

（3）基坑踢脚隆起破坏。由于基坑围护墙体插入基坑底部深度较小，同时由于底部土体强度较低，从而发生围护墙底向基坑内发生较大的“踢脚”变形，同时引起坑内土体隆起。

（4）锚撑失稳。由于锚索（锚杆）的拔出、断裂或预应力松弛等原因造成的桩锚体系失稳，或由于内支撑的支撑桩柱下沉、非超静定节点破坏或杆件失稳而造成支护结构整体失稳破坏。

图 14-2 基坑工程事故（支护体系破坏）

3. 土体渗透破坏

土体渗透破坏主要包括坑壁流土（桩间土流失）破坏、管涌、突涌等，造成土体渗透破坏的根源是水（包括地表明水、地表潜水和承压水），如图 14-3 所示。

（1）坑壁流土破坏。在饱和含水地层（特别是有砂层、粉砂层或者其他的夹层等透水性较好的地层），由于围护桩墙的截水效果不好或截水帷幕深度不足，致使大量的水夹带砂粒涌入基坑，严重的水土流失会造成地面塌陷。

（2）基坑底管涌。由于截水帷幕缺陷或深度不够，坑内外土体在具有一定梯度的水流作用下，形成渗流通道，地下水从坑底（一般为坑中坑等局部深坑处）涌出。通常发生在砂性地层，严重时会造成坑外局部地面下沉、围护结构失稳。

（3）基坑底突涌。土方开挖期间，当承压水水头较高时，会从未封闭的勘探孔、注浆管或废桩孔中突涌；或由于土方开挖，承压水上覆土层自重小于承压水的水头压力，引起坑底土体隆起破坏并同时发生喷水涌砂。

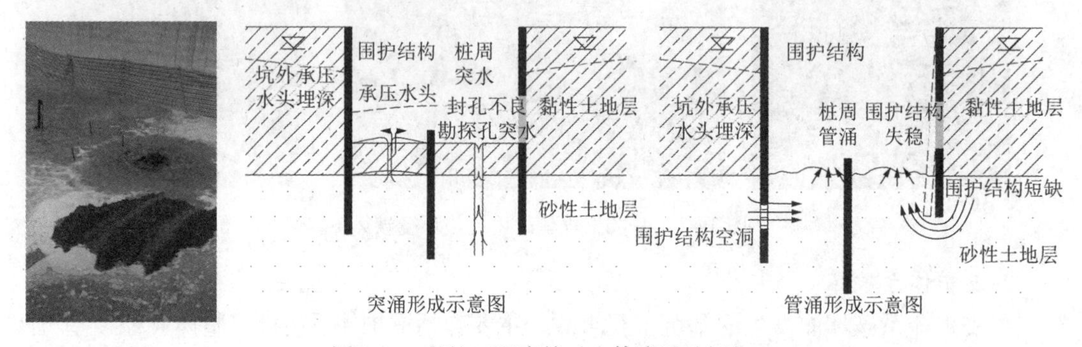

图 14-3 基坑工程事故（土体渗透破坏）

以上是几种大体的基坑工程事故类型，工程实践当中，基坑工程事故往往不是单一因素造成的，常表现为多个因素的叠加，当风险积累到某种极限状态时就会发生连锁反应，造成基坑工程事故。由于基坑工程事故的后果大多十分严重，以上分类的主要意义在于从周边环境保护、降水、支护结构（尤其淤泥质土层的基坑）和承压水等方面，为后续工程提供经验教训，防患于未然。

14.4.2 基坑抢险修复的一般程序

基坑工程属于危大工程，施工项目部应组建相应的应急救援组织，如应急救援工作小组等，负责基坑工程险情或事故的处理工作；当基坑出现较大险情或发生事故时，项目应急救援组织一般按如下程序开展相关工作：

（1）疏散人员、抢救伤员，设置警戒区、保护现场；组织或配合险情（事故）的调查。

（2）组织支护设计、相关专家商定抢险修复方案，当：

①基坑出现险情或发生事故后，若整个支护结构体系未受实质性影响，如渗漏、透水、位移报警或小范围的支护失稳，一般按拟定方案排除险情或事故即可。

②基坑事故造成支护结构体系破坏时，需先结合现场实际情况，按基坑修复工程进行设计（并论证），当地勘资料不全或有误时，需在设计前补勘；然后依据基坑修复工程设计图纸、现场实际情况等，编制基坑修复工程专项施工方案（并论证）。

（3）根据经论证的基坑修复专项施工方案，组织实施修复工程。

（4）修复工程施工完成后，组织验收并在后续施工前对基坑工况进行安全鉴定，确保抢险修复后的基坑能够满足后续施工工况的要求。

（5）对基坑修复工程进行评估，按照四不放过原则进行基坑险情或事故的处理。

14.4.3　基坑修复工程施工的特殊性

基坑修复工程需特别注意与新建基坑工程施工的差异，主要表现在如下几个方面：

1. 施工场地限制更为明显

基坑工程事故往往发生在基坑开挖或后续使用阶段，此时坑内的空间已无法利用；不仅如此，受基坑事故的影响，坑外空间也极为狭小。与新建基坑工程的施工作业空间相比，修复工程的施工场地受到极大的限制。

2. 事故部位的土体受到严重扰动

新建基坑工程施工时，土体未受到扰动而处于原状状态；基坑工程事故后，尤其支护结构体系破坏的基坑事故，受事故影响，事故部位的土体受到极大的扰动。在这种情况下，相关支护工艺的施工难度就会大大增加，尤其修复工程涉及灌注排桩等需要泥浆护壁的支护工艺时，需先行采取可靠的护壁保证措施，如对扰动土体进行加固或采用长护筒等。

3. 场地作业的安全要求更高

受事故的影响，事故部位的土体受到极大的扰动，事故部位的作业空间也极为受限，除修复工程设计时需考虑合适的施工工艺外，修复施工时的作业场地安全也需要特别重视，需结合现场实际情况采取针对性的安全作业措施，防止发生次生事故。

4. 修复工期往往较长

如前所述，基坑工程事故后，由于事故部位的土体扰动，往往需要采取多种支护工艺，并对这些支护工艺的施工顺序有着严格的要求；除此之外，受现场作业场地的限制，相关工艺的施工设备很难大量投入，施工通道也会受到影响，因此修复工程的施工工期往往较长。

正是因为基坑修复工程的代价高、难度大、修复时间长，客观上要求我们提前识别基坑安全风险、采取有效措施控制风险，将基坑安全隐患消灭在萌芽当中，确保不发生基坑工程事故。

14.5 典型工程案例

杭州某基坑，一～四区为二层地下室，五区为一层地下室（为邻地铁 50m 保护区）；二层地下室部分挖深 9.5～10.3m，开挖范围的土质主要为杂填土和淤泥质粉质黏土，采用 SMW 工法桩 + 二道型钢组合支撑的支护形式，如图 14-4 所示。

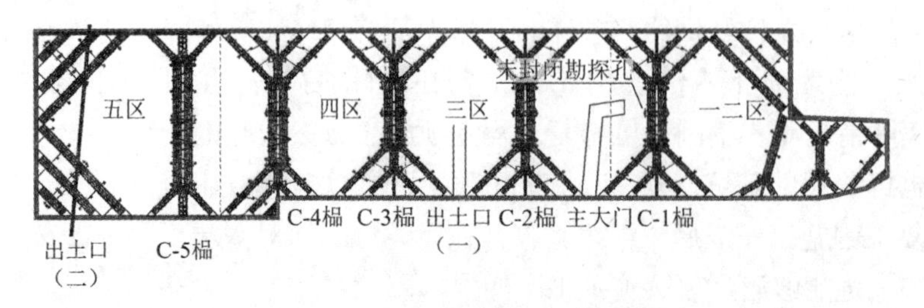

图 14-4 险情基坑的支撑平面布置图

该基坑一、二区的土方开挖至 C-1 榀第二道支撑安装面时，在 C-1 榀下层支撑的安装过程中，遇承压水从未封闭勘探孔中上涌，并引起邻近的型钢立柱出现下沉，带动已安装支撑下沉，如图 14-5 所示。基坑险情出现后，立即结合现场实际情况，采取了就近补打型钢立柱的措施，并采用千斤顶把下沉的支撑重新顶至支撑设计标高，如图 14-5 所示。承压水上涌的勘探孔由施工单位采用钻孔桩灌注水下混凝土的方式进行封堵，同时适当提高 C-1 榀第二道支撑的预加轴力值。险情排除后，该部位竖向围护结构对应的深层土体移位未受太大影响。至该部位工法型钢拔除时，该部位的深层土体位移仍处于受控状态。

图 14-5 基坑险情与处理过程

通过本案例，可以吸取如下经验教训：

（1）对于承压水头较高的基坑项目，基坑开挖前务必确认勘探孔、废桩孔均已封堵。

（2）基坑土方开挖期间，如遇坑内突涌，对突涌点位做出标记或记录坐标点位后，应第一时间回土压住水头。

（3）支撑立柱发生下沉后，应立即采取有效措施对立柱进行加强或更换，支撑恢复至设计标高后，应会同支护设计单位适当调大支撑轴力预加值，以较大的支撑轴力预加值来消除或减少险情所造成的深层土体位移，使深层土体位移在可控范围内。